实用纺织染技术

邵灵玲　主　编
王华清　副主编
奚德昌　主　审

中国纺织出版社

内 容 提 要

全书结合纺织业发展的现状，以纺织产品的生产加工过程为主线设计教学项目和任务，较全面地介绍了纺纱、机织、针织、染整技术的基本原理及生产工艺过程。理论与实践紧密结合，具有较强的实用性和可操作性。

本书可作为纺织高职高专相关专业学生的教材，亦可供纺织企事业单位从业人员学习参考，使他们对纺织染生产加工知识有较全面的了解。

图书在版编目（CIP）数据

实用纺织染技术/邵灵玲主编.—北京：中国纺织出版社，2014.9（2020.10 重印）

浙江省示范教材

ISBN 978-7-5064-8526-5

Ⅰ.①实… Ⅱ.①邵… Ⅲ.①纺织—教材②染整—教材 Ⅳ.①TS1

中国版本图书馆 CIP 数据核字（2012）第 065812 号

责任编辑：范雨昕　　责任校对：王花妮

责任设计：何　建　　责任印制：何　建

中国纺织出版社出版发行

地址：北京市朝阳区百子湾东里 A407 号楼　邮政编码：100124

销售电话：010—67004422　传真：010—87155801

http：//www. c-textilep. com

E-mail：faxing@c-textilep. com

中国纺织出版社天猫旗舰店

官方微博http：//weibo. com/2119887771

北京玺诚印务有限公司　　各地新华书店经销

2014 年 9 月第 1 版　　2020年10月第2次印刷

开本：787×1092　1/16　印张：18

字数：363 千字　定价：35.00 元

前 言

本教材是应目前高等职业教学改革的需要而编写的，在吸收原有教材精髓的基础上，改变原有教材中注重理论学习的循序渐进和知识积累的教学模式，采用以“项目引领，任务驱动”的教学方法，以纺织产品的生产加工过程为主线，设计纺纱、机织、针织、染整等教学项目，每个主项目根据生产工艺过程分设子项目，围绕教学项目设计相应的一个或多个任务，在内容的编写上体现“教、学、做”一体，将新知识隐含在任务中，使学生在完成任务的过程中，提高分析和解决纺、织、染实际问题的能力，实现对所学知识的灵活掌握。

本教材项目1由酆宏鸣编写，项目2由邵灵玲编写，项目3由颜晓茵编写，项目4由王华清编写。全书由邵灵玲负责构思、统稿，由纺织高级工程师奚德昌负责主审。在本教材的编写过程中，由纺、织、染生产的行业专家给予专业指导，并在内容的组织、各种生产工艺实例的提供上给予了很大的帮助，在此表示感谢。

限于编者的经验和水平，书中难免有不足之处，敬请广大读者批评指正，以便再版时改正。

编者

2014年1月

课程设置指导

课程设置意义：

纺织类专业较多，各个专业对纺织专业知识要求广泛，相应专业的岗位都必须具有一定的纺、织、染基本生产工艺知识，一定的纺织染生产管理能力。因此，本课程能拓宽学生的知识面，培养学生具备较全面的纺织专业知识水平，为学生学习其他后续专业课程以及将来就业提供较全面的纺织知识和技能的支持，适用于高职纺织院校的纺织品检验与贸易、纺织品设计、纺织工艺与贸易、染整等专业学生学习其他相关纺织知识与技能。

课程教学建议：

本课程作为非纺织工艺类的其他纺织相关专业，学习纺织基本知识的专业基础课程，纺纱、机织、针织及染整每个项目的建议学时数为30学时。每个项目包含不同的具体实训任务，融“教、学、做”为一体，强化学生能力的培养。各院校、各专业可根据自身的教学特色和教学计划对教学项目进行选择，对课程学时数进行调整。

课程教学目的：

通过本课程的学习，学生应全面掌握纺纱、机织、针织及染整技术的基本原理、生产工艺过程、各工序主要工艺参数及产品的类型与特征，并对纺织业的发展历史、现状和纺织新技术有一定的了解。

目　录

项目 1　纺纱

项目 1-1　纺纱基本知识

❋教学目标

1. 认识纱线的形成过程；

2. 掌握棉纺的生产工艺流程；

3. 了解纺纱产品的生产工艺设计。

❋任务说明

1. 任务要求

通过本项目的学习，完成以下工作任务：

（1）通过对各种纱线样品的观察和学过的检测方法，能分析原料组成，并推断其纺纱类别。

（2）通过对纺纱机或小样纺纱机纺纱过程的观察，了解纺纱形成原理，纱和线的区分。

2. 任务所需设备、工具、材料

各种不同类型的纱线及原料；放大镜等配套工具。

3. 任务实施内容及步骤

纱线的分类及工艺流程的确定：

（1）对纱线样品按棉型纱线、毛型纱线、长丝纱线进行分类；

（2）对样品按纱、线进行分类；

（3）对样品按纯纺、混纺纱线进行分类；

（4）根据纱线的分类及特征，初步确定产品的纺纱生产工艺流程。

❋项目导入

今天的纺织技术，是从上万年以前的原始手工操作演变而来的。

人类进入渔猎社会后即已学会搓绳子，这是纺纱的前奏。山西大同许家窑 10 万年前文化遗址出土了 1000 多个石球。投石索是用绳索做成网兜，在狩猎时可以投掷石球打击野兽。可以推断，那时人们已经学会使用绳索了。绳索最初由整根植物茎条制成。后来发明了劈搓技术，也是将植物茎皮劈细（即松解）为缕，再将许多缕搓合（即集合）在一起，利用扭转（加捻）以后各缕之间的摩擦力接成很长的绳索。为了增大绳索的强力，后来人类还学会将几股捻合。浙江河姆渡出土的公元前 4900 年遗址绳子，如图 1-1-1 所示就是两股合成的。其中纤维束经过分劈，单股加有 S 向捻回，合股则加有 Z 向捻回，直径达 1cm。

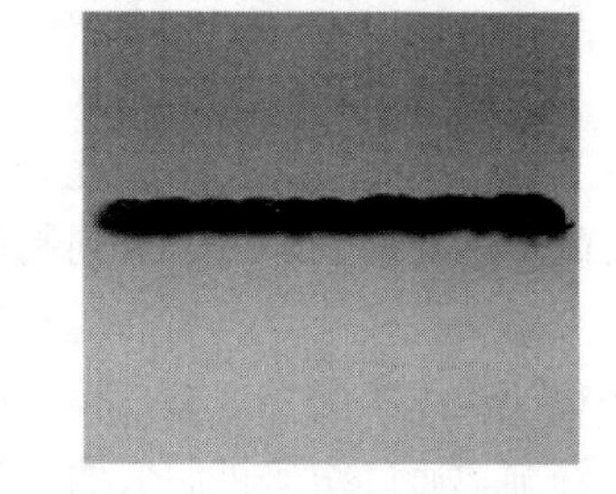

图 1-1-1　河姆渡出土的绳子

人们根据搓绳的经验，创造出绩和纺的技术。绩是先将植物茎皮劈成极细的长缕，然后逐根捻接。这是需要高度技巧的一门手艺，所以后来人们把工作的成就叫作“成绩”。先把纤维原料开松，再把多根纤维捻合接长成纱就是纺。

纺轮又称“纺专”，是中国古代用来纺纱、捻线的最原始工具，如图 1－1－2、图 1－1－3 所示。一撮用手工除籽和扯松的棉花用一个纺轮便可随地而纺，极为简便。纺轮纱捻线虽然产量低、质量差、费力多，但比徒手搓捻技术已大为进步。元代王祯《农书》中记载的捻棉轴就是这种工具，至今还有个别地方在使用它，如图 1－1－4 所示。这种纺纱技术的流传已有数千年的历史。新石器时代出现，最早为石片，后为陶制，在青铜器时代发展为铜制。目前考古出土最早的纺轮可以追溯到距今 8000 年的河南舞阳贾湖遗址，其纺轮多用废陶片打制，中间穿圆孔。纺轮由纺盘和转杆组成，陶制纺轮中的圆孔是插转杆用的，当人手用力使纺盘转动时，纺轮自身的重力使一堆乱麻似的纤维牵伸拉细，纺盘旋转时产生的力使拉细的纤维捻成麻花状。在纺轮不断旋转中，纤维牵伸和加捻的力也就不断沿着与纺盘垂直的方向（即转杆的方向）向上传递，纤维不断被牵伸加捻，当纺盘停止转动时，将加捻过的纱缠绕在转杆上即完成“纺纱”过程。

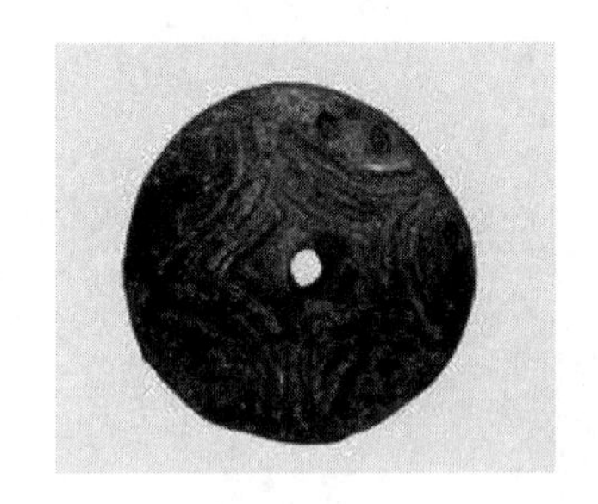

图 1－1－2　河姆渡陶制纺轮

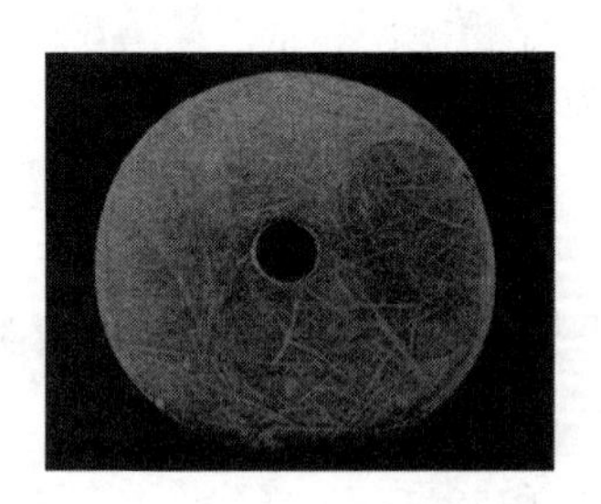

图 1－1－3　石制纺轮

图 1－1－4　纺轮纺纱

小小的陶轮虽然十分简单，但原始人配合自己灵巧的双手，完成了至今为止现代纺纱工艺仍然沿用着的五大运动：喂给、牵伸、加捻、卷取、成形。现代纺纱机虽然已经具有多种多样的传动机构，很多已由计算机控制，但是不管是喷气、气流还是环锭纺纱，万变不离其宗，纺纱原理还是相同的，基本的五大运动一个都不能少。

纺织（生产技术）从狭义上来讲就是纺纱与织布（Spinning and Weaving）；从广义上来讲就是纺织品（Textile）生产技术的概念，它不仅包含着“纺纱与织布”，而且还包含着以后的所有处理和加工，直到制成可直接使用的服用品。

纺纱是整个“纺织品生产”的第一阶段，其生产是一项系统工程。按照现代生产技术，获得“纱线”的方法有三类：第一类是通过化学合成或天然材料分解后，人工合成而得到人造纤维，通过纺丝机制成的长丝；第二类是直接从天然丝中抽取而获得；第三类是通过对短纤维（天然的、人造的、合成的）的加工制成纱线或使用天然纤维包覆长丝制成纱线。第三类是发展历史最长、最重要的生产方法。

将纺织纤维的短纤维纺成纱或线的过程称为纺纱，包括天然纤维包覆长丝制成纱线。纺纱过程就是以各种纺织纤维为原料，通过对短纤维的开松、除杂、均匀、混和、梳理、并合、牵伸、加捻、卷绕而纺制成纱线，以供织造使用。

一、纱线分类

（一）按纱线粗细分类

棉纱的粗细以特数（tex）表示，1000 m 长的纱在公定回潮率状态下的重量克数即为该纱的特数。

目前根据纱的特数大小可分为以下四类纱：

（1）特细特纱：是指线密度在10tex及以下（58英支及以上）；

（2）细特纱：是指线密度在10～20tex之间（29～58英支）；

（3）中特纱：是指线密度在20～32tex之间（18～29英支）；

（4）粗特纱：是指线密度在32tex及其以上（18英支及以下）。

特细特纱的直径较细，在断面内包含的纤维根数少（该类纱断面纤维根数一般在38根以下），对棉纱条干均匀度影响较大，配棉时应选用纤维细、长度长的原棉（长绒棉）。高密织物用纱与细特纱（该类纱断面纤维根数一般在50～60根之间）同样配棉。粗特纱（该类纱断面纤维根数一般在70～80根之间）的质量要求较低，对选用原棉的要求可差一些。

（二）按纺纱系统分类

按纺纱系统不同可分为精梳纱和半精梳纱、普梳纱、废纺纱。

精梳纱的外观质量要求较高，条干要好，棉结杂质要少，一般精梳纱要求使用纤维长度长，品级好的原棉。普梳纱的质量要求比精梳纱低，对配棉品级和长度的要求较低。半精梳纱的质量介于精梳纱和普梳纱之间。

废纺纱是指用纺织下脚料（废棉）或混入低级原料纺成的纱。纱线品质差、松软、条干不匀、含杂多、色泽差，一般只用来织粗棉毯、厚绒布和包装布等低级的织品。

（三）按纱线结构分类

按纱线结构分类可分为单纱和股线、复捻股线、单丝、变形纱、花式纱线。

对单纱的强力和外观疵点的要求比股线的单纱为高，因为单纱并合成股线后，纤维的强力利用率可以提高，外观疵点在并合中会被覆盖一部分，条干均匀度也会因单纱的并合等到改善。生产股线用的单纱对原棉的要求比一般单纱为低。

（四）按纱线用途分类

按纱线用途不同可分为机织、针织及其他用纱。

1. 机织用纱　指加工机织物所用纱线，分经纱和纬纱两种。经纱用作织物纵向纱线，具有捻度较大、强力较高、耐磨较好的特点；纬纱用作织物横向纱线，具有捻度较小、强力较低、较柔软的特点。

2. 针织用纱　要求成纱条干好，杂质少，色泽好，柔软而有弹性。因此，针织用纱比机织用纱对原棉的要求高，配棉时选用纤维长度长，成熟度好的原棉。

3. 其他用纱 包括缝纫线、绣花线、编结线、杂用线等。根据用途不同，对这些纱的要求也是不同的。

（五）按纱线原料分类

按纱线原料不同可分为纯纺纱和混纺纱。

1. 纯纺纱 纯纺纱是由一种纤维材料纺成的纱，如棉纱、毛纱、麻纱和绢纺纱等。此类纱适宜制作纯纺织物。

2. 混纺纱 混纺纱是由两种或两种以上的纤维所纺成的纱，如涤纶与棉的混纺纱，羊毛与粘胶的混纺纱等。此类纱用于突出两种纤维优点的织物。

（六）按纺纱方法分类

按纺纱方法不同可分为环锭纱、自由端纱和非自由端纱。

1. 环锭纱 环锭纱是指在环锭细纱机上，用传统的纺纱方法加捻制成的纱线。纱中纤维内外缠绕联结，纱线结构紧密，强力高，但由于同时靠一套机构来完成加捻和卷绕工作，因而生产效率受到限制。此类纱线用途广泛，可用于各类织物、编结物、绳带中。

2. 自由端纱 自由端纱是指在高速回转的纺杯流场内或在静电场内使纤维凝聚并加捻成纱，其纱线的加捻与卷绕作用分别由不同的部件完成，因而效率高，成本较低。

（1）气流纱：气流纱也称转杯纺纱，是利用气流将纤维在高速回转的纺纱杯内凝聚加捻输出成纱。纱线结构比环锭纱蓬松、耐磨、条干均匀、染色较鲜艳，但强力较低。此类纱线主要用于机织物中蓬松厚实的平布、手感良好的绒布及针织品类。

（2）静电纱：静电纱是利用静电场对纤维进行凝聚并加捻制得的纱。纱线结构同气流纱，用途也与气流纱相似。

（3）涡流纱：涡流纱是用固定不动的涡流纺纱管，代替高速回转的纺纱杯所纺制的纱。纱上弯曲纤维较多、强力低、条干均匀度较差，但染色、耐磨性能较好。此类纱多用于起绒织物，如绒衣、运动衣等。

（4）尘笼纱：尘笼纱也称摩擦纺纱，是利用一对尘笼对纤维进行凝聚和加捻纺制的纱。纱线呈分层结构，纱芯捻度大、手感硬，外层捻度小、手感较柔软。此类纱主要用于工业纺织品、装饰织物，也可用在外衣（如工作服、防护服）上。

3. 非自由端纱 非自由端纱是又一种与自由端纱不同的新型纺纱方法纺制的纱，即在对纤维进行加捻过程中，纤维条两端是受握持状态，不是自由端。这种新型纱线包括自捻纱、喷气纱和包芯纱等。

（1）自捻纱：自捻纱属非自由端新型纱的一种，是通过往复运动的罗拉给两根纱条施以假捻，当纱条平行贴紧时，靠其退捻回转的力，互相扭缠成纱。这种纱线捻度不匀，在一根纱线上有无捻区段存在，因而纱线强度较低。适于生产羊毛纱和化纤纱，用在花色织物和绒面织物上较合适。

（2）喷气纱：喷气纱是利用压缩空气所产生的高速喷射涡流，对纱条施以假捻，经过包缠和扭结而纺制的纱线。成纱结构独特，纱芯几乎无捻，外包纤维随机包缠，纱较疏松，手感粗糙，且强力较低。此类纱线可加工机织物和针织物，做男女上衣、衬衣、运动服和工作服等。

（3）包芯纱：包芯纱是一种以长丝为纱芯，外包短纤维而纺成的纱线，兼有纱芯长丝和外包短纤维的优点，使成纱性能超过单一纤维。常用的纱芯长丝有涤纶丝、锦纶丝、氨纶丝，外包短纤维常用棉、涤/棉、腈纶、羊毛等。包芯纱目前主要用作缝纫线、衬衫面料、烂花织物和弹力织物等。

二、纺纱基本原理

纺纱的实质是通过多工序、多机台对无序的短纤维进行有序化控制，使其纵向伸直平行和横向均匀，并通过加捻、卷绕，变成连续的、具有一定力学性能的物料对象。从控制方面来讲，其控制核心是随机数概念，如图1－1－5所示。

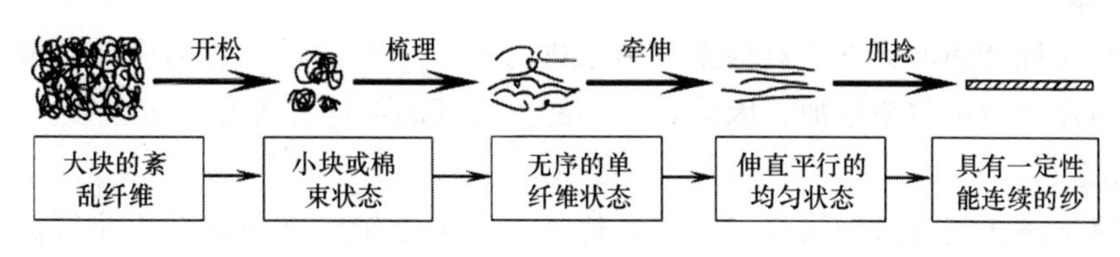

图1－1－5 纺纱原理图

主线原理：开松、梳理、牵伸、加捻（四大原理）。

副线原理：除杂、混和、均匀、并合。

载体原理：卷绕、成形。

总之，纺纱过程一般包括原料的选配（简称配棉）、开松、除杂、梳理、混和、并合、牵伸、加捻以及卷绕、成形等作用原理，大部分原理在各工序中是多次反复的。

（一）原料的选配

原料的选配是纺纱过程中的一个重要环节，纺纱时应根据成纱线品质的要求，正确选用原料的配棉方案，确定各混和棉成分比例，编制配棉排队表，保证成纱质量的长期相对稳定性。

（二）开松

开松是把大块纤维撕扯成小块、小纤维束的过程。随着开松作用的进行，纤维和杂质之间的联系力减弱，并利用惯性力的作用使杂质清除，并使小块状的纤维之间得到混和。开松时的去除杂质过程，并不是一次能完成在纤维中的清杂处理，而需经过多次的撕扯、自由或握持打击等的相互作用，配置成渐进的方式来实现。

（三）除杂

利用纤维与杂质密度上的不同，在开松的过程中使纤维与杂质实现惯性分离，从而逐渐清除，由于原棉中有各种不同的杂质，不可能一次作用时清除杂质，于是在不同的阶段中用不同的设备，按对象性质分层次完成杂质清除。

（四）梳理

梳理作用是由梳理（梳棉）机上的大量密集梳针把纤维小块、小束进一步松解成单根纤维状态，从而进一步完善了纤维的松解。梳理后纤维间的横向联系基本被解除，除杂和混和作用更加充分。梳理后的纤维状态尽管呈现单纤维状态，但大量的纤维呈弯曲状，有前弯钩、后弯钩、双头弯等状态。

（五）精梳

精梳是通过精梳机来实现的。精梳是利用梳针对纤维的两端分别进行握持状态下的更为细致的梳理。精梳机加工能够排除一定长度以下的短纤维（短绒16mm以下的纤维）和细小杂疵，促使纤维更加平行、顺直，同时使纤维长度整体提高。

（六）并合

经梳棉工序梳理后制成的棉条（生条），其长片段不匀率很大，通过多根条子（6～8根）并合，以改善棉条长片段均匀度。另外，不同原料不同处理，涤/棉纱一般在并条工序并合。

（七）牵伸

在两端相对握持的前提下，对棉条或须条进行抽长拉细的过程称为牵伸。要注意的是牵伸会带来须条短片段不匀率增加，因此，需要配置合理的牵伸装置和工艺参数。

（八）加捻

加捻是对须条按其自身轴线加以扭转，使平行于须条轴线方向的纤维呈螺旋状扭转，从而产生径向压力，使纤维间产生纵向连接，从而实现连续的纱线。

（九）卷绕

将半成品或成品卷绕成一定的形式卷装，以便于储存、运输和下一道工序的加工。要注意卷绕过程的方式将会对退绕时纱线捻度变化产生影响，而卷装容量大小将会影响生产效率和成纱质量的稳定性。

三、纺纱工艺系统

当选用的纺织纤维原料种类及性能不同时，其纺纱的生产方法、设备、生产工艺及工艺流程都将有所不同。

一般对短纤维的加工生产，按原料基本性能情况的不同，纺纱工艺系统可分为：棉纺、毛纺、绢纺和麻纺等。

为了获得具有不同品质标准的纱线，往往需要考虑纺纱工艺系统使用的合理性问题，在制订采用何种纺纱工艺系统时，往往会涉及三大方面内容：成纱或线的结构、产品质量的要求及生产时的综合成本。因此，选用合理的、匹配的、可靠的纺纱工艺系统，对企业的生存和发展将会产生积极的意义。

（一）棉纺纱系统

棉纺纱生产所用的原料有棉纤维和棉型化纤，其产品有纯棉纱、纯化纤纱和各种混纺纱等。在棉纺纺纱系统中，根据原料品质和成纱质量要求，又分为普梳系统、精梳系统、废纺系统、混纺纺纱系统、中长型化纤纺纱系统、新型纺纱系统。

1. 普梳纺纱系统　一般用于纺制粗、中特纱，供织造普通织物，其流程及半制品、成品名称如图1－1－6所示。

2. 精梳纺纱系统　精梳系统用以纺制高档棉纱、特种用纱或棉与化纤混纺纱。其流程及半制品、成品名称如图1－1－7所示。

3. 废纺纺纱系统　废纺系统用于加工价格低廉的粗特棉纱，其流程如图1－1－8所示。

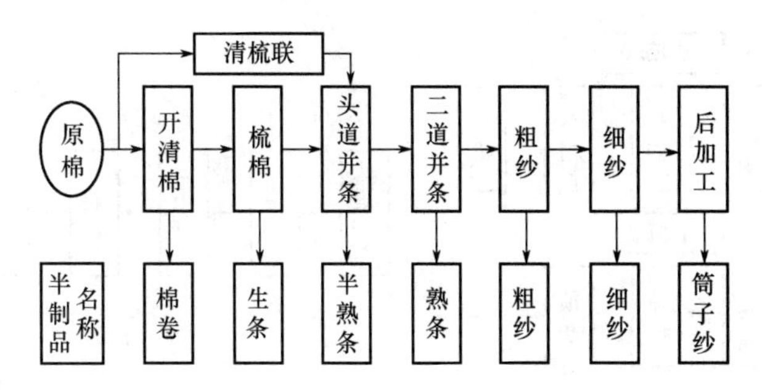

图1-1-6 普梳系统流程图

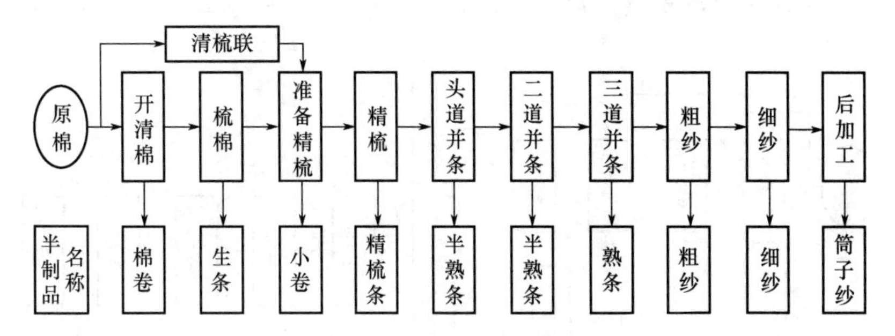

图1-1-7 精梳系统流程图

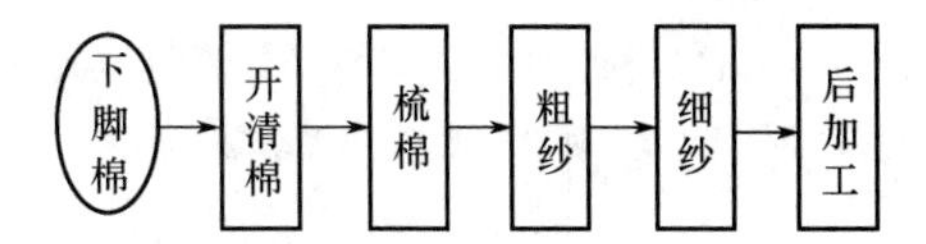

图1-1-8 废纺系统流程图

4. 化纤与棉混纺纺纱系统 涤纶（或其他化纤）与棉混纺时，因涤纶（化纤）与棉纤维的性能不同，涤纶没有杂质，在加工中采用各自制成条子后，先经预并，再进行混并，为保证混和的均匀性，一般采用三道并合。其普梳与精梳纺纱工艺流程如图1-1-9、图1-1-10所示。

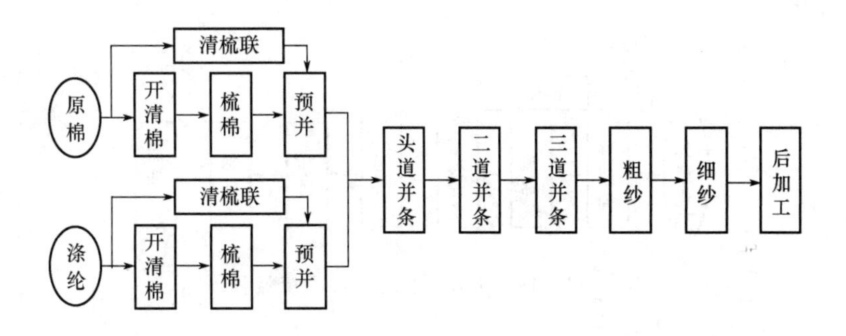

图1-1-9 化纤与棉混纺系统流程图（普梳系统）（包括色混纺系统）

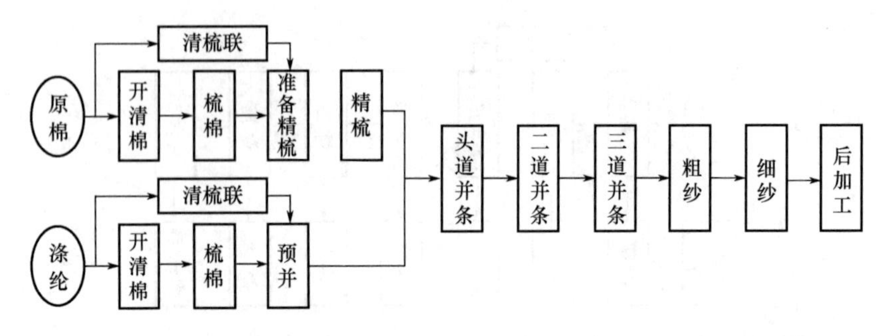

图 1-1-10　化纤与棉混纺系统流程图（精梳系统）（包括色混纺系统）

5. 棉、毛、绢丝混纺纱系统　棉、毛、绢丝混纺纱系统，如图 1-1-11 所示。

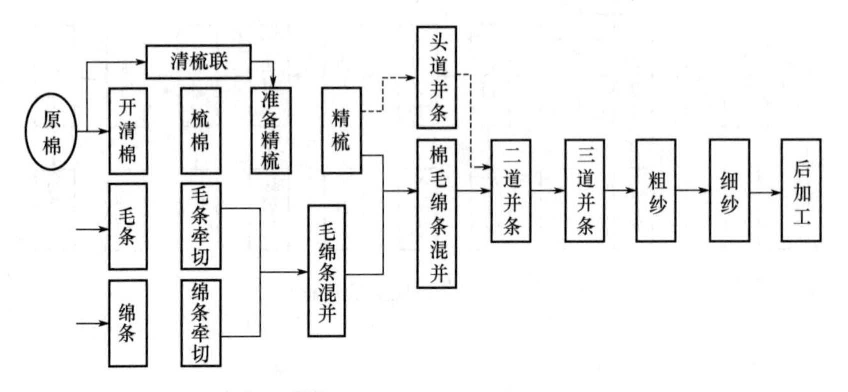

图 1-1-11　棉、毛、绢丝混纺纱系统流程图

--------毛绵总比例小于 10%时再增加　→毛绵总比例大于 10%时使用

6. 中长型化纤纺纱系统　中长型化纤纺纱系统主要用于加工中长型化纤，其原料有单原料或混和原料进行纺纱。工艺流程与生产普梳纺纱系统基本相同，但加工设备的要求与纺棉型化纤时对比，是有所不同的，一般用专用设备进行生产，当然也可使用纺棉型化纤的纺纱设备进行生产，但必须注意的是：设备能否适应于中长型化纤加工。即生产设备工艺隔距可调的适应性、工艺系统的间道可调性，设备部分器件的可置换性。图 1-1-12 为中长型化纤纺纱系统流程图。

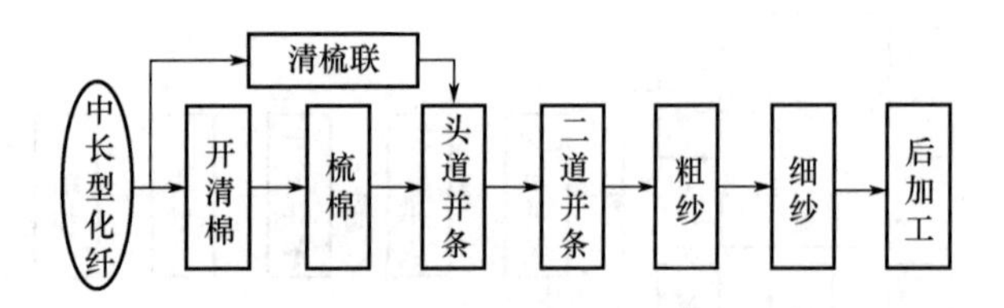

图 1-1-12　中长型化纤纺纱系统流程图

7. 新型纺纱系统　新型纺纱系统（图 1-1-13）为自由端纺纱系统，转杯纺、喷气纺、涡流纺都属于同一类。该类纺纱机包含了粗纱、细纱和自动络筒的功能，即具有超大的牵伸

(300倍以上)及加捻卷绕分离技术，直接可生产出筒子纱。

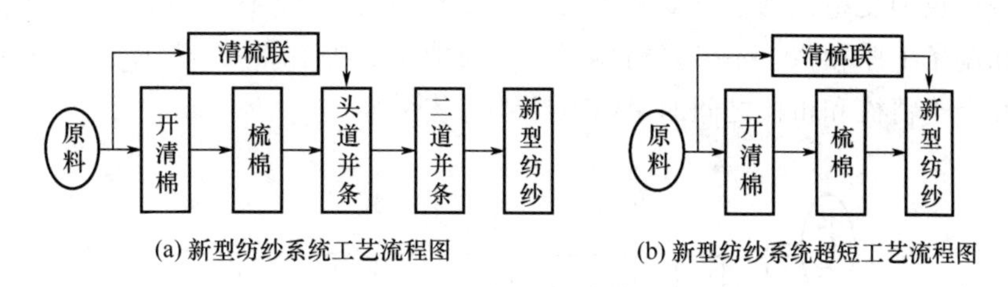

图1-1-13　新型纺纱系统工艺流程图

(二)毛纺纺纱系统

毛纺纺纱系统是以羊毛纤维和毛型化纤为原料，在毛纺设备上纺制毛纱、毛与化纤混纺纱和化纤纯纺纱的生产全过程。

1. 粗梳毛纺系统　粗梳毛纺纺纱系统流程如图1-1-14所示。

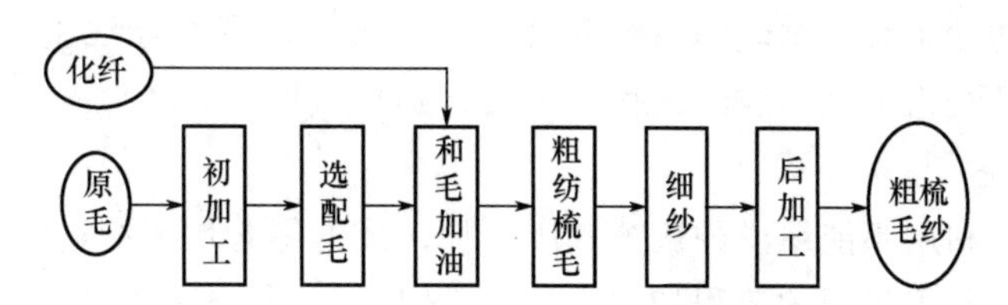

图1-1-14　粗梳毛纺纺纱系统流程图

2. 精梳毛纺系统　精梳毛纺纺纱系统工序多、流程长，可分为制条和纺纱两大部分，其纺纱系统流程如图1-1-15所示。

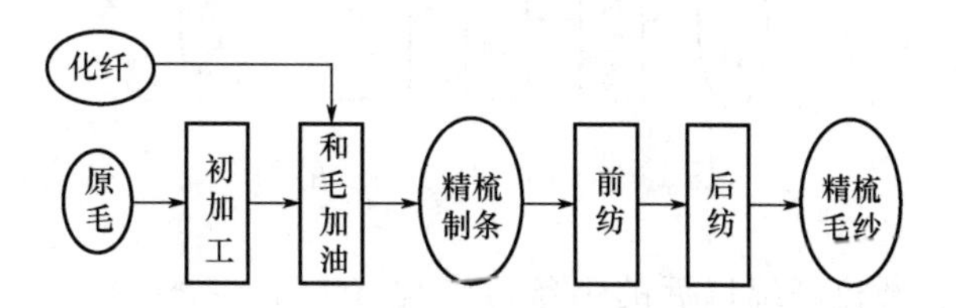

图1-1-15　精梳毛纺纺纱系统流程图

精梳制条也称毛条制造，一般为单独设立的生产企业或分厂，精梳毛条作为企业或分厂的成品进行销售或供下一个分厂作为原料使用。毛条制造流程如图1-1-16所示。

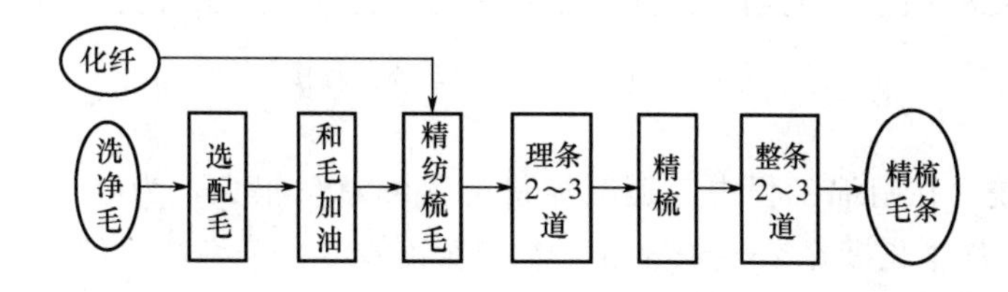

图1-1-16　毛条制造流程图

有些精梳毛纺厂没有制条工序，用精梳毛条作为原料，生产流程包括前纺、后纺；多数厂还没有毛条染色和复精梳的条染复精梳工序。复精梳是指毛条染色后的第二次精梳，复精梳工序流程和制条工序相似。不带复精梳工序时的精梳毛纺系统流程如图 1－1－17 所示。另外，还有一种介于精梳和粗梳之间的半精梳纺纱工艺系统。

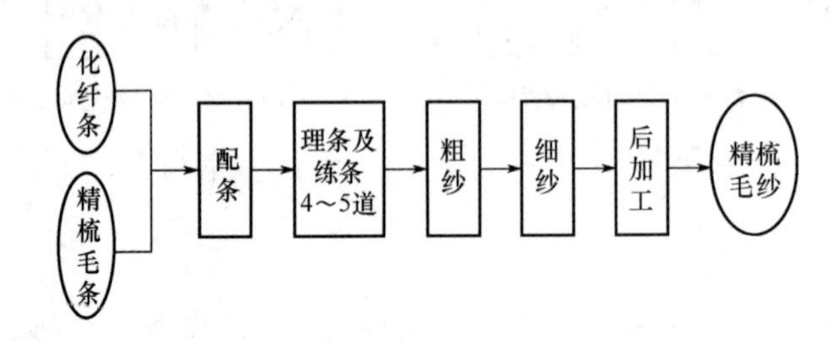

图 1－1－17　无制条的精梳毛纺纺纱系统流程图

（三）绢纺纺纱系统

绢纺包括两个纺纱系统：绢丝纺系统和䌷丝纺系统，前者纺纱线密度小，用于织造薄型高档绢绸；后者纺纱线密度大，成纱疏松、毛绒，别具风格。

1. 绢丝纺纱系统

（1）精练工程：利用不能缫丝的疵茧和废丝加工成的绢丝用于织造绢绸。

（2）制绵工程：制绵工程的流程如图 1－1－18 所示，任务是对精干绵进行适当混和，细致开松，除去杂质、绵粒和短纤维，制成纤维伸直平行度好、分离度好且具有一定长度的精绵。

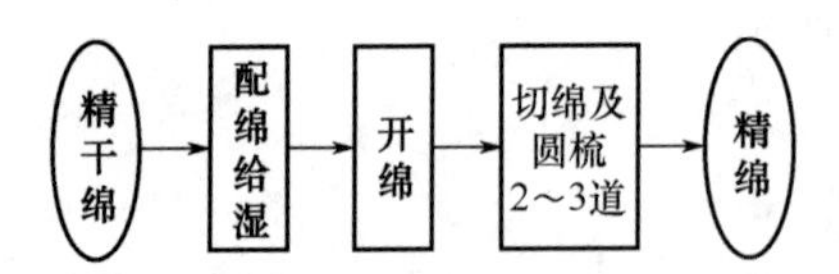

图 1－1－18　制绵工程流程图

（3）绢丝纺系统：圆梳制绵以后的绢丝纺流程（图 1－1－19）由并条工程、粗纱工程、细纱工程和并捻、整理等后加工工序组成。

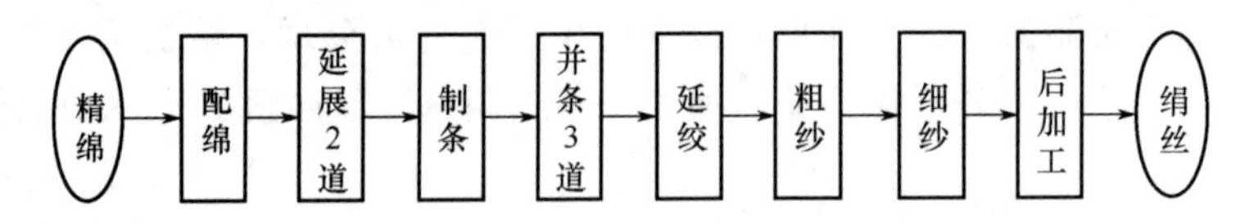

图 1－1－19　绢纺系统流程图

2. 䌷丝纺系统　在制绵工程中三道圆梳机的落绵总量很大，为喂入头道重量的 40％～50％，而且落绵的纤维长度在 25～45mm，整齐度较差，含杂率高。䌷丝纺就是利用制绵工程中三道圆梳机的落绵为原料，利用棉纺普梳纺纱系统或棉纺转杯纺纱系统或粗梳毛纺系统纺纱。图 1－1－20 为利用粗梳毛纺设备制订的䌷丝纺纱工艺流程图。

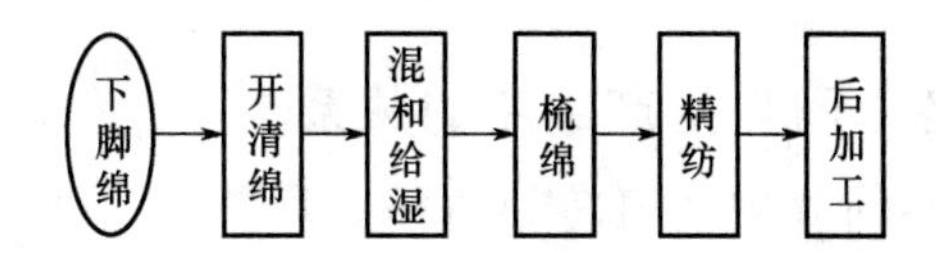

图 1－1－20　䌷丝纺纱工艺流程图（粗梳毛纺设备）

（四）麻纺纺纱系统

麻纺有苎麻、亚麻等纺纱系统。

1. 苎麻纺纱系统　苎麻纤维强力高、纤维细、吸湿性好，可纺制较低特数的纯纺或混纺纱。适合织制各类穿着、装饰、工业用织物和水龙带等，“负压风机”（苎麻纤维织物）作为夏令服装用料，穿戴尤为舒适，另外也可用作各类皮革、篷帆等的缝线。

一般使用专用的麻纺设备进行加工，也可利用精梳毛纺或绢纺设备进行加工，但在设备上需作局部改进。原麻先要经预处理加工成精干麻，再进行纺纱加工。其纺纱的加工工艺流程如图 1－1－21 所示；而短苎麻、落麻一般可用棉纺设备进行加工，其加工工艺过程与䌷丝纺系统基本相似。但须注意短苎麻、落麻纤维长度，必要时需使用牵切或通过粗梳毛纺设备进行加工。

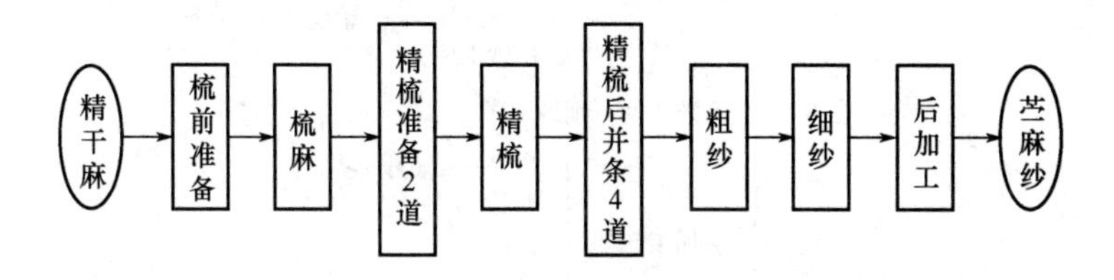

图 1－1－21　苎麻纺纱系统流程图

2. 亚麻纺纱系统　亚麻纱线可用于织制穿着织物、抽绣布、油画布、防水帆布、贴墙布、消防水龙带等，也可用作皮革、篷帆的缝线。

亚麻纺纱的原料是打成麻，利用亚麻长麻纺纱系统加工，其纺纱的工艺流程如图 1－1－22 所示，其中，长麻纺的粗纱要经过煮练后再进行细纱加工。长麻纺的落麻、回麻则进入短麻纺纱工艺系统，其工艺流程如图 1－1－23 所示。

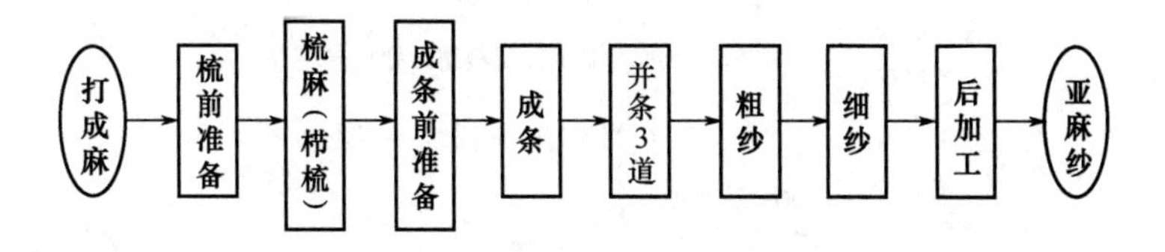

图 1－1－22　亚麻长麻纺纱系统流程图

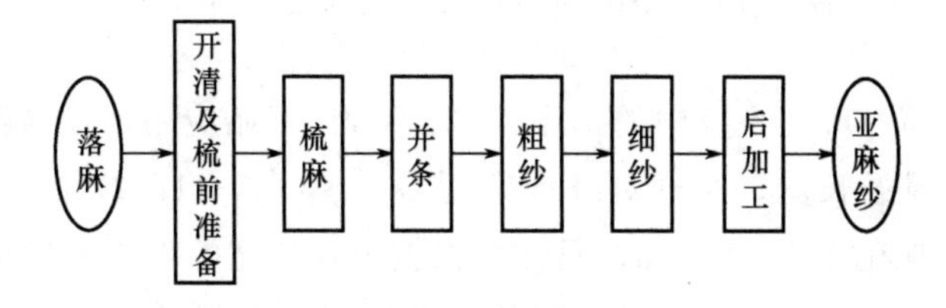

图 1－1－23　亚麻短麻纺纱系统流程图

四、棉纺生产企业各车间与生产工序的关系

一般棉纺企业的生产车间分为：前纺、后纺、后加工三个生产车间。配棉为生产加工前的第一项工作内容，一般不属于生产车间管理，但分级室一般属于前纺车间管理，它有三方面的功能：第一，用于存放在 24 h 内生产所需使用的原料；第二，用于存放在生产加工过程中所产生的回棉、回花、回条，这些材料可在同特数纺纱中直接作为再用棉进行混用；第三，用于存放各加工设备的车肚落棉、粗纱头、细纱笛管吸棉等，这类材料需经预处理后，可用于纺特数较高的纱。图 1－1－24 为棉纺生产企业各车间与生产工序的关系图（环锭纺），图 1－1－25 转杯纺棉纺生产企业各车间与生产工序的关系图。

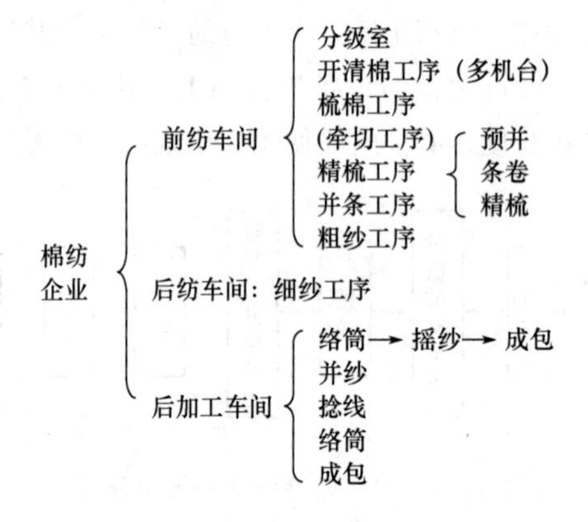

图 1－1－24　棉纺生产企业各车间与生产工序的关系图（环锭纺）

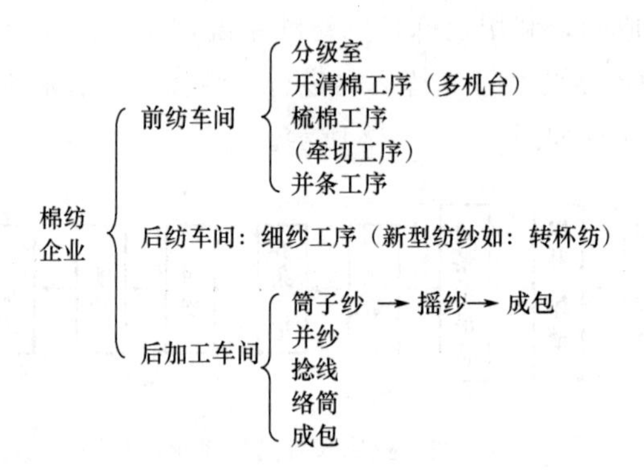

图 1－1－25　转杯纺（新型纺纱）棉纺生产企业各车间与生产工序的关系图

牵切工序原为毛纺、麻纺系统中的工序，自 21 世纪开始应用于棉纺生产加工。羊毛、蚕丝、麻、维纶等长纤维及长丝，通过对纤维牵切后［GYFA311D 纤维牵切（拉断）机］，纤维主体长度一般可控制在 40～250mm，具体可根据牵切长度的需要来确定牵切工艺，即通过直接牵切各类长纤维须条，可获得适合于棉纺设备加工生产的须条，并利用棉纺设备来纺制各类混纺纱制品。

☞ 思考与练习

1. 试从狭义和广义上说明纺织的含义。

2. 纺纱有哪些主要原理?

3. 试述普梳纱和精梳纱的纺纱工艺流程。

4. 涤/棉纱一般在哪道工序并合? 为什么?

项目1-2 原料的选配与混和

❊教学目标

1. 知道原料选配的目的、原则及其与产品用途的关系;

2. 了解纤维品种的选择及选配;

3. 了解混和的目的与要求及混纺比例的确定。

❊任务说明

1. 任务要求

通过对本项目的学习,完成以下工作任务:

(1) 对纺纱原料的品级、长度、性能进行基本的认识和判别,并能针对不同的原料来分析其对生产过程和产品质量造成的波动。

(2) 了解配棉的方法,会进行简单的配棉。

(3) 了解原料的三种混和方式及特点,会计算原料的混纺比例。

2. 任务所需设备、工具、材料

纺织纤维的测试仪器和各种配套的工具,原棉及棉型化纤等原料。

3. 任务实施内容及步骤

(1) 认识原棉的品级、长度、细度、强力、回潮率等指标的概念,并进行测试与分类。

(2) 了解不同原料对纱线性能差异的影响。

(3) 掌握根据不同的纺纱品种,用分类排队法进行的配棉及计算混和原料的比例。

(4) 了解原料的混和方式及混和效果的测定。

(5) 了解计算机配棉管理系统。

4. 撰写任务报告,并进行评价与讨论。

❊项目导入

纺织纤维有一些与纱线品质、纺纱难易有关的综合性能,称为可纺性能。在正常生产条件下,纤维的可纺性能越好,成纱质量就越高,而且纺纱加工也越容易。纺纱的手段不同,纺出纱线的品质和对纤维可纺性能的要求也不尽相同。手工纺纱对纤维性质的适应性强,而机械纺纱对纤维性能要求严格。现代纺纱对纺织纤维可纺性能是根据产品质量和技术经济指标两方面情况来评定的。纤维的各种单项性质对可纺性能都有影响。

在正常加工条件下将纤维纺成同样粗细的细纱时,一般规律是:细长而强度高的纤维成纱强力高,纱线粗细均匀,质量好;粗短而强度低的纤维成纱强度低,粗细不匀,质量差。

如果纺纱细度不同而纱线质量要求相同，则细长而强度高的纤维能纺比较细的纱。纤维纺纱的细度越细，纤维的可纺性能就越好。纤维能纺纱的最细细度称为可纺线密度（棉纺）或可纺支数（毛、麻绢、纺）。纤维的可纺线密度或可纺支数可作为评定天然纤维可纺性能的指标。决定可纺线密度或可纺支数的纤维性能主要是长度、细度和强度。相同品质纤维的可纺线密度或可纺支数并非一成不变，而是随着纺纱技术的发展而变化的。

目前使用棉纺加工设备来加工短纤维总量最大。对棉纤维而言，各种原棉的性质指标和纺纱性能不同，如采用单唛原棉纺纱，当一批原棉在用完后调换另一批时，大幅度地调换原料，势必造成生产和成纱质量的波动。通过结合成纱要求和原料性能实行分类排队，搭配使用原料，从而能保持生产过程和成纱质量的相对稳定。

原料选配是在纺纱生产前对不同品种、等级、性能和价格的纤维原料进行选择，并按一定比例搭配组成混和原料（简称混料）的工艺过程。原料选配是纺纱生产技术管理的起始点，原料占总成本约 75%，配棉的合理性问题与产量、质量、成本和生产工艺的稳定性有密切的关系，直接影响企业的经济效益，是企业生产管理的重要关键环节之一。它属于原料管理部门或生产成本控制中心管理部门或原料配送中心管理部门。

一、原料选配的目的、原则及与产品用途的关系

（一）目的和原则

不同产地和批次原棉的主要性质如长度、细度、强力、成熟度、含杂率等，因棉花的品种、生产条件、产地、轧工质量等的不同而有较大的差异。原棉的这些性质与纺纱工艺和成纱质量有密切关系。因此合理选择多种原棉搭配使用，充分发挥不同原棉的特点，而这种将多种原棉均匀地搭配使用的方法称为配棉。

1. 配棉的目的　保持产品质量和生产的相对稳定，合理使用原棉，节约原料、降低成本，增加花色品种。

2. 配棉的原则　质量第一，全面安排，统筹兼顾，保证重点，瞻前顾后，细水长流，吃透两头，合理调配。

（二）与产品用途的关系

棉纺厂生产的产品是多种多样的，原料选配应该根据不同产品的不同情况和用户的不同需求来进行。

一般情况下，细特纱、精梳纱、单纱、高密织物用纱、针织用纱等对原料的质量要求较高；粗特纱、普梳纱、股线、印花坯布用纱、副牌纱等对原料的质量要求较低；特种用途的纱线应根据不同的用途以及产品所具备的特性选配原料。

二、原棉选配

棉花是纺织工业的主要原料，纺织厂称为原棉。原棉的品质包括品级、长度、细度、马克隆值、强力、回潮率和含杂率等。

（一）传统配棉方法

传统的配棉方法，棉纺厂一般采用分类排队法。

1. 分类　所谓分类就是根据原料的性质和各种纱线的不同要求，将适合生产某种产品或某一特数和用途纱线的原棉挑选出来划分为一类。一般可按超高、高、中、低特纱分类，分类时应考虑以下几点：

（1）成纱要求。

（2）到棉趋势。

（3）纱线质量指标的平衡。原棉质量指标往往会出现不平衡，如某项指标好而其他指标不好，或多项指标好而某项指标特差，则在配棉时应做相应的调整，使其混和棉的平均指标保持基本一致，并通过试纺与前期对比基本保持一致。

（4）混和成分性质差异。混和原料中，各成分纤维的线密度、长度、含杂和含水等项指标彼此差异一般情况下不宜过大。通常品级差异应在1～2级以内，长度差异在2～4mm，线密度差异在0.07～0.09dtex（500～800公支），含杂含水差异在1%～2%。

2. 排队　所谓排队就是将某种配棉类别中的各原棉按地区、性能、长度、线密度和强力等指标相近地排成一队。使原棉接批时，性质差异较小，具体可参考表1-2-1来进行控制。

表1-2-1　原棉接批时性质差异的一般控制范围

控制内容	混和棉中队与队原棉性质差异	接批原棉的性质差异	混和棉平均差异
产地	—	相同或接近	地区变动不宜超过25%
品级（级）	1～2	<1	<0.3
长度（mm）	2.0～4.0	<2	0.2～0.3
马克隆值	<0.4	<0.3	<0.1
含杂率（%）	1.0～2.0	<1.0	<0.4
细度[dtex（公支）]	0.07～0.09（500～800）	0.12～0.13（300～500）	0.02～0.06（50～150）

在排队中应注意掌握以下几个问题：

（1）以性质接近的某几队为主体成分。在配棉中应以某几个队的某些性质接近的作为原棉的主体成分，如纤维的细度或长度等，一般主体成分应占70%左右，要注意不可出现双峰，但允许长度以某几队为主体，而线密度以另外几队为主体成分。

（2）队数要适当。总用棉量大或每批原棉量少，则队数多些；原棉性质差异小时，则队数可少些。一般当采用人工小批量生产，队数最好少些，不超过4队为宜；当采用抓棉机混棉时使用6～8队为宜；原料质量差异大时，队数宜多些；产品色泽要求较高时，队数宜多些；成纱质量波动较大时，队数宜多些。队数少则每队混用百分率大，最大不宜超过25%。

（3）交叉替补。接批时，有时会遇到同队后一批的某些指标比前一批差的情况，此时，在该队接替时，同时对该项指标较好的另一队采用增大比例或更高指标接替。同一天内换批数一般不宜超过2批，其混用百分率不宜超过25%。

（二）计算机配棉系统

计算机配棉系统早在20世纪80年代就开始研究，在80年代后期开始应用于生产，但由于运算速度慢及使用的人员水平要求高等问题，实际应用受到很大的限制。

自2005年后，随着计算机运算速度高速提升和人机对话开发软件的大量上市，第二代计算机配棉系统开始研发，现已开始大量应用。其内部运算的方法还是使用“分类排队”的方法，只是应用设计好的计算机软件替代了大量的、烦琐的人工计算。

计算机配棉系统一般包含原棉管理库存管理子系统（图 1－2－1）、配棉计算子系统（图 1－2－2）、生产计划子系统（图 1－2－3）、成纱质量管理子系统（图 1－2－4）、权限管理子系统（包含参数设置内容）五大子系统。图 1－2－5 为用棉量表。

使用计算机配棉系统的优点：

1. 省时省力 可省去配棉时大量的烦琐计算，解决了人工计算耗时长、数据处理易出错的问题。当采用计算机配棉系统进行配棉时，现有不少这类专用软件，从接到生产任务开始，由人工计算需化数小时变为只需 5～10 min，便可完成一个纱线品种的配棉方案设计，大大提升了企业对市场的反应速度。

2. 节约原棉使用成本 人工计算时，往往会有较大的质量剩余不能挤出。采用计算机配棉系统进行配棉，成纱质量要求不变的情况下，降低配棉成本在 0.25～0.095 元/kg（标准棉“328”价格为 12000 元/吨时）。

3. 用工人数减少 当生产规模超过 20 万锭时就相当明显。

使用计算机配棉系统的缺点：储棉的唛头较少、企业规模较小时（如 10000 万锭以下），往往很难发挥其优越性，甚至无法使用。

一般中小型企业可利用 Office 中的 Excel 来进行配棉，也可大大提高配棉速度，质量剩余也有明显下降，采用的方法还是“分类排队”法，当使用设计好的运算模板，在 0.5 h 左右的时间也可完成一个类近 10 个配棉方案的制订，供对比，选择最优。

运算模板的设计内容包括：运算设计和链表比较设计、输出设计（与 word 链表）。运算主要为加权平均计算及 VBA 宏观的应用、IF 类语句，最后将运算最佳结果通过输出连接到 word 文档。

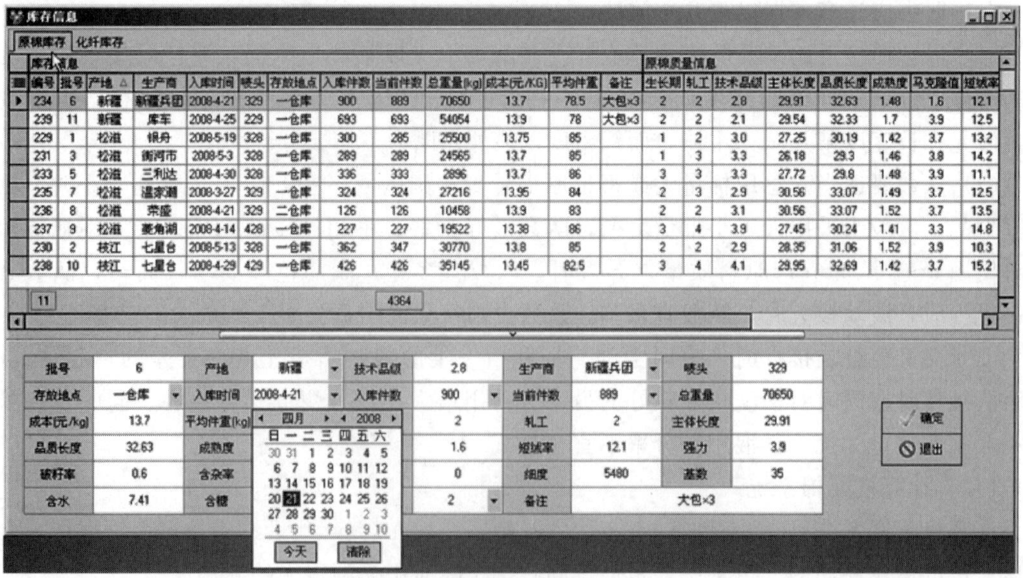
库存信息
原棉库存 化纤库存
库存信息
原棉质量信息
编号 批号 产地 生产商 入库时间 唛头 存放地点 入库件数 当前件数 总重量(kg) 成本(元/KG) 平均件重 备注 生长期 轧工 技术品级 主体长度 品质长度 成熟度 马克隆值 短绒率
234 6 新疆 新疆兵团 2008-4-21 329 一仓库 900 889 70650 13.7 78.5 大包×3 2 2 2.8 29.91 32.63 1.48 1.6 12.1
239 11 新疆 库车 2008-4-25 229 一仓库 693 693 54054 13.9 78 大包×3 2 2 2.1 29.54 32.33 1.7 3.9 12.5
229 1 松滋 银舟 2008-5-19 328 一仓库 300 285 25500 13.75 85 1 2 3.0 27.25 30.19 1.42 3.7 13.2
231 3 松滋 衡河市 2008-5-3 328 一仓库 289 289 24565 13.7 85 1 3 3.3 26.18 29.3 1.46 3.8 14.2
233 5 松滋 三和达 2008-4-30 328 一仓库 336 333 2896 13.7 86 3 3 3.3 27.72 29.8 1.48 3.9 11.1
235 7 松滋 温家湖 2008-3-27 329 一仓库 324 324 27216 13.95 84 2 3 2.9 30.56 33.07 1.49 3.7 12.5
236 8 松滋 荣盛 2008-4-21 329 二仓库 126 126 10458 13.9 83 2 2 3.1 30.56 33.07 1.52 3.7 13.5
237 9 松滋 菱角湖 2008-4-14 428 一仓库 227 227 19522 13.38 86 3 4 3.9 27.45 30.24 1.41 3.3 14.8
230 2 枝江 七星台 2008-5-13 328 一仓库 362 347 30770 13.8 85 2 2 2.9 28.35 31.06 1.52 3.9 10.3
238 10 枝江 七星台 2008-4-29 429 一仓库 426 426 35145 13.45 82.5 3 4 4.1 29.95 32.69 1.42 3.7 15.2
11 4364
批号 6 产地 新疆 技术品级 2.8 生产商 新疆兵团 唛头 329
存放地点 一仓库 入库时间 2008-4-21 入库件数 900 当前件数 889 总重量 70650
成本(元/kg) 13.7 平均件重(kg) 2 轧工 2 主体长度 29.91
品质长度 32.63 成熟度 1.6 短绒率 12.1 强力 3.9
破籽率 0.6 含杂率 0 细度 5480 基数 35
含水 7.41 含糖 2 备注 大包×3
四月 2008
日 一 二 三 四 五 六
今天 清除
确定
退出

图 1－2－1 原棉管理库存管理子系统

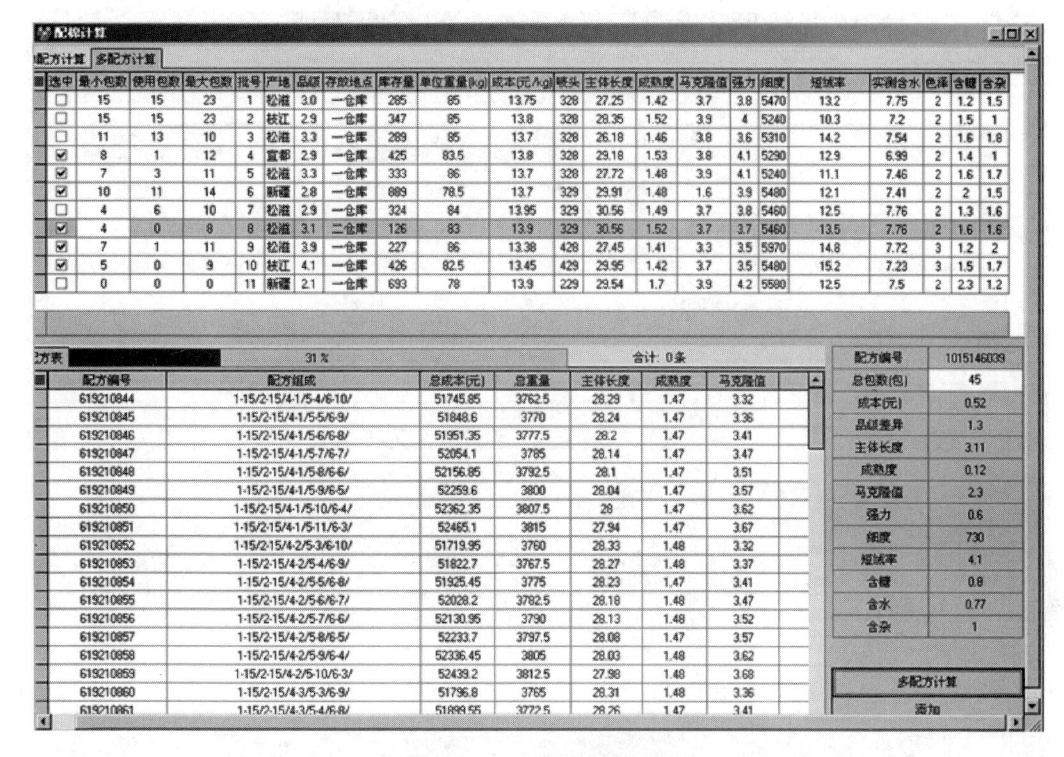

图1－2－2　配棉计算子系统

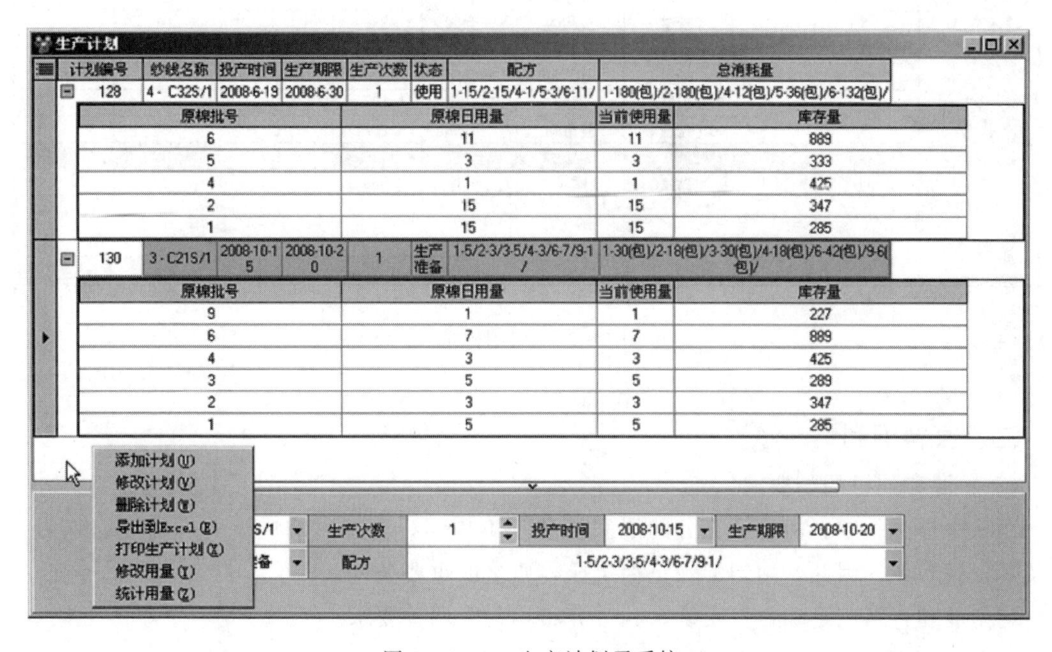

图1－2－3　生产计划子系统

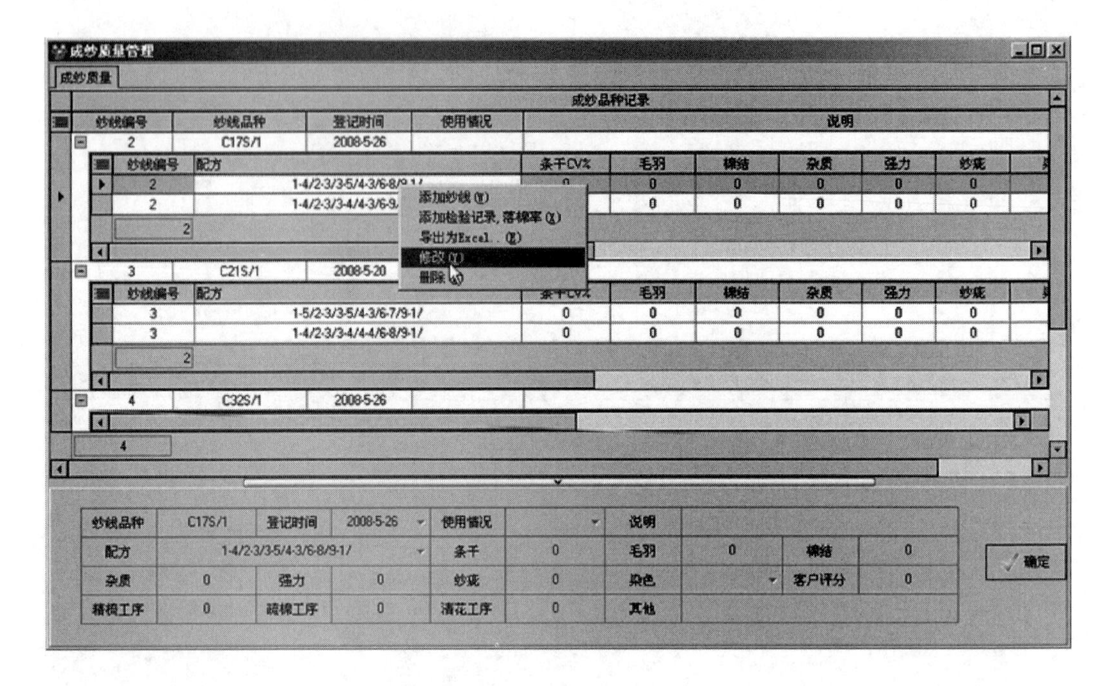

图 1-2-4　成纱质量管理子系统

用量表

原棉批号	品级	产地	生产商	存放地点	入库件数	日用量	月用量	备注
1	3.0	松滋	银舟	一仓库	300	15	0	
2	2.9	枝江	七星台	一仓库	362	15	0	
3	3.3	松滋	街河市	一仓库	289	0	0	
4	2.9	宜都	银舟	一仓库	426	1	0	
5	3.3	松滋	三利达	一仓库	336	3	0	
6	2.8	新疆	新疆兵团	一仓库	900	11	0	大包×3
7	2.9	松滋	温家潮	一仓库	324	0	0	
8	3.1	松滋	荣盛	二仓库	126	0	0	
9	3.9	松滋	菱角湖	一仓库	227	0	0	
10	4.1	枝江	七星台	一仓库	426	0	0	
11	2.1	新疆	库车	一仓库	693	0	0	大包×3

原棉用量一览　化纤用量一览

图 1-2-5　用棉量表

三、原料混和

（一）混和的目的与要求

要求所选配的原料能达到充分的混和。混和不均匀，直接影响成纱的线密度、强力、染色及其外观质量。因此，均匀混和是稳定成纱质量的重要条件。

均匀混和包括满足“含量正确”和“分布均匀”两种要求。

1. 混和的目的

（1）使每种配料成分在混和料中的任何部分或在制品的任何截面内，保持一定的比例关系。

（2）使混和料的任何组成部分或单元体内各种成分的纤维能均匀分布，均匀混和是保证质量的前提。

2. 混和的原则

先松后混，多包取料，不同原料不同处理，上、表一致，混和方法力求简单。

（二）混和方法

目前国内棉纺厂采用的混和方法主要是以下三种。

1. 小批量混和　一般为人工处理，主要用于小批量生产。其优点是混和比例可靠，混和均匀；缺点是工人劳动强度大。

2. 棉包混和　在棉纺厂开清棉车间，用抓包机或小量混棉的方法进行混和。一般用于纯纺对象的大批量生产。优点是混和易均匀，缺点是混和比例不易控制。

3. 棉条混和　当两种及两种以上的原料差异很大时，开始生产时先分别进行加工成条后，再采用在并条工序中用条子进行混和。如色纺纱，涤、棉纱等多种原料纺纱。这种混和方式最适用于非纯纺对象的大批量生产。其优点是混和比例易控制、均匀度相对较高；缺点是棉条易过熟、工艺相对较复杂、管理要求高，尤其是多组分中存在小比例混和的原料。

（三）条子混和比例的计算

1. 湿重混纺比

$$\frac{A'}{B'}=\frac{A}{B}\cdot\frac{1+W_A}{1+W_B}$$

$$A+B=100\%\text{或}A=1-B$$

式中：A'——甲纤维在湿重时的混用百分比；

B'——乙纤维在湿重时的混用百分比；

A——甲纤维在干重时的混用百分比；

B——乙纤维在干重时的混用百分比；

W_A——甲纤维混纺时，实测回潮率；

W_B——乙纤维混纺时，实测回潮率。

2. 干定量比

$$\frac{G_A}{G_B}=\frac{N_B}{N_A}\cdot\frac{A}{B}$$

$$A+B=100\%\text{或}A=1-B$$

式中：G_A——甲纤维条的干定量，g/5m；

G_B——乙纤维条的干定量，g/5m；

N_A——甲纤维条的喂根数；

N_B——乙纤维条的喂根数；

A——甲纤维在干重时的混用百分比；

B——乙纤维在干重时的混用百分比。

3. 回用混纺回花后的纤维条的干定量比　混棉时回用回花量 M（%）加入生产乙纤维条的棉堆中：

$$\frac{G_A}{G_B}=\frac{AN_B\ (1-M)}{BN_A}$$

式中：G_A——甲纤维条的干定量，g/5m；

G_B——乙纤维条的干定量，g/5m；

N_A——甲纤维条的喂根数；

N_B——乙纤维条的喂根数；

A——甲纤维在干重时的混用百分比；

B——乙纤维在干重时的混用百分比；

M——回花占乙纤维料的百分比。

例：纺涤/棉（65/35）14tex纱，头道并条使用6根并合，现已确定涤条的干定量为G_B=18.6g/5m，置于涤条中的回花的使用量为M=0.05。求：不使用回花时棉的干定量G_A应为多少？使用回花后的干定量G_A又为多少？如实际回潮率为公定回潮率则其湿定量分别为多少？并画出两种须条在并条机上的放置图。

解：（1）根据 $G_A/G_B=(N_B/N_A)\times(A/B)$

则有 $G_A/18.6=(4/2)\times(0.35/0.65)$

$$G_A=18.6\times2\times(0.35/0.65)=20.03\ \text{g/5m}$$

（2）根据 $G_A/G_B=[AN_B(1-M)]/BN_A$ 回花量M(%)加入生产涤条的纤维堆中，则有：

$$G_A/18.6=[0.35\times4(1-0.05)]/(0.65\times2)$$

$$G_A=18.6\times(1.33/1.3)=19.03\text{g/5m}$$

（3）根据$G_A{}'=G_A\times(1+W_A)=19.03\times(1+0.085)=20.65\text{g/5m}$

$$G_B{}'=G_B\times(1+W_B{}')$$

$$W'_B=(1-M)\times W_B+M(A\times W_A+B\times W_B)$$

$W_B{}'=(1-0.05)\times0.004+0.05(0.35\times0.085+0.65\times0.004)=0.00546$

则有：$G_B{}'=G_B\times(1+W_B{}')=18.6\times(1+0.00546)=18.702\text{g/5m}$

答：不使用回花时的G_A=20.03g/5m；当使用回花后G_A=19.03g/5m；棉条湿重定量$G_A{}'$为20.65g/5m；涤条湿重定量$G_B{}'$为18.702g/5m；图1－2－6为两种须条在并条机上的放置图。

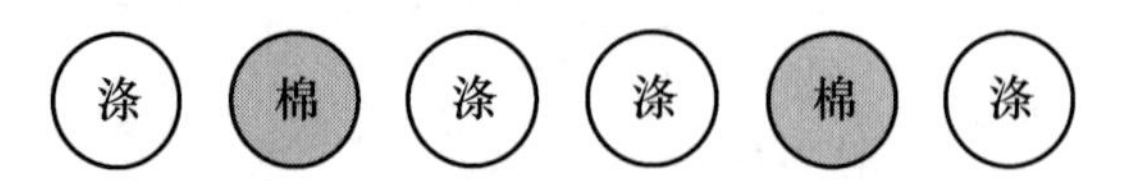

图1－2－6 涤/棉（65/35）须条（涤4根、棉2根）在并条机上喂给时的放置图

思考与练习

1. 什么是配棉？其目的是什么？

2. 在原棉选配时，粗特纱与细特纱、机织用纱与针织用纱、经纱与纬纱、精梳纱与普梳纱、单纱与股线对原棉的性质要求有何不同？

3. 什么是配棉过程中的分类与排队？

4. 在配棉时，队数的确定应考虑哪些因素？队数多少一般如何掌握？

5. 原料的混和方法有哪几种？各有何优、缺点？

6. 涤/黏混纺时的干重比为55/45，若涤和黏的回潮率分别为0.4%和13%，求涤/黏混纺时的湿重比。

项目1-3　开清棉

✲教学目标

1. 了解开松与除杂的目的、要求；

2. 知道开清棉工序的开松与除杂作用；

3. 认识开清棉工序的生产工艺单，知道工艺单中各参数确定的依据。

✲任务说明

1. 任务要求

通过本项目的学习，完成以下工作任务：

(1) 了解开清棉工序的方式、作用、设备的结构、原理及特点；

(2) 能制订开清棉的工艺流程，了解各设备的工艺参数对开松和除杂效果的影响。

2. 任务所需设备、工具、材料

开清棉设备及所需工具，原棉和棉卷。

3. 任务实施内容及步骤

(1) 学习开松与除杂的方式、原理、特点；

(2) 认识开松与除杂机构，熟悉设备的不同工艺配置对开清效果的影响；

(3) 根据原料的特性，制订一个开清棉生产加工的工艺流程。

4. 撰写实训报告，并进行评价与讨论。

✲项目导入

轧去棉籽的棉花，古代称为净棉，现代称为皮棉，经紧压打包后称为原棉。净棉在古代用于手工纺纱或做絮棉之前，需经过弹松，称为弹棉。在弹棉过程中一方面能使纤维与杂质分离，即去除一些杂质；同时利用钢丝的振荡原理使纤维松解，从而使纤维得到开松和清杂的效果。弹弓和弹椎是古代弹棉的工具。图1-3-1为古代木棉弹弓，图1-3-2为古人手持弹椎用木棉弹弓弹棉。

现代工业生产原料使用的是原棉包，对原棉开松和清杂是开清棉的主要任务。

一、概述

(一) 开清棉工序的基本任务及原则

1. 开清棉工序的基本任务　开清棉工序的基本任务主要有以下几项。

(1) 开棉：将紧压的原棉松解成较小的棉块或棉束，以利于混和、除杂作用的顺利进行。

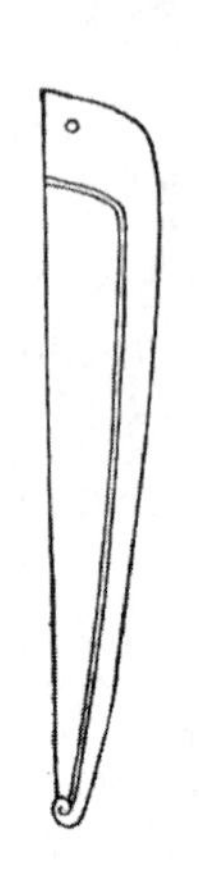

图 1-3-1　古代木棉弹弓

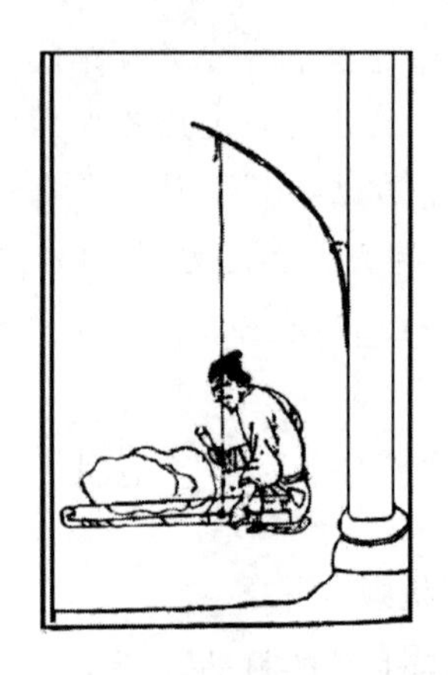

图 1-3-2　古人手持弹椎用弹弓弹棉

（2）清棉：清除原棉中的大部分杂质、疵点及不宜纺纱的短纤维。

（3）混棉：将不同成分的原棉进行充分而均匀的混和，以利于棉纱质量的稳定。

（4）成卷或气力输送：当采用非清梳联系统时制成一定重量、长度、厚薄均匀、外形良好的棉卷。当采用清梳联系统时将处理好的小棉块、小棉束（2.5～0.5mg）通过气力输送的方式提供给下道工序梳棉。

2. 开清棉工序的基本原则　勤抓少抓，先松后打，多松少打，早落少碎，均匀混和。

3. 开清棉工序的特点　机台多，流程长，自动化程度高，复杂度大。

（二）开清棉机组设备的分类

开清棉机组设备按其主要工作任务可分为四类主要设备和一类辅助设备。

1. 开清棉机组的主要设备

（1）喂入设备：为纺纱生产第一工序的第一台设备，按其喂给的方式可分为：自动喂给设备及小批量喂给设备。

①自动喂给设备：采用机械打手，从排布完好的棉包堆中抓取棉块，抓取时棉块重量为30～50mg/块。

具体设备可分为：圆盘式和往复式。典型设备圆盘式有 FA002、FA003 等；往复式有 A3000、FA006、FA008B、FA009，BO－A（特吕茨施勒）、UNIfloc A 11、BLENDOMAT BO－A 1720/2300 等。

②小批量喂给设备：采用人工方式将大块纤维分撕开成小块、按一定重量、一定比例、分层铺放到输棉帘子上进行喂给。典型设备 FA017、UNIfloc B 33/B 34、BO－C、BO－R、BO－U、BO－W、BL－HW、BL－EW、BL－FC 等。

（2）棉箱设备：该类设备以混和均匀为主，开松、除杂为辅。一般该类设备均带有定量控制装置，有些还带有精确定量控制装置。典型设备有：A006B、A092、A092AST、SFA161A、FA134、FA046、G051、BG053、FA022、FA028、FA029、JSB325、MX－U 6/10、MX－I 6/10、UNIfloc B 72R/（S）、UNIfloc B 76R/（S）、UNIfloc A 81 等。

（3）开松除杂设备：该类设备以开松、除杂为主，混和均匀为辅。该类设备可分为：自由开松除杂设备、握持开松除杂设备。

①自由开松除杂设备：FA018、A035DS、FA101、FA102、JSB102/C、FA105A、UNIfloc B 12、FA103、FA113、FA104、CL－U、CL－P、FD－R、TO－C、FD－S等。

②握持开松除杂设备：JWF1122、JWF1124、FA106、UNIfloc A 79S、FA109、FA111、FA112等。

（4）成卷设备：A076E、FA141、FA142、FA146等。

2. 开清棉机组的辅助设备　开清棉机组的辅助设备有凝棉器、风机、配棉器、分离器、喂给箱（清梳联使用）等。

分离器设备是流程系统中的重要组成部分，它决定着系统的先进程度。

（三）开清棉机组及其流程

1. 开清棉机组的基本流程　开清棉机组的组合根据该工序的处理原则来进行，如图1—3—3所示。

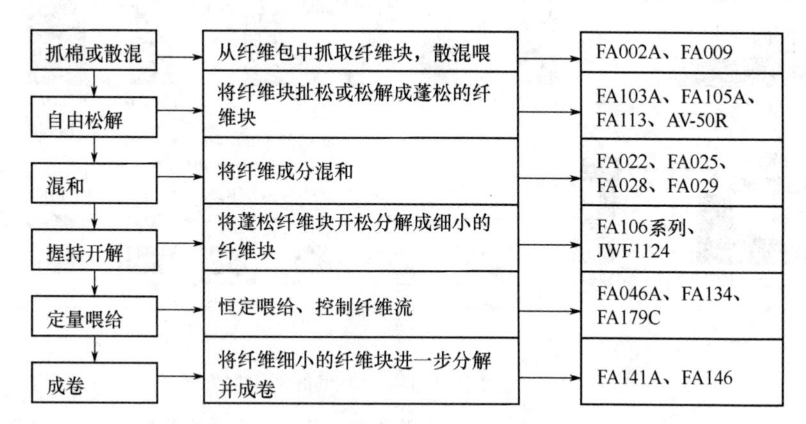

图1－3－3　清棉机组各阶段处理的基本流程

2. 开清棉成卷机组典型组合

（1）用于原棉生产加工的流程，如图1－3－4所示。

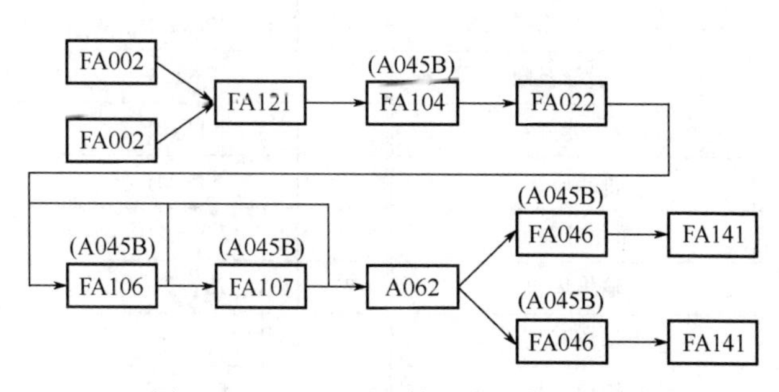

图1－3－4　用于原棉生产的加工流程

（2）用于化纤生产加工的流程，如图1－3－5所示。

3. 清梳联系统典型机组

（1）用于纯棉生产加工的清钢联系统（国产）如图1－3－6所示，其流程中使用设备的说明见表1－3－1。

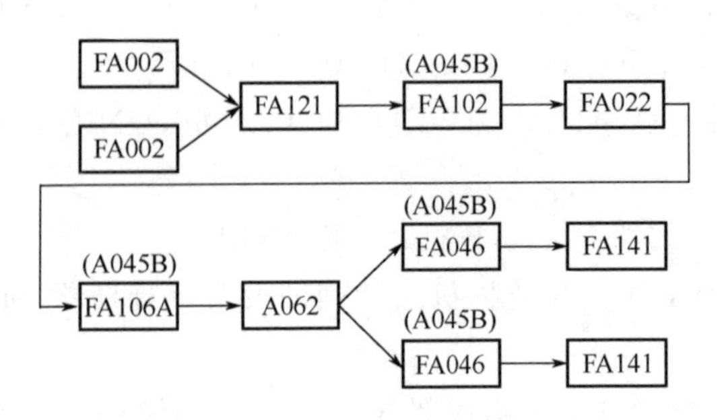

图 1－3－5　用于化纤生产的加工流程

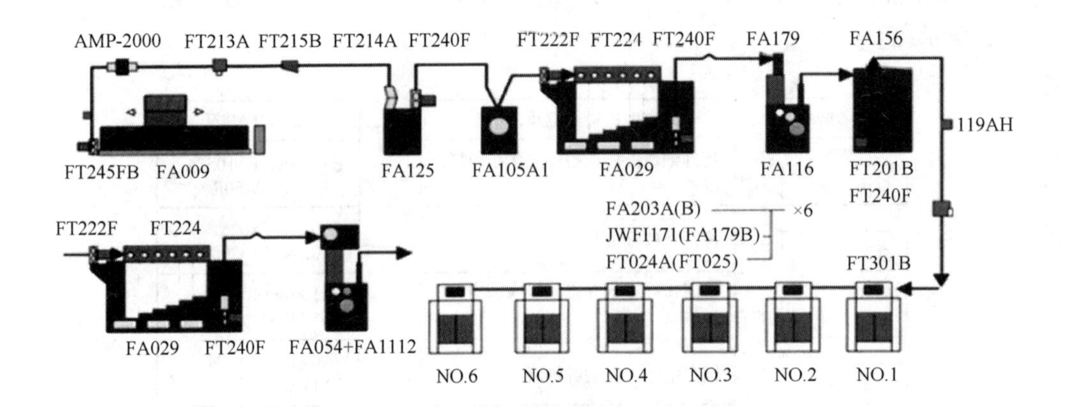

图 1－3－6　用于纯棉生产加工的清钢联系统

表 1－3－1　图 1－3－6 流程使用设备的型号说明表

序号	设备型号	设备名称	序号	设备型号	设备名称
1	FA009	自动往复抓棉机	14	FA179	喂棉箱
2	FT245FB	输棉风机	15	FA116	主除杂机
3	AMP2000	火星金属重物探除器	16	FT201B	输棉风机
4	FT213A	三通摇板阀	17	FA156	除微尘机
5	FT215B	微尘分流器	18	FT240F	输棉风机
6	FT214A	桥式磁铁	19	119AII	火星探除器
7	FA125	重物分离器	20	FT301B	连续喂棉控制器
8	FT240F	输棉风机	21	FA179B，JWF1171	气压棉箱
9	FA105A1	单轴流开棉机	22	FA203A，FA203B	梳棉机
10	FT222F	输棉风机	23	FT024A	自调匀整器
11	FT224	弧形磁铁	24	FA054	纤维分离器
12	FA029	多仓混棉机	25	FA1112	精开棉机
13	FT240F	输棉风机			

注　图 1－3－6 流程中的使用设备与表 1－3－1 型号说明表成对应关系。表中的“灰底”部分（13、14、15）使用设备，可用（24、25）设备组合进行替代。

(2) 适用于纯棉普梳环锭纺、转杯纺的清钢联系统（含杂少于5%），该机组的工艺流程如图1－3－7所示。

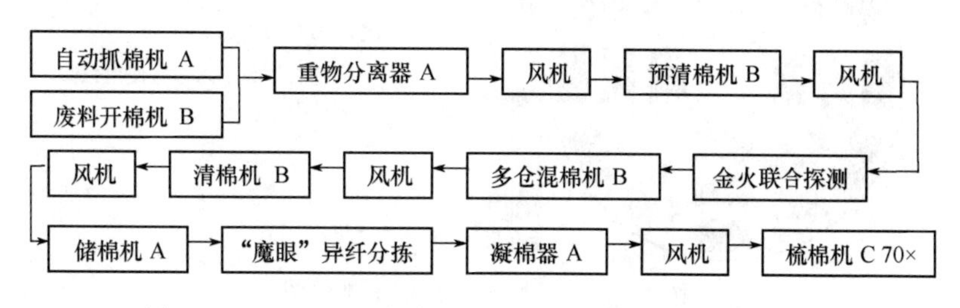

图1－3－7　用于纯棉普梳环锭纺、转杯纺的清钢联系统

系统配有Smartfeed智能喂棉，连续供应，确保筵棉均匀一致性，为后续纺出高品质纱奠定了基础。

(3) 适用于纯棉精梳环锭纺的清钢联系统（含杂少于3%），该机组的工艺流程如图1－3－8所示。

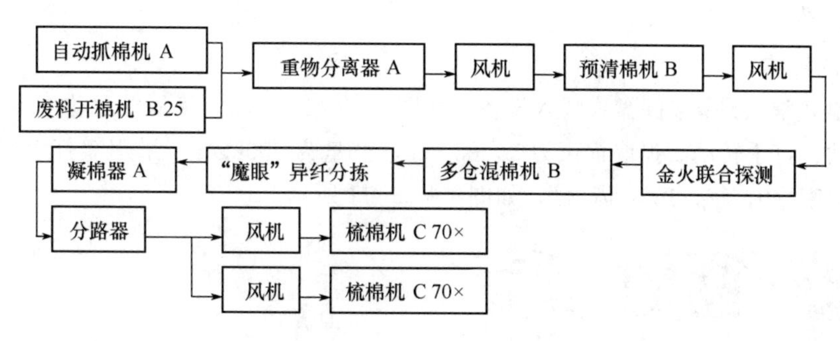

图1－3－8　用于纯棉精梳环锭纺的清钢联系统

二、开清棉机组各类设备的作用原理及典型设备

(一) 喂入设备的作用原理及典型设备

1. 开松作用原理　当肋条压紧棉层时，肋条与肋条之间的纤维将上凸，利用打手高速转动的刀片快速抓取上凸的纤维，从而一方面实现抓取，另一方面使抓取的块状不至于过大。

要求：抓棉机抓取的纤维块尽量小而均匀，即所谓“精细抓棉”，以便后道机台能更好地开松、除杂、混和均匀。

影响开松效果的工艺参数：抓棉打手的转速、打手刀片伸出肋条的距离、抓棉打手间歇下降的动程 、抓棉小车的回转速度。

2. 混和作用原理　混和作用在很大程度上取决于排包图的正确性及与实际情况的一致性。

抓棉小车运行一周（或一个单程）按配棉方案依次抓取不同成分的原棉，实现原料的初步混和。

影响抓棉机混和效果的工艺因素有排包图的编制（图1－3－9）和抓棉小车的运转效率。

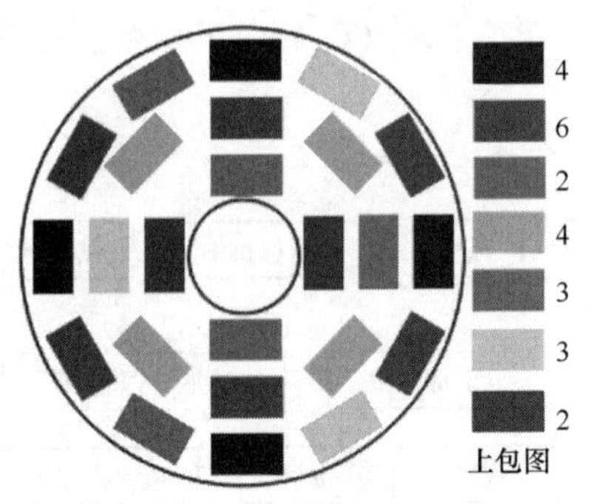

图 1－3－9　圆盘式抓棉机排包图

上包工作要点：

（1）圆盘式：周向分散，径向错开；

（2）往复式：横向分散，纵向错开；

（3）削高填平、低包抬高、平面看齐、一唛到底。

抓棉小车工作要求：少抓、勤抓、抓细、抓全、适度的运转效率。运转效率一般控制在90%左右。

3. 设备的结构

（1）圆盘式喂入设备：圆盘式喂入设备，如图1－3－10 所示。其基本运动：小车圆周运动、小车上下运动、打手转动。抓取棉束为 30～50mg，产量为 500kg/h。采用双打手锯齿刀片，自里向外由稀到密（9，12，15 ）齿/盘，如图 1－3－11 所示。

图 1－3－10　圆盘式抓棉机

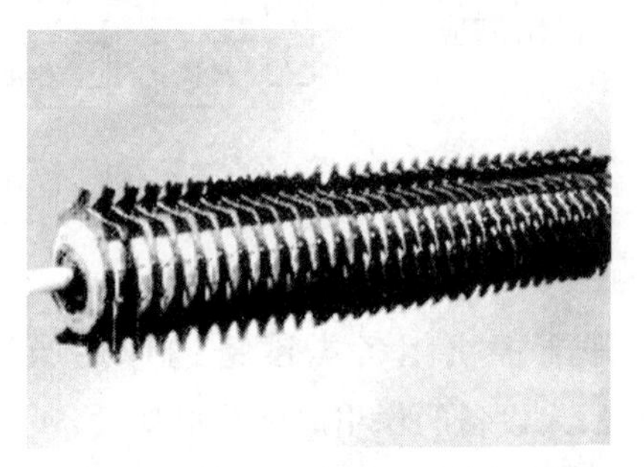

图 1－3－11　圆盘式抓棉机打手

（2）往复式喂入设备：如图 1－3－12、图 1－3－13 所示。机幅有 1700mm、2300mm、3100mm 三种，对应单机实际产量可达 1000kg/h、1500kg/h、2000kg/h 及以上。设备幅宽 2300mm 堆放棉包长度为 20m 的可排 100～110 包，最多可以达到 180 包（设备幅宽 3100mm）。

抓取棉束可达 30～50mg，机幅为 1700mm、产量为 500kg/h 时，抓取棉束可达约 30mg。

（二）棉箱设备的作用原理及典型设备

1. 棉箱类设备的混和原理

棉箱类设备的混和原理及方法可分为时间差混和、程差式混和、夹层式混和、翻滚式混和，其设备又可分为带开松功能及不带开松功能两个大类。

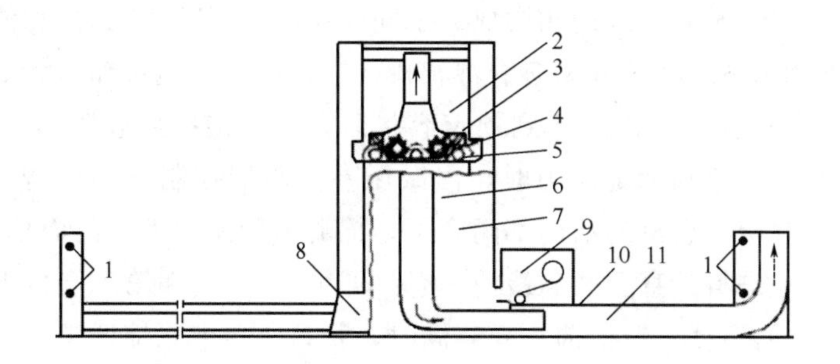

图 1-3-12 往复式抓棉机截面图

1—光电管 2—抓棉头 3—打手 4—肋条 5—压棉罗拉 6—伸缩输棉管 7—转塔 8—抓棉小车 9—卷绕装置 10—覆盖带 11—输棉道

图 1-3-13 立达 A11 往复式自动抓棉机

（1）直放横取法混和：将原料并排放置，然后从上至下一层层取出进行混和，其每次取出的原料混和比例应与设计的比例相符。

（2）横铺直取法混和：首先根据原料的每次投放定量，根据混和比例确定各种原料的具体重量，然后再根据原料铺放面积、每层铺放厚度等决定铺层数量。铺层时各成分要交错进行，每层厚度要均匀，然后从铺层的垂直方向同时抓取所有各层原料。用于棉纺生产加工中的 FA016A 型自动混棉机采用的也是横铺直取法混和，如图 1-3-14、图 1-3-15 所示。

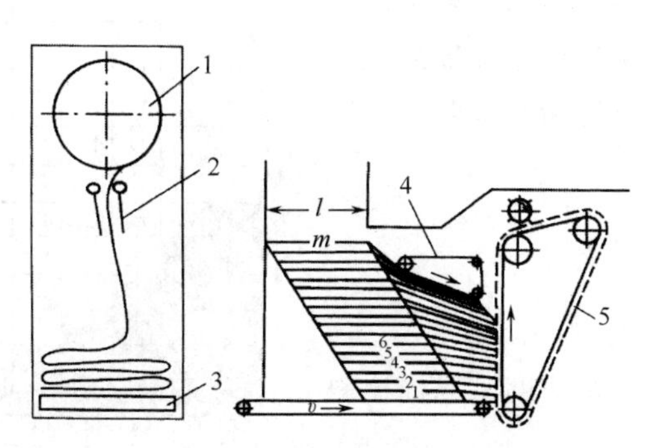

图 1-3-14 FA016A 型横铺直取法铺层

1—凝棉器 2—摆动装置 3—输棉帘 4—压棉帘 5—角钉帘

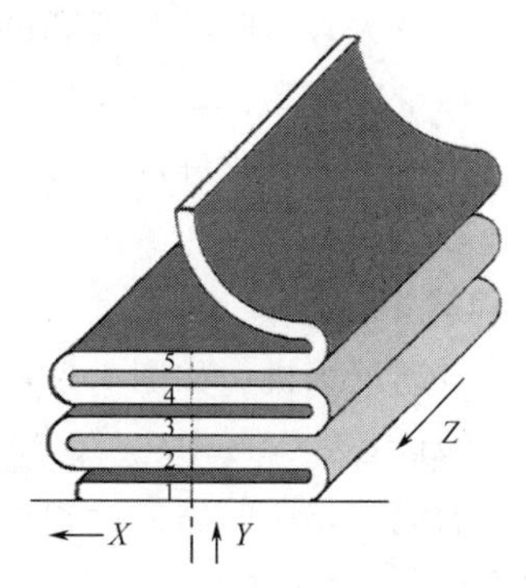

图 1-3-15 横铺直取原理图

（3）多仓铺放法混和：这是利用时间差异或路程差异，使不同时间喂入混棉机的不同成分纤维同时输出（或同一时间喂入的相同成分不同时输出），从而达到混和的目的。

图 1－3－16 所示为 FA022－6 型多仓混棉机，开松的原棉通过输送管 2 和管道内的活门 3 进入垂直棉仓 1，当棉仓中的棉量达到预定容量后，将使前、后仓隔板上半部分的网眼堵塞，该棉仓静压升高，当达到标定压力时，由微压差控制器控制气动机构关闭活门 3，即第六仓棉量灌满了，这时所有仓位的活门都闭合了，棉流只能流向无活门而棉位最低的第一仓，随着时间的延续，顺序进料，直至装满最前一仓（即第一仓）。在第二仓位上装有光电控制器 6，监视仓内原料存量的高度。在最前一仓装满时，若第二仓内原棉低于光电管位置，则打开第二仓位的活门，喂料就进入到第二仓，进入第二循环喂料。若最前一仓充满时，第二仓的原棉仍遮住光电管，则进棉口总活门关闭，停止供棉。各仓底部均装有一对给棉罗拉 4 和一只打手 5，纤维经罗拉输出，由打手开松后落到混棉通道内混和并由气流输出。

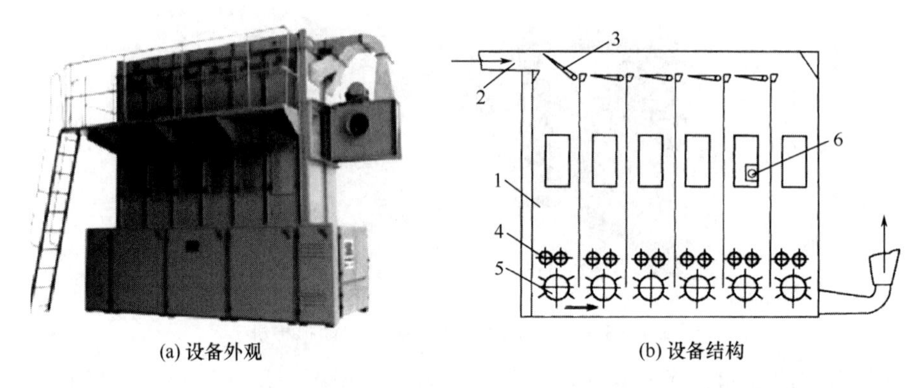

(a) 设备外观　　(b) 设备结构

图 1－3－16　FA022－6 型多仓混棉机

1—棉仓　2—输送管　3—活门　4—给棉罗拉　5—打手　6—光电控制器

图 1－3－17 说明从 FA022－6 型六仓混棉机同一时间输出的原料中包括不同时间喂入的原料（图中以 A_6、B_5、C_4、D_3、E_2、F_1 表示），成分数与仓数相等。这只是一种理想情况，实际情况将更为复杂。在图中第一仓与最后一仓（仓位数 6～10 个）喂料间隔的时间差为 20～40min，这种混和方式称为时间差混和。时间差越大，同时参与混和的原料成分越多，混和效果越好。

（4）称量式混和：这是一种可以使混和比例达到很准确的混和方法，适用于化纤与化纤或与其他多种纤维在对混和比例要求很准确时的混和。

2. 棉箱类设备

（1）自动混棉机：如图 1－3－18 所示。

①典型设备：A006BS、A006CS、FA016A、ZFA026 等。

②影响混和作用的因素：棉堆铺层数、输棉帘速度、混棉比斜板的角度。

③影响开松、除杂作用的因素：隔距、角钉帘与均棉罗拉的速度、输棉帘的速度、角钉倾角与密度、尘棒间隔距、剥棉打手与尘棒间的隔距、剥棉打手转速、尘格包围角与出棉形式。

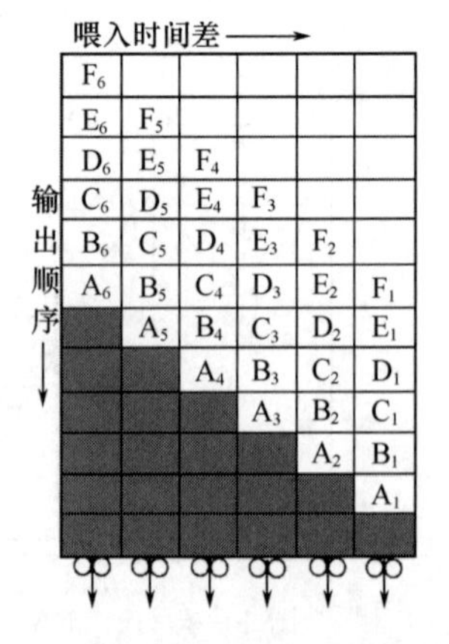

图 1－3－17　多仓混棉机时间差混合原理

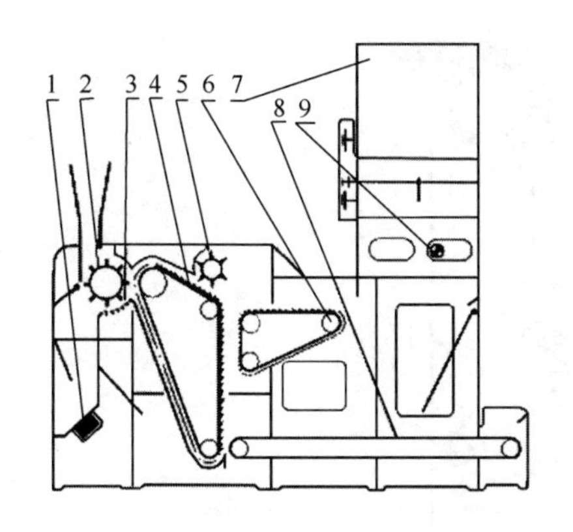

图 1－3－18 FA016A 自动混棉机结构图

1—磁铁装置 2—剥棉打手 3—尘格 4—角钉帘尘棒 5—均棉罗拉 6—压棉帘 7—凝棉器 8—输棉帘 9—光电管

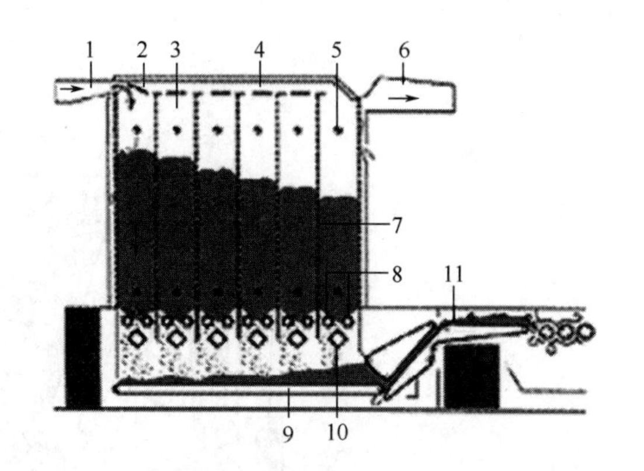

图 1－3－19 FA028 多仓混棉机结构图

1—进棉管 2—活门 3—混棉仓 4—配棉道 5—光电装置 6—排风口 7—网眼板 8—给棉罗拉 9—混棉帘 10—开棉打手 11—输出棉帘

（2）多仓混棉机：

多仓混棉机可分为两类：一类以混和为主，另一类除以混和为主外，还具有一定的开松和除杂功能，如图 1－3－19 所示。

①典型设备：FA022－10、FA028、FA025、FA029、GB051、GB053、立达 B72R、特吕茨施勒 MX－I、MX－U 等。

②影响混和的因素：仓位数量、满仓容量、换仓压力、光电管的位置、喂入和输出量、棉箱的初状态的定位（如图 1－3－16）、供应能力 G_J 与输出能力 G_{CH} 的匹配性（必须保证 $G_J > G_{CH}$ 这一条件，否则将出现多仓位“空仓”，不能发挥设备的有效作用）。

（3）双棉箱给棉机：如图 1－3－20 所示。该机具有较强的混和能力，在实际应用中相当于起到三个棉箱的定量控制，给出棉层厚薄相对较均匀，一般与成卷机 FA141 或 A076C（E）（F）相连。

①典型设备：A092、A092AST、FA046、SFA161A 等。

②影响混和、均匀作用的因素：定量控制、供应匹配问题。

（三）开松、除杂设备的作用原理

1. 开松、除杂的目的 纺纱原料多数以紧压包形式进厂，为了顺利纺纱并获得优质纱线，首要任务是对原料进行开松。另外，各种纤维原料，如棉、毛、麻、绢绵等都含有各种各样的杂质，化学短纤维含有疵点，这些杂质或者疵点的存在会影响纱线的加工和品质，因此必须尽可能地去除。

2. 开松、除杂的要求 将原料纤维块松解，逐渐解除纤维之间以及纤维和杂质之间的联系，通过开松器件的作用，使大块纤维变成小块、小块变成小束，为提供给后道梳棉工序的梳理创造条件。在开松的过程中，应尽量避免损伤纤维，并要求将原料中相对易清除的大部分杂质和疵点清除。

在开松过程中，应遵循“先缓和后剧烈、渐进开松、少碎少破”的工艺原则。在排杂过

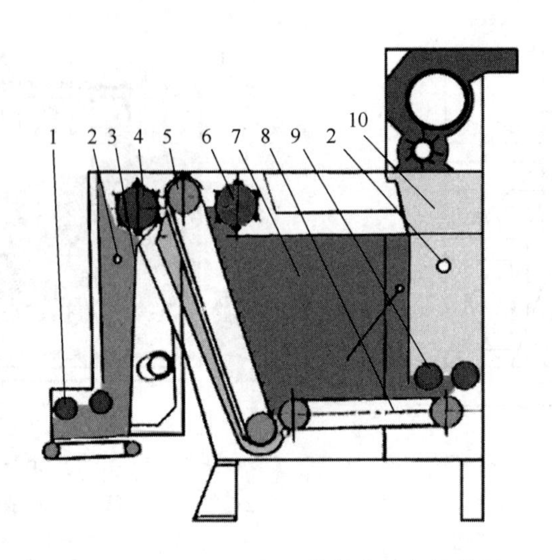

图 1－3－20 FA046 双棉箱给棉机结构图

1—角钉罗拉 2—光电管 3—震动棉 4—剥棉打手 5—角钉帘 6—均棉罗拉 7—中棉箱 8—输棉帘 9—给棉罗拉 10—后棉箱

程中应按“早落少碎”的工艺原则进行。

3. 开松的原理 开松的原理可分为：自由开松和握持开松两类。

（1）自由开松：自由开松按机件对原料的作用方式分为自由撕扯（扯松）和自由打击（打松）。

自由撕扯包括由一个运动着的角针机件或者两个相对运动着的角钉机件对处于自由状态下的原料产生撕扯作用。撕扯的先决条件是角钉具有抓取纤维的能力。

（2）握持开松：原料在被握持状态下向机内喂入的同时，受到开松件的作用称为握持开松。

采用高速回转的刀片打手对握持的喂入原料进行打击，使原料获得冲量而被开松，称作打松或握持打击；由锯齿或梳针刺入被握持的须丛中，对纤维束进行分割，使纤维束获得较细致的开松即为扯松，又称作握持分割。

4. 除杂的原理 机械除杂是伴随着打手机械的开松作用同时进行的，开松作用越好，杂质的去除效果越彻底。

一种是利用打手与尘棒之间纤维流的通过，使尘棒产生震动，排除纤维块表面的杂质；另一种是利用杂质和纤维的密度不同，从而产生的惯性不同，使杂质通过尘棒与尘棒之间的空隙，实现杂质与纤维块（束）分离。

5. 开松、除杂的典型设备

（1）自由开松设备：FA016A 混开棉机如图 1－3－21 所示。

（2）握持开松设备：FA106 豪猪式开棉机如图 1－3－22 所示。

6. 影响开松除杂设备除杂效果的因素

（1）打手速度：打手速度的高低直接影响对棉层的打击强度。

①速度高，开松杂质作用好，落棉率高。但过高，杂质易破损，纤维易受损，且易产生

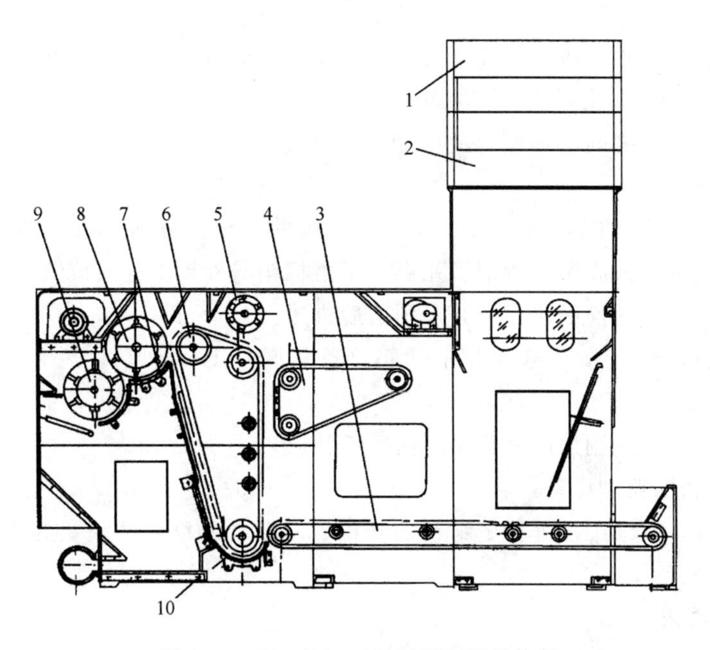

图 1-3-21 FA016A 混开棉机结构图

1—凝棉器 2—摆斗 3—输棉帘 4—压棉帘 5—均棉罗拉 6—角钉帘 7—尘格 8—角钉打手 9—豪猪打手 10—漏底

束丝（对棉结有直接关系）。

②确定打手速度主要考虑的因素：加工纤维的长度、成熟度及含杂大小。

③打手速度确定原则：当加工纤维长，含杂少，或成熟度较差的原棉时，打手转速适当低些，一般在 500～700r/min。

（2）打手与给棉罗拉之间的隔距：该隔距较小时，开松作用较大，纤维易损伤。

注意：该隔距一般很少变动，一般当纤维长度或棉层厚度发生变化时隔距应作调整，应变大些。一般加工 51～76mm 长纤维隔距采用 10～11mm，加工短纤维 38～51mm，一般隔距采用 8～9mm，加工棉纤维一般隔距采用 6～7mm。

图 1-3-22 FA106 豪猪式开棉机

（3）打手与尘棒之间的隔距：此隔距按由小至大进行配置，该隔距越小，棉块受尘棒阻击的机会就越大，在打手室停留的时间也越长。注意：该隔距不易调节，原棉性质变化不大时一般不进行调节。

一般中特纱进口隔距采用 10～18.5mm，出口隔距采用 16～20mm。

（4）尘棒与尘棒之间的隔距：通过安装角来调整，一般不常改变。原棉含杂变化较大时，该隔距需要调整。该隔距有两类：

①用于回收纤维。隔距配置为：大（入口）、小（中间）、大（出口）。

②用于多落杂。隔距配置为：大（入口）、小（出口）。

(5) 给棉罗拉的转速：决定处理产量。14～70r/min，FA106 为 800kg/h，一般开到处理产量为 500～600kg/h，其他为 500～600kg/h。

(6) 打手与剥棉刀之间的隔距：此隔距以小为适，一般为 1.5～2mm，过大易产生反花变成束丝。

(7) “死箱”“活箱”的采用。FA106 型开棉机的落棉箱分前、后两部分。所谓“活箱”是落棉箱与外界连通成回收区。所谓“死箱”是落棉箱与外界不连通成落杂区。

①高含杂棉一般采用前后死箱，并采用前后进风。

②3%左右的原棉含杂，一般采用前活箱（负压区）（不补风），后死箱（正压区）（补风）。

③处理化纤时，一般则采用全活箱（前后不补风）。

(四) 成卷设备的典型设备

使用开松器件，对纤维块进行更细致的开松、除杂，使纤维的块状变得更小，有利于下道工序梳棉顺利进行。

1. 基本作用要求

(1) 进一步开松、除杂；

(2) 实现纵向、横向均匀；

(3) 成卷为下道工序提供合格的半制品。

2. 常用基本设备 A076F 型成卷机（图 1－3－23）、FA146 型单笼成卷机、FA141 型单打手成卷机。

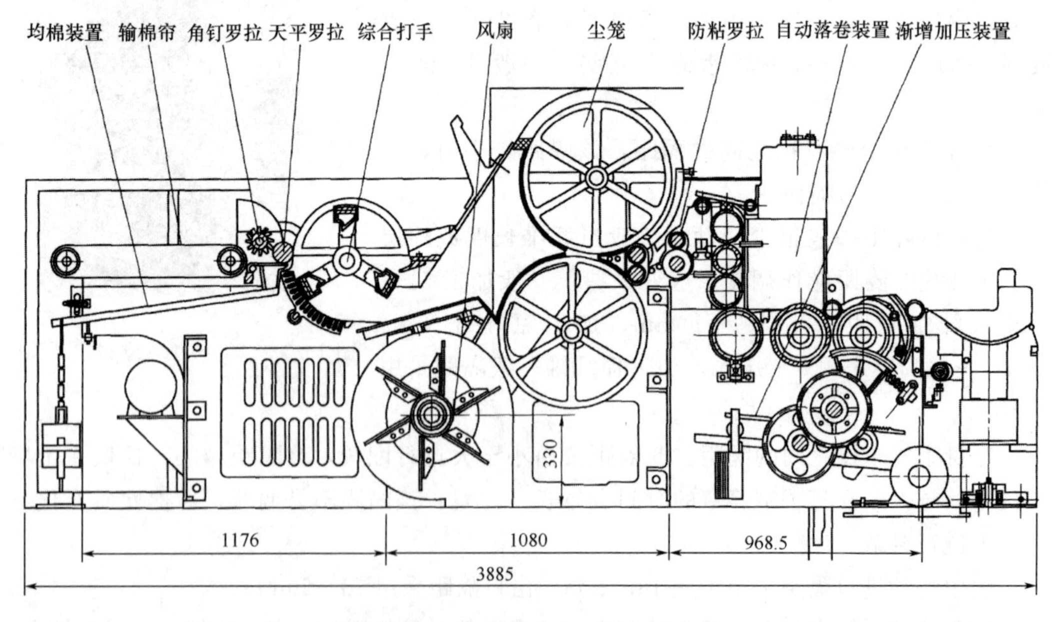

图 1－3－23 A076F 型成卷机结构图

3. 影响成卷设备开松除杂的因素 打手速度、打手形式、打手与天平曲杆工作面的隔距、打手与尘棒之间的隔距、尘棒与尘棒之间的隔距、尘笼的内部气流上下平衡和均匀度。

三、开清棉机的连接及组合

（一）开清棉机械的连接

1. 机组的连接器件

（1）凝棉器（A045、A044等），作用是气力输送、凝聚棉层、表面杂质处理；

（2）输棉风机（TV425A、TV425B等）；

（3）无动力纤维分离器（FA052、FA053、ZFA053等）；

（4）微尘过滤机（CDF1200等）；

（5）配棉器（FA133、A062Ⅱ、A062Ⅲ、TF2202等）；

（6）金属除杂装置（TF30、TF39等）、吸铁装置（TF34等）。

2. 开清棉联合机的联动控制

（1）开机顺序：连接设备启动→各打手电机启动→各给棉系统→机头开车。原则是自后向前按连接的顺序进行启动。

（2）关机顺序：停机头→关闭各给棉系统的电机→关闭各打手电机→关闭各连接设备的电机。原则是自前向后按设备连接的反向进行关闭。

（3）联动控制：

①控制方式：有机械方式（如拉耙装置、离合器）、电器方式（如光电、红外线）；

②控制方法：有逐台控制、循序控制、连锁控制。

（二）开清棉联合机的组合

清棉的机组组合一般随加工原料、产品品质要求、工艺流程的不同而不同。

1. 组合原则 流程配置应充分体现勤抓少抓，多松少大打，以梳代打，早落少碎的原则。

2. 组合要求

（1）必须按照原则进行组合。

（2）合理配置开清点的个数，参见表1-3-2。

表1-3-2 原棉含杂率与开清点的个数的关系

原棉含杂率（%）	<3%	3%～5%	>5%	化纤
开清点个数	2～3个	3～4个	4～5个或经预处理	2～3个

（3）合理选择打手形式和打击方式。

（4）配置合理的棉箱数，一般为2～3个棉箱（应考虑多仓）。

（5）流程中应设有间道装置。

四、清棉的质量控制

（一）棉卷含杂控制

尽早地、合理地处理这类杂质是纺纱工程中需特别关注的重要问题。在除杂的过程中有些杂物打碎后不易清除，有些原先就不易清除，如软籽表皮、僵棉、带纤维籽屑、索丝、棉结等，这就牵涉到本工序与下一工序除杂处理的分工问题。不同杂质的除杂难度系数情况见表1-3-3。

表1-3-3　原料中所含各种不同杂质的除杂难度系数情况

杂质名称	除杂难度系数（%）	杂质名称	除杂难度系数（%）
棉籽、籽棉	5～10	叶屑	45～55
不带纤维籽屑	7～10	软籽表皮、僵棉	65～75
不孕籽	35～45	带长纤维籽屑	90～95
带纤维破籽	35～45	带短纤维籽屑	85～90

除杂难度系数越大，则表示杂质越不易去除。它是一个分级除杂效果概念的参数，即除杂难度系数与原棉含杂无关，也即如原棉含杂高，其除杂难度低的话，杂质就易去除，也不会对后期加工产生影响。

$$除杂难度系数=\frac{输出品中所含杂质的重量}{喂入品中所含杂质的重量}\times 100\%$$

1. 清梳除杂分工　原棉含杂率与清梳除杂分工见表1-3-4。

表1-3-4 原棉含杂率与清梳除杂分工

原棉含杂率（%）	开清棉联合机除杂效率（%）	落棉含杂率（%）	棉卷含杂率（%）
1.5以下	40	50	0.9以下
1.5～1.9	45	55	1
2～2.4	50	55	1.2
2.5～2.9	55	60	1.4
3～4	60	65	1.6

2. 除杂原则

(1) 不同原棉不同处理。　当纤维的成熟度、含杂率、线密度不同时，开清个数也随之不同。

①含水率超过11%（回潮率超过12.36%），必须先开包或采用烘干处理，使含水率降至10%以下再投产。

②紧包棉一般要进行预开松，高包要分割。

(2) 贯彻早落、少碎、多松、少打原则。在握持打击前，必须将大杂（如不孕籽、棉籽、籽棉）落下。

清棉工序效能的评定：棉卷含杂率、含杂内容、棉卷质量（重量不匀、重量偏差）、节约用棉。

一般开清棉联合机组的统破籽率控制：为原棉含杂率的70%～110%，除杂效率控制在 45%～60%，棉卷的含杂率控制在 0.8%～1.5%，输出或成卷棉块 1.45～1.78mg/块。

（二）棉卷的均匀度控制

棉卷均匀度控制有纵向均匀控制和横向均匀控制。影响棉卷均匀度主要有原料、工艺、工艺条件、机械状态、操作管理等因素。

棉卷质量指标包括棉卷回潮率、棉卷重量差异、棉卷重量不匀率与伸长率、棉卷含杂率、棉卷结构。

（三）加工化纤时的质量控制

化纤的特点是存在疵点，导电性能差，摩擦系数大的问题。开清棉工序的要求是给湿、加油、构件清理。

1. 工艺流程、工艺参数的选择

（1）工艺流程：一般采用段流程一棉箱二开清点。（清钢联）注意：当有些原料采用纯纺制条困难时，可采用“二步法”即棉包混和与棉条混和相结合；或小批量混和与棉条混和相结合的方式。

（2）工艺参数的选择：一般打手速度采用比棉处理时慢些（低 20%左右），尘笼的风扇速度比纺棉时高 20%左右，给棉采用快、薄的方式，打手与给棉隔距采用放大的方式，打手与剥棉采用紧隔距（0.8～1.6mm），尘棒与尘棒之间采用缩小的方式，打手与尘棒之间采用放大的方式。

总之粗长纤维应采用：放大隔距，降低打手速度，减小尘棒间的隔距。

2. 防粘卷问题 粘卷危害性极大，不仅直接影响生条重不匀，而且会影响梳理器件，如锡林针布等。其产生的主要原因为：化纤无天然卷曲，抱合力差，与金属的摩擦系数大，易产生静电。

防粘的措施主要有：采用凹凸罗拉；尘笼加内胆，单尘笼，提高尘笼表面的静压；增大精压辊的压力；夹粗纱条；采用重定量短定长；第二、第三紧压罗拉内加装电热管；采用逐渐增压。

☞ 思考与练习

1. 什么是开松？开松的目的是什么？
2. 开松的原则是什么？为什么要遵循这个原则？
3. 开松的方式有哪几种？其特点是什么？
4. 混和的目的是什么？混和效果的好坏对成纱质量有何影响？
5. 除杂的目的是什么？除杂的原则是什么？
6. 影响开松除杂设备除杂效果的因素有哪些？
7. 成卷设备的基本作用要求有哪些？
8. 清棉的质量控制内容主要有哪些？
9. 什么是落棉率、落棉含杂率、落杂率和除杂效率？

项目1－4　梳棉

✲教学目标

1. 了解梳棉工序的目的与作用；

2. 知道梳棉机的主要构成及作用原理；

3. 认识梳棉工序的生产工艺单，知道工艺单中各参数确定的依据。

✲任务说明

1. 任务要求

通过本项目的学习，完成以下工作任务：根据实际生产工艺单，知道本工序的主要工艺参数，并简单分析这些工艺参数制订的依据。

2. 任务所需设备

梳棉设备，棉卷和生条。

3. 任务实施内容及步骤

（1）学习理解梳棉工序的过程和梳棉机的作用原理；

（2）认识给棉机构、刺辊、锡林、道夫、盖板及成条圈条机构，了解自调匀整机构及应用，了解针布的结构与规格；

（3）了解梳棉工艺；

（4）检测生条的质量指标，分析影响生条质量的因素。

4. 撰写任务报告，并进行评价与讨论。

✲项目导入

在元朝时，已开始使用脚踏三锭纺车，可以单独纺三根纱，但必须先卷制棉条，它使纺纱前的棉纤维排列较为整齐，有利于成纱条干的均匀，用棉条纺纱是纺纱工艺发展中的又一大贡献。把弹松的棉絮平铺在桌面上，用手将棉絮卷于用无节细竹或高粱秆做的锭杆上，制成约30cm（8～9寸）的中空棉条。

在现代纺纱中，为了得到高质量的纱线，要进一步清除细小的杂质和疵点，并实现较细致的混和，经开清棉加工的棉卷中的小棉块或棉束，也须经梳棉机的梳理，松解成为单纤维状态，并制成条子，俗称生条。

一、概述

经过开清棉加工后，棉卷或散棉中纤维多呈松散棉块、棉束状态，并含有40％～50％的杂质，其中多数为细小的、黏附性较强的纤维性杂质（如带纤维破籽、籽屑、软籽表皮、棉结等），所以必须将纤维束彻底分解成单根纤维，清除残留的细小杂质，使各配棉成分纤维充分混和，制成均匀的棉条，以满足后道工序加工的要求。

梳棉工序的任务主要有以下几项。

1. 分梳　在尽可能少损伤纤维的前提下，对喂入棉层进行细致而彻底的分梳，使束纤维分离成单纤维状态。

2. 除杂 在纤维充分分离的基础上，彻底清除残留的杂质疵点。

3. 均匀混和 使纤维在单纤维状态下充分混和并分布均匀。

4. 成条 制成一定规格和质量要求的均匀棉条并有规律地圈放在棉条筒中。

梳棉工序的任务是由梳棉机来完成的，梳棉机如图 1－4－1 所示，FA201 型梳棉机结构如图 1－4－2 所示。

图 1－4－1 梳棉机

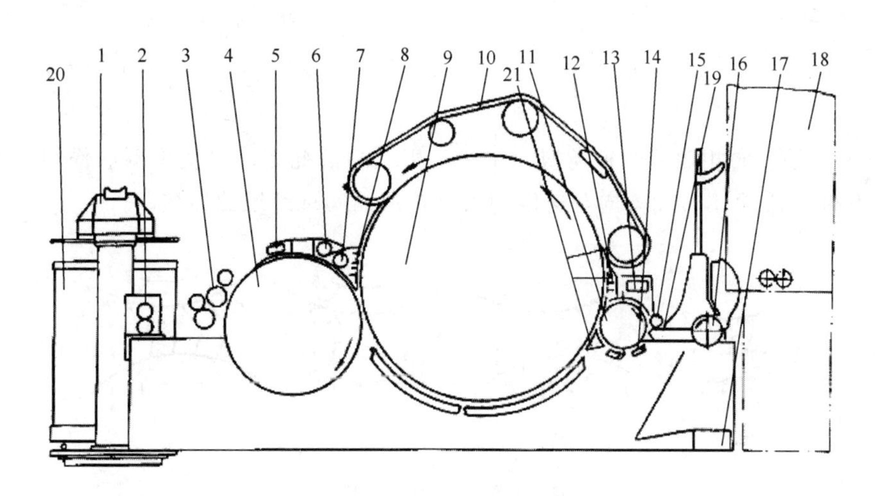

图 1－4－2 FA201 型梳棉机结构图

1—圈条器 2—大压辊 3—剥棉罗拉 4—道夫 5—清洁辊吸点 6—盖板花吸点 7—三角区吸点 8—前固定盖板 9—锡林 10—盖板 11—刺辊 12—后固定盖板 13—刺辊放气罩吸点 14—刺辊分梳板 15—给棉罗拉 16—棉卷罗拉 17—车肚花吸点 18—喂棉箱 19—给棉板 20—条筒 21—三角小漏底

二、梳棉机构的作用

(一) 松解作用

1. 握持开松 梳棉机的握持开松作用主要发生在盖板梳棉机的喂给罗拉和给棉（绵）板

组成的握持钳口与刺辊之间，如图 1－4－3（a）所示，以及罗拉梳理机的喂给罗拉与刺辊（或开毛辊、胸锡林）之间，如图 1－4－3（b）所示。

握持开松是靠锯齿（或梳针）刺入被握持的纤维层内，通过分割纤维束实现细致的开松作用。

2. 自由梳理　梳棉机上有许多相互接近且包缠有针布或齿条的工艺部件，每两个接近的部件间构成一个作用区。

如图 1－4－3 所示，A、B 分别表示相互作用的两个针面，针向关系有针向相对［针齿的倾斜方向为平行配置，如图 1－4－4（a）所示］和针向相顺［针齿的倾斜方向为交叉配置，如图 1－4－4（b）所示］两种情况。

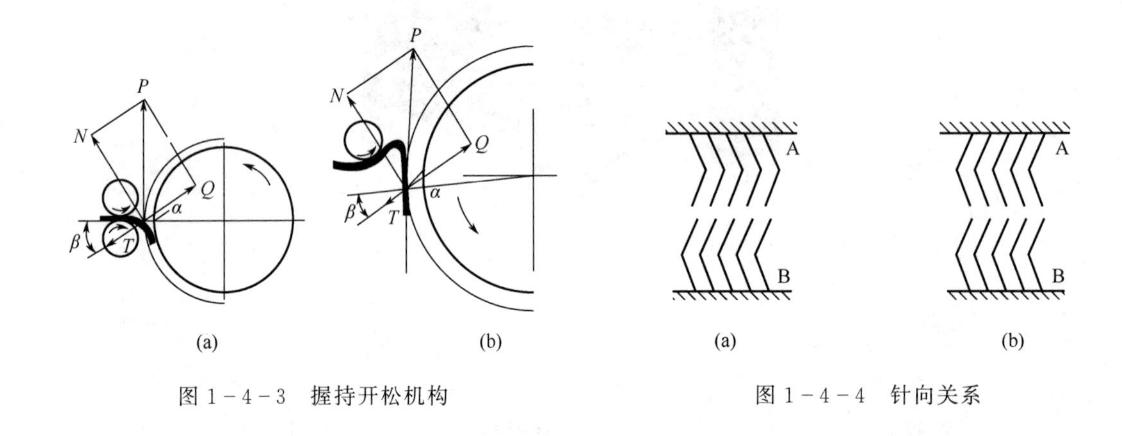

图 1－4－3　握持开松机构　　　　图 1－4－4　针向关系

图 1－4－5 是针向相顺的四种类型。在针向相顺的情况下，只发生剥取作用，至于哪个针面起剥取作用，取决于转动方向与速度的大小，从而实现纤维的转移。

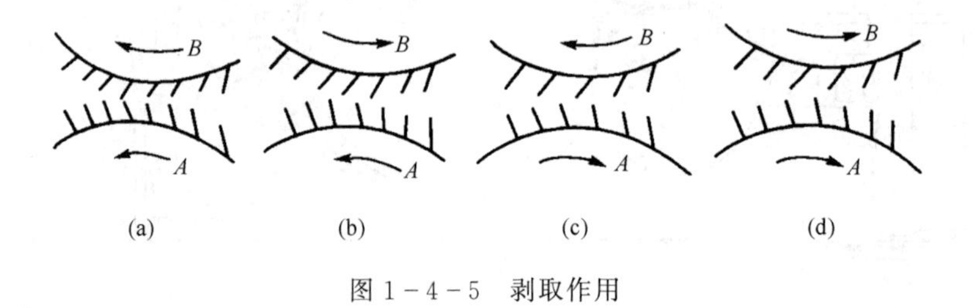

图 1－4－5　剥取作用

当图 1－4－5 的针齿改为平行配置时，其针面间的作用就变为另外四种类型。依据其转向和速度的不同，有分梳作用和起出（提升）作用之分。当两针向相对，且针向与转向均为一致时，发生分梳作用；针向与转向均为相反时，发生起出作用。当一个针面的针向与转向一致，另一个不一致，且一致的针面速度大时，发生分梳作用；当不一致的那个针面速度大时，则发生起出作用，如图 1－4－6 所示。

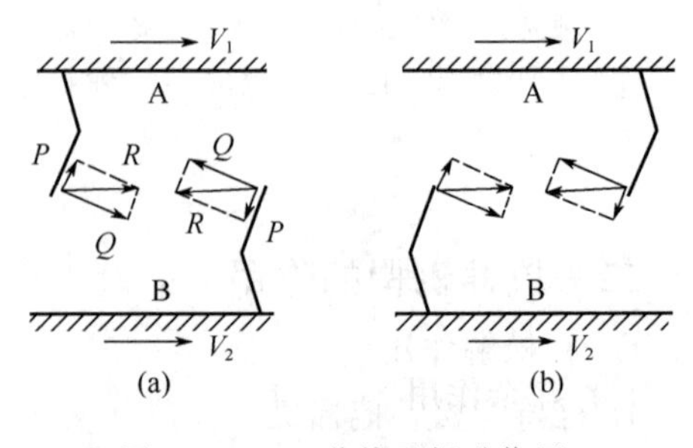

图 1－4－6　分梳及提升作用

3. 影响分梳作用的工艺因素　影响分梳作用的工艺因素很多，主要有隔距、速比、纤维层负荷、针布状态等。

（1）隔距：隔距即两机件对纤维作用时的最近距离。当两机件都为回转件时，用两回转件中心连线与机件针尖表面相交点间的距离来表示。

①锡林与盖板间隔距：梳棉机锡林与盖板的隔距分5点校正，自进口至出口的配置为：大、小、大。进口点的隔距大些是为了减少纤维进入作用区时发生充塞及满足纤维束逐渐分解的要求；出口点隔距稍大，可使锡林针面上的纤维向针尖移动上浮，有利于锡林上的纤维向道夫上的凝聚转移。中间部分隔距小，可使纤维受到的挤压力增加，针齿刺入纤维层深，接触的纤维多，梳理力大，分梳长度长，从而使纤维束易获得松解。纺纯棉低线密度纱时，生条定量轻，隔距应适当减小；纺化纤时，由于纤维长且与针布摩擦系数大，导电性差，应适当放大隔距，以使梳理缓和，转移顺利，减少充塞和避免缠绕。如纺化纤时采用0.38mm×0.33mm×0.28mm×0.28mm×0.33mm。

②锡林与道夫间隔距：隔距相对较小配置，有利于加强梳理作用，但隔距太小，易损伤纤维；而且，当超过道夫针面握持纤维的能力范围时，增加自由纤维量，会产生搓揉，产生棉结。一般为0.1～0.15mm。

（2）速比：速比是指锡林表面速度与刺辊等机件表面速度的比值。锡林与刺辊的表面速比影响纤维由刺辊向锡林的转移，不良的转移会产生棉结。高产梳棉机上锡林与刺辊表面速比纺棉时宜在1.7～2.0。另外，锡林与盖板、道夫速比的确定原则是使纤维得到充分的梳理，并尽可能地减少纤维损伤和较多地除去杂质。在同样喂入负荷的情况下，锡林与盖板、道夫速比增大，纤维在梳理区内时间长，能得到较长时间的梳理，梳理效果好。当喂入负荷增大，速比大时，则盖板上的纤维层较厚，不利于梳理，此时速比应适当减小。

（3）喂入负荷：在锡林速度不变的情况下，锡林的喂入负荷（单位锡林面积上喂入纤维的多少）是梳棉机生产率高低的标志。喂入负荷越大，产量越高。但喂入量增大，势必增加梳理负担，降低梳理效果。

（4）针布的规格和针面状态：针布是完成梳理工作的最主要机件，针布规格中的工作角、齿密、齿高等都影响梳理效能。除此之外，针布的整齐度及锐利度等也是提高针齿穿刺能力、增强梳理、减少挂花和疵点的重要因素。

（二）混和均匀作用

1. 混和作用　纤维在锡林与盖板间的反复梳理和转移，达到纤维之间的细致混和。同时，由于道夫从锡林上转移纤维的随机性，造成纤维在梳棉机内逗留时间的差异，使同一时间喂入的纤维，输出时间不同，而不同时间喂入的纤维，同时输出，从而使不同时间喂入的纤维之间得到混和。

2. 均匀作用　如对梳棉机突然停止喂给，可以发现输出的纤维网并不立刻中断，而是逐渐变细，一般金属针布的梳棉机持续几秒钟，而弹性针布梳棉机要长些。混和与均匀作用是同一现象的两个方面，它是通过针面对纤维的储存、放出来达到的，实质上是针面上的负荷变化。

（三）除杂作用

梳棉机的除杂作用主要发生在给棉板和除尘刀之间的第一落杂区，除尘刀和小漏底之间的第二落杂区，以及小漏底落杂、大漏底落杂和盖板走出工作区时，被上斩刀剥下的盖板落棉（盖板花）等。

三、生条质量控制

生条质量与细纱质量关系密切，而梳棉机的生条质量、产量与落棉率三者之间有着密切的关系。一般情况下，若增加落棉，则生条质量提高，但会降低梳棉产量，纺纱成本相应提高；反之亦然。

（一）生条质量指标及控制范围

反映生条质量或梳棉工序工艺技术水平的质量指标，可分为生产运转中的经常性检验项目和参考项目两大类，见表1　4－1。

表1－4－1　梳棉工序质量参考指标

<table>
<tr><th colspan="2">经常性检验项目</th><th colspan="2">参考项目</th></tr>
<tr><td>生条条干不匀率（%）</td><td>4.0～5.0</td><td rowspan="4">棉网清晰度</td><td rowspan="4">反映棉网中纤维的伸直平行程度和分离程度</td></tr>
<tr><td>生条重量不习率（%）</td><td>4.0以下</td></tr>
<tr><td>生条含杂率（%）</td><td>0.3</td></tr>
<tr><td>1g生条中棉结/杂质粒数</td><td>10～40/15～90（企业自定）</td></tr>
<tr><td>后车肚落棉率与棉卷含杂率之比（%）</td><td>中粗特纱：100～120
中特纱（一般）：120～150
细特纱（较高）：150～160
刺辊部分的除杂效率：
50%～60%</td><td>生条短绒率（%）</td><td>14以下</td></tr>
</table>

（二）控制生条中的棉结杂质

生条中的棉结杂质对普梳纱来说，直接影响纱线的结杂和布面疵点；对精梳纱会影响精梳工序的梳理质量。控制生条棉结杂质的主要手段有以下几点。

1. 配置好分梳工艺　配置好分梳工艺与“四锋一准”“紧隔距”相结合，减少返花和搓转纤维，提高梳棉机排除棉结杂质能力。

2. 合理分工清、梳工序的除杂　对一般较大且易分离的杂质应贯彻早落少碎的原则；黏附力较大的杂质，尤其是带长纤维的杂质，应在梳棉机上经充分分梳后加以清除。一般开清棉工序除去原棉中60%左右的杂质。梳棉机本身也要合理分工，刺辊部分是重点落杂区，应使破籽、僵瓣和带有短纤维的杂质在该区排落，以免杂质被击碎或嵌塞锡林针齿间而影响分梳作用。锡林和盖板部分适于排落细小杂质、棉结和短绒等。

3. 加强温湿度控制　温湿度对棉结杂质也有很大的影响。原棉和棉卷回潮率较低时，杂质容易下落，棉结和束丝也可减少，一般纯棉卷上机回潮率控制在6.5%～7%。梳棉车间应控制较低的相对湿度，使纤维放出水分，增加纤维的刚性和弹性，减少纤维与针齿间的摩擦和齿隙间的充塞；但相对湿度过低，易产生静电，棉网易破损或断裂，纺化纤，尤为明显。一般控制在55%～60%。

（三）控制生条不匀率

生条不匀率分为生条重量不匀率和生条条干不匀率两种，前者表示生条长片段间（5m）的重量差异情况，后者表示生条短片段的粗细不匀情况。

1. 生条条干不匀率的控制 生条条干不匀率影响成纱的重量不匀率、条干和强力。影响生条条干不匀率的主要因素有分梳质量、纤维由锡林向道夫转移的均匀程度、分梳机件的机械状态以及棉网中是否存在云斑、破洞和破边等。隔距不准，圈条器部分齿轮啮合不良，道夫至圈条器间各个部分牵伸和棉网张力牵伸过大，生条定量过轻等，也会增加条干不匀率。

2. 生条重量不匀率的控制 生条重量不匀率和细纱重量不匀率及重量偏差有一定的关系。一方面控制棉卷重量不匀率，消除棉卷粘层、破洞和换卷接头不良，合理使用自调匀整装置。另一方面统一纺同线密度纱的各台梳棉机隔距和落棉率，定期平揩车，确保机械状态良好，防止用错牵伸变换齿轮等。

（四）控制生条短绒率

生条短绒率直接影响成纱的条干均匀度、细节、粗节和强力。

生条短绒率是指生条中16mm以下纤维所占的重量百分比。一般生条短绒率控制范围为：中特纱在18%左右，细特纱在14%左右。降低生条短绒率的方法是减少纤维的损伤和断裂，增加短绒的排除。保证刺辊下要有足够长度的落杂区，控制后车肚落棉和盖板花，发挥吸尘装置的作用，保持针齿表面光洁及适当的锡林、刺辊速度。

四、清梳联系统

清梳联设备如图1－4－7所示。

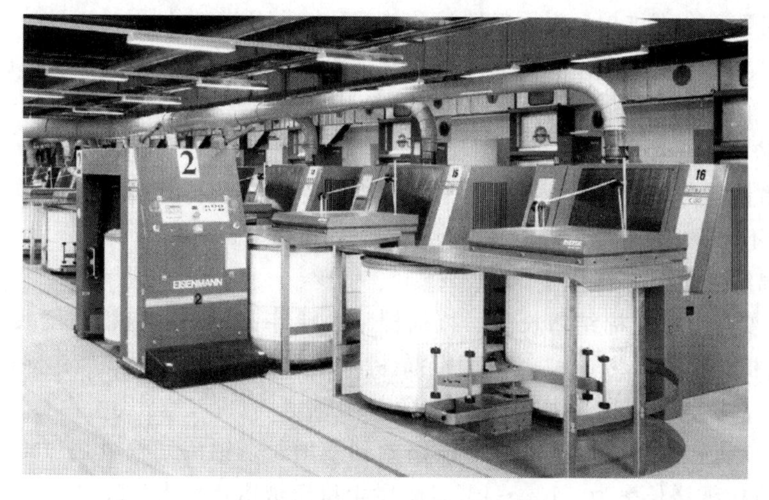

图1－4－7 清梳联设备

清梳联（清钢联）棉纺工程实现自动化、连续化和现代化的重要标志之一，经气流技术和自调匀整技术，将开清棉输出的棉流均匀地分配于多台梳棉机生产加工。

由输棉风机、管道和喂棉箱连接清棉机和梳棉机，一台开清棉机组可供8～12台梳棉机。在喂棉箱管道上方有压力（气压）传感器，通过检测棉箱中压力，感知棉箱中的棉量（密度），当棉箱中的棉量到达设定值时，传感器通知前方机台停止喂棉。检测输出条子的厚度，来调整输入或输出速度，达到自调匀整。

（一）清梳联系统的特点

与传统流程相比，清梳联流程短占地少，能源消耗小，车间环境污染少，生产效率高。

纺纯棉精梳纱和长绒棉纺纱流程（郑州）：FA006D－230（TF27）→AMP2000→TF45A→FA051A（5.5）＋FA113B→TF2212→FA028B－120×2＋F1124－120（TF34）×2→JWF1051A×2→TF2202×2→（FA177B＋FA221D＋TF2511）×5×2×2。

（二）组合的原则

纺纯棉清梳联流程真正贯彻了“多包取用、精细抓取、均匀混和、渐进开松、早落少碎、高效除杂、以梳代打、柔性梳理、自动控制、高质高产、节约用棉”的工艺路线，使流程配置成为“一抓、一开、一混、一清、多梳”。

1. 流程选用　根据所纺品种、使用原料的情况选用合理、较短的流程。

2. 质量指标　生条重量不匀率、生条重量偏差、生条短绒率、短绒增长率、生条棉结数、棉结增长率、落棉率、除杂效率。

3. 工艺调试　合理的较高的机台运转效率、合理的较低的车速、稳定的纤维流量、较好的滤尘设备吸风稳定性。

①抓棉机行走速度对FA029多仓运转率＞90％；

②FA029斜帘对FA116上给棉罗拉运转率为100％；

③FA116下给棉罗拉对梳棉机组首台上棉箱运转率为100％；

④梳棉机上下棉箱运转率为100％。

4. 自调匀整　合理维护、视原料性状及外部环境做到有效使用。

5. 降低故障率与断头率　降低故障率与断头率的方法有提高滤尘效率，稳定各工艺点压力，适当降低车速，有效维护使设备及其各部位传感器正常工作。

（三）清梳联质量控制

1. 生条重量不匀率控制　生条重量不匀率控制要求：生条5m重量内不匀率≤1.5％；生条5m重量外不匀率≤2.0％；生条乌斯特条干不匀率≤3.5％。

2. 生条棉结杂质控制

（1）棉结变化：清花棉结增长少，梳棉棉结去除率高；抓棉机棉结增长率要求＜10％；单轴流开棉机棉结增长率为0～15％；主除杂机棉结增长率为5％～20％；除微尘机棉结增长率为1％～4％；机组运行棉结去除率＞85％。

（2）短绒变化：往复抓棉机短绒增长率做到不增长，轴流开棉机短绒增长率为－3％～2％，主除杂机短绒增长率为－1％～1％，除微尘机短绒增长率为－0.2％～－1％，喂棉箱短绒增长＜0.1％，梳棉机可使短绒增长0～－1％。

（3）高效除杂（除杂效率）：轴流开棉机除杂效率为25％～35％，主除杂机除杂效率为40％～50％，除微尘机除杂效率为1％～3％，梳棉机除杂效率＞92％，机组运行除杂效率＞95％。

☞ 思考与练习

1. 梳棉机主要有哪些作用？
2. 梳棉机的均匀混和作用是如何产生的？
3. 什么是清梳联？其有何特点？
4. 清梳联系统的组合原则是什么？
5. 清梳联系统的组合质量指标检测有哪些？

项目1-5 并条

❋教学目标

1. 了解并条工序的任务及工艺流程；
2. 知道并条机的主要机构及作用；
3. 认识并条工序的生产工艺单，知道工艺单中各参数确定的依据。

❋任务说明

1. 任务要求

通过本项目的学习，完成以下工作任务：通过观察并条机，知道并条工序的工作原理与工艺流程，根据实际生产工艺单，知道并条工艺制订的主要工艺参数，并简单分析这些工艺参数制订的目的与依据。

2. 任务所需设备、工具、材料

并条机，条干仪，棉条。

3. 任务实施内容及步骤

(1) 学习理解并条工序的工艺流程和并条机的作用原理；
(2) 认识罗拉牵伸形式与机构、加压机构，掌握实际牵伸、机械牵伸等牵伸的基本理论；
(3) 了解并条工艺；
(4) 检测熟条质量，分析影响熟条质量的因素。

4. 撰写任务报告，并进行评价与讨论。

❋项目导入

梳棉机生产的生条已具备纱条的初步形态。现代生产，成纱要求线密度均匀，但生条不匀率大，且条子中纤维排列紊乱，大部分纤维成弯钩状态，如果直接把这种生条纺成纱，得不到符合质量要求的纱线，所以一般将6～8梳棉棉条经过2～3次的并合，并合后的条子变粗，必须经过拉长抽细，即牵伸。在牵伸的过程中，纤维伸直平行，这样制得的棉条，俗称熟条。

一、概述

将梳棉生条并合，以改善条干均匀度及纤维的伸直平行度，这道工序叫作并条。

(一) 并条工序的任务

1. 并合 将6～8根条子并合，改善条子的长片段不匀。生条的重量不匀率约为4.0%，熟条的重量不匀率为1%以下。

2. 牵伸 将并合后的条子抽长拉细，使纤维伸直平行，并使小棉束分离为单纤维，并控制熟条定量。

3. 均匀混和 通过并条机的并合与牵伸，使各种不同性能的纤维得到充分混和。

4. 成条 将并条机制成的条子，有规则地圈放在条筒内，以便储存、运输及下道工序使用。

(二) 并条机的工艺过程

并条机及其结构，分别如图1-5-1、图1-5-2所示。并条机导条架下面每侧各放6个或8个喂入棉条筒1。条子从条筒内引出，经导条罗拉2积极引导，通过给棉罗拉3，进入牵伸罗拉4抽长拉细由前罗拉输出，经导向辊进入弧形导管5，然后经喇叭口聚拢并由紧压罗拉6压成紧密的条子，最后由圈条器7将条子有规律地圈放在棉条筒8中。

图1-5-1 并条机

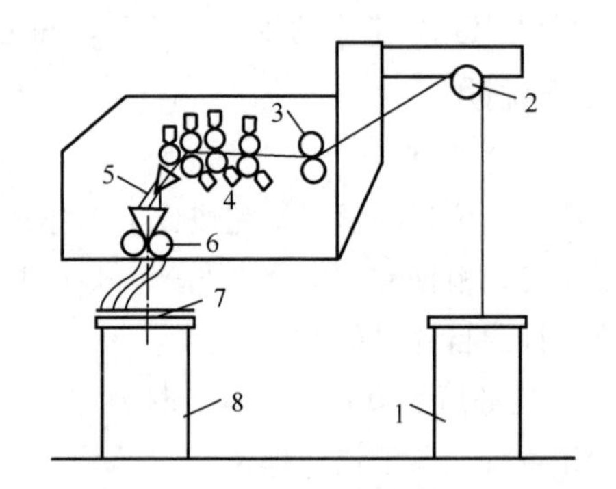

图1-5-2 FA311型并条机结构图

1—喂入棉条筒 2—导条罗拉 3—给棉罗拉 4—牵伸罗拉
5—弧形导管 6—紧压罗拉 7—圈条器 8—棉条筒

二、并条机的主要机构

并条机的主要机构由喂入机构、牵伸机构和成条机构组成。

(一) 喂入机构

并条机喂入机构的形式通常有平台式和高架式两种。

1. 平台式 平台式喂入机构由导条台、导条罗拉、导条压辊、导条柱和给棉罗拉组成。平台式又有两种形式，一种是条子在平台上转过90°喂入；另一种是条子在平台上顺向喂入。

平台式喂入的特点是清洁方便、机器振动小，但条子离开条筒后距导条罗拉长度短，伸直度差；最远处棉条筒离给棉罗拉距离远，摩擦大；条子易交叉拉毛；占地面积大，巡回路线长。

2. 高架式 高架式喂入机构主要由导条罗拉、导条支杆、分条叉和给棉罗拉组成。条子经导条罗拉积极回转向前引导喂入给棉罗拉，在导条罗拉和给棉罗拉之间有较小的张力牵伸，使条子在进入牵伸机构前保持伸直状态。

高架式喂入的特点是条筒直接放在导条架下，占地面积小，巡回路线短；条子离开条筒直线上升至导条罗拉，须条不易粘连。但喂入架体振动较大，不适应高速，同时当停车时间较长时，条子易下垂，造成意外伸长。

（二）牵伸机构

FA311 型并条机的牵伸机构主要由罗拉、胶辊、压力棒、加压装置及集束机构等组成，其牵伸形式为四上四下压力棒加导向辊曲线牵伸，如图 1－5－3 所示。

1. 罗拉 罗拉是牵伸的主要元件，它和胶辊组成握持钳口。并条机罗拉表面设有不等距螺旋沟槽，使胶辊与罗拉对纤维的握持点不断变化，以增加罗拉和胶辊对纤维的握持力，并减少胶辊中凹，延长胶辊的使用寿命。

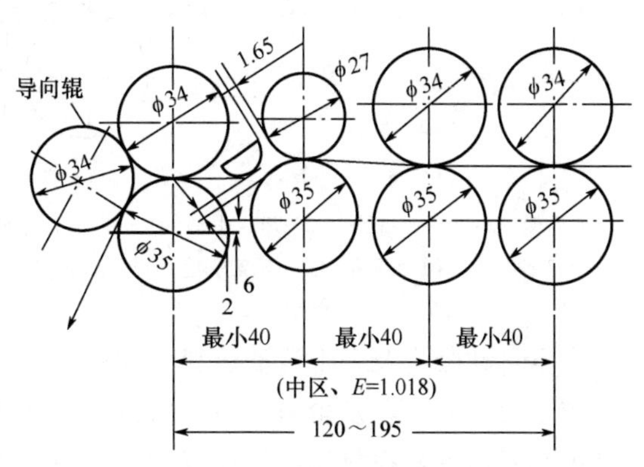

图 1－5－3 FA311 型并条机牵伸形式

2. 胶辊 胶辊也称为上罗拉，依靠下罗拉摩擦带动回转。并条机上的胶辊是单节活芯式。胶辊外面包覆有丁腈橡胶管，芯轴是轴承钢，两端装有滚柱轴承，回转平稳灵活。胶辊表面既有一定的硬度，又有一定的弹性，使胶辊与罗拉组成的钳口对纤维具有足够的握持力，以保证顺利牵伸。

3. 压力棒 压力棒用铬钢制成，经过抛光、电镀及热处理，表面光滑。压力棒截面的几何形状有圆形、半圆形、扇形、菜刀形等。目前，以扇形压力棒应用最广泛。压力棒的作用是利用其弧面与牵伸须条接触，缩短主牵伸区的浮游区长度，有效地改善主牵伸区中、后部摩擦力界的分布，增强对浮游纤维的控制能力，提高牵伸条质量。

4. 加压装置 加压装置的作用是保证罗拉钳口对须条有足够的握持力，以确保正常牵伸。目前常用的加压机构有弹簧摇架加压和气动加压。

（1）弹簧摇架加压：弹簧摇架加压结构轻巧、加压量大且较准确、吸震作用好、加压卸压方便，但使用日久弹簧会疲劳变形，影响压力大小和加压的稳定性。

FA311 型并条机弹簧摇架加压机构如图 1－5－4 所示。加压时，将摇架 4 压下，加压钩 1 钩住加压钩短轴 2，然后按下加压手柄 3，弹簧 5 压力便通过各加压芯轴 7 施加到胶辊及压力棒两端轴上；卸压时抬起加压手柄，让加压钩脱离轴，整个摇架在蝶形簧 8 平衡力的作用下向上抬起，可停留在操作所需要的任意位置。纤维缠胶辊时，加压芯轴上升，自停螺钉 6 使自停臂 9 抬起，机台制动；待故障排除后，可正常开车。

（2）气动加压：气动加压克服了弹簧摇架加压使用日久弹簧疲劳压力衰退的缺点，压力稳定，大小可无级调节，但气动加压需有气源、气缸和气囊，及良好的密封性，费用高。

5. 集束机构 集束机构的作用是将前罗拉输出的棉网集束成条，防止纤维散失。新型并条机的集束机构包括导向辊和弧形导管。导向辊是为了改变前罗拉钳口输出须条的方向，使须条顺利通过弧形导管和喇叭口，减少机前涌头及堵条现象。

6. 清洁装置 并条机上的清洁装置是为了及时吸走牵伸过程中逸出的飞花及尘屑。

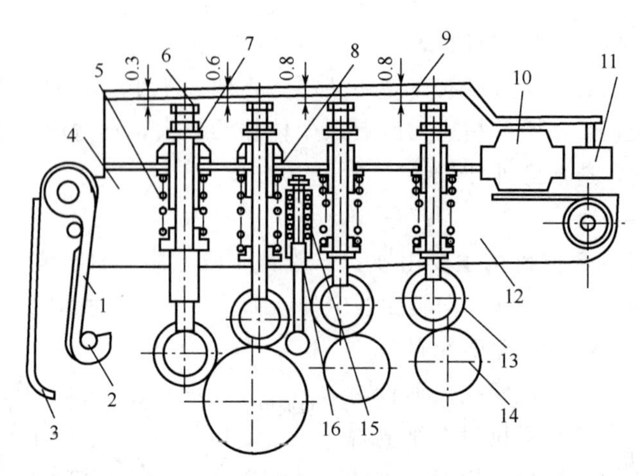

图 1-5-4　FA311 型并条机弹簧摇架加压机构图

1—加压钩　2—加压钩短轴　3—加压手柄　4—摇架　5—弹簧　6—自停螺钉　7—加压芯轴　8—蝶形簧　9—自停臂　10—磁铁　11—微动开关　12—摇架支座　13—后胶辊　14—后罗拉　15—压力棒加压弹簧　16—压力棒加压芯轴

真空自动吸尘及上下清洁装置，如图 1-5-4 所示，上清洁采用间歇回转绒布揩擦胶辊，清除胶辊表面的飞花及尘屑，绒布揩擦下的飞花由清洁梳聚拢后由上吸口吸入滤尘箱；下清洁是由胶圈揩擦器往复摆动揩擦罗拉，其飞花由下吸风口吸入滤尘箱。

（三）成条机构

成条机构是将弧形导管输出的束状棉带凝聚成条，并有规律地圈放在条筒内，便于下一工序加工使用。成条机构主要由喇叭口、压辊、圈条器等部件组成。

1. 喇叭口　喇叭口的作用是将弧形导管输出的束状棉带集束成条，增加棉条紧密度。喇叭口的口径应与条子定量相适应。口径小，棉条紧密度大，但易堵塞断头；口径大，棉条易通过，但紧密度小。并条机常用喇叭口口径为 2.4mm、2.6mm、2.8m、3.0mm、3.2mm、3.4mm、3.6mm、3.8mm、4.0mm、4.2mm。

2. 压辊　压辊的作用是将喇叭口凝聚的棉条压缩，使条子结构紧密，以增加条子强力和条筒容量。

3. 圈条器　圈条器包括圈条盘和圈条底盘。条子由压辊输出后经圈条盘引导进入条筒，条筒随圈条底盘缓慢回转，将条子有规律地圈放在条筒中。

三、并条机的牵伸形式与工艺配置

（一）并条机的牵伸形式

并条机的牵伸形式有连续牵伸、双区牵伸、三上四下曲线牵伸、压力棒曲线牵伸和多胶辊曲线牵伸。新型并条机多采用后两种牵伸形式。

（二）并条机的工艺配置

并条机的工艺参数主要包括并条道数、熟条定量、并合数、出条速度、牵伸倍数和牵伸分配、罗拉握持距、胶辊加压、压力棒直径和喇叭口口径等。

1. 并条道数　为提高纤维的伸直平行度，在梳棉与细纱工序间采用奇数道数配置的“奇数法则”，以充分发挥细纱机牵伸能力大而有利于消除后弯钩的优势。故一般并条采用两道配置。当不同性能的原料采用条子混和时，为提高纤维混和效果，一般采用三道混并。

2. 熟条定量和并合数　熟条定量主要根据细纱线密度、纺纱品种及设备情况而定如表1－5－1所示。纺化纤定量应比纺纯棉时轻。

表1－5－1　熟条的定量范围

细纱线密度（tex）	熟条定量（g/5m）	细纱线密度（tex）	熟条定量（g/5m）
9以下	12～15	20～30	18～21
9～19	15～18	32以上	21～25

根据并合原理，并合根数越多，并合效果越好，但同时牵伸倍数也越大，牵伸附加条干不匀增加。因此考虑并合与牵伸的综合效果，并条机的并合根数一般采用6～8根。

3. 出条速度　并条机的出条速度主要视机型和纺纱品种来确定。另外，为了保证前、后道并条的产量供应，头、二道并条机的出条速度应略大于三道。

4. 牵伸倍数和牵伸分配　并条机的总牵伸倍数应与并合数和纺纱线密度相适应，一般应稍大于或接近于并合数。

并条工序的牵伸分配包括两个方面，一是头道、二道并条机的牵伸分配，二是各道并条机各牵伸区的牵伸分配。

头道、二道并条机的牵伸分配：采用两道并条时，头道、二道并条机的牵伸分配有两种方式。一种是倒牵伸，即头道牵伸倍数大于并合数，二道牵伸倍数稍小于或等于并合数。这种牵伸分配方式，有利于提高条子的条干均匀度，不利于弯钩纤维的伸直，成纱强力低。另一种是顺牵伸，即头道牵伸倍数小于二道牵伸倍数。这种牵伸分配方式，有利于弯钩纤维的伸直，成纱强力高。

各区的牵伸分配：并条机曲线牵伸形式的前区摩擦力界布置比较合理，而后区是简单罗拉牵伸，所以前区能承担较大的牵伸倍数，同时后区牵伸倍数小，可以让纤维伸直度较差的条子先经后区的伸直和整理，再以良好的状态进入前区，有利于须条条干。

5. 罗拉握持距　牵伸装置中相邻罗拉间距离的表示方法有中心距、表面距和握持距三种。罗拉中心距是指相邻两罗拉中心线之间的距离；罗拉表面距是相邻两罗拉表面之间的最小距离；罗拉握持距是表示前后两钳口间的须条长度，是纺纱的主要工艺参数。影响握持距的因素很多，主要根据纤维品质长度而定，同时还要考虑纤维的整齐度、牵伸倍数、牵伸力及罗拉加压、车间温湿度等参数。前区握持距对条干均匀度影响最大。

不同牵伸形式各区握持距的范围见表1－5－2。

表1－5－2　不同牵伸形式各区握持距的范围

牵伸形式	三上三下附导向辊压力棒曲线牵伸	四上四下附导向辊压力棒曲线牵伸
前区握持距 S_1（mm）	$S_1=L_p+$（7～12）	$S_1=L_p+$（8～12）
中区握持距 S_2（mm）	—	$S_2=L_p+$（8～10）
后区握持距 S_3（mm）	$S_3=L_p+$（12～14）	$S_3=L_p+$（12～16）

注　L_p为纤维品质长度。

6. 罗拉加压 罗拉加压的目的是使罗拉钳口能有效地握持须条进行牵伸。压力的大小应使罗拉钳口的握持力与牵伸力相适应。罗拉加压主要依据纤维品种、罗拉速度、须条定量、牵伸倍数、罗拉握持距及牵伸形式而定。纺化纤及棉与化纤混纺时，加压量应比纺纯棉时高20％～30％。罗拉速度快、须条定量重、牵伸倍数大、罗拉握持距小时加压宜重。不同牵伸形式的加压范围见表1－5－3。

表1－5－3 不同牵伸形式的加压范围

牵伸形式	从前胶辊至后胶辊加压（N/双端）
三上三下压力棒	（118×294×58.5×314×294）×2
四上四下压力棒	（294×294×98×294×394×394）×2

四、熟条的质量控制

熟条质量好坏直接影响细纱的质量，最终影响布面质量。熟条质量控制的内容主要包括定量控制、重量不匀率控制和条干均匀度控制。

（一）熟条定量控制

熟条定量控制的目的就是将纺出熟条的平均干燥重量（g/5m）与设计的标准干燥重量（简称定量）的差异控制在一定的范围内，从而稳定细纱的重量不匀率和重量偏差。同一品种的全部机台熟条的平均干重与设计干重的差异，称为全机台的平均重量差异；一台并条机纺出条子的平均干重与设计干重的差异，称为单机台的平均重量差异。前者影响细纱的重量偏差，后者影响细纱的重量不匀率。重量偏差控制范围，一般单机台±1％，全机台±0.5％。

（二）熟条重量不匀率控制

熟条重量不匀率反映熟条的长片段不匀，指纺同一品种的所有机台的熟条，每次每眼5m为一片段的试样取两段而测得的不匀率，每个品种每班测一次。其计算方法与生条重量不匀率的计算方法相同。

熟条重量不匀率大小直接影响成纱的重量变异系数。一般熟条重量*CV*值的控制范围：纯棉普梳＜1％，纯棉精梳＜0.8％，化纤及混纺＜1％。

降低熟条重量不匀率主要有以下措施：

1. 轻重条搭配 生条有轻有重，喂入并条机同一眼的生条应该轻重条搭配使用，以降低熟条重量不匀。

2. 满浅筒搭配 条子从筒中引出时，浅筒较满筒引出的自重大。采用浅满筒搭配，有利于出条均匀。

3. 远近筒搭配 操作时应里外条筒和远近条筒搭配，并尽量减少喂入过程中的意外伸长。

4. 断头自停灵敏 断头自停装置的作用是防止漏条，保证正确的喂入根数。

5. 采用有弹簧底盘的条筒 采用有弹簧底盘的条筒，不管是浅筒还是满筒，条子从条筒中的引出点基本上都是在条筒口附近，这样条子自重伸长差异小。

（三）熟条条干均匀度控制

熟条条干均匀度反映的是熟条短片段的粗细均匀程度，熟条条干均匀度直接影响细纱条干均匀度和细纱断头，而且还影响布面质量。目前，用来测试熟条条干均匀度的仪器有两种，一种是Y311型条粗条干均匀度仪；另一种是电容式条干均匀度仪。

用条粗条干均匀度仪检测所得到的是反映条子粗细变化的曲线图，根据曲线图计算得到条干不匀率，数值越小越均匀。一般要求，纯棉≤20％，化纤≤15％，棉与化纤混纺≤18％。

用电容式条干均匀度仪检测既可得到反映棉条粗细变化的曲线图，又可得到反映机械状态和工艺参数是否正常的波谱图，同时电容式条干均匀度仪还能直接显示条子条干的变异系数。一般要求，纯棉≤4.3％，化纤≤3.8％，棉与化纤混纺≤4.0％。

纱条的条干不匀可分为规律性条干不匀和非规律性条干不匀。规律性条干不匀是由于牵伸部分的某个部件有缺陷而形成的周期性粗节、细节，如罗拉、胶辊偏心，齿轮磨损或缺齿等。这些有缺陷的回转件每转一周就产生一个粗节和一个细节，这种不匀又叫机械波。非规律性条干不匀主要是由于牵伸过程中摩擦力布置不合理和牵伸力不稳定造成的，又称为牵伸波。

☞ 思考与练习

1. 并条工序的任务是什么？
2. 试述并条机的工艺流程？
3. 降低熟条重量不匀率的主要措施有哪些？

项目1-6　精梳

✲教学目标

1. 了解精梳的目的与要求；
2. 知道精梳工艺及特点；
3. 认识精梳工序的生产工艺单，知道工艺单中各参数确定的依据。

✲任务说明

1. 任务要求

通过本项目的学习，完成以下工作任务：了解精梳工序的工艺流程和精梳机的作用原理，根据精梳工序实际生产工艺单，知道精梳工艺要求制订的主要工艺参数，会简单分析这些工艺参数制订的目的与依据。

2. 任务所需设备、工具、材料

精梳机，精梳条。

3. 任务实施内容及步骤

（1）学习了解精梳工序的工艺流程及作用原理；

（2）认识精梳机的组成及其运动配合；

（3）了解精梳工艺；

（4）检测精梳条的质量指标，分析影响精梳条质量的因素。

4. 撰写任务报告，并进行评价与讨论。

✻项目导入

古代在麻、毛等长纤维的手工纺纱过程中，曾利用手持梳栉或用固定针板梳理麻束或毛丛。用手握持纤维束的一端，分梳另一端；然后再倒向分梳，这一操作可视为精梳过程的原始形式。

一、概述

从梳棉机下来的生条中还含有较多的短纤维和杂质、疵点（棉结、毛粒等），纤维的伸直平行度和分离度也不够，难以满足高档纺织品的要求，因此对质量要求高的纺织品都要采用经过精梳纺纱系统纺制的纱线。

精梳是将梳棉棉条经过精梳前准备，制成纤维比较平行伸直、较为均匀的条卷，再经过精梳机制成精梳棉条。

（一）精梳的目的与要求

1. 精梳的目的　精梳工序所要达到的目的和任务如下：

（1）去除不符合精梳制品要求的短纤维；

（2）梳理纤维、提高其平行伸直度；

（3）清除纤维中的各种杂质；

（4）改善精梳条的混和均匀度。

2. 精梳工序的效果及其应用　精梳机对纤维加工时，先握持棉层后端，梳理其前端，继而再握持已梳理过的前端，梳理其后端。达到纤维的伸直平行度、分离度的显著提高及短纤维、棉结和杂质比较彻底的排除。

在一般工艺条件（精梳落棉率为13%～20%）下，精梳条与梳棉条相比，其工作效果为：

（1）排除生条中短纤维42%～48%；

（2）排除生条中杂质50%～60%；

（3）排除生条中棉结10%～20%；

（4）纤维的平行伸直度可由50%提高到85%。

经过精梳加工后的成纱质量与同号梳棉纱相比：

（1）成纱强力提高10%～15%；

（2）棉结、杂质减少，一般可降低50%～60%；

（3）外观好，成纱均匀、有光泽、表面光滑、毛羽少。

精梳效果有以下几种：

（1）半精梳：落棉率5%～10%，纱疵降低10%～38%，适合纺制低档精梳产品；

（2）全精梳：落棉率15%～20%，纱疵降低40%～62%，适合纺制高档精梳产品；

（3）高级精梳：落棉率20%以上，用于纺最优纱，但使用不多，适合纺制超高档精梳产品。

棉精梳系统用于纺7tex以下的细特纱，纺10～20tex但要求光泽和美观的中粗特纱以及涤/棉纱中的棉条加工。这些纱用于制作高速缝纫线、刺绣线、高档汗衫和府绸等。

（二）精梳准备

1. 精梳准备的作用　精梳准备的作用主要是：

(1) 提高纤维的伸直平行度;

(2) 制成符合定量和质量要求的小卷或条子。

2. 精梳准备机台和准备工艺

(1) 棉纺精梳准备机台和准备工艺:

①准备机台:预并条机、条卷机、并卷机和条并卷联合机等。

a. 预并条机与并条工序采用的机器相同。

b. 条卷机,将棉条制成小卷。

c. 并卷机,将6个小卷经牵伸、并合制成一个小卷。

d. 条并卷联合机,将条卷机、并卷机的作用结合在一起。

②准备工艺:梳棉机生产的生条在纤维结构和卷装形式上不适宜直接喂入精梳机加工。生条弯钩较多,精梳机钳板不能有效握持纤维,造成长纤维被梳下成为落棉被排除,故精梳前的准备加工是十分必要的。

目前广泛采用以下两种精梳准备工艺。

a. 并卷工艺:梳棉机→条卷机→并卷机→精梳机。

b. 条并卷工艺:梳棉机→预并条机→条并卷联合机→精梳机。

(2) 毛纺精梳准备机台和准备工艺:

毛纺精梳准备使用的机台主要是针梳机。当加工品质支数高的毛条时,一般用头道针梳→二道针梳→三道针梳的工艺流程;当加工粗支羊毛和级数毛时,多采用两道针梳。

二、精梳机的工艺过程

棉精梳机如图1-6-1所示。精梳机工艺过程如图1-6-2所示,小卷放在一对成卷罗拉7上,成卷罗拉回转退解棉层,经导卷板8喂入给棉罗拉9与弧形给棉板6组成的握持钳口。给棉罗拉间歇回转,每次输出一定长度的棉层(称为给棉长度),向前进入上、下钳板5的钳口间,当钳板闭合时,上、下钳板的钳唇有力握持棉层。钳板做周期性的前后摆动,当钳板向后摆动时,钳口闭合,握持棉层;精梳锡林4上有针面正好转到钳板口下方,梳针逐步刺入悬垂在钳口外的须丛中,梳理须丛的头端,后用顶梳梳理其后端,使纤维伸直平行,并排除未被钳板握持的短纤维和须丛中所含的杂质、棉结及其他疵点,并形成连续的须条盘放在条筒23中。

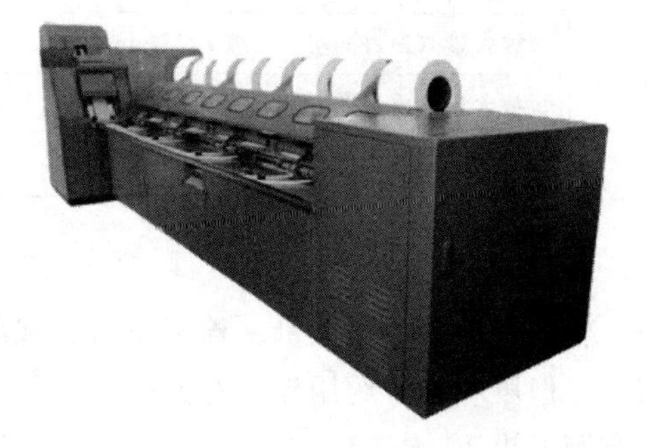

图1-6-1 棉精梳机

精梳机的一个工作循环有锡林梳理阶段、分离前的准备阶段、分离接合阶段和锡林梳理前的准备阶段四个阶段。

三、精梳质量控制

精梳机的主要工艺指标为精梳落棉率、精梳条重量不匀率、条干不匀率、短绒率、棉结

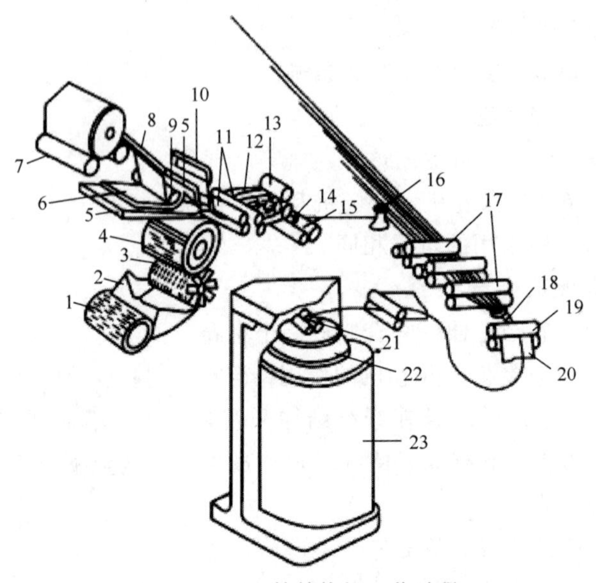

图 1－6－2　棉精梳机工艺过程

1—尘笼　2—风斗　3—毛刷　4—精梳锡林　5—钳板　6—给棉板　7—成卷罗拉　8—导卷板　9—给棉罗拉　10—顶梳　11—分离罗拉　12—导棉板　13—输出罗拉　14，18—喇叭口　15—导向压辊　16，17—导条钉　19—输送压辊　20—输送带　21—压辊　22—圈条盘　23—条筒

杂质、落棉含短绒率等，具体要求见表 1－6－1。

表 1－6－1　精梳质量指标

仪器	项目	50%水平	25%水平
AFIS	棉结（个/g）	26.00	16.00
	短绒含量（根数平均，短绒 12.7mm 以下，%）	8.75	6.75
	短绒含量（重量平均，短绒 12.7mm 以下，%）	3.20	2.40
	杂质（粒/g）	1.00	0.50

（一）精梳落棉率

精梳落棉率与用棉量、棉网质量、成纱质量有着密切的关系。增加落棉对排除短绒效果明显，但不利于节约用棉，对提高成纱强力也有限，所以，应合理掌握精梳落棉率，具体控制范围见表 1－6－2。

表 1－6－2　精梳落棉率参考指标

纱线密度（tex）	参考落棉率（%）	落棉含短绒率（%）
30～14	14～16	＞60
14～10	15～18	
10～6	17～20	
6 以下	19 以上	

精梳落棉率的调节，考虑因素如下：

1. 落棉隔距　落棉隔距越大，落棉率越大。落棉隔距增减1mm，落棉率相应增减2%～2.5%。

2. 给棉长度　给棉罗拉棘轮改变1齿，落棉率改变0.5%～1%。

3. 顶梳插入深度　改变1档，落棉率改变2%。

4. 给棉方式　前进给棉，落棉率掌握在5%～17%；后退给棉，落棉率掌握在18%～25%。

5. 锡林针齿密度　改稀加密，落棉率改变1.5%～2%。

（二）棉结杂质

相比同特普梳棉纱，精梳棉纱的棉结杂质粒数要比同特梳棉纱少一半以上。降低棉结杂质应重点从清花、梳棉和精梳三个工序考虑。棉结主要由原料、原料初加工、纺纱生产三方面因素造成。要降低精梳条的棉结杂质，首先应选用长度长、强度高、结杂含量少的原料；其次是严格控制生条中的短绒率及结杂；并在精梳工序采取以下措施：

1. 放大落棉隔距（或分离隔距）　放大落棉隔距有利于排除棉结杂质。

2. 采用后退给棉　采用后退给棉时锡林对棉丛的梳理效果比前进给棉好。

3. 采用较短的喂棉长度　小卷受到的重复梳理次数多，梳理效果好。

4. 采用大齿密的整体锡林　锡林表面针齿数目越多，每根纤维所受的作用齿数越多，梳理效果越好。

5. 定期检查毛刷的工作状态　合理调整毛刷清洁锡林的时间和毛刷插入锡林的深度，检查毛刷的磨损状况。

6. 加强精梳工序温湿度的控制　合理的温湿度是提高精梳机排除结杂能力的前提条件。精梳车间相对湿度不宜过高，一般控制在55%～60%。

（三）重量不匀率

精梳条重量不匀率是指精梳条5m片段之间的重量不匀率，它影响成纱重量不匀率及重量偏差，从而影响棉纱的品等。精梳条重量不匀率的控制方法如下：

1. 定期试验精梳落棉率　及时对眼差、台差进行控制（台差＜1%，眼差＜2%）。

2. 统一工艺　做到同品种同机型一致，各部隔距、齿轮与锡林、顶梳型号规格一致，并应完整、无缺齿倒齿等。

3. 定期做好平揩车工作　确保机械状态良好，保证工艺上车，同一品种同一型号的精梳机工艺一致。

4. 严格运转操作规程　防止在换卷与棉条接头时造成接头不良。

5. 控制好车间温湿度　防止粘卷、棉网破边或破洞等。

6. 按时清刷顶梳与锡林　定期校正毛刷对锡林的插入深度（一般为2.5～3mm）。

（四）条干不匀率

精梳工序产生条干不匀的原因如下：

1. 棉网成形不良　主要由工艺设计不合理或机械状态不良引起的。

2. 精梳机牵伸装置不良　如牵伸装置不合理，牵伸罗拉及胶辊弯曲、牵伸齿轮磨灭等。

3. 牵伸工艺不合理　如牵伸倍数、罗拉握持距、加压等配置不当。

4. 小卷、棉网及台面张力过大，意外牵伸大。

提高精梳条条干的有效方法如下：

（1）合理确定弓形板定位、钳板闭口定时及分离罗拉顺转定期时。

（2）合理确定精梳机各部分的张力牵伸，减少意外伸长。

（3）保证良好的机械状态。

（4）合理确定牵伸装置的牵伸工艺参数及精梳条定量。

（五）短绒率

短绒率与成纱的关系密切，短绒率越高，成纱强力越低，强力不匀率越高，条干越差，粗细节增加，外观质量差。降低精梳条短绒率的措施如下：

（1）根据不同纤维和品种，合理掌握落棉率。

（2）检查掌握好锡林定位。

（3）保证梳理部件的正常运转。

（4）保证毛刷对锡林的清洁。

（5）掌握好气流除杂与吸尘效果。

☞ 思考与练习

1. 精梳工序的任务是什么？

2. 为什么要进行精梳前准备？

3. 精梳工序的主要质量控制指标有哪些？

项目 1－7 粗纱

✲教学目标

1. 了解粗纱工序的任务及工艺流程；

2. 知道粗纱机的主要机构及作用；

3. 认识粗纱工序的生产工艺单，知道工艺单中各参数确定的依据。

✲任务说明

1. 任务要求

通过本项目的学习，完成以下工作任务：了解粗纱机工艺过程、作用、设备结构，根据粗纱工序实际生产工艺单，知道粗纱工艺要求制订的主要工艺参数，会简单分析这些工艺参数制订的目的与依据。

2. 任务所需设备、工具、材料

粗纱设备，熟条、粗纱条。

3. 任务实施内容及步骤

（1）学习了解粗纱工艺流程；

（2）认识粗纱机的结构；

（3）了解粗纱工艺；

（4）检测粗纱质量指标，分析影响粗纱质量的因素。

4. 撰写任务报告，并进行评价与讨论。

✲项目导入

由并条机输出的熟条纺成细纱需要100倍以上的牵伸，而目前环锭细纱机的牵伸能力达不到这一要求，所以在并条与细纱工序之间需要粗纱工序来承担部分牵伸。

一、概述

在传统棉纺中，从棉条到细纱须经粗纱工序，通过牵伸作用将熟条拉长抽细，同时纤维更平行伸直。由于此时纱条强力太低，甚至不能承受加工过程中的张力，因此粗纱机要对纱条进行少量加捻，以提高纱条紧密度，增加其强力，并卷装成符合细纱机喂入要求的卷装。

（一）粗纱工序的任务

1. 牵伸　将熟条抽长拉细5～12倍，并使纤维进一步伸直平行。

2. 加捻　将牵伸后的须条加上一定的捻度来提高粗纱强力，以避免卷绕和退绕时的意外伸长。

3. 卷绕成形　将加捻后的粗纱卷绕在筒管上，制成一定形状和大小的卷装，以便储存、搬运和细纱机的加工。

（二）粗纱机的工艺过程

粗纱机如图1-7-1所示。粗纱机可分为喂入、牵伸、加捻、卷绕成形四个部分。图1-7-2为悬锭式粗纱机的工艺过程，熟条从条筒中引出，由导条辊积极输送进入牵伸装置。熟条经牵伸后由前罗拉输出，穿过锭翼的顶孔后从侧孔穿出，经锭翼空心臂，在压掌叶上绕2～3圈，并引至筒管卷绕成两端为截头圆锥形，中间为圆柱体的粗纱管纱。

图1-7-1　TJFA458A粗纱

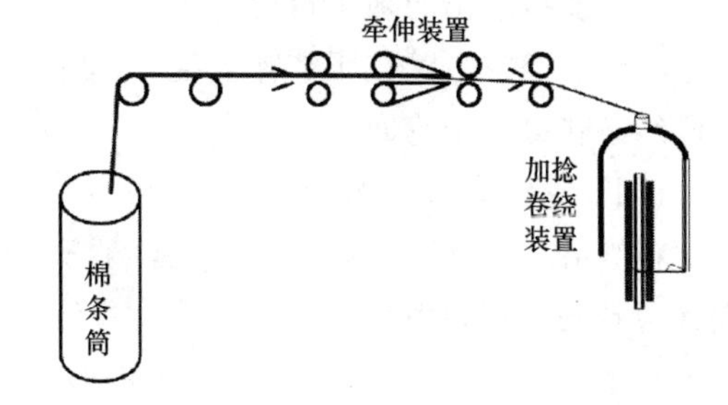

图1-7-2　TJFA458A粗纱机的工艺过程

二、粗纱机的主要机构

（一）喂入机构

粗纱机喂入机构由分条器、导条辊、导条喇叭组成。采用多列（3～5）导条辊高架喂入方式，其作用是从条筒中引出熟条，送至牵伸机构进行牵伸，在熟条输送的过程中防止或尽可能减少意外牵伸。

（二）牵伸机构

粗纱机普遍采用双胶圈牵伸装置，如图1-7-3所示。其主牵伸区利用一对胶圈的弹力

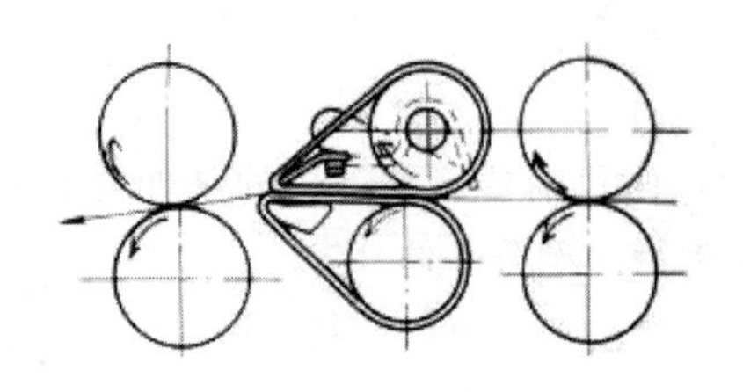

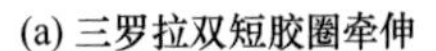
(a) 三罗拉双短胶圈牵伸

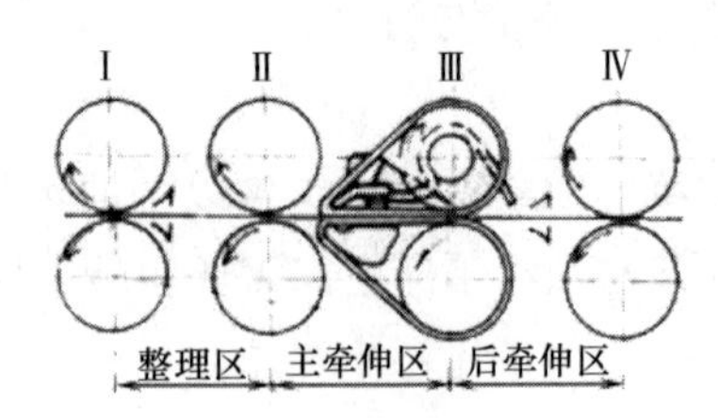

(b) 四罗拉双短胶圈牵伸

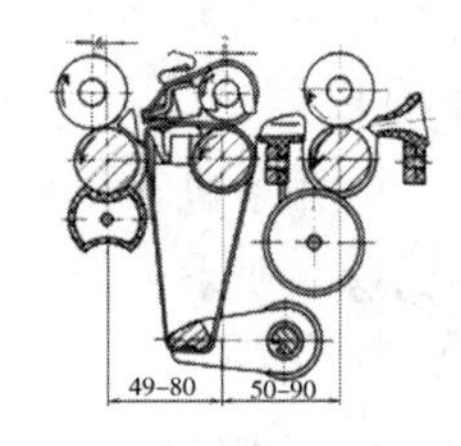

(c) 三罗拉长短胶圈牵伸

图 1－7－3　粗纱机的牵伸型式

弹性地夹持着须条，并接近前罗拉，无控制区很短，胶圈钳口具有弹性，能控制大部分纤维的运动，既不妨碍纤维从其握持下抽出拉伸，又防止纤维提早变速，保证纱条条干。

1. 三罗拉双短胶圈牵伸装置　三罗拉双短胶圈牵伸装置由三对罗拉组成两个牵伸区，前区为主牵伸区，设置有上下短胶圈、上下销、隔距块、集合器等附加元件以加强对纤维运动的控制。后区为简单罗拉牵伸，亦称为预牵伸区，其主要作用是为前区牵伸做好准备。

2. 四罗拉双短胶圈牵伸装置　四罗拉双短胶圈牵伸装置又称为D型牵伸，它是在三罗拉双短胶圈牵伸形式的基础上，在前方加上了一对集束罗拉，与前罗拉一起构成了一个整理区，将主牵伸区的集合器移到整理区，使牵伸与集束分开，实行牵伸不集束、集束不牵伸。

3. 三罗拉长短胶圈牵伸　在长短胶圈牵伸机构中，下胶圈有张力装置，可使下胶圈的滑溜率较双短胶圈小，改善中凹现象及纱条条干。但长胶圈使用日久，张力装置容易失效，也会导致纱条条干恶化。

（三）加捻机构

由前罗拉输出的须条自锭翼顶孔穿入，从侧孔引出，在顶管外绕 1/4 或 3/4 周后，再穿入空心臂。经空心臂在压掌叶上绕 2～3 圈，卷绕在纱管上。锭翼每转一圈，前罗拉至侧孔的一段纱条获得一个捻回。

（四）卷绕成形机构

粗纱沿着筒管的轴向逐层卷绕，第一层绕完后，改变上、下卷绕的方向，绕第二层，依次逐层卷绕，直到满纱，并且粗纱沿着筒管轴向卷绕的高度逐层缩短，以免两端脱圈、冒纱。形成截头圆锥形卷装，如图 1－7－4 所示。

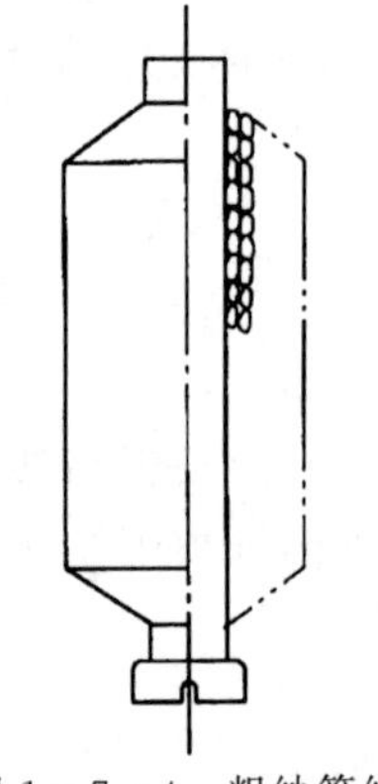
图 1－7－4　粗纱管纱

为完成粗纱的卷绕，在粗纱机上设置了卷绕传动系统。过去粗纱机的卷绕传动系统由机械式变速装置、差动装置、升降装置、摆动装置及成形装置组成。

1. 变速装置　变速装置的作用是通过改变输入轴与输出轴的传动比，将输入的恒速运动变成随筒管卷绕直径增大而逐层减小的变速运动，以满足筒管转速、龙筋升降速度逐层降低的要求。

2. 差动装置　差动装置的作用是将主轴传来的恒速和变速装置传来的变速合成，通过摆动装置传向筒管，以完成卷绕。

3. 摆动装置　摆动装置位于差动装置输出合成速度齿轮和筒管轴端齿轮之间，其作用是将差动装置输出的合成速度传递给筒管。

筒管既要回转，又要随升降龙筋做上下运动，因而这套传动机构的输出端也必须随升降龙筋的升降而摆动。

4. 升降装置 升降装置的作用是使升降龙筋作有规律地运动。为使粗纱纱条沿着筒管长度方向一圈挨一圈地卷绕在纱管上，纱管除转动外，还需要随龙筋做升降运动；为了逐层卷绕粗纱，每绕完一层后，升降龙筋需换向一次；为了使管纱两端呈截头圆锥体形状，升降龙筋的升降动程应逐层缩短。升降龙筋的换向及动程的缩短都由成形装置控制升降装置来完成。

5. 成形装置 成形装置是一种机械式或机电式自动控制机构。在传统的粗纱机上，为了符合粗纱卷绕的要求，每当管纱卷绕一层粗纱后，成形装置应同时完成以下三个动作：

（1）将铁炮皮带向主动铁炮小端移动一小段距离，以降低筒管的卷绕速度和升降龙筋的升降速度；

（2）使换向齿轮交替啮合一次，以改变升降龙筋运动方向；

（3）使成形角度齿轮转动一定角度，圆齿杆移动一小段距离，以缩短升降龙筋的升降动程，使管纱两端形成截头圆锥体。

现在，先进的粗纱机已取消了铁炮机构，改用无级变速技术，但原理一样。

三、粗纱机的工艺配置

（一）牵伸装置的工艺配置

粗纱机的牵伸工艺参数主要包括粗纱定量、锭速、牵伸倍数及其分配、罗拉握持距、罗拉加压、原始隔距、集合器口径等。

1. 粗纱定量 粗纱定量应根据熟条定量与细纱机牵伸能力、纺纱品种、产品质量要求、生产供应平衡以及粗纱设备性能等因素综合考虑确定，见表1－7－1。双胶圈牵伸型式不宜纺定量过重的粗纱，一般粗纱定量在2.5～6.5g/10m为宜。加工化纤时，一般在3～5g/10m为宜。

表1－7－1 粗纱定量选用范围

纺纱线密度（tex）	32以上	20～30	9.0～19	9.0以下
粗纱干定量（g/10m）	5.5～10.0	4.1～6.5	2.5～5.5	2.0～4.0

2. 锭速 锭速与纺纱品种、粗纱定量、捻系数、锭翼形式和粗纱机设备性能等因素有关，见表1－7－2。化纤纯纺或混纺，锭速可比表1－7－2降低20%～30%。

表1－7－2 锭速选用范围

纺纱线密度（tex）		32以上	11～30	10以下
锭速范围（r/min）	托锭	600～800	700～900	800～1000
	悬锭	800～1000	900～1100	1100～1200

3. 牵伸倍数及其分配 粗纱机的牵伸倍数依据细纱线密度、细纱机的牵伸能力、熟条及粗纱定量、粗纱机的牵伸型式而定。一般纺粗特纱5～8倍，纺中细特纱6～9倍，纺特细特

纱 7～12 倍。

粗纱机的牵伸分配应根据牵伸形式、喂入品质量及总牵伸倍数等相关因素确定。双胶圈牵伸后区牵伸倍数不宜过大，一般为 1.12～1.48 倍。纺化纤时，后区牵伸倍数应大些。四罗拉双胶圈牵伸较三罗拉双胶圈牵伸的后区牵伸倍数可大一些，而整理区采用固定的牵伸倍数 1.05 倍。

4. 罗拉握持距 粗纱机罗拉握持距应根据纤维品质长度 L_p 确定，并参照纤维的整齐度和牵伸区中牵伸力的大小综合考虑，以不使纤维断裂或须条牵伸不开为原则。纺制化纤或棉与化纤混纺时，根据化学纤维的公称长度确定粗纱机的罗拉握持距。其他纤维混纺时，一般以主体成分的纤维长度为基础，适当考虑混和纤维的加权平均长度，见表 1－7－3。

表 1－7－3 不同牵伸型式的罗拉握持距 单位：mm

牵伸型式	整理区			主牵伸区			后牵伸区		
	纯棉	棉型化纤	中长	纯棉	棉型化纤	中长	纯棉	棉型化纤	中长
三罗拉双短胶圈	无	无	无	胶圈架长度＋14～20	胶圈架长度＋16～22	胶圈架长度＋18～22	L_p＋(16～20)	L_p＋(18～22)	L_p＋(18～22)
四罗拉双短胶圈	35～40	37～42	42～57	胶圈架长度＋22～26	胶圈架长度＋24～28	胶圈架长度＋24～28	Lp＋(16～20)	Lp＋(18～22)	Lp＋(18～22)

注 L_p 为纤维品质长度或化纤公称长度（单位为 mm）。

5. 罗拉加压 在满足握持力大于牵伸力的前提下，粗纱机的罗拉加压主要根据牵伸形式、罗拉速度、罗拉握持距及牵伸倍数、须条定量而定。罗拉速度快、握持距小、定量重时应重加压，反之应轻。纺化纤时，胶辊加压量应比纺棉时重 20％～25％，见表 1－7－4。

表 1－7－4 粗纱机加压量

牵伸型式	加压量（N/双锭，由前罗拉至后罗拉）
三罗拉双短胶圈	300×200×250
四罗拉双短胶圈	（90、120、150）×（150、200、250）×（100、150、200）×（100、150、200）

6. 胶圈原始钳口和上销弹簧起始压力 原始钳口是弹性钳口上、下销之间的最小距离，其大小依据粗纱定量以不同规格的隔距块来确定，见表 1－7－5。

表 1－7－5 原始钳口与粗纱定量

粗纱定量（g/10m）	2.5～4.5	4.5～6.5	5.5～9
原始钳口（mm）	3.0～5.0	4.5～6.5	6.0～7.5

7. 集合器口径 前区集合器口径应与输出定量相适应，后区集合器口径与喂入定量相适应。

（二）粗纱捻系数的选用

粗纱经过加捻，获得一定的强力，以承受粗纱卷绕和细纱退绕时的张力。同时粗纱加捻也可用作粗纱在细纱机上牵伸时的附加摩擦力界，以改善细纱条干。但捻系数过大，不仅影响粗纱产量，而且粗纱紧密度太大，在细纱机上牵伸时牵伸力过大，容易引起胶辊打滑，出硬头即牵伸不开的现象；捻系数过小，粗纱紧密度太小，在卷绕和退绕时容易产生意外伸长，使不匀和断头增加。

粗纱捻系数的选用，主要依据纤维性质和粗纱定量，同时参照细纱机牵伸型式、细纱用途及车间温湿度等条件而定。当加工棉纤维时，粗纱捻系数的选择可参考表1－7－6，当加工各种化纤纯纺与混纺时，粗纱捻系数范围可参见表1－7－7。

表1－7－6　纯棉纺粗纱捻系数

粗纱定量（g/10m）		2～3.25	3.25～4.0	4.0～7.7	7.7～10
捻系数	普梳纱	105～110	100～105	92～100	85～92
	精梳纱	90～95	85～90	77～85	70～77

表1－7－7　化纤纯纺与混纺时粗纱捻系数

纤维长度（mm）	原料	捻系数	纤维长度（mm）	原料	捻系数
≤40	纯涤	62～64	≤40	涤/黏	50～60
	纯维	67～72		黏/腈	48～60
	纯黏	62～81		黏/棉	48～68
	纯腈	57～76	51～60	涤/黏	45～60
	涤/棉	48～67		黏/锦	45～60
	棉/维	81～86		涤/腈	40～55
	黏/棉	63～76		涤/腈/黏	40～55
	棉/黏	73～86		腈/锦/黏	40～55

四、粗纱质量控制

（一）粗纱条干不匀率

粗纱条干不匀率影响细纱条干不匀和中长片段不匀率。粗纱条干不匀率*CV*值通常控制范围见表1－7－8。

表1－7－8　粗纱条干不匀率*CV*值控制范围

纺纱品种	纯棉粗梳纱			精梳纱	化纤及化纤混纺纱
	粗特纱	中特纱	细特纱及特细特纱		
*CV*值（%）	6.1～8.7	6.5～9.1	6.9～9.5	4.5～6.8	4.5～6.8

粗纱工序产生条干不匀主要有如下原因：

1. 牵伸元件不正常 胶辊轴承缺油、损坏导致回转失灵；胶辊严重中凹、表面损坏；摇架加压的弹簧失效、压力差异过大；上下胶圈偏移过大、隔距块碰下胶圈；胶圈断缺、过松过紧；集合器跑偏或破损；牵伸齿轮爆裂、缺齿、键销松动；严重的缠罗拉、缠胶辊，罗拉弯曲、隔距走动。

2. 工艺设计不合理 罗拉隔距过大或过小、上下销钳口隔距过大或过小会使牵伸过程中纤维发生不规则的运动；罗拉加压不足造成牵伸力小于握持力，使须条在罗拉钳口下打滑；粗纱伸长率太高或伸长率差异太大、粗纱捻度过大或过小。

3. 操作不当 粗纱接头不良，须条跑出胶辊控制范围，喂入须条打褶或附有飞花。

4. 其他 车间相对湿度过低，锭翼严重摇头，喂入须条条干严重不匀。

为使纺出的粗纱条干均匀，要定期检查罗拉隔距、罗拉加压是否符合工艺要求。对个别牵伸部件应及时修复。运转操作须条包卷质量应合格，机前接头应符合操作规范。严格控制粗纱伸长率，促使大、中、小纱的粗纱张力基本一致，并减小前后排及机台间的差异。

（二）粗纱定量和重量不匀率

粗纱定量影响细纱重量偏差，粗纱重量不匀率影响细纱重量不匀率。通常粗纱重量不匀率的控制范围为：纯棉粗梳纱＜1.1%，纯棉精梳纱＜1.3%，化纤及化纤混纺纱＜1.2%。

（三）粗纱张力和粗纱伸长率

粗纱张力是指作用在纱条轴向的拉力，其表现形式为纱条的紧张程度。在粗纱卷绕过程中，为使粗纱顺利地卷绕在筒管上，筒管的卷绕速度必须略大于前罗拉的输出速度，于是纱条必然紧张而产生张力。纱条在前进过程中，又必须克服锭翼顶孔、空心臂、压掌处的摩擦阻力，所以从前罗拉至筒管间各段纱条的张力不同。以压掌至筒管处的卷绕张力最大，空心臂处的张力次之，前罗拉至锭翼顶孔处的纺纱张力最小。

粗纱捻回由锭翼侧孔向前罗拉钳口传递时，在锭翼顶孔处由于捻陷现象，使纺纱段纱条的捻度比较小，强度较低，容易伸长，因此习惯上把纺纱段纱条张力称为粗纱张力。粗纱张力的细小变化，都会敏感地影响伸长的大小，从而影响粗纱的重量不匀和条干不匀，所以纺纱时要求粗纱张力保持适当大小，既不破坏输出须条的均匀度，又要保证足够的卷绕密度。

☞ 思考与练习

1. 目前粗纱机有哪几种牵伸形式？各有何特点？
2. 加捻的目的是什么？
3. 卷绕的目的和要求是什么？
4. 粗纱的卷绕方式是什么？其卷绕规律如何？
5. 粗纱如何进行质量控制？

项目1－8 细纱

✲教学目标

1. 掌握细纱工序的任务及工艺流程；

2. 知道细纱机的主要机构及作用；

3. 认识细纱工序的生产工艺单，知道工艺单中各参数确定的依据。

✲任务说明

1. 任务要求

通过本项目的学习，完成以下工作任务：了解细纱机的工艺过程、作用，设备的结构、原理及特点，根据细纱工序实际生产工艺单，知道细纱工艺制订的主要工艺参数，会简单分析这些工艺参数制订的目的与依据。

2. 任务所需设备、工具、材料

细纱机，纱线质量测试仪器，细纱。

3. 任务实施内容及步骤

（1）学习了解细纱工序的流程和细纱机的作用原理；

（2）认识细纱机的结构组成；

（3）了解细纱工艺；

（4）检测细纱的质量指标，分析影响细纱质量的因素。

4. 撰写任务报告，并进行评价与讨论。

✲项目导入

随着社会生产的发展，一种手摇纺车（图1－8－1）出现了，很快代替了纺专，成为纺织手工生产的重要工具。手摇纺车将纺轮横放在架子上，另外用大绳轮通过绳索和纺轮上纺轮套连起来，纺轮就变成锭子。这样，手摇绳轮一转，锭子就可以转几十转。右手摇绳轮，左手握住纤维团远离锭子尖端，可以将纤维团抽细。并且左手在锭杆的轴向时，随着锭子的回转，对纱条进行加捻；左手移到锭杆旁侧时，就可以把纺好的纱绕到套在锭杆上的纱管上。如此，锭子回转便连续不断，纱的捻度也可以人为控制，而且纺的纱的质量及纺纱生产率都得到很大的提高。

元代时，纺棉除沿袭使用手摇单锭纺车外，已开始改用脚踏三锭纺车（图1－8－2），可同时纺三根纱，三锭纺车不但提高了工作效率，更让产量增加。清代出现的多锭纺纱车，将手工纺织机器的发展推向高峰。

图1－8－1 手摇纺车

图1－8－2 脚踏三锭纺车

现代的机器纺纱，除了气流纺外，它的机构形式还是离不开锭子和它的传动，只是由于机械的动力大，锭子数目更多，速度更快。

一、概述

（一）细纱工序的任务

经粗纱机生产的粗纱条，由于粗纱定量重，并且强力低还不能直接用于捻线或织布。必须经过细纱工序，它是将粗纱纺制成设计的线密度，具有一定的强力，和一定卷装，符合国家质量标准或客户要求的细纱，供捻线或织造使用。其主要任务是：

1. 牵伸 将喂入的粗纱进一步均匀地拉长拉细到成纱所要求的线密度。

2. 加捻 将牵伸后的须条加上适当的捻度，使细纱具有一定的强力、弹性、光泽和手感等力学性能。

3. 卷绕成形 将纺成的细纱按一定的成形要求卷绕在筒管上，便于运输、储存和后道工序加工。

细纱机车间如图 1－8－3 所示。

图 1－8－3 细纱机车间

（二）细纱机的工艺过程

如图 1－8－4 所示，粗纱从粗纱管上退绕下来，经过导纱杆及缓慢往复运动的横动导纱喇叭口，进入牵伸装置牵伸后，由前罗拉输出，通过导纱钩，穿过钢丝圈，加捻后卷绕到紧套在锭子上的纱管上。锭子高速回转，通过纱条拖动钢丝圈沿钢领回转。钢丝圈每回转一圈，就给钢丝圈和前罗拉间的纱条加上一个捻回。成形机构控制钢领板按一定规律升降，保证卷绕成符合一定形状要求的管纱。

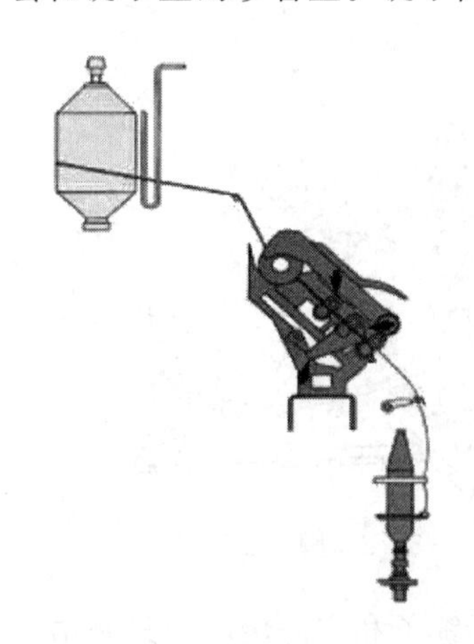

图 1－8－4 细纱机的工艺过程

二、细纱机的喂入机构、牵伸机构与牵伸工艺

（一）喂入机构

细纱机的喂入部分包括粗纱架、粗纱支持器、导纱杆和横动装置等组成，喂入部分在工艺上要求退绕顺利，尽量减少意外牵伸。

（二）牵伸机构

牵伸部分的机构主要包括罗拉、轴承、胶辊、胶圈、胶圈销、集合器、加压机构和吸棉装置等。

1. 细纱机的牵伸形式

(1) SKF牵伸装置如图1－8－5所示，前、中、后罗拉直径分别为25mm、25mm、25mm；前胶辊前移2mm，中胶辊后移2mm。前区为长短胶圈牵伸，后区为简单罗拉牵伸。

(2) V形牵伸装置如图1－8－6所示。通过上抬后罗拉、后置后胶辊，须条从后端到前端呈V形进入，加强了后区牵伸过程中对纤维运动的控制。V形牵伸细纱机的后牵伸区改善了进入前牵伸区须条的结构及均匀度，为提高成纱质量创造了条件。

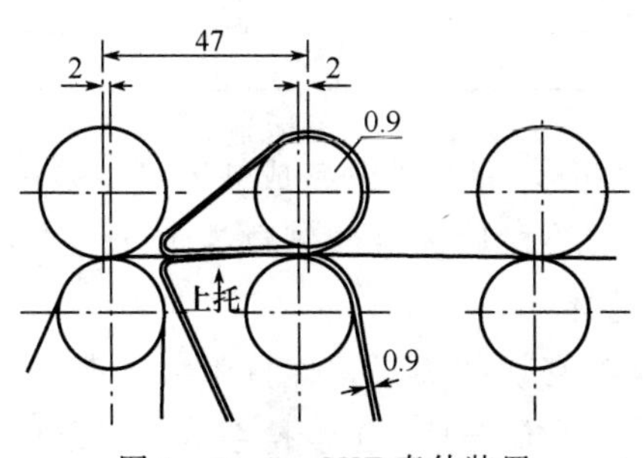

图1－8－5 SKF牵伸装置

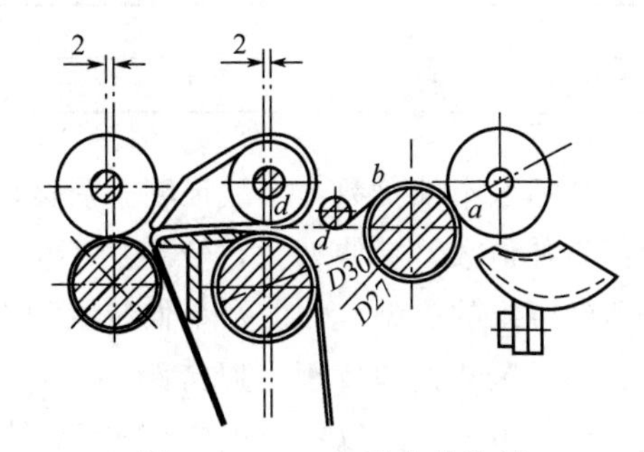

图1－8－6 V形牵伸装置

(3) 附加压力棒牵伸装置：在细纱机牵伸装置的后区增加压力棒，使须条在后区形成曲线通道，压力棒对须条中的纤维产生较大的压力及较大的附加摩擦力界，并对纤维形成强有力的控制，如图1－8－7及图1－8－8所示。

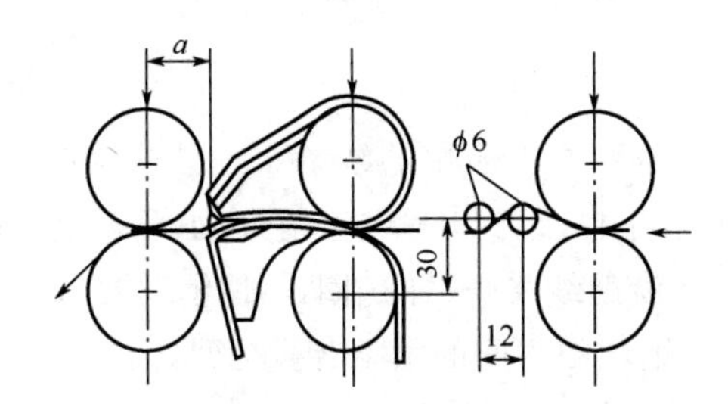

图1－8－7 SKF牵伸装置后区压力棒

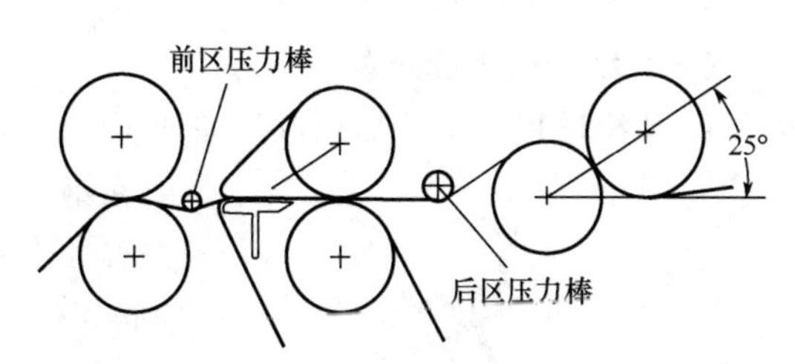

图1－8－8 V形曲线牵伸装置前、后区压力棒

2. 牵伸工艺配置 细纱机的牵伸工艺包括自由区长度、钳口隔距、加压、罗拉握持距、牵伸倍数等。

(1) 自由区长度：自由区长度是指胶圈钳口至前罗拉钳口间的距离，通常以上销或下销前缘至前罗拉中心线间的最小距离表示。缩短浮游区长度，会使牵伸区内纤维变速点分布向前钳口靠近而集中，纤维变速点稳定。但自由区长度过小，会引起牵伸力剧增，握持力难以满足牵伸力的要求，反而造成不良后果。

(2) 胶圈钳口隔距：适当缩小胶圈钳口的隔距，有利于加强对纤维运动的控制；但钳口隔距过小，会使牵伸力增大。胶圈钳口隔距可根据纺纱线密度、喂入定量、胶圈特性、纤维性能及罗拉加压等条件而定，见表1－8－1。

表 1－8－1　纺纱线密度与钳口隔距的关系

线密度（tex）	＞32	20～31	9～19	＜9
钳口隔距（mm）	3.0～4.5	2.5～4.0	2.5～3.5	2.0～3.0

（3）罗拉加压：为了使牵伸顺利进行，罗拉钳口必须具有足够而又可靠的握持力，以适应牵伸力的变化。中特纱的罗拉加压范围见表 1－8－2。

表 1－8－2 罗拉加压范围

罗拉	前	中	后
加压量（N/双锭）	140～180	100～140	120～180

（4）后区牵伸倍数：实践证明，后区牵伸力波动小时，有利于改善成纱质量。采用较小的后区牵伸倍数，牵伸力大，牵伸力不匀率小。一般细纱机后区牵伸倍数为 1.02～1.4 倍，根据所纺纤维的类型、性能及牵伸装置种类进行适当选择。

（5）后区罗拉握持距：握持距的大小与牵伸力有着密切的关系，握持距大，牵伸力小；反之，牵伸力大。所以罗拉握持距应根据粗纱的定量、纤维长度、粗纱捻系数、温湿度等因数确定。后罗拉握持距纺棉时一般为 44～54mm，纺化纤时一般为 45～60mm。

（6）粗纱捻系数：在细纱机的后区牵伸中，有捻粗纱可产生附加摩擦力界，增强后牵伸区纱条的紧密度。适当提高粗纱捻系数，对降低细纱断头、提高成纱均匀度是有利的。一般粗纱捻系数为 90～120。

三、细纱的加捻与卷绕

（一）细纱的加捻过程

1. 加捻过程　细纱加捻过程如图 1－8－9 所示，前罗拉 1 输出的纱条 2 经导纱钩 3，穿过套在钢领上的钢丝圈 4，绕到紧套于锭子的纱管 5 上。锭子带着纱管回转，并借助纱线张力的牵动，使钢丝圈沿钢领 6 回转，使前罗拉至钢丝圈之间的须条获得捻回。

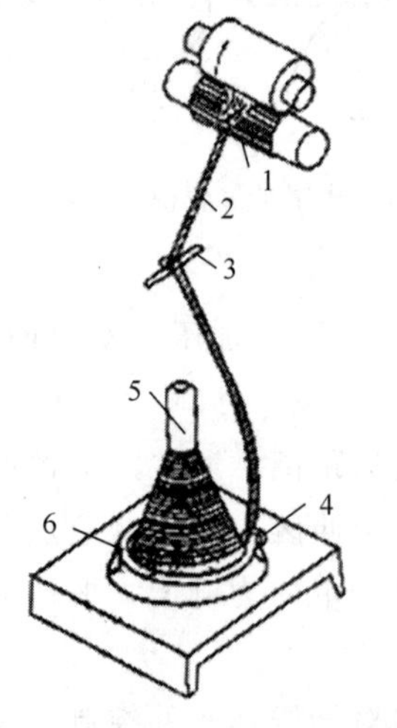

图 1－8－9　细纱加捻过程示意图
1—前罗拉　2—纱条　3—导纱钩
4—钢丝圈　5—纱管　6—钢领

2. 细纱捻度系数和捻向的选择

（1）细纱捻度系数：细纱捻度系数的选择主要取决于细纱品质的要求。由于经纱要经过络筒、整经、浆纱等工序，在织造过程中还要承受较大的摩擦力及反复的拉伸变形，对强力要求较高。而纬纱经过的工序少且引纬张力小，捻系数可小些。纺相同线密度细纱时，经纱捻系数比纬纱高10％～15％；针织用纱捻系数接近于同特纬纱的捻系数。

（2）捻向：为方便挡车工操作，单纱一般均采用 Z 捻。在化纤混纺织物中，为了使织物具有毛型感，经纱常用不同捻向来获得隐格、隐条等特殊风格。

（二）细纱加捻卷绕元件

细纱机加捻卷绕的主要元件有导纱钩、隔纱板、锭子、筒管、钢领、钢丝圈以及钢领板升降装置等。

筒管分经纱管和直接纬纱管两种，筒管的材料有塑料和木质两种。目前广泛采用塑料管。

环锭细纱机的“环”指的就是钢领，它是钢丝圈回转的轨道，如图1－8－10所示。钢领分平面钢领与锥面钢领两种。

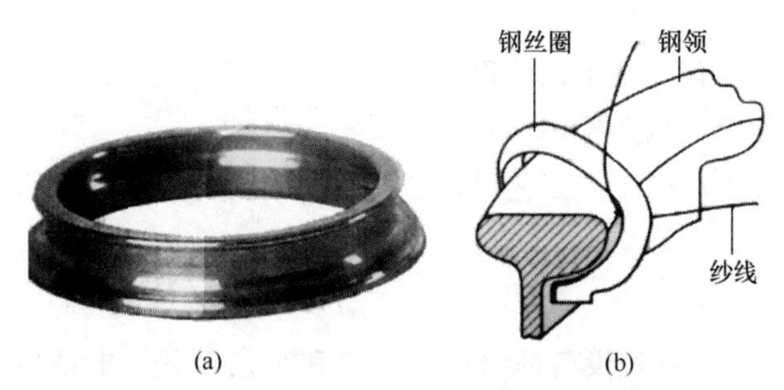

图1－8－10 钢领及钢领与钢丝圈接触状态图

(三) 细纱的成形

1. 细纱卷绕成形要求 管纱的成形要求是卷绕紧密、层次清楚、不互相纠缠、后道工序退绕时不脱圈、便于搬运和储存。

2. 成形机构 为了形成卷绕层与束缚层，钢领板上升和下降的速度是不等的。在FA506型细纱机上，当钢领直径为35mm、38mm时，升降动程为46mm，选用的凸轮升降速比为1∶2，常用于纺经纱。

四、成纱质量指标

(一) 成纱条干*CV*值

成纱条干*CV*值是反映成纱短片段粗细均匀的指标。成纱条干*CV*值越小，短片段均匀度越好。当成纱线密度为20～30tex时，优等纱的条干*CV*值应小于16%。

(二) 成纱的千米粗节、细节及棉结数

成纱的千米粗节、细节及棉结数是指1000m长度的纱线上具有的粗节、细节及棉结的个数。千米粗节、细节及棉结数越多，则布面的外观质量越差。

(三) 成纱强力及强力不匀率

优等中特纱线的断裂强度应大于11.4cN/tex，强力不匀率小于8%。

(四) 百米重量偏差及百米重量变异系数

百米重量偏差及百米重量变异系数是反映成纱长片段粗细均匀程度的指标。一般优等纱的成纱百米重量偏差应在±2.5%以内，百米重量变异系数应小于2.5%。

☞ 思考与练习

1. 细纱工序的主要任务是什么？
2. 试述细纱的工艺过程？
3. 细纱机有哪几种牵伸形式？各有何特点？

4. 细纱有哪些质量指标？

项目 1－9　后加工

✲教学目标

1. 掌握后加工工序的任务及工艺流程；

2. 知道络筒机的主要机构及作用；

3. 认识络筒及捻线工序的生产工艺单，了解工艺单中各参数确定的依据。

✲任务说明

1. 任务要求

了解络筒、并纱机和捻线机设备的结构、特点和工艺过程，根据后加工工序的实际生产工艺单，知道其主要工艺参数，会简单分析这些工艺参数制订的目的与依据。

2. 任务所需设备、工具、材料

络筒机、并纱机、捻线机，检验纱线的测试仪器，单纱和股线。

3. 任务实施内容及步骤

（1）学习理解后加工的工艺流程；

（2）学习理解络筒机、并纱机和捻线机各机构的特点和工艺参数。

4. 撰写任务报告，并进行评价与讨论。

✲项目导入

为便于棉纱的后加工，宋、元时有木棉拨车（图 1－9－1）、木棉軠床（图 1－9－2）、木棉线架（图 1－9－3）等生产工具。拨车是将各个管纱绕于軠上，便于接长成绞纱，軠由 4 根细竹组成，由于竹有弹性，绞纱易于脱卸。軠床作用同于拨车，但可同时络 6 根绞纱，效率比拨车大 8 倍。线架捻线不仅速度快，而且各根纱线的张力与捻度相近，有利于提高质量。

图 1－9－1　木棉拨车

图 1－9－2　木棉軠床

图 1－9－3　木棉线架

现在，后加工工序的络纱、并筒、捻线、摇纱等工艺，都是这些古老工具的延续。

一、概述

经过细纱机生产的纱，由于尚有瑕疵、卷装小等不足。需通过后加工工序，清除纱的疵点，改善产品的内在质量，加大卷装容量，便于储存和运输，制成适合后道工序生产需要的卷装形式。

后加工工序包括络筒、并纱、捻线、烧毛、摇纱、成包等过程，根据产品的要求可选用部分或全部工序。

(一) 后加工工序的工艺流程

后加工工序的工艺流程如图 1－9－4 所示。

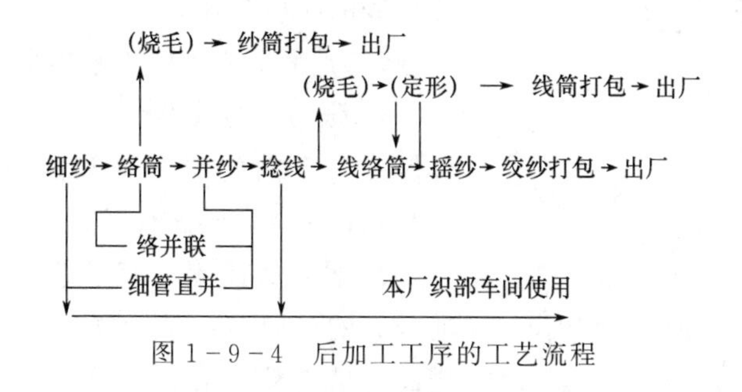

图 1－9－4 后加工工序的工艺流程

(二) 后加工工序的任务

1. 改善产品的外观质量 细纱中仍含有一定的疵点、杂质、粗细节等，需通过后加工工序清除。

2. 改善产品的内在性能 通过股线加工可改变纱线结构，从而改变其内在性能，如强力、耐磨性、条干、光泽、手感等。同时，经过后加工工序，可以稳定纱线捻回和均匀股线中单纱张力，从而稳定产品结构状态。

3. 制成适当的卷装形式 卷装必须满足容量大、易高速退绕且适合后续加工、便于储存和运输等。这些要求可通过后加工来实现。

二、络筒

目前已广泛采用自动络筒机，如图 1－9－5 所示。其特点是自动化程度高，单锭传动，电子清纱，空气捻接，速度高。

图 1－9－5 自动络筒机

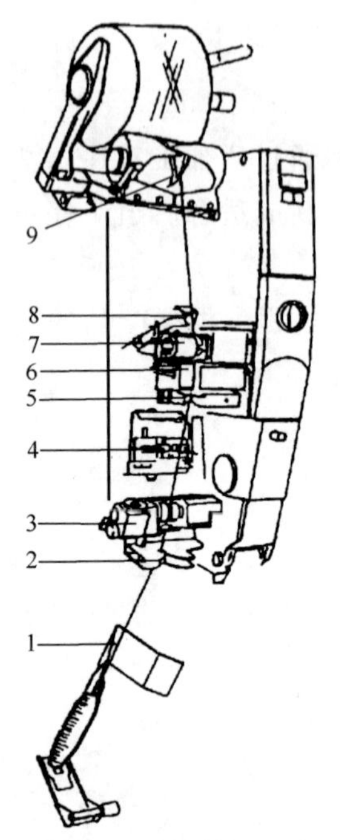

图 1－9－6 自动络筒机工艺过程图
1—气圈控制器 2—前置清纱器 3—张力装置
4—捻接器 5—电子清纱器 6—切断夹持器
7—上蜡装置 8—捕纱器 9—槽筒及筒子架

其工艺过程如图 1－9－6 所示，纱线从纱管上抽出，经过气圈控制器、前置清纱器后，进入张力装置，再经过捻接器，进入电子清纱器，上蜡装置，经槽筒卷绕到筒子上。当纱线断头时，下捕纱器上举找寻并吸入筒子上的纱头，上捕纱器找寻并吸入管纱上的纱头，通过捻接器实现自动接头。

（一）络筒工序的任务

接长纱线，增加卷装容量，提高后续工序的生产效率；清除纱线上的疵点、杂质、粗细节等，改善纱线的品质和强力。

（二）络筒机主要工艺参数

1. 张力 纱线卷绕时，需保证适当的卷绕张力，以保证一定的卷绕密度和成形。过小，成形松散，易脱圈；过大，纱线伸长，强力降低。

2. 卷绕线速度 筒子卷绕由回转运动和往复运动合成的。回转运动由槽筒摩擦带动，往复运动由槽筒沟槽带动。络筒机卷绕线速度主要取决于以下因素：

（1）纱线粗细：纱线粗比细卷绕速度快些。

（2）纱线原料：卷绕线速度与纱线原料有关。加工化纤比加工棉速度要慢些。

（3）管纱卷装的成形特征：对卷绕密度高及成形锥度大的管纱，络筒速度慢些；反之则可适当高些。

（4）纱线的喂入形式：针对管纱、筒纱（筒倒筒）和绞纱三种喂入形式，络筒速度相应由高到低。

一般自动络筒机的卷绕线速度为 800～1500m/min。

三、并纱

并纱机如图 1－9－7 所示。

（一）并纱机的任务

（1）保证并合单纱间的张力一致。

（2）去除纱线上部分外观疵点。

（3）制成成形良好的较大卷装。

（二）工艺过程

并纱机的工艺过程，如图 1－9－8 所示。并纱机主要由卷取、成形、防叠、断头自停和张力等部分组成。单纱筒子插在插杆 1 上，纱线自筒子 2 上退绕下来，经过导纱钩 3，张力垫圈 4，断纱检测装置 5，导纱罗拉 6，导纱辊 7 后，由槽筒 8 引导，卷绕到筒子 9 上。

图1-9-7 FA702型并纱机

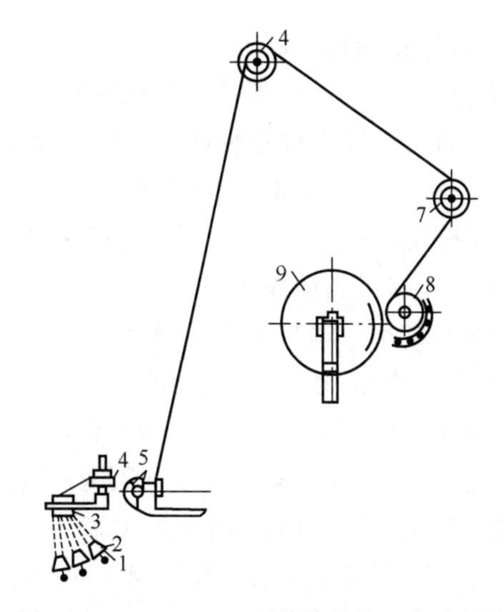

图1-9-8 FA702型并纱机的工艺过程图

1—纱筒插杆 2—单纱筒子 3—导纱钩 4—张力垫圈
5—断纱检测装置 6—导纱罗拉 7—导纱辊 8—槽筒 9—筒子

(三) 机器结构作用

(1) 导纱装置：改变纱线方向。

(2) 张力装置：圆盘式张力装置。

(3) 卷取成形部分：导纱器往复运动，胶木滚筒摩擦传动筒子回转，形成交叉卷绕形式。

(四) 工艺配置

1. 卷绕线速度 并纱机卷绕线速度与并纱的线密度、强力、纺纱原料、单纱筒子的卷绕质量、并纱股数、车间温湿度等因素有关。

2. 张力 并纱时应保证各股单纱之间张力均匀一致，并纱筒子成形良好，达到一定的紧密度，并使生产过程顺利。并纱张力与卷绕线速度、纱线强力、纱线品种等因素有关，一般掌握在单纱强力的10%左右。

四、捻线

(一) 捻线的任务

为改善纱线中纤维的受力状况，提高纱线的品质，以满足不同产品的要求，单纱须经过并合、捻线。经捻线后股线的品质在条干及强力、耐磨性及手感、弹性及光泽等方面有了全面提升。

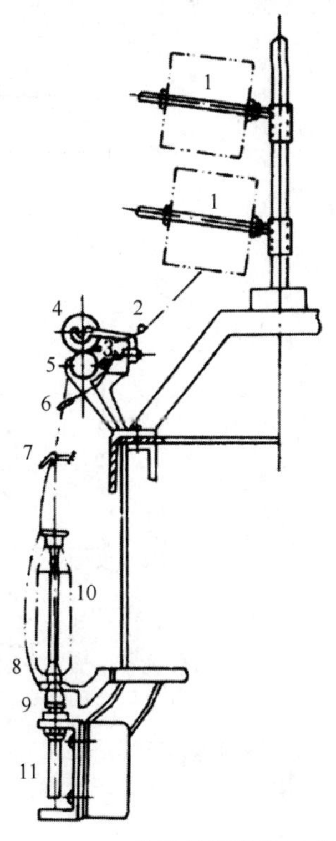

图1-9-9 B601型环锭捻线机工艺过程图

1—并线筒子 2—导纱杆 3—导纱钩 4—上罗拉
5—下罗拉 6—自停钩 7—导纱钩 8—钢丝圈
9—钢领 10—纱管 11—锭子

（二）环锭捻线机工艺过程

如图1－9－9所示，环锭捻线机主要由喂入部分、罗拉部分、断头自停装置、卷绕成形部分组成。纱线自并线筒子1上引出，经过导纱杆2、导纱钩3、上罗拉4，再折回经导纱钩3，穿过下罗拉钳口，经自停钩6、导纱钩7、钢丝圈8，在钢领9上进行加捻，最后绕到纱管10上。

（三）倍捻机工艺过程

倍捻机是锭子一转对纱线加上两个捻回，故称“倍捻”。

与环锭捻线机相比，倍捻机具有以下特点：锭子每一回转可获得两个捻回，产量较高，并可直接制成大卷装的筒子，可直接用于整经或染色，省去了络筒工序及松筒工序；不用钢领和钢丝圈，锭子速度不受钢丝圈速度的限制；但存在锭子结构复杂，造价高及用电量高等缺点。

倍捻机的工艺过程如图1－9－10所示。无捻纱线1通过退绕锭翼3从喂入筒子2（固定在转子6上）上退绕下来后，经纱闸4和空心锭子轴5进入锭子转子6的上半部，从留头圆盘8纱槽末端的出纱小孔7中出来，这时无捻纱在空心轴内的纱闸和锭子转子内的出纱小孔之间进行了第一次加捻。然后，已经加了一次捻的纱线绕着留头圆盘，形成气圈10，受气圈罩9的支撑和限制，气圈在顶点处受到导纱钩11的限制，纱线在锭子转子和导纱钩之间的外气圈进行了第二次加捻。经过加捻的股线通过超喂轮12、横动导纱器13，卷绕到纱筒14上。卷绕筒子夹在无锭纱架15上的两个中心对准的夹纱圆盘16之间。

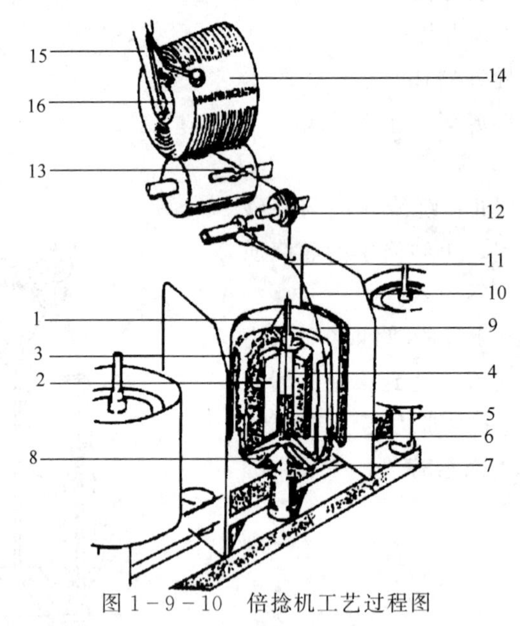

图1－9－10　倍捻机工艺过程图

1—无捻纱线　2—喂入筒子　3—退绕锭翼　4—纱闸　5—空心锭子轴　6—锭子转子　7—出纱小孔　8—留头圆盘　9—气圈罩　10—气圈　11—导纱钩　12—超喂轮　13—横动导纱器　14—卷绕筒子　15—无锭纱架　16—夹纱圆盘

（四）捻线工艺参数

1. 环锭捻线机工艺

（1）捻系数的选择：股线的捻系数对股线的性质及捻线机的产量均有较大影响，选择时应结合产品的要求及单纱的捻系数综合考虑。

衣着织物的经线要求股线结构内外松紧一致，强力高。双股线捻系数一般为1.2～1.4。当要求股线的光泽与手感好时，捻系数取0.7～0.9。对于纬纱用线，捻系数取1.0～1.2为宜。

（2）根据产品考虑捻向：用Z捻、S捻表示。合股线的捻向对股线的性质有很大影响，反向加捻可使捻幅均匀，纤维的应力和变形差异小，能得到较好的强力、光泽和手感，且捻回稳定、捻缩小。

生产上单纱多用Z捻，股线是S捻，Z/S。

对于布面要求起皱效果的，股线与单纱捻向相同，Z/Z或S/S。

复捻时，为使捻回比较稳定，通常有两种捻向组合，即ZZS或ZSZ，通常根据缆线用途与要求确定。

（3）钢丝圈的选择：与细纱一样，一般随股线号数，并结合纺纱张力而定。

（4）捻缩率的确定：其影响因素有合股数、细纱线密度数、单纱股线的捻度及捻向、车间的温湿度。在实际生产中，反向加捻，股线捻缩率为0.5%～2%　同向强捻为4%～8%。

2. 倍捻机工艺

（1）捻系数的选择。

（2）根据产品考虑捻向。

（3）捻缩率的确定。

（4）卷绕交叉角：卷绕交叉角与成形有关，理论上由往复频率调节。但往复频率须小于60次/min。

（5）超喂率：调节筒子卷绕张力即密度。一般变换超喂链轮。

（6）张力：不同品种纱线加捻须施加不同张力。

☞ 思考与练习

1. 后加工主要包括哪些工序？各有什么作用？
2. 络筒工序的主要任务是什么？
3. 股线的捻度、捻向与股线性质的关系如何？
4. 什么是倍捻？倍捻一般用于单纱还是股线？

项目1－10　新型纺纱

✲教学目标

1. 了解新型纺纱与传统纺纱的区别；
2. 掌握新型纺纱的主要种类及纺纱方法；
3. 认识新型纺纱的纱线结构。

✲任务说明

1. 任务要求

通过本项目的学习，完成以下工作任务：

了解新型纺纱的原理、设备、特点；根据新型纺纱工序实际生产的工艺单，知道新型纺纱的主要工艺参数，会简单分析这些工艺参数制订的目的与依据。了解各种新型纺纱方式的纱线质量差异与应用。

2. 任务所需设备、工具、材料

新型纺纱机，纱线测试仪器，各种新型纺纱机生产的纱。

3. 任务实施内容及步骤

(1) 了解各种新型纺纱的原理与特点；

(2) 了解新型纺纱机的工艺过程；

(3) 经测试比较不同新型纱的特点。

4. 撰写任务报告，并进行评价与讨论。

✲项目导入

1825 年英国 R·罗伯茨制成动力走锭纺纱机，1828 年更先进的环锭纺纱机问世，到 20 世纪 60 年代几乎完全取代了走锭纺纱机。但环锭纺纱机加捻和卷绕工作是由同一套机构（翼锭或环锭）完成的，卷装尺寸与机器运转速度之间产生了矛盾。要解决这个问题，只有把加捻和卷绕分开，各由专门机构来进行。20 世纪中期，各种新型纺纱方法相继诞生。

传统的环锭纺纱，纺纱速度及卷装容量受到极大限制，新型纺纱把加捻与卷绕分开，取消了锭子、钢领、钢丝圈等加捻机件，开创了纺纱工艺的新纪元，新型纺纱方法主要有转杯纺纱、摩擦纺纱、涡流纺纱、静电纺纱、喷气纺纱等几种。

一、转杯纺纱

（一）转杯纺的加捻过程

如图 1-10-1 所示为转杯纺纱的转杯、凝聚加捻机构的剖面图。由于受杯内负压（自排风式或抽气式）的作用，纤维经输棉管随气流吸入转杯的内壁，依靠离心力沿杯壁斜面滑移至转杯的最大直径处（凝棉槽）而形成纤维环（环形纱尾）。转杯纺是靠转杯的旋转对纱条进行加捻的。

（二）加捻区内的捻度分布

其加捻工艺过程如图 1-10-2 所示。在转杯纺纱机上，阻捻盘既是假捻点，又是捻陷点，阻止捻回从 O 向 P 传递。将图 1-10-2 展开，可以求得图中各段纱条上的捻度。假捻效应和捻度传递长度的增加有利于减少杯内纱线断头。

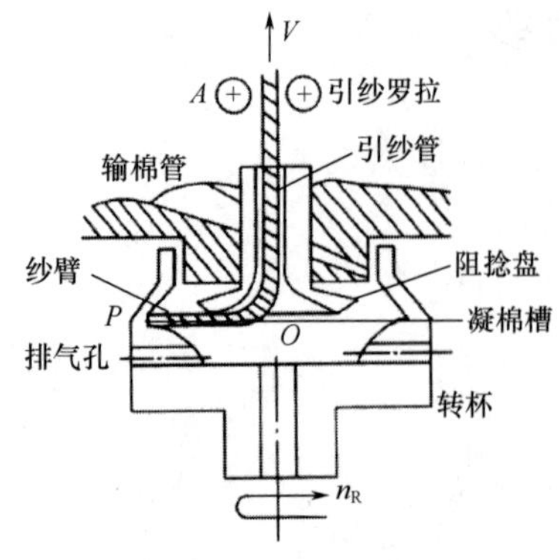

图 1-10-1　转杯纺纱的加捻器

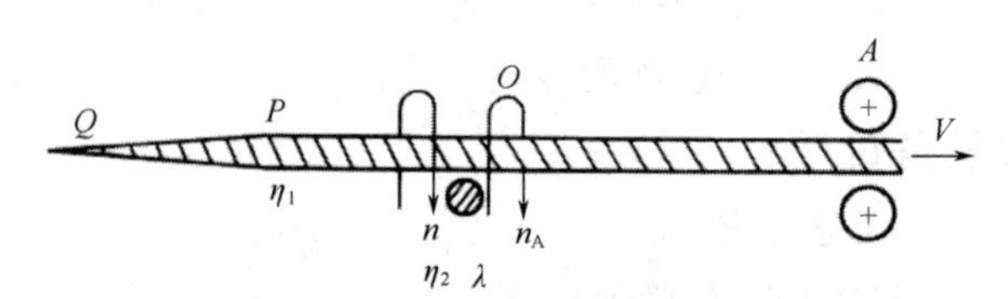

图 1-10-2　转杯纺纱加捻示意图

（三）成纱结构及其力学性质

转杯纱是由纱体本身和缠绕纤维两部分组成，纱体本身比较紧密，包在外表的缠绕纤维结构松散。转杯纱和环锭纱相比，其弯钩纤维较多，纤维内外转移的机会少，捻度在纱的径向分布也不均匀，强力为环锭纱的80%～90%，但条干均匀度、耐磨性、蓬松度、染色性能都要优于环锭纱，棉结杂质也比环锭纱少。转杯纱的捻度一般比环锭纱大15%～25%，手感较硬。

二、摩擦纺纱

摩擦纺纱可以纺无芯和有芯两种纱线。无芯纱属自由端加捻，有芯纱属自由端（纱皮）与非自由端（纱芯）两者的结合。摩擦纺纱可把棉、毛、麻、丝、化纤及其他混纺条加工成细纱或花式纱线。

（一）无芯摩擦纺的加捻过程

如图1－10－3（a）所示，棉条经分梳辊分梳后，借助高速回转刺辊所产生的离心力和尘笼内胆吸嘴的抽吸作用，使纤维经过输棉管向两个尘笼的楔形区（即成纱区）内运动，纤维在楔形区内凝聚成须条并贴附在尘笼表面。当两个尘笼同向回转时，一个尘笼对须条产生向下的摩擦力，另一个尘笼对须条产生向上的摩擦力，从而形成回转力矩，如图1－10－3（b）所示，促使纱尾的自由端回转而给纱条施加捻度成纱。

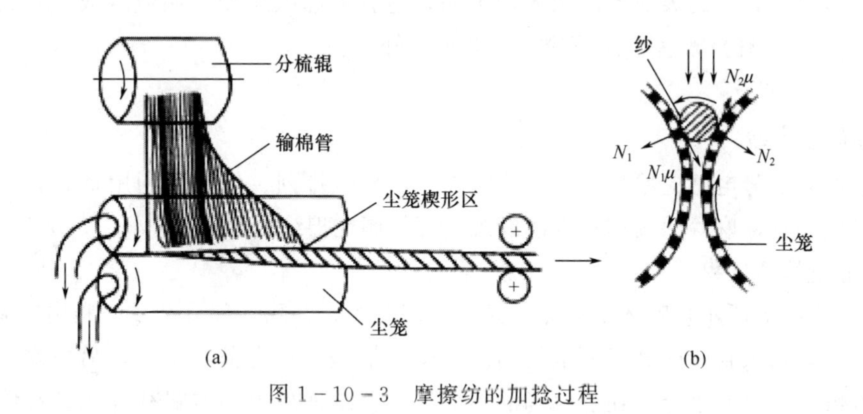

图1－10－3　摩擦纺的加捻过程

（二）成纱结构及其力学性质

摩擦纺纺出的纱，纱芯捻度较外层大，内紧外松，纱的表面较丰满和蓬松，伸长率较高，吸湿性、染色性和手感均较好。纤维伸直度差，排列较紊乱，且内外层转移少，强力较低，为环锭纱的70%左右。

三、涡流纺纱

涡流纺纱是利用固定涡流管内的旋转气流使纤维凝聚加捻成纱的，它无须高速回转部件。涡流纺适宜加工粗特腈纶纱，其产品宜作起绒织物。

（一）涡流纺的加捻过程

如图1－10－4所示，须条由给棉罗拉喂入，经分梳辊开松，由于分梳辊离心力和气流吸力的作用进入输棉管道。输棉管道上的输棉孔与涡流管成切向配置，使纤维以切向

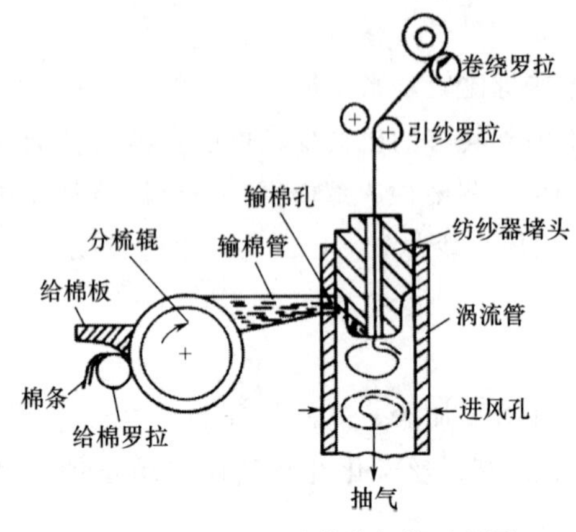

图 1-10-4　涡流纺的加捻过程图

进入管壁与纺纱器堵头之间的通道，并以螺旋运动下滑进入涡流场中。涡流管的下端与风机相连并抽真空，使涡流管内空气压力低于大气压，外面的空气沿切向进风口、切向输棉孔和引纱孔进入涡流管。两处切向流入的气流在纺纱器堵头（芯管）下部相汇合，形成一稳定的涡流场，喂入纤维随气流一起进入这一涡流场，并沿纺纱管内壁形成凝聚纤维环。为提高纤维定向伸直度，在纤维从输棉孔随气流到达涡流场的输送过程中，管壁与堵头间的通道截面逐渐收缩，使气流速度逐渐提高，促使纤维产生加速运动。进入涡流场中的单纤维重新凝聚，形成连续的呈锥体形的环形纱尾。纱条不断输出，纱尾环随涡流不断旋转而获得捻回，分梳后的单纤维又连续不断地进入涡流场与纱尾环相遇而凝聚在纱尾环上，纺成连续的纱线。

（二）成纱结构及特性

涡流纱的纤维伸直平行度和定向性差，弯钩、打圈、对折纤维较多，结构蓬松，纤维两端多数缠在纱芯中，纱的表面形成闭环形毛羽，适宜做起绒织物。涡流纱成纱强力只有环锭纱的50%～60%，疵点较多，但蓬松性和染色性好。

四、静电纺纱

静电纺纱是靠静电感应原理，使纤维定向、凝聚、排列、伸直，利用空心管的回转加捻成纱，适宜加工棉、麻等回潮率较高的纤维，可纺制纯棉纱或棉/麻纱等。

（一）静电纺纱过程

如图 1-10-5 所示，喂入的须条，经分梳辊开松，并除去部分杂质，利用气流将纤维从分梳辊上吸走，送入封闭的高压静电场内。其中一端是带正电荷的电极，另一端是接地加捻器。由于纤维本身带有水分，在静电场的感应下，纤维发生电离或极化作用。纤维中的正负离子，分别向纤维两端聚集，产生与电极相反的电荷。一根纤维的头端，与相邻纤维的头端相斥，与相邻纤维的尾端相吸。从而使纤维定向、伸直。电场强度决定纤维的电荷量。其静电力，促使纤维定向、伸直、凝聚，并沿加捻器方向运动。当一段引纱通过加捻管，被吸入静电场内后，凝集成束的纤维就添补到纱尾上。加捻器高速回转，对须条加上捻度。最后由引纱罗拉输出，卷绕在筒子上。

（二）成纱结构及特征

静电纱的纤维伸直度较差，弯钩和折叠纤维较多，伸直纤维只占20%左右。静电纱的捻度分布不均，纤维的内外转移较少，含有一定数量的外包纤维。成纱强度较低，为环锭纱的85%～90%，断裂伸长小，弹性差，纱疵较多，但结构紧密，成纱直径比同线密度的环锭纱小，条干 *CV* 值也比环锭纱好1%～2%，染色性能好，耐磨度高，可纺范围为10～96tex。

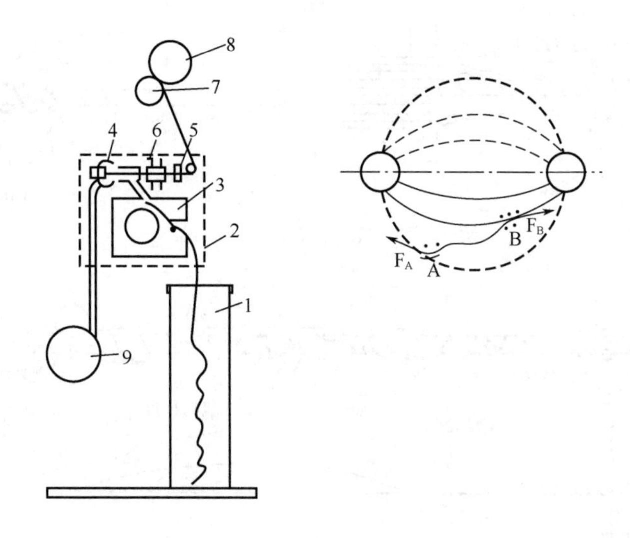

图1-10-5 静电纺纱示意图

1—棉条筒 2—纺纱体 3—给棉分梳机构 4—高压避电场 5—加捻机构 6—引出罗拉 7—槽筒 8—筒子纱 9—总级风管

五、喷气纺纱

喷气纺纱是靠高速旋转的气流给主体纤维施加假捻，须条本身的边缘纤维以捆扎方式包缠在主体的外层而形成纱，也称捆扎纱。

（一）喷气纺纱的加捻过程

如图1-10-6所示，从牵伸装置前罗拉输出的纱条，利用喷嘴气流的吸引进入加捻喷嘴n_1和n_2，喷嘴内的旋转气流对须条进行假捻而形成主体纱芯，边缘纤维则靠纱芯的退捻力矩包缠在纱芯外层，最后形成具有一定强力的喷气纱。

（二）喷气纺纱的成纱原理

1. 喷嘴结构及气流规律 喷嘴是喷气纺的关键部件，要求从喷嘴孔眼的切向喷气，使喷嘴内的气流产生螺旋回转，对主体纤维施以假捻，如图1-10-7所示。

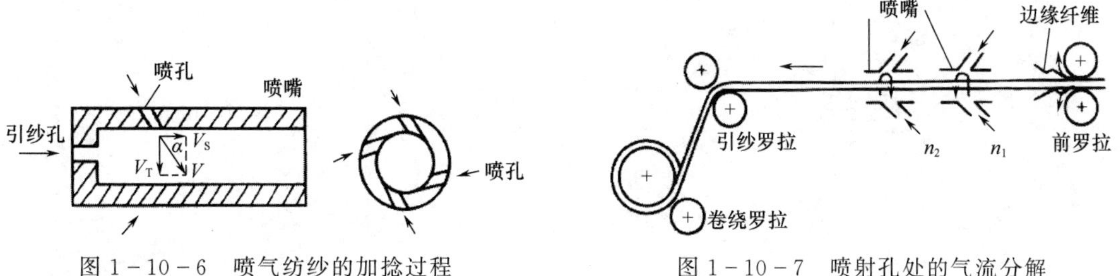

图1-10-6 喷气纺纱的加捻过程　　图1-10-7 喷射孔处的气流分解

2. 包缠纤维的产生 如图1-10-8（a）所示。

3. 包缠纤维的包紧过程 如图1-10-8（b）所示。

4. 加捻区段的捻度分布 如图1-10-9所示。

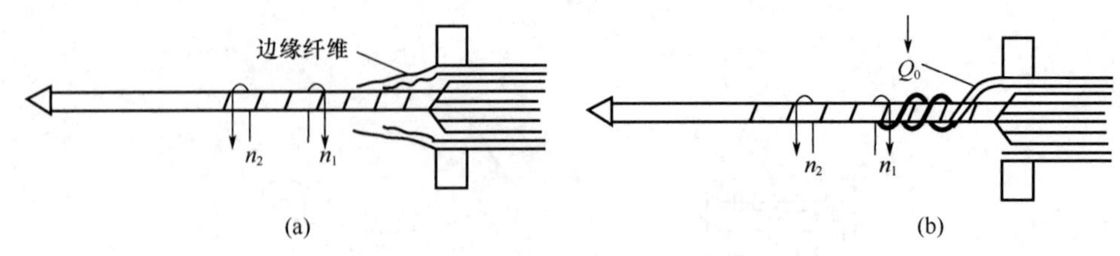

图 1-10-8　包缠纤维的产生

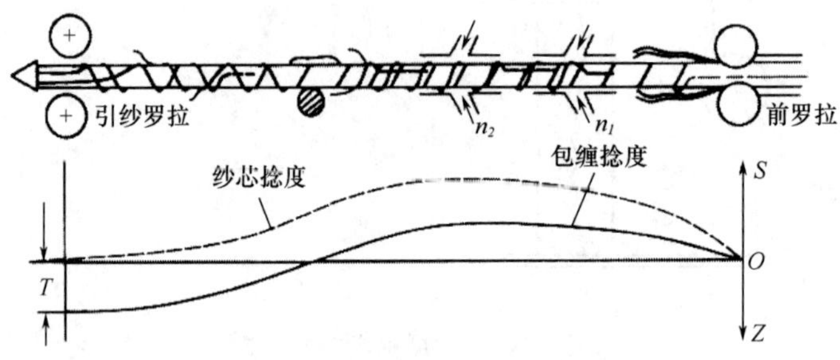

图 1-10-9　喷气纺加捻区段的捻度分布

（三）成纱结构及特点

包缠纤维多数是尾端捻合在纱芯中，头端成为毛羽。喷气纱的条干优于环锭纱，但其强力只有同线密度环锭纱的 85%～90%，喷气纱进行合股加捻后，其强力接近环锭纱股线。

☞ 思考与练习

1. 什么是自由端纺纱？什么是非自由端纺纱？
2. 转杯纺是如何对纱条加捻的？阻捻盘的作用是什么？
3. 转杯纱的成纱结构如何？

项目2　机织

项目2－1　机织物及其形成

✲教学目标

1. 认识机织物，能根据特征分辨各类机织物；

2. 了解织物组织的概念，知道三原组织的特征，认识三原组织织物；

3. 了解变化组织、联合组织、复杂组织、大提花组织的特征及构成方法；

4. 了解机织物规格的表示方法；

5. 知道机织物的形成过程，能根据不同机织物的特点，初步学会制订产品的生产工艺流程；

6. 了解机织物上机图的组成与作用，掌握三原组织上机图的绘制方法。

✲任务说明

1. 任务要求

通过本项目的学习，完成以下工作任务：

（1）通过对各种机织物样品的观察，辨析样品的分类，根据其主要特点，制订产品的机织生产工艺流程。

（2）通过对织布机或小样织机织造过程的观察，了解机织物形成原理及上机图的构成及作用，掌握三原组织上机图的绘制方法；并根据绘制的上机图，在机织小样机上完成小样试织。

2. 任务所需设备、工具、材料

小样织机及各种配套工具、纱线、各种不同类型的机织物。

3. 任务实施内容及步骤

（1）机织物分类及工艺流程的制订：

①对所发机织物样品布样按棉型织物、毛型织物、长丝织物进行分类；

②对所发机织物样品按纱织物、线织物、半线织物进行分类；

③对所发机织物样品按本色织物、漂白织物、染色织物、印花织物、色织物进行分类；

④对所发机织物样品按平纹组织、斜纹组织、缎纹组织进行分类；

⑤根据织物的分类及特征，制订产品的机织生产工艺流程。

（2）三原组织织物试织：

①选择平纹、斜纹、缎纹组织中的一种，设计上机图；

②根据织物规格，填制小样试织工艺单；

③在教师演示和指导下，根据小样试织工艺单，在小样织机上依次完成经纱准备、穿综、穿筘、经纱上机整理、编织纹板、纬纱准备、织造等步骤；

④对试织过程中出现的各种问题，尝试分析其原因及解决方法。

4. 撰写任务报告，并进行评价与讨论。

✲项目导入

织造技术是从制作渔猎用的网罟和装垫用的筐席演变而来。最原始的织布，不用工具，而是“手经指挂”，即靠徒手排好经纱，再一根隔一根地挑起经纱穿入纬纱，这样制织的织物的长度和宽度都很小。

骨针是最原始的织具，是引纬器的前身。山顶洞人的遗物中存有公元前1.6万年的骨针。图2－1－1是用河姆渡发现的骨针编织的示意图。

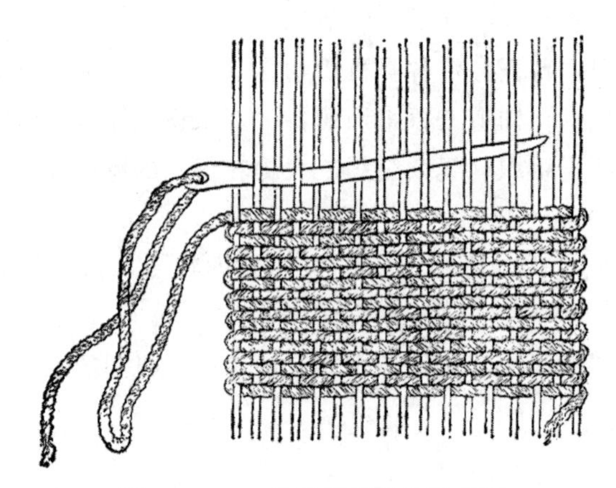

图2－1－1　骨针编织平纹示意图

经过长时间的实践，人们逐步学会使用工具进行织布。先在奇数和偶数经纱之间插入一根棒，叫作分绞棒，在棒的上、下两层经纱之间形成一个可以穿入纬纱的织口。再用一根棒，在经纱的上方用线把分绞棒下层的经纱一根根地牵吊起来。这样，只要把这根棒往上提，便可把下层经纱统统吊起，擦过上层经纱而到达上层经纱的上方从而形成一个新的织口，可以穿入另外一根纬纱，这根棒就叫作综杆或综竿。纬纱穿入织口后，要用木刀打紧定位，如图2－1－2所示。

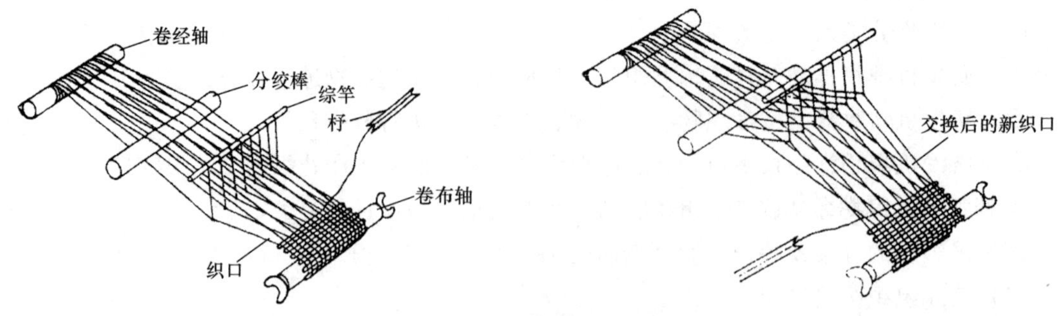

图2－1－2　原始织布原理图

其中，经纱的一端有的绕在木棒上，有的缚在树上或柱子上，用双脚顶住；另一端织成的织物卷在木棒上，两端用阔带子缚在人的腰间，这便是原始腰机，如图2－1－3所示。

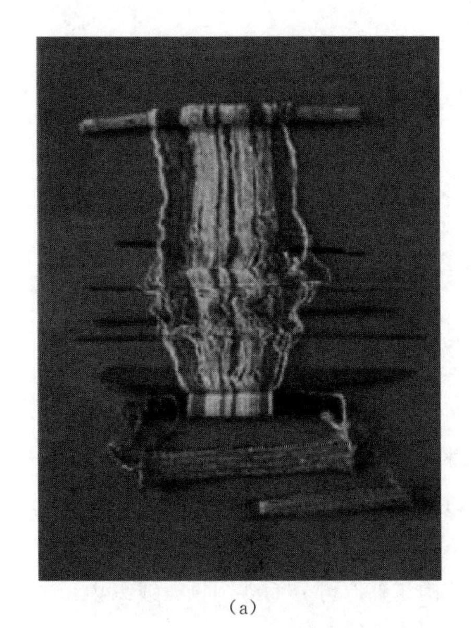

(a)

(b)

图 2－1－3　黎族腰机及织造示意图

机织，是将纱线制成机织物的工艺过程。

一、机织物的基本知识

机织物就是由相互垂直排列的两个系统的纱线，按一定的组织规律织成的织物。沿织物长度方向（纵向）排列的是经纱，沿宽度方向（横向）排列的是纬纱，如图 2－1－4 所示。

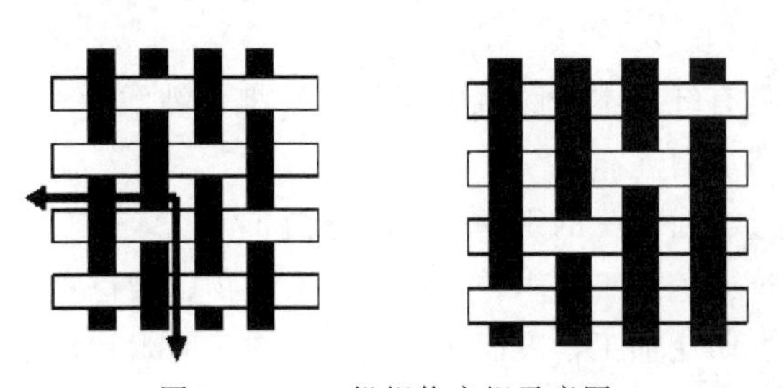

图 2－1－4　机织物交织示意图

变换纱线的原料、粗细及组织结构，或采用不同颜色的纱线相互配合、不同的经纬纱交织规律，即可织成各种不同风格和用途的织物。

（一）机织物分类

1. 按使用的原料分类　织物按使用的原料可分为纯纺织物、混纺织物、交织织物三类。

（1）纯纺织物：经纬纱均由同一种纤维纺制的纱线经过织造加工而成的织物。如纯棉织物、纯涤纶织物等。

（2）混纺织物：经纬纱均由同种混纺纱织造加工而成的织物。如经纬纱均采用 T65/C35 的涤/棉布，经纬纱均采用 W70/T30 毛/涤纱的毛/涤织物等。一般混纺织物命名时，均要求注明混纺纤维的种类及各种纤维的含量。

（3）交织织物：采用两种及以上不同原料的纱线分别作经纬纱织成的织物。如经纱采用棉纱，纬纱采用毛纱的毛毯织物等。

2. 按纤维的长度分类 根据使用的纤维长度的不同，织物可分为棉型织物、中长型织物、毛型织物和长丝织物。

（1）棉型织物：以棉型纤维为原料纺制的纱线织成的织物。如纯棉府绸、涤/棉细纺、纯棉卡其等。

（2）中长型织物：用中长型化纤为原料，经纺纱加工的纱线织成的织物。如涤/黏中长、涤/腈中长纤维织物等。

（3）毛型织物：用毛型纤维为原料纺制的纱线织成的织物。如纯毛华达呢、毛/涤/黏哔叽、毛涤花呢等。

（4）长丝织物：用长丝织成的织物。如织锦缎、美丽绸、双绉、尼丝纺等。

3. 按纺纱的工艺分类 棉织物可分为精梳织物、粗梳（普梳）棉织物和废纺织物，毛织物分为精梳毛织物（精纺呢绒）和粗梳毛织物（粗纺呢绒）。

4. 按纱线的结构与外形分类 织物按纱线的结构与外形可分为纱织物、线织物和半线织物。

（1）纱织物：经纬纱均由单纱构成的织物，如各种棉平布。

（2）线织物：经纬纱均由股线构成的织物，如绝大多数的精纺呢绒，毛哔叽、毛华达呢等。

（3）半线织物：经纬纱中一种采用股线，另一种纱线采用单纱织造加工而成的织物。一般经纱为股线，如半线卡其等。

按纱线结构与外形的不同，还可分为普通纱线织物、变形纱线织物和其他纱线织物。

5. 按染整加工分类 织物按整染加工可分为本色织物、漂白织物、染色织物、印花织物、色织物。

（1）本色织物：指具有纤维本来颜色的织物，纤维、纱线及织物均未经练漂、染色和整理的织物，也称本色坯布、白坯布。

（2）漂白织物：经过漂白加工的织物，也称漂白布。

（3）染色织物：经过染色加工的织物，也称匹染织物、染色布、色布。

（4）印花织物：经过印花加工，表面印有花纹、图案的织物，也称印花布、花布。

（5）色织物：指以练漂、染色之后的纱线为原料，经过织造加工而成的织物。

6. 按用途分类 按用途不同，织物可分为服装用织物、装饰用织物和产业用织物。

服装用织物，如外衣、衬衣、内衣、鞋帽等织物；装饰用织物，如床上用品、毛巾、窗帘、桌布、家具布、墙布、地毯等；产业用织物，如传送带、帘子布、篷布、包装布、过滤布、筛网、绝缘布、土工布、医药用布、软管、降落伞、宇航用布等。

（二）机织物组织

机织物中经纬纱相互交织（沉浮）的规律，称为织物组织，如图 2－1－4 所示，织物中经纬纱交叉重叠的点，称为组织点；其中经纱浮于纬纱之上的组织点，称为经组织点（经浮点），纬纱浮于经纱上的点，称为纬组织点（纬浮点）。织物中一根经（纬）纱连续地浮在纬（经）纱上的长度，称为浮长，以经（纬）纱跨越的纬（经）纱根数表示。

当经组织点和纬组织点沉浮规律达到循环时，称为一个组织循环（或完全组织）。如图 2－1－4 中箭头所示，由两根经纱与两根纬纱构成了组织交织的一个循环。一个循环中的经

（纬）纱数，称为经（纬）纱循环根数，记为 R_j（R_w）。构成一个组织循环的经纱根数和纬纱根数可以相等，也可以不相等。组织循环纱线数越大，织成的花纹就越复杂多样。

织物组织常用组织图来表示。经纬纱的交织规律可在方格纸（意匠纸）上表示。方格纸的纵行代表经纱，横行代表纬纱，纵横行交叉的方格代表一个组织点，经组织点常用■、⊠、▨、⊡等表示，纬组织点用空格□表示，如图 2－1－5 所示。

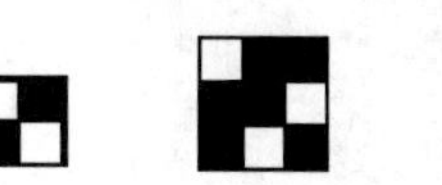
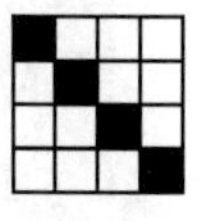
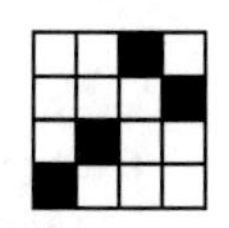

图 2－1－5　织物组织图

在一个组织循环中，经组织点与纬组织点数相同，称同面组织；经组织点多于纬组织点数，称为经面组织；纬组织点数多于经组织点数，称为纬面组织。

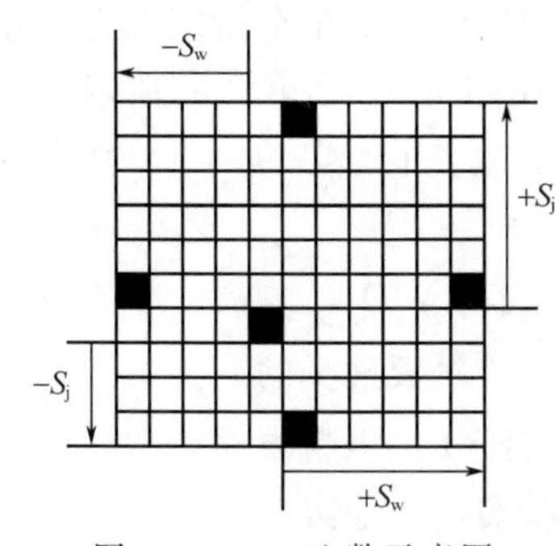

图 2－1－6　飞数示意图

为了表达组织的构成与特点，常用组织点飞数表示织物中相应组织点的位置关系。所谓飞数，是在组织循环中，相邻两根经纱（或纬纱）上对应的经（纬）组织点在纵向（或横向）所间隔的纬（或经）纱根数，经向飞数 S_j 是相邻两根经纱上相应组织点的相对位置，沿经纱方向计算，以向上方向为（＋），向下方向为（－）。纬向飞数 S_w 是相邻两根纬纱上相应组织点的相对位置，S_w 沿纬纱方向计算，以向右方向为（＋），向左方向为（－），如图 2－1－6 所示。

织物组织是构成织物的要素之一，其种类繁多，根据其交织规律等因素大致可分为原组织、变化组织、联合组织、复杂组织、大提花组织等几类。

1. 原组织　原组织是最简单的组织，是一切组织的基础，因此又称为基础组织，包括平纹、斜纹、缎纹三种，因而又称为三原组织。

（1）平纹组织：是所有组织中最简单的一种，组织图如图 2－1－7（a）所示，结构参数 $R_j = R_w = 2$，$S_j = S_w = \pm 1$。

平纹织物如图 2－1－7（b）所示，其表面平坦，正反面外观相同。与其他组织相比，平纹组织的经纬纱交织次数最多，织物质地坚牢，耐磨而挺括，手感较硬挺，又由于纱线一上一下交织频繁，纱线弯曲较大，故织物表面光泽较差。

平纹组织结构简单，应用广泛，棉织物有平布、府绸、青年布等，毛织物有凡立丁、派力司、法兰绒等，丝织物有纺类与绉类产品。当采用不同粗细的经纬纱，不同的经纬密度以及不同的捻度、捻向、张力、颜色的纱线时，就能织出呈现横向凸条纹、纵向凸条纹、格子花纹、起皱、隐条、隐格等外观效应的平纹织物，若应用各种花式线，还能织出外观新颖的织物。

（2）斜纹组织：织物表面呈较清晰的左斜或右斜向纹路。组织图如图 2－1－8（a）所示，结构参数 $R_j = R_w \geq 3$，$S_j = S_w = \pm 1$。斜纹织物如图 2－1－8（b）所示。与平纹组织相比，斜纹组织的交织次数减少，故织物手感较为松软，其坚牢度、耐磨性比平纹差，通常用增加织物中纱线的排列密度来提高织物的力学性能。

斜纹织物应用也很广泛，如棉织物有卡其、斜纹布、牛仔布等，毛织物有华达呢等。

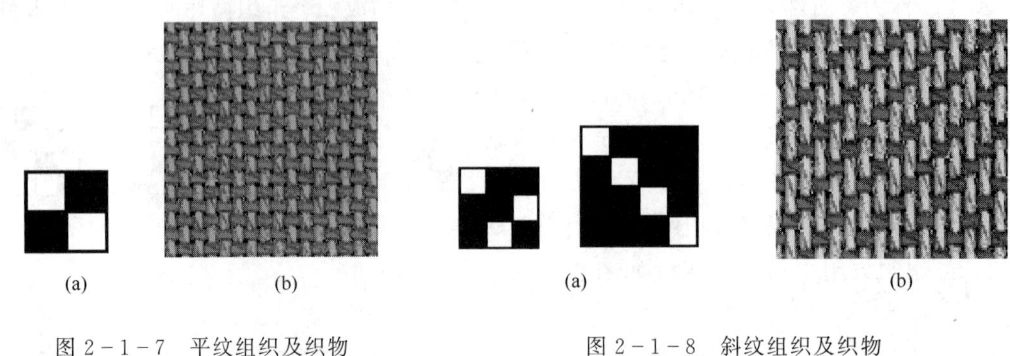

图 2－1－7　平纹组织及织物　　　　图 2－1－8　斜纹组织及织物

图 2－1－9　缎纹组织及织物

（3）缎纹组织：是原组织中最复杂的一种组织，其基本特征在于相邻纱线的单个组织点有规律地分散分布，组织图如图 2－1－9（a）所示，结构参数 $R_j=R_2\geqslant5$（$\neq6$），$1<S<R-1$，R 与 S 互为质数。

缎纹织物如图 2－1－9（b）所示。缎纹组织是三原组织中经纬纱交错次数最少的一类组织，因而在织物表面有较长的浮线，织物表面光滑、富有光泽，比平纹、斜纹厚实，质地柔软。

丝织物中应用较多，如缎类与锦类产品等，其他棉织物有贡缎，毛织物有贡呢等。

2. 变化组织

（1）平纹变化组织：平纹变化组织通常以平纹组织为基础，在一个方向或两个方向上延长组织点而形成，如重平、方平以及变化重平、变化方平等。如图 2－1－10 所示，在经向上延长组织点所形成的组织，称为经重平组织；在纬向上延长组织点所形成的组织，称为纬重平组织；在经、纬向同时延长组织点的组织，称为方平组织。

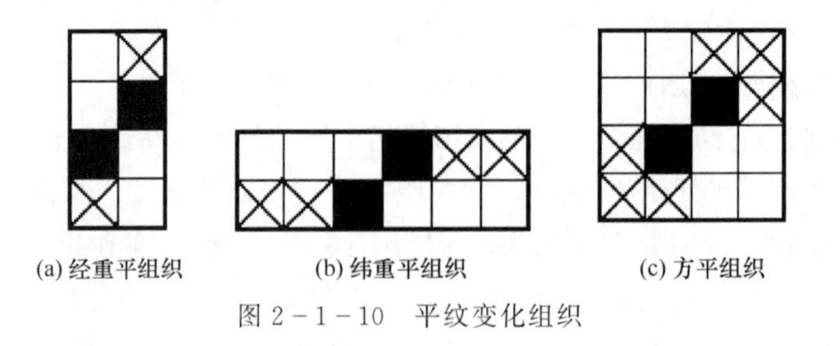

图 2－1－10　平纹变化组织

经重平组织表面呈现横凸条纹，纬重平组织表面呈现纵凸条纹，并可借助经纬纱的粗细搭配，使凸条纹更加明显。方平组织织物外观平整，表面呈现块状纹路，较平纹组织的织物质地松软、丰厚。

平纹变化组织用途也较多，如牛津纺、麻纱、板司呢等，而且很多织物的布边采用此类组织。

（2）斜纹变化组织：在原组织斜纹基础上，采用延长组织点长度、改变组织点飞数或改变斜纹方向等方法，可变化出多种斜纹变化组织。常用的斜纹变化组织有加强斜纹、复合斜纹、角度斜纹、山形斜纹、破斜纹等，如图 2－1－11 所示。

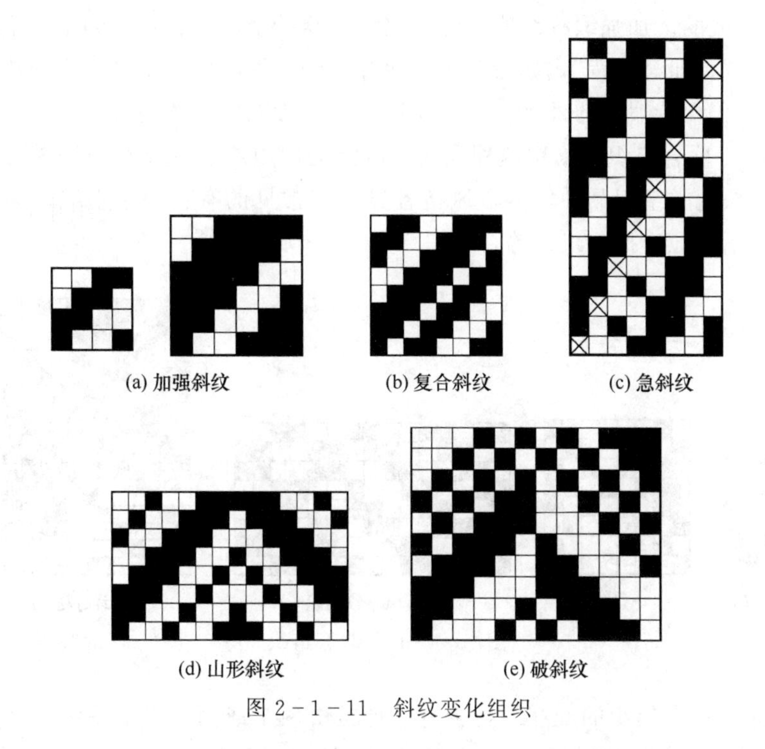

图 2－1－11　斜纹变化组织

①加强斜纹，是在斜纹组织的组织点旁沿着经（纬）向增加组织点而形成的。

②复合斜纹，是一个组织循环中具有两条或两条以上不同的斜纹线。

③角度斜纹，在斜纹织物中，织物表面斜纹线的倾斜角度是由飞数的大小和经纬密度的比值决定的。当经纬密度相同时，若斜纹线与纬纱的夹角约为 45°，该斜纹组织为正则斜纹；若斜纹线与纬纱的夹角不等于 45°时，是改变组织飞数形成的，便称为角度斜纹；当斜纹线角度大于 45°时为急斜纹，小于 45°时为缓斜纹；以急斜纹应用较多。

④山形斜纹，就是改变斜纹线方向，使斜纹一半向右倾斜，一半向左倾斜，连续呈山峰状。

⑤破斜纹，也是左斜纹与右斜纹组合起来的一种组织，但在左、右斜纹交界处，组织点不连续，使经、纬组织点相反，呈现“破断”效应。

⑥斜纹变化组织用途广泛，特别是毛织物中，如哔叽、华达呢、麦尔登、直贡呢、

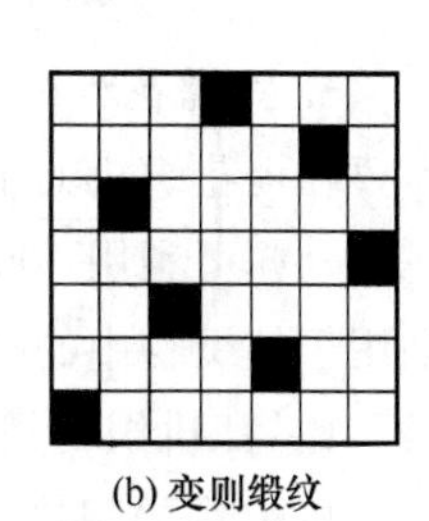

图 2－1－12　缎纹变化组织

马裤呢以及各类精纺、粗纺花呢、大衣呢等。

（3）缎纹变化组织：在原组织缎纹的基础上，采用增加经（纬）组织点飞数或延长组织点长度的方法，可构成缎纹变化组织。缎纹组织主要有加强缎纹和变则缎纹，如图 2－1－12 所示。

加强缎纹组织是以原组织缎纹为基础，在其单个经（纬）组织点四周添加单个或多个经（纬）组织点而形成的。加强缎纹织物如配以较大的经纱密度，就可得到正面呈斜纹，而反面呈经面缎纹的外观，即“缎背”，如缎背华达呢等。变则缎纹的组织飞数为变数（有两个以上的飞数），其织物仍保持缎纹的外观，一般应用于顺毛大衣呢、花呢等。

3. 联合组织　联合组织是采用两种或两种以上的原组织、变化组织，通过各种不同的方式联合而形成的。此类组织品种较多，风格各异，较常见的有：条格组织、绉组织、蜂巢组织、透孔组织、平纹地小提花组织等，如图 2－1－13 所示。

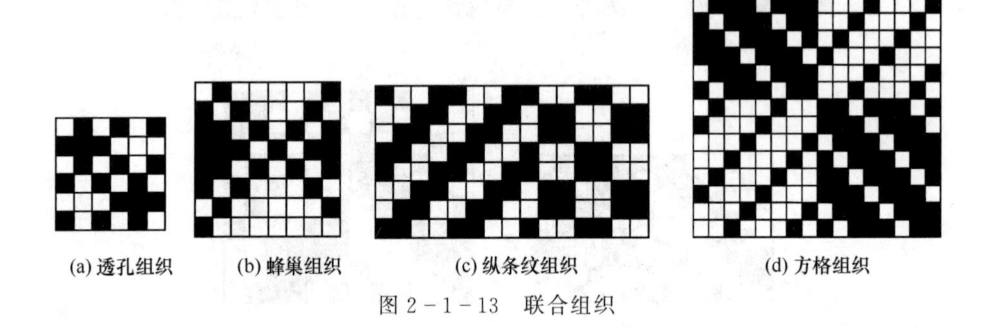

(a) 透孔组织　(b) 蜂巢组织　(c) 纵条纹组织　(d) 方格组织

图 2－1－13　联合组织

4. 复杂组织　复杂组织的经纬纱至少有一种是由两个或两个以上系统的纱线组成，又可分为重组织、双层组织、起毛组织、毛巾组织、纱罗组织几种。

（1）重组织：由几组纬纱和一组经纱或由几组经纱和一组纬纱构成重纬或重经组织，可增加织物的厚度，又可制织双面织物。

（2）双层组织：由两组经纬纱交织形成相互重叠的上、下两层织物。根据用途的不同，上下两层可以分离，也可以通过各种方法连成一体。

（3）起毛组织：用来形成表面有绒毛的织物，如灯芯绒、平绒等，又可分为经起毛和纬起毛组织。

（4）毛巾组织：用来形成表面有毛圈的毛巾织物。

（5）纱罗组织：用来形成因经纱相互扭绞而使织物表面有许多小孔的纱罗织物。

5. 大提花组织　大提花组织的主要特征是组织循环很大，可多达数千根，因此花纹很大，需要在提花织机上制织。多以一种组织为基础，而以另一种组织呈现花纹图案，如平纹地缎纹花等，亦可利用不同颜色的经纬纱，使织物呈现彩色的大花纹。大提花组织的应用甚为广泛，如用于丝织物中的花缎、织锦缎等，其他如窗帘、毛毯等各种纺织品也常用大提花组织。

（三）机织物规格

机织物的规格一般包括以下内容：幅宽、纱线种类及原料、经纬纱细度、经纬密度、织物品种等。

常用的表示方法，例如：160　JC10×JC10 472×393.5　细平布

其表示：幅宽是160cm（也可放在经纬密后面），经纬都是10tex的精梳棉纱，经密是472根/10cm，纬密是393.5根/10cm的细平布（品名）。

1. 幅宽　即织物横向两边最外缘之间的距离。织物的幅宽通常用厘米（cm）表示，国际上也有用英寸（in）来度量的，1in=2.54cm。幅宽主要依据织物的用途而定，此外还考虑生产设备条件以及不同国家和地区、人们的生活习惯、人的体型以及服装款式、裁剪方法等因素。新型织机的发展使幅宽也随之改变，宽幅织物越来越多。

2. 匹长　即指一匹织物长度方向两端最外边完整的纬纱之间的距离。织物的匹长通常以米（m）为单位，国际上也有用码（yd）来度量，1yd=0.9144m。匹长主要依据织物的种类和用途而定，此外，还应考虑织机种类、织物单位长度的重量和厚度、卷装容量、包装运输等。

3. 重量　通常以每平方米织物所具有的克数来表示重量，称为平方米克重。它与纱线的线密度和织物密度等因素有关，是织物的一项重要的规格指标，也是织物计算成本的重要依据。棉织物的平方米重量常以每平方米的退浆干重来表示，毛织物则采用每平方米的公定重量来表示。

4. 经纬纱细度　大多数织物经、纬纱为同样原料与粗细的纱线，当经纬纱粗细不同时，一般经纱细于纬纱，可以提高生产效率。

5. 经纬密度　经纬密度是指织物中经向或纬向单位长度内的纱线根数，有经密和纬密之分，单位为根/10cm或根/英寸，丝织物因密度较大，常用根/cm为单位。经密，又称经纱密度，是织物中沿纬向单位长度内的经纱根数。纬密，又称纬纱密度，是织物中沿经向单位长度内的纬纱根数。为了提高织机的生产效率，大多数织物中，采用经密大于或等于纬密的配置。不同织物的经纬密，变化范围很大，棉、毛织物的经纬密在100～600根/10cm。

6. 织物品名　常用织物都有相对应的名称，可初步反映出织物的原料、组织、特征等。有时也可从织物的性能或用途来命名，如牛仔布、青年布、大衣呢等。

二、机织物的形成

（一）机织物在织机上的形成过程

织机上织物的形成，如图2-1-14（织制的是平纹织物）所示：经纱从机后的织轴上引出，绕过后梁，经过经停片，逐根按一定规律分别穿过综框上的综丝眼，再穿过钢筘的筘齿，在织口处与纬纱交织形成织物，形成的织物在卷取机构的作用下，绕过胸梁，最后卷绕在卷布辊上。

当织机运转时，综框分别作垂直方向的上下运动，把经纱分成上、下两片，形成梭口。当梭子穿过梭口时，纬纱便从装在梭子内的纡管上退绕下来，在梭口中留下一根纬纱，当综框作相反方向运动时，上、下两片经纱交换位置，而把纬纱夹住，与此同时，钢筘向机前摆动，把纬纱推向织口，经纱和纬纱在织口处形成织物。织机主轴每回转一次，便形成一个新的梭口，引入一根新的纬纱，完成一次打纬动作。这样不断地反复循环，就构成了连续生产的织造过程。由于织造过程是连续不断进行的，每打一纬形成的织物必须由卷取机构及时地引离织口，并将已织成的织物卷绕在卷布辊上，同时还必须从织轴上放出一定长度的经纱，维持织造的连续进行。

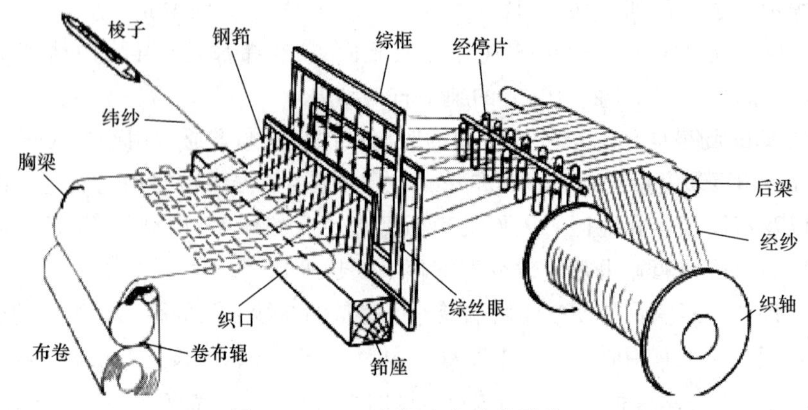

图 2-1-14　织机上织物的形成

(二) 机织生产工艺流程

1. 机织物的生产工序　通常包括织前准备、织造和织坯整理三个部分。

(1) 织前准备：目的是将纱线加工成符合织物规格和织造要求的经纱和纬纱。

从机织物的形成可知，织造前，经、纬纱线先要做成合适的卷装形式。经纱一般制成以多根（总经根数）平行卷绕成织轴，纬纱卷绕成纡子或筒子。纡子放在梭子中，主要用于有梭织机引纬；筒子纱放在筒子架上，用于无梭织机引纬。由于织造过程中经纱反复受到拉伸和弯曲作用以及经纱与综丝、综筘等机件的摩擦作用，故要求经纱具有足够的强度、弹性和耐磨性。织机上的引纬是间接的、非连续的，纬纱必须承受引纬时的退绕张力和急速的张力波动，特别是高速的无梭织机，对纬纱的强力与卷装有较高的要求。为此，经纬纱在织造之前应做一系列准备工作，以适应织造对它们在卷装形式和质量等方面的要求。由此可见，织前准备是为织造服务的，而织前准备的好坏对织造的影响也非常显著。

织前准备包括经纱准备和纬纱准备两方面。由于机织物种类繁多，原料不同，生产流程也不相同。以棉型织物为例，经纱准备一般流程是：整经→浆纱→穿结经。

但随纱线种类、织物品种等的不同而存在很大差异；纬纱准备一般包括卷纬和热湿处理，同样也根据具体情况而定，如无梭织机的纬纱则无须卷纬。

①整经，是将许多筒子纱，按一定根数和规定长度平行地卷绕在规定幅宽的经轴或织轴上，使各根经纱张力一致，密度均匀分布。

②浆纱，是将经轴上的纱线上浆，并做成织轴，是使一部分浆液浸透到纱线内部，黏合纤维，以增加纱线的弹性和强度。一部分浆液被覆在纱线表面，经烘燥后形成一层粒状薄膜，把纱线表面的绒毛黏附在纱线干体上，从而增加纱线的光滑程度，提高其耐磨牢度，以便抵抗织造时综筘的拉伸和摩擦作用，减少经纱断头率。

③穿经，是把织轴上的经纱按照组织要求逐根穿过综丝眼和钢筘；结经，是用接续的方法把上机新织轴上的经纱头与剩余了机的经纱尾逐根打结连接起来。

④卷纬，是把各种卷装形式的纬纱重新卷绕成适用梭子尺寸的纡子。

⑤定捻，其作用是稳定纬纱的捻度、结构，防止织造时产生纬缩、起圈等现象。一般可

通过给湿定捻或热湿定捻。

(2) 织造：其目的是将准备好的经纱（织轴）和纬纱（纡子或筒子）在织机上织成织物。

(3) 织坯整理：其目的是将织物按标准进行分等、修织，其主要工序通常包括验布、码布、分等、修布和成包等。

2. 机织生产工艺流程的选择 根据织物所用的原料不同、织物的类别不同、织造设备不同等因素，往往需要选择不同的工艺流程。本色纯棉织物的基本生产工艺流程如图 2－1－15 所示。具体的工艺流程应根据实际情况确定。

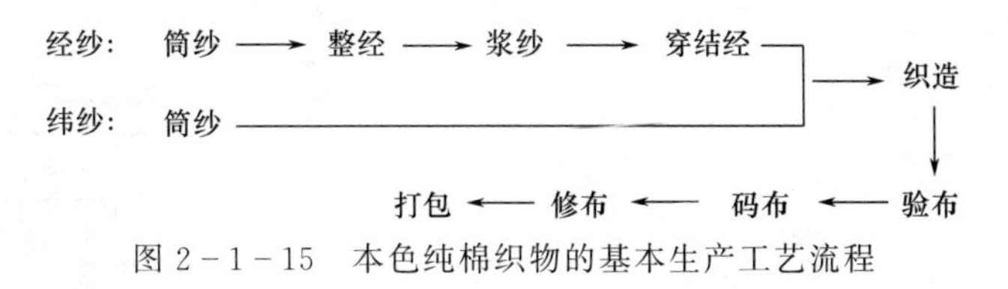

图 2－1－15 本色纯棉织物的基本生产工艺流程

三、机织物上机图

(一) 上机图的基本概念

上机图是表示织物上机织造工艺条件的图解。由组织图、穿筘图、穿综图、纹板图组成，是织物上机织造前所必须确定的重要工艺条件。

上机图的排列位置通常有两种形式：

(1) 组织图在下方，穿综图在其上方，穿筘图在它们中间，左右对齐。纹板图在组织图的右侧其上下与组织图平齐，如图 2－1－16 (a) 所示。

(2) 组织图在下方，穿综图在其上方，穿筘图在它们中间，左右对齐。纹板图随左右手织机的不同而放在穿综图的右侧或左侧，且与其上下平齐，如图 2－1－16 (b) 所示。

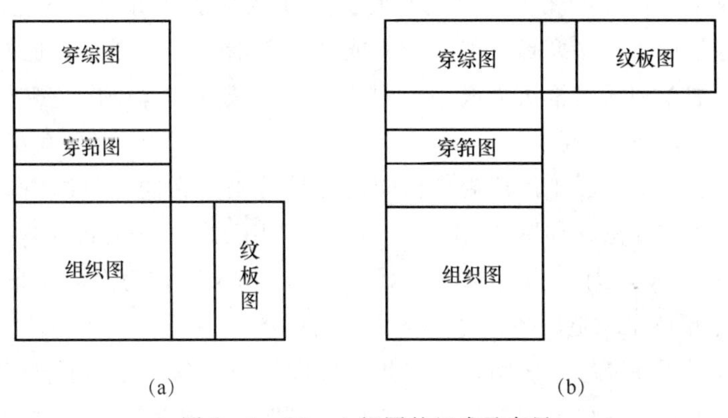

图 2－1－16 上机图的组成及布局

1. 穿综图 穿综图是确定综框页数和组织循环中各根经纱穿综顺序的图解。

穿综图的每一纵行与组织图中每一根经纱相对应，它们的纵行与组织图中的经纱序号相同。穿综图的横行代表一页综片（或一列综丝），横行数等于综丝页数，顺序为由下而上。

综框有单列式和复列式，单列式综框一页综只有一排综丝，复列式综框一页综有 2～4 排综丝。

沉浮规律相同的经纱一般穿入同一页综内，沉浮规律不同的经纱分别穿在不同综框的综内。图中用■、☒等符号或数字填绘，以表示与组织图相对应的经纱的穿综顺序。

穿综方法根据织物组织和操作的方便确定，常用的穿综方法有以下三种。

（1）顺穿法：是最简单、最基本的一种穿综方法，把组织图中的各根经纱逐一顺次自左下方向右上方穿入相应综框内，如图 2－1－17 所示。其穿法简便，不易出错，可以用于任何组织及织物。但是，这种穿法需用的综框数较多，故通常只适用于经纱密度较小和组织循环经纱数较少的织物。

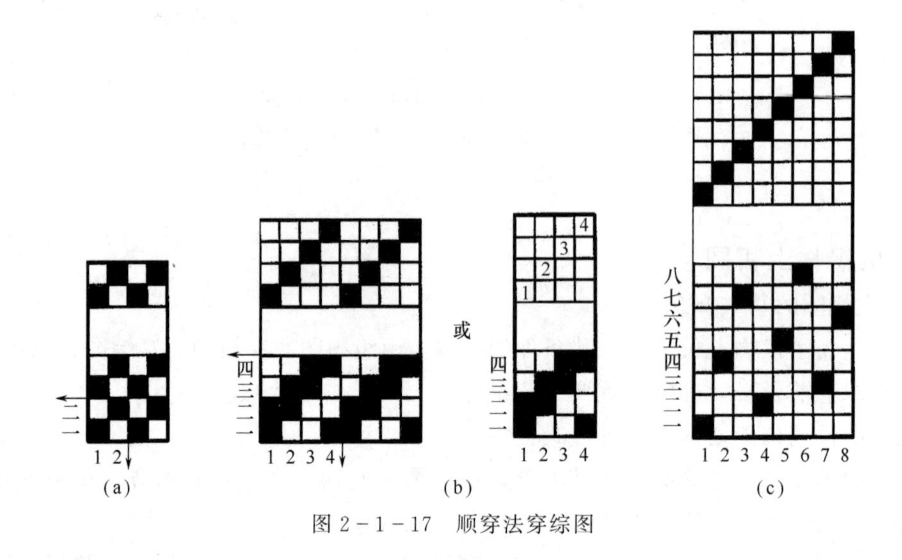

图 2－1－17　顺穿法穿综图

（2）飞穿法：组织图中各根经纱间隔地穿入相应的综内，如图 2－1－18 所示。它适用于组织循环经纱数较少，但经纱密度较大的织物。如用顺穿法，由于综框上的综丝密度过大，织造时经纱易与综丝产生较多摩擦，引起断头或开口不清，从而影响织造的顺利进行和产品的质量，为此需增加单列式综框页数或用复列式综框，减少综丝密度，避免经纱与综丝的过多摩擦，使织造顺利进行。

（3）照图穿法：将组织图中沉浮规律相同的经纱分别穿在同一页综内，从而减少使用的综框数，故又称为省综穿法，如图 2－1－19 所示。适用于织物中有沉浮规律相同经纱的小花纹织物。图 2－1－19（b）中，其穿综图呈对称状，此时又可称为山形穿法或对称穿法。

2. 穿筘图　穿筘图是织造时各根经纱穿入筘齿的图解。

穿筘图位于组织图和穿综图之间，左右与这两图对齐，每一纵行代表组织图中相应的一根经纱。横行通常为两行，代表相邻的两个筘齿。习惯上也用■、☒等符号填绘，在同一横行连续填绘的小格数表示穿入同一筘齿中的经纱数，穿入相邻筘齿中的经纱填绘于另一横行上。如图 2－1－18，图 2－1－19（a）所示。

每筘齿穿入数，视织物的外观要求、经纱密度、织物组织、经纱线密度等工艺条件而定。在一般情况下，每筘齿穿入数应尽量等于组织循环经纱数的约数或倍数，一般织物每筘齿穿入 2～4 根经纱。

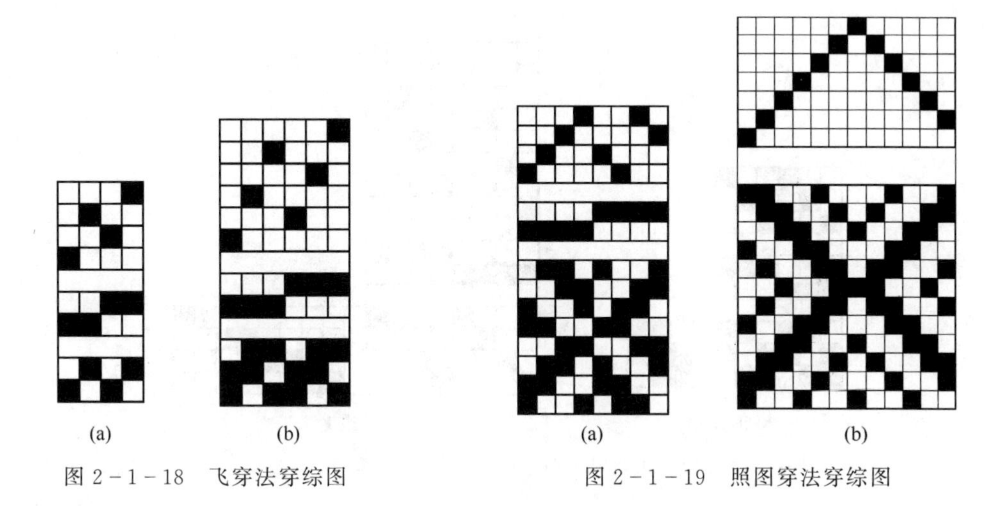

(a) (b)

图 2－1－18 飞穿法穿综图

(a) (b)

图 2－1－19 照图穿法穿综图

3. 纹板图 纹板图是确定综框提升顺序的图解。

当纹板图在组织图右侧时自左至右纵列表示综框数，横行表示对应于组织图的纬纱数。这种方法绘图方便，校对简便。观察组织图与穿综图，如果某次梭口需要提升某列综丝，在纹板图相应的纵横行相交的小方格中填色或■、☒等符号，如图 2－1－20 所示。穿综采用顺穿法时，纹板图与组织图相同。

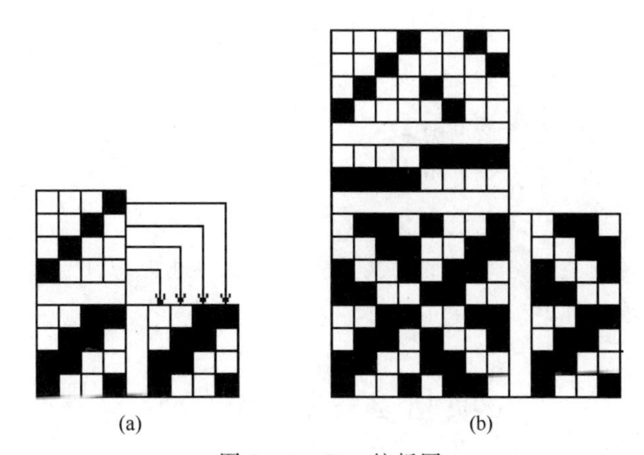

(a) (b)

图 2－1－20 纹板图

（二）三原组织织物的上机

1. 平纹织物上机 稀薄平纹织物，两片单列式综框，顺穿法穿综，每筘穿入两根经纱；中等密度的平细布，用两片复列式综框，飞穿法穿综，高密府绸采用 4 片复列式综框、飞穿法穿综。在毛织中，均采用单列式综框。当制织经密较大的平纹织物时，也采用飞穿法穿综。穿筘大多采用 2～4 入，如图 2－1－17（a）、图 2－1－18（a）所示。

2. 斜纹织物上机 斜纹织物采用经面组织较多，为了节约能源，可以正织，也可以反织，如图 2－1－21 所示。

经密较小的斜纹织物顺穿法穿综；经密较大的斜纹织物，采用复列式综框，飞穿法穿综。穿筘一般 3 页综斜纹织物用 3 入，4 页综斜纹织物用 2 入、4 入。

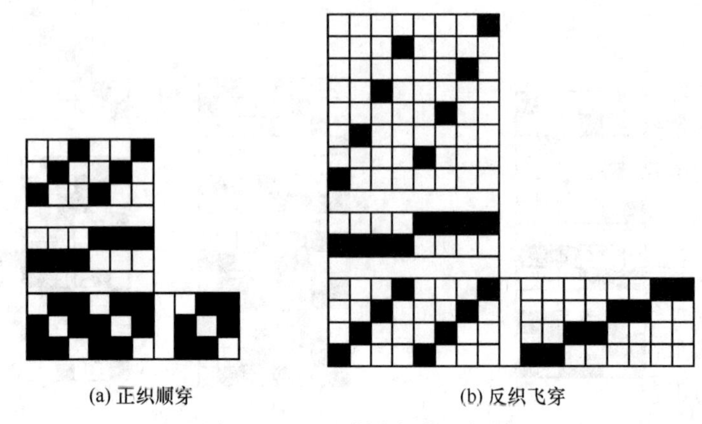

图 2－1－21　斜纹织物上机图

3. 缎纹织物上机　缎纹组织中，经面缎纹既可正织也可反织，通常用顺穿法穿综，如图 2－1－17（c）所示。每筘穿入数，棉织贡缎常用 3 入或者 4 入；丝织物，五枚缎的每筘穿入数为 2、3、4、5 均可，八枚缎的每筘穿入数为 4、6、8。

☞ 思考与练习

1. 什么是机织物？
2. 什么是织物组织？什么是组织循环？
3. 什么是三原组织？各有什么特点？
4. 机织物规格的常用表示方法是怎样的？
5. 举例分析机织常用生产工艺流程。
6. 上机图由哪些图组成？各表示的意义是什么？试画出三原组织织物常用的上机图。
7. 常用穿综方法有哪几种？各适用什么织物？

项目 2－2　整经

✲教学目标

1. 了解整经工序的作用与要求；
2. 知道整经的主要方式及适用产品；
3. 了解分批整经和分条整经的工作原理与工艺流程；
4. 认识整经工序的生产工艺单，知道工艺单中各参数的作用及确定的依据。

✲任务说明

1. 任务要求

通过本项目的学习，完成以下工作任务：通过观察整经机，知道整经工序的工作原理与工艺流程，并根据整经工艺单，知道整经要求制订的主要工艺参数，会简单分析这些工艺参数制订的目的与依据。

2. 任务所需设备、材料

分批整经机、分条整经机、筒子纱线。

3. 任务实施内容及步骤

(1) 认识分批整经：

①分批整经的工作原理及适用产品；

②分批整经的工艺流程；

③根据工艺单，知道分批整经需要确定的主要工艺参数，分析其作用和确定依据。

(2) 认识分条整经：

①分条整经的工作原理及适用产品；

②分条整经的工艺流程；

③根据工艺单，知道分条整经需要确定的主要工艺参数，分析其作用和确定依据。

4. 撰写任务报告，并进行评价与讨论。

✲项目导入

原始的整经是依靠手工进行的。我国春秋战国时期在丝织生产中采用耙式整经。元代《梓人遗制》中记载了经耙整经法，现在我国一些手工织布中仍在使用。它的基本生产方式是，丝线从筒子上引出，穿过导丝眼，接着成绞，然后将绞中丝束绕于经耙的木桩上，木桩数决定整经长度，如图 2－2－1 所示。经耙整经是分条整经的初期形态。卧式经耙整经在清代人著述的《豳风广义》和《蚕桑萃编》中均有记载。

另一种整经方式为轴架整经，见于南宋楼俦《耕织图》中。如图 2－2－2 所示，先将一定根数的经纱分别绕在木架的桩头上，然后将经纱引出，分梳排齐再卷绕在织轴上，这种整经法至今仍用于织制夏布。

图 2－2－1　经耙整经图

图 2－2－2　轴架整经

一、整经的目的及工艺要求

整经工序的任务是根据工艺设计的要求，把一定根数以单根纱线卷绕的筒子中引出的经纱，平行排列卷绕在经轴或织轴上。

整经的质量直接影响后道工序的生产效率和织物质量。所以，为了完成上述任务，对整经工艺提出如下要求：

（1）整经时，全片经纱的张力和排列要均匀，使经轴（或织轴）成形良好，卷绕密度适当均匀，减少后道加工中的经纱断头和织疵；

（2）整经张力要适当，要充分保持纱线的弹性和强度等力学性能，减少纱线的摩擦损伤；

（3）整经根数、整经长度及色经排列应符合工艺设计要求；

（4）纱线接头符合标准，减少回丝。

另外，对整经工程的某些特殊要求。例如：在色织行业生产中，有采用经轴直接染色工艺，为利于染液均匀渗透，则要求整经能形成松软的经轴。

二、整经方法

当织物总经根数不太多时，整经所得的卷装可直接供作织轴，这时整经根数与总经根数相等，如帆布生产。但一般织物的总经根数往往是几千根，整经时不可能从这样多的筒子上引纱，因而整经根数一般比总经根数少得多，需要再通过一些方法并合起来，得到具有总经根数的织轴。

根据不同的纱线种类和工艺要求，织造前采用的整经方式主要有分批整经、分条整经两种。

（一）分批整经

分批整经，又称轴经整经，是将全幅织物所需的总经根数分成若干批，分别卷绕在几个经轴上，每个经轴上所卷绕的经纱根数，应尽可能相等。然后再把几个经轴在浆纱机或并轴机上并合，并按规定长度卷绕在织轴上。织轴上的经纱根数，即为织物所需的总经根数。分批整经机的形式如图 2-2-3 所示。

图 2-2-3　分批整经机

由于分批整经是将数只经轴并合后做成织轴，分批整经的整经长度很长，一般为织轴卷纱长度的几十倍，因而整经停车次数少，并易于高速，其生产效率也高，而且纱线张力较为均匀，有利于提高产品质量。所以，该整经方式的优点是速度较快，效率亦较高，适宜于大批量生产，是现代化纺织企业采用的主要方法。但分批整经在经轴并合时不易保持色纱的排列顺序，所以主要用于本色或单色织物的生产，并且经轴在浆纱机上合并时易产生回丝。

（二）分条整经

分条整经，又称带式整经，是将全幅织物所需的总经根数，根据经纱配色循环的要求和筒子架容量的多少，将其分成若干条带，而每个条带经纱根数尽可能相等，再把这些条带按工艺所规定的幅宽和长度依次平行地卷绕于整经大滚筒上。全部条带卷满后再一起从大滚筒上退绕到织轴上。分条整经机的形式如图 2－2－4 所示。

图 2－2－4 分条整经机

由于分条整经是分条带逐条卷绕，要经再卷机构绕成织轴，并且整经长度较短（每次只有一个织轴的长度），因而，生产效率较低。但它具有其独特的优点，分条整经能够准确得到工艺设计的经纱排列顺序，而且改变花色品种方便，本工序可以直接形成织轴，不依赖浆纱或并轴等工序。所以分条整经广泛应用于小批量、多品种的色织、毛织、丝织和小型本色棉织生产。

三、整经工艺流程

（一）分批整经工艺流程

图 2－2－5 为分批整经机的工艺流程。圆锥形的筒子 1 放置在筒子架上，经纱从筒子 1 上引出，经过筒子架上的张力器、导纱部件及断头自停装置后，被引到整经机的车头。通过伸缩筘 2 后形成幅宽合适、排列均匀的片状经纱，再经导纱辊 3，卷绕在整经轴 4 上。整经轴 4 由电动机直接传动，压辊 5 以一定的压力紧压在整经轴上，使整经轴获得均匀合适的卷绕密度和外形。在压辊 5 或导纱辊 3 上装有测长传感器，当卷绕长度达到工艺规定的整经长度时，计长控制装置发动关车，等待进行上、落轴操作。

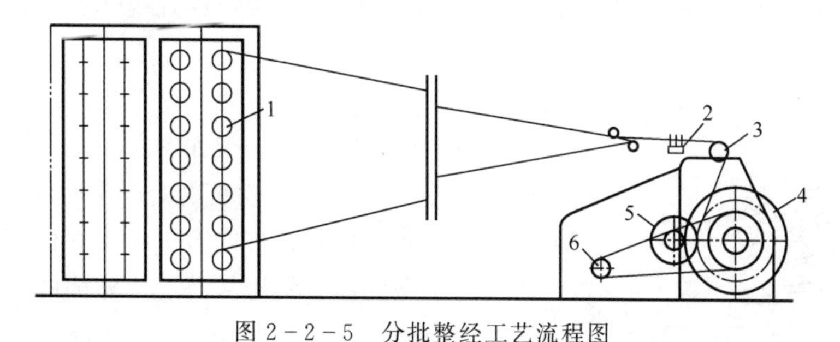

图 2－2－5 分批整经工艺流程图

1—筒子 2—伸缩筘 3—导纱辊 4—经轴 5—压辊 6—直流调速电动机

（二）分条整经工艺流程

图 2－2－6 为分条整经机的工艺流程。纱线从筒子架 1 上的筒子 2 引出后，绕过张力器，

经过导纱瓷板 3，穿过分绞筘 5、定幅筘 6、导纱辊 7，逐条卷绕到大滚筒 10 上，其顺序是先在滚筒的一端绕第一条，到达规定长度时，剪断，将纱头束好，紧邻其旁绕第二条、再依次绕第三条……依次重复进行，直到所需条数达到总经根数为止。然后再把整经大滚筒上的所有经纱经上蜡辊 8、引纱辊 9 退出来，卷绕成织轴 11。所以，分条整经包括整经（牵纱）和卷绕织轴（倒轴）两步工作，它们在一道工序同一台机器上交替进行。

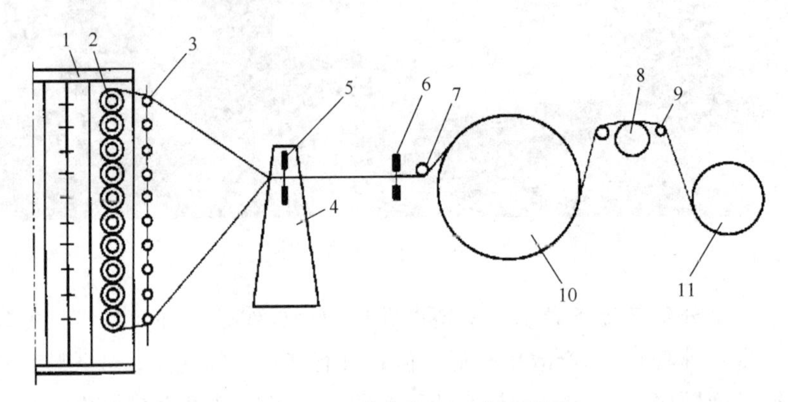

图 2-2-6　分条整经工艺流程图

1—筒子架　2—筒子　3—导纱瓷板　4—分绞筘架　5—分绞筘　6—定幅筘　7—导纱辊

8—上蜡辊　9—引纱辊　10—整经大滚筒　11—织轴

四、整经机的主要机构及作用

整经机由筒子架和机头两大部分组成。

（一）筒子架

筒子架放置在整经机的后方，是用来放置筒子的，一般的结构是左、右各一面，上、下有若干层，前、后有若干排，可容多个筒子的架子。筒子架能放的最多筒子个数，也就是能从筒子架引出的最多经纱根数，称为筒子架的容量，一般可容纳 500～700 个筒子。筒子架上还有纱线张力控制装置、断纱自停与信号指示装置等。

筒子架是整经工程的重要组成部分，筒子架的形式和筒子放置规律将直接影响整经质量和整经速度。

1. 筒子架形式　现代高速整经机采用的筒子架的形式主要有以下几种：

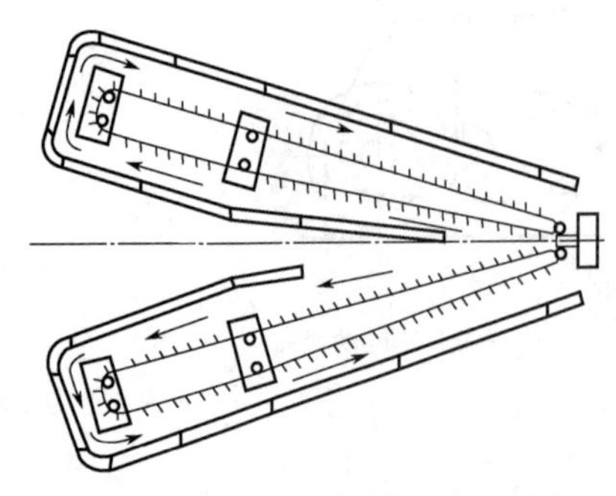

图 2-2-7　V 形循环链式筒子架

（1）循环链式筒子架如图 2-2-7 所示。这种筒子架的特点是呈 V 形，安装的筒子架两侧各有一对循环链条，这链条可使一排排的筒子锭座立柱围绕环形轨道移动，将用完的筒子锭座从筒子架外侧的工作位置运送到内侧的换筒位置，而将事先装好的满筒送至工作位置。筒子架内侧有较大的空地，可以存放筒子和运筒工具。采用这种筒子架，大大节约换筒时间。循环链式筒子架有利于提高整经的片纱张力均匀程度，十分适宜于在低张力的高速整经中使用。

（2）分段旋转式筒子架：双筒子插座作180°旋转的筒子架，如图2－2－8所示。当停车换筒时，启动电动机1经两套蜗杆蜗轮减速器2和3，驱动主柱架回转，使内侧的预备筒子4转过180°至外侧，成为工作筒子5。由于换筒时间缩短，整经效率得到提高。

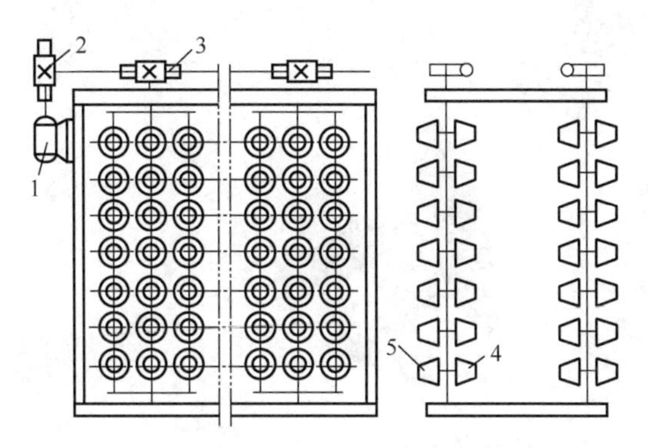

图2－2－8 分段旋转式筒子架

1—电动机 2、3—蜗杆、蜗轮传动减速器 4—预备筒子 5—工作筒子

（3）活动小车式筒子架如图2－2－9所示，由若干辆活动小车和框架组成。整经所需的一批筒子装在若干辆活动小车上，每辆活动小车两侧为筒子锭座，一般可容纳80～100个筒子。每个筒子架活动小车的数量可根据实际需要选定，但备用活动小车数量至少应等于工作小车数。待筒子架上的纱线用完时，从筒子架框架后部撤出带有筒脚的小车，并将满筒小车推入工作位置。这种换筒方式缩短了停台时间，提高了整经机械效率。但备用的小车数量多，设备价格高，并且占地也大。

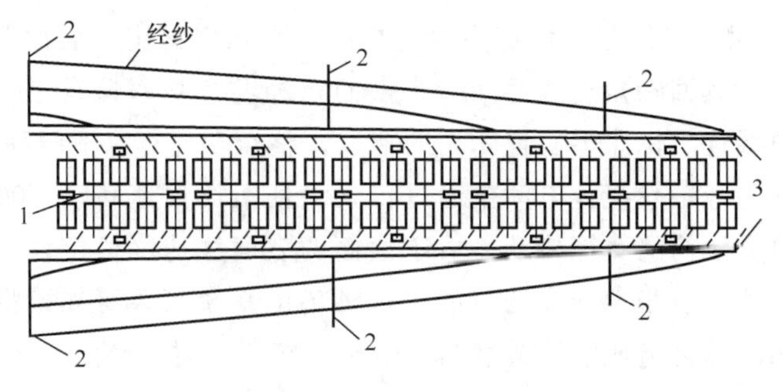

图2－2－9 活动小车式筒子架

1—活动小推车 2—导纱瓷板 3—张力架

总之，现代织造机械对整经工艺提出越来越高的要求，从筒子架开始到整经机机头或卷绕装置都应力求保证经轴或织轴的质量。

2. 张力装置 在整经筒子架上一般设有张力装置，给纱线以附加张力。设置经纱张力装置的另一目的是调节片纱张力，即根据筒子在筒子架上的不同位置，分别给予不同的附加张力，抵消因导纱状态不同产生的张力差异，使全片经纱张力均匀。高速整经时，导纱孔处的纱线退绕和空气阻力附加给纱线的张力，即使不设张力装置，纱线张力也能满足整经轴卷绕密度的要求，在这种情况下，设置张力装置主要是为了调节片纱张力的均匀程度。有些整经机不再专门配置张力器，附加张力通过导纱部件可作微调。

整经机大多采用圆盘式张力装置，也有环式张力装置、导纱棒式张力装置等，如图2-2-10所示。新型高速整经机上使用弹簧加压圆盘无立柱式张力装置，张力不仅可以无级调节，而且张力波动大为减小。

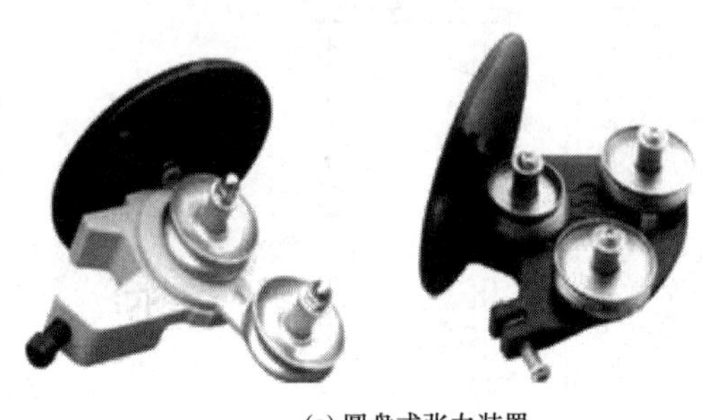
(a) 圆盘式张力装置

(b) 环式张力装置

图2-2-10　张力装置

3. 断头自停装置　一般筒子架上每锭都配有断头自停装置。断头自停装置对于整经机很重要，经纱断头后，整经机必须立即停止运转，以便挡车工寻找纱头并接头，并使经轴始终能保持规定根数的经纱和所有经纱的卷绕长度相等。高速整经机，尤其对断头自停装置的灵敏度提出了很高的要求，因此高速整经机普遍采用灵敏度较高的断纱自停机构，主要有电气接触式和电子式等几种。

此外，为满足整经长度的工艺要求，整经机上安装有测长与满轴自停装置。

（二）分批整经机的主要机构

1. 整经卷绕　为保持整经张力恒定不变，整经轴必须以恒定的表面线速度回转，于是随整经轴卷绕半径增加，其回转角速度逐渐减小，而整经卷绕功率恒定不变，因此整经机的整经卷绕过程应具有恒线速、恒张力、恒功率的特点。整经卷绕有以下两种方式：

（1）摩擦传动的整经轴卷绕：电动机通过传动带使滚筒恒速转动，整经轴受压力的作用紧压在滚筒表面，接受滚筒的摩擦传动。由于滚筒的表面线速度恒定，所以整经轴亦以恒定的线速度卷绕纱线，达到恒张力卷绕的目的。这种传动系统简单可靠，但在制动过程中，经轴表面与滚筒之间的滑移易造成的纱线磨损、断头关车不及时等弊病，随着整经速度的提高，情况会进一步恶化，因此高速整经机不采用这种传动方式。

（2）直接传动的整经轴卷绕：经轴直接传动的方式可采用调速直流电动机传动、变量液压电动机传动、变频调速电动机传动。随经轴卷装直径逐渐增加，为保持整经恒线速度，经轴转速逐渐降低。这是目前高速整经机普遍采用的传动方式。

2. 伸缩筘　伸缩筘是整经机的重要部件，对整经质量影响很大，其作用是均匀分布经纱，控制纱片幅宽、排列密度和左右位置，从而使经轴能正确卷绕成形。若纱片幅宽不正确、左右位置不当或经纱分布不匀，则经轴成形不良，退绕后纱线张力差异很大。

这种筘的横向宽度可以调节，如图2-2-11所示。它一般分成若干组，每组10～20齿，倾斜放置，只要改变其倾斜角度即可调节宽度，从而也就改变了纱片排列密度。此外，伸缩筘还能够整个地作左右移动调节。伸缩和移动是为了适应品种变化和经轴位置的偏差。

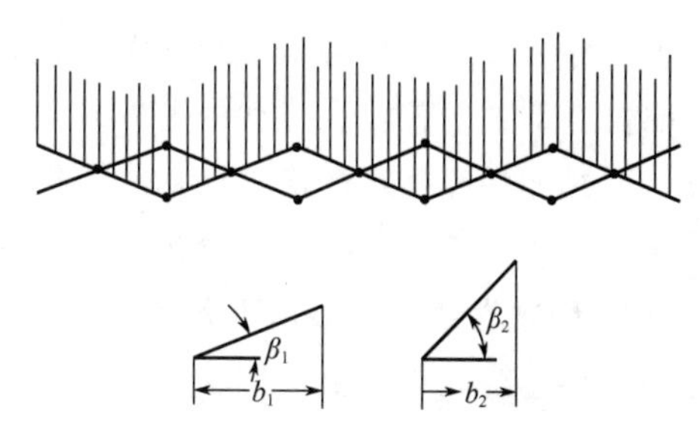

图2-2-11　伸缩筘调节示意图

为了使卷绕良好，应使纱片略做左右往复运动。为了保护伸缩筘，使其与纱线接触处不易被纱线磨损，有的分批整经机还使伸缩筘做上下往复移动或摆动。

（三）分条整经机的主要机构

1. 整经滚筒与斜角板　分条整经机的整经滚筒，如图2-2-12所示。直径有800mm、1000mm、1025mm等几种，有效幅宽按机型不同，一般为1600～3800mm。

为了使整经滚筒上条带卷绕层不发生塌边现象，滚筒的头端为圆锥形，第一条经纱以其为支撑，避免脱落。每绕一层纱，纱线沿轴向横移一个恒定的微小距离，以形成截面为平行四边形的卷绕层，如图2-2-13所示。倒轴时，滚筒上全部经纱随织轴的转动，纱线反方向退出，从而再卷绕到织轴上。

图2-2-12　整经滚筒

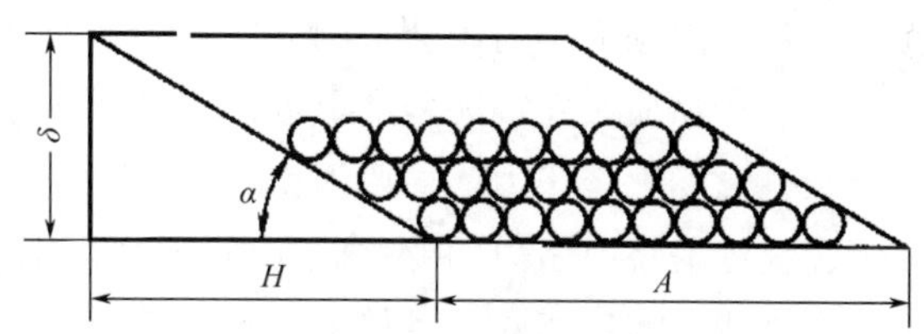

图2-2-13　整经条带截面示意图

2. 定幅筘　定幅筘是分条整经机的重要部件，其作用是：

（1）确定条带的幅宽和经纱排列密度。各条幅宽之和等于织轴边盘内宽，而各条的排列密度等于织轴纱片排列密度。

（2）确定各条在滚筒上的左右相对位置。

（3）做横移导条运动，使条带卷绕成形。

3. 分绞筘　分绞筘是分条整经机的特有装置，其作用是把经纱逐根分绞，使相邻纱线排列次序有条不紊，以便穿经和织造，这对色纱排花特别有利，并使后工序经纱不易紊乱，便于工人操作。分绞筘的结构及分绞原理如图2-2-14所示。

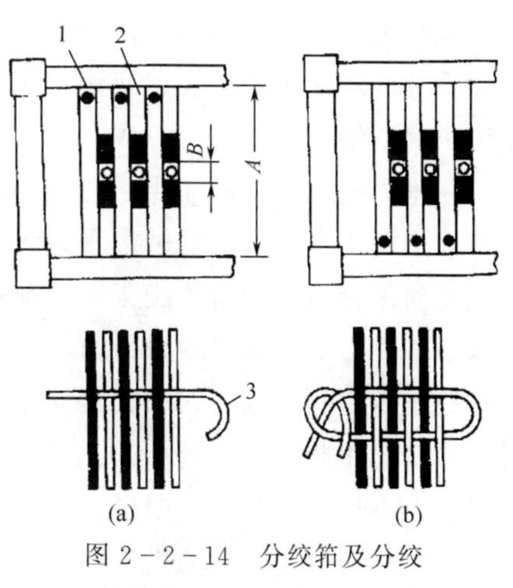

图2-2-14　分绞筘及分绞
1—长筘眼　2—短筘眼　3—分绞线

这种筘每隔一筘齿，在中间部位焊成短筘眼。因此，分绞筘由长筘眼（未焊）和短筘眼交替组成。从筒子架引出的经纱依次穿入。平时，经纱片处于短筘眼和长筘眼中部位置成为一片。分绞可完全由手工进行，也可借助分绞装置。前者分绞筘不动，先将整片经纱往上抬，则长筘眼中的经纱抬至上方而短筘眼中的经纱基本处于原位即在下方，如图2-2-14（a）

所示，穿入绞线；再将整片经纱下压，则长筘眼中的经纱压至下方而短筘眼中的经纱仍基本在原位（即处于长筘眼经纱的上方），穿入第二根绞线，如图2－2－15（b）所示，分绞即完成，这样相邻经纱被严格分开，次序固定，方便穿经和织造。借助分绞装置，可以先将分绞筘压下，穿入绞线；再将分绞筘上抬，穿入第二根绞线，完成分绞工作。

4. 倒轴卷绕 大滚筒上各条带卷绕之后，要进行倒轴工作，把各条带的纱线同时以适当的张力再卷绕到织轴上。倒轴卷绕由专门的织轴传动装置完成。在高速整经机上，它也是一套变频调速系统，控制织轴恒线速卷绕。倒轴过程中，大滚筒做与整经卷绕反方向的横移，保持退绕的片纱始终与织轴对准。

五、主要整经工艺

（一）分批整经工艺

1. 整经张力 整经张力应当适度、均匀。整经张力过大，引起经纱强力及弹性损失，并在后道加工工序中，易使织机上经纱断头增加。整经张力过小，使整经轴绕纱量少，成形不良。整经片纱张力不匀，会影响后续各道工序的生产效率、产品质量。因此，后道工序的生产效率、产品质量在很大程度上取决于纱线的整经张力状况。

（1）影响整经张力的主要因素：

①筒纱退绕时张力的变化。在整经速度相同的条件下，纱线线密度越大，纱线张力就越大；在纱线线密度相同的条件下，整经速度越高，纱线张力就越大。

纱线从筒子表面引出，在每一个退绕周期内，退绕张力产生一次变化。筒子小端引出时，纱线张力较小，退至筒子底部时，由于纱线未能完全抛弃筒子表面，与筒子表面的摩擦纱段增大，纱线张力变大。

在从满筒到空筒的退绕过程中，整经张力随退绕直径的变化而变化，大筒子退绕以及小筒子退绕时的整经张力都比中筒子大，而大筒子退绕时的张力又比小筒子大。其产生的原因是：大筒子退绕直径大，轴向退绕时纱线与筒子表面的摩擦作用大，因而退绕张力大；随着筒子退绕直径的减小，张力有所缓和；在小筒子退绕时，纱线所形成的气圈回转角增大，因此退绕张力又有一定的回升。整个筒子纱线退绕的平均张力变化表明，随筒子卷装尺寸变化，导纱孔处的纱线张力也发生变化，在高速整经或粗特纱加工时变化尤为明显。因此，筒子架上筒子的退绕尺寸应保持一致。

②张力装置产生的纱线张力。由于退绕张力一般都很小，还不能满足整经轴卷绕密度和良好成形的要求，所以要采用张力装置，使纱线具有所需的张力。

③筒子分布位置对纱线张力的影响。筒子在筒子架上的分布位置与整经张力有着很大的关系，直接影响经轴片纱张力的均匀。筒子架由前向后，张力逐渐增大。这是由于从筒子架后排筒子导出的纱线，其引出距离较长，由于空气阻力和导纱部件的作用，纱线张力较大；而前排情况正相反，纱线张力较小。同排的上、中、下层筒子，由于引纱的曲折程度不同，一般上、下层张力较大，中层张力最小。

（2）均匀片纱张力的措施：

①采用间歇整经方式及定长筒子。由于筒子卷装尺寸明显影响纱线退绕张力，所以在高

速整经时，应当尽量采用间歇整经方式。此时，络筒要定长，以保证所有筒子在换到筒子架上时具有相同的初始卷装尺寸，这可大大减少筒脚纱的数量。

②合理设定张力装置的工艺参数。可采取分段、分层配置张力圈质量的措施，一般是前排重于后排，中间层重于上、下层，分段越多，张力越均匀，但分段太多，管理不便，具体应视筒子架长度、产品类别等情况而定。为使张力更加均匀，还可采用弧形分段配置张力圈质量。

③纱线合理穿入伸缩筘。纱线合理穿入伸缩筘可以避免形成的摩擦包围角不同而造成的纱线张力不匀。目前整经机较多采用分排穿法，从第一排开始，由上而下（或由下而上），将纱线从伸缩筘中点向外侧逐根逐筘穿入。

④适当增大筒子架到机头的距离。增大筒子架到机头的距离，可减少纱线进入后筘的曲折程度，减少对纱线的摩擦，一般为3.5m左右。

另外，选择合适的张力装置，加强生产管理，保持良好的机械状态，都有利于均匀片纱张力。

2. 整经速度 整经速度的选择应考虑纱线种类、线密度、纱线质量、筒子成形等因素。一般条干均匀、强力高、筒子成形好的纱线可选择较高的整经速度。目前，高速整经机的最高设计速度在1000m/min左右，但纱线质量和筒子卷绕质量还不够理想，整经速度以中速为宜，片面追求高速，会引起断头率剧增。整经幅宽大、纱线质量差、纱线强力低、筒子成形差时，速度应稍低。

3. 整经根数 分批整经中，每次整经根数受筒子架最大容量限制。整经根数与整经机械效率有关，因为整经根数增加，并轴时的整经轴个数就减少，可减少整经上轴、落轴和换筒的操作次数，就能提高整经机械的效率。

设经轴只数为n，则：

$$n=\frac{\text{总经根数}}{\text{筒子架最大容量}}$$

n取整，每只经轴的经纱根数=总经根数/n，为了便于管理，每只轴的整经根数尽可能相等或接近相等，各经轴间允许有±3根的差异。

4. 整经长度 整经长度即经轴的绕纱长度，应为织轴长度的整倍数，并考虑浆纱回丝长度和浆纱伸长率等因素，尽可能充分利用经轴的卷绕容量。整经长度可根据纱线的线密度、经轴的卷绕密度、整经根数等计算而得。

5. 经轴卷绕密度 经轴卷绕密度可影响原纱的弹性、经轴的绕纱长度和后道工序中纱线退绕的顺利与否，其大小可由对经轴表面施压的压纱辊的加压大小来调节，同时还受到纱线线密度、纱线张力、卷绕速度等影响，应根据纤维种类、纱线线密度等合理选择。

（二）分条整经工艺

1. 整经张力 张力装置工艺参数，可参照分批整经。

2. 整经速度 由于分条整经的换条、分绞、倒轴等停车操作的时间较多，其生产效率比分批整经低得多。老式的分条整经机整经速度仅为87～250m/min，新型分条整经机整经速度大幅提高，设计最高整经速度可达800m/min，不过实际使用时低于这个水平。

3. 整经条带数 具体计算方法如下：

每条经纱根数 = 花纹循环数×重复次数

每条经纱根数小于筒子架最大容量，并且是每花循环数的倍数。在计算时应注意：每绞根数应小于筒子架容量减去单侧边经数；每绞根数应为偶数，以利于放置分绞绳。

$$整经条带数=\frac{总经根数-两侧边经根数}{每条经纱根数}$$

如果计算结果为小数，则取比该小数稍大的整数，多余的经纱应在头条或末条中进行加、减调整。

4. 条带宽度 整经条带宽度即定幅筘中所穿经纱的排列宽度，其计算方法如下：

$$条带宽度=\frac{织轴宽度\times每条经纱根数}{总经根数}$$

5. 条带长度 分条整经是先把经纱条带卷绕到大滚筒上，等所有条带卷绕结束以后，再把经纱一起退绕到织轴上，所以整经条带长度取决于织轴的绕纱长度。分条整经常用于小批量、多品种的色织产品的生产，当批量较小且不足一个织轴时，一般不进行整经长度的计算；当批量较大时，需按织轴绕纱容量计算整经长度。

6. 定幅筘穿法 定幅筘的筘齿密度以筘号表示。公制筘号是10cm内的筘齿数（筘齿/10cm）；英制筘号是2英寸内的筘齿数（筘齿/2英寸）。筘号可按下式计算：

$$公制筘号=\frac{总经根数}{织轴宽度\times每筘穿入数}\times10$$

每筘穿入经纱根数的多少，以滚筒上的经纱排列整齐、不易被筘齿磨损为宜。确定原则为：

（1）为分绞方便，一般为偶数；

（2）不宜太多，一般为4～6根，最多不超过10根；

（3）不同穿入数，差异要小，要均匀分布。

六、整经主要疵点及产生原因

（一）分批整经主要疵点及产生原因

1. 嵌边、凸边 产生原因主要是伸缩筘与经轴的幅度或位置调整不适当；经轴的边盘与轴管不垂直，引起轴边嵌入和凸边。

2. 经纱张力不匀 产生原因主要是张力装置故障；筒子大小不一；边经纱曲折角过大等引起张力变化。

3. 错头份 产生原因主要是筒子架上筒子的数目不符合规定；经纱断头未及时接上。

4. 长短码 产生原因主要是测长装置失灵；操作失误，码表未拨准，形成各经轴绕纱长度不一。

5. 倒断头 产生原因主要是由于断头自停装置失灵，断经未停车；制动装置失灵；断纱嵌入邻层找不到。

（二）分条整经主要疵点及产生原因

1. 织轴成形不良 产生原因主要是定幅筘穿入根数过多，导条器移动不准确，条带张力不匀等。

2. 织轴绞头 产生原因主要是由于定幅筘筘齿穿入数等选择不符合要求；分绞时上、下层经纱未分清，使织机开口不清，形成织疵。

3. 倒断头 产生原因主要是由于断头自停装置失灵，滚筒停车不及时，使断纱嵌入邻层找不到；或操作工断头处理不当。

4. 长短码 产生原因主要是由于测长装置故障造成的。

5. 嵌边和塌边 产生原因主要是织轴边盘松动或倒轴时纱片与织轴位置对位不准。

☞ 思考与练习

1. 整经的目的是什么？有什么要求？
2. 什么是分批整经、分条整经？说明各自的适用范围。
3. 筒子架有哪些形式？各有什么优缺点？
4. 分批整经与分条整经的主要参数各有哪些？它们确定的依据是什么？
5. 定幅筘与分绞筘各有什么作用？
6. 均匀整经张力的措施有哪些？
7. 分批整经与分条整经的主要疵点有哪些？试分析其产生原因。

项目2-3 浆纱

✲教学目标

1. 了解浆纱工序的目的与作用；
2. 知道浆料的主要构成及应用；
3. 认识浆纱工序的生产工艺单，知道工艺单中各参数确定的依据；
4. 了解上浆控制的主要质量指标及对浆纱质量的影响。

✲任务说明

1. 任务要求

通过本项目的学习，完成以下工作任务：通过观察浆纱机，知道浆纱工序的工作原理及工艺流程，并根据浆纱工艺单，知道浆纱要求制订的主要工艺参数，会简单分析这些工艺参数制订的日的与依据。

2. 任务所需设备、材料

浆纱机、经轴。

3. 任务实施内容及步骤

（1）观察浆纱机的上浆工艺流程；

（2）认识浆纱机的轴架形式及退绕方式；

（3）认识浆纱机的浆槽结构和浸轧方式；

（4）认识烘燥方式及特点；

（5）根据工艺单，知道浆纱需要确定的主要工艺参数，分析其作用和确定依据。

4. 撰写任务报告，并进行评价与讨论。

✲项目导入

古代浆纱是将经纱展成片状，手工用刷子或箱抹上糨糊，晾干后绕成织轴。元代王祯

图 2-3-1 过糊

《农书》中有使用刷对经纱上浆的图文记。《天工开物·乃服篇》中的“过糊”一节记载了用淀粉、牛皮、骨胶浆丝的方法和工具，“糊浆承于筘上，推移染透，推移就干”，如图 2-3-1 所示。18 世纪末英国出现动力织机，使浆纱成为独立的工序，出现了现代浆纱机的雏形。

那现在的浆纱机是怎样实现对经纱上浆，又是用什么做浆料的呢？

一、浆纱的目的与作用

浆纱是织造生产中最关键的一道加工工序。经纱在织机上进行织造时，不仅受到开口、打纬的成千上万次的拉伸、弯曲与撞击，而且还受到钢筘、停经片、综丝等机件的不停地反复摩擦，造成纱线起毛、松散或断头，并使织造时开口不清晰，导致织造难以顺利进行，同时严重地影响了产品的质量。为此，往往在织造前必须用具有黏着性的物质——浆，施加于经纱的表面和内部，从而改善经纱的织造性能，这样的工艺过程称为浆纱或上浆。高速、高经纱张力织造的无梭织机，浆纱的重要性则更加明显。

因此，浆纱的主要目的就在于提高经纱的可织性。一是增强，使浆液渗透到纱线内部，胶合部分纤维，以加大纱线的抱合性，提高纱线的强度，减少织造断头；二是减摩，在经纱表面被覆一层浆液，使松散突出于纱线表面的纤维毛羽贴服，烘干后形成的浆膜使纱线表面光滑，减少摩擦，提高耐磨性能。

同时，浆纱时要尽量保持经纱原有的弹性与伸长。所以，浆纱工序要满足以下要求：

(1) 浆液对纤维具有良好的黏着性，既有一定的浸透，又有一定的被覆；

(2) 浆液要具有适当的吸湿性，浆膜具有良好的弹性、坚牢、平滑；

(3) 易于退浆，且不污染环境；

(4) 上浆均匀，织轴质量好。

并不是任何经纱都需上浆，当经纱光洁、强度好，且不易松散分离时，就可以不上浆，如 10tex 以上的股线、较粗而光洁或双股的毛纱线、光洁而有丝胶抱合的桑蚕丝以及加强捻长丝、网络丝、变形丝等，其余的短纤纱和长丝纱一般均需上浆。

当整经采用分批方式时，往往在浆纱同时进行并轴，以达到所需的总经根数并形成织轴。有的经纱虽可不上浆，但仍要在浆纱工序进行并轴或在专门的并轴机上并轴。因此，一般浆纱工序还能达到并轴的目的。

浆纱工序包括浆液调制与上浆，分别在调浆桶和浆纱机上进行，其设备如图 2-3-2 和图 2-3-3 所示。

二、调浆

(一) 浆料的种类与特性

经纱上浆所用材料通称浆料，它可分为黏着剂（主浆料）和助剂（辅助浆料）两大类。

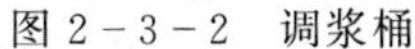

图2－3－2 调浆桶

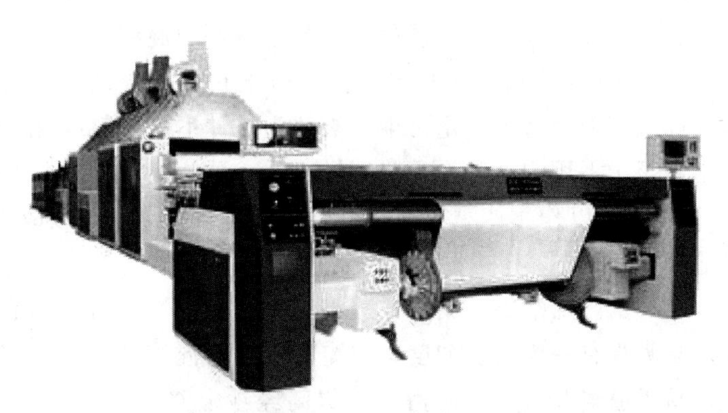

图2－3－3 浆纱机

1. 黏着剂 黏着剂是一种具有黏着力的高分子化合物，它是构成浆液的主体材料，浆液的上浆性能主要由它决定。由于纺织纤维的种类不同（初步可分为亲水纤维和疏水纤维），与之相适应的黏着剂也不同，对某种纤维黏着性好的黏着剂并不一定适于另一种纤维。

水溶性和黏着性是黏着剂的重要特性。除了新型合成浆料不再以水为溶剂外，一般都要求黏着剂能溶于水。黏着剂的水溶性直接关系着调浆及上浆工艺，是选择黏着剂的重要指标。黏着力能使浆液牢固地黏附于纤维间及经纱表面。因此，黏着力的好坏与浆液的黏性和亲和力有关。

浆纱用的黏着剂分为天然黏着剂、变性黏着剂（由天然材料通过某些方法处理而得到的）及合成黏着剂三大类，目前使用最广泛的黏着剂有以下几类。

（1）天然淀粉：是从植物的种子、地下茎和块根等提取而得，如小麦淀粉、玉米淀粉、橡子淀粉和木薯淀粉等，是一种天然高分子化合物，其资源丰富，价格低廉。

淀粉对亲水纤维如棉、麻、黏胶等有良好的黏着性，浆后分纱容易，且不易吸湿再粘，染整时退浆容易，退浆废液易分解而净化，被认为是相对“清洁”的浆料。但对疏水纤维缺乏黏着性，不适宜纯合成纤维经纱上浆，其浆膜硬而脆、手感粗糙、耐磨性不如其他浆料，而且容易生霉腐败（从另一角度而言，就是易自然降解，污染小），所以应加适当助剂，从而造成其配方复杂。

（2）变性淀粉：由于天然淀粉存在一定的缺点，如对疏水纤维缺乏黏着性、浆膜性质欠佳等，可根据其化学结构特征，对其作变性处理得到各种变性淀粉，如酸解淀粉、氧化淀粉、酯化淀粉、接枝淀粉等，既保持其污染小、来源广、价格廉的优点，又使其在水溶性、浆液稳定性、对合成纤维黏着性等方面得到改善，应用广泛。

（3）聚乙烯醇（PVA）：它是合成高分子化合物，是聚醋酸乙烯在甲醇中进行醇解而得到的产物。PVA大分子中醋酸根被羟基置换的百分数称为醇解度。按醇解度的不同PVA分为完全醇解（醇解度98%±1%）和部分醇解（醇解度88%±1%）两类。如PVA 1799，聚合度1700，醇解度为99%。

PVA具有良好的黏着性，完全醇解型对亲水纤维有良好的黏着性，对疏水纤维较差，但优于淀粉等；部分醇解型对疏水纤维黏着性较好，对亲水纤维也有一定的黏着性，但不及完全醇解型；具有良好的成膜性，不仅强度高而且弹性好，尤以耐磨和耐屈曲等性质远高于其他黏着剂；配方简单，性质稳定，具有良好的混溶性。

但是PVA也有许多缺点，首先由于它是合成高分子化合物，稳定性很好，难以自然降解，退浆废液易造成严重污染，被认为是“不洁浆料”。随着人们环保意识的加强，要求尽量少用甚至于不用它；其次是浆纱烘干后，分纱困难，易撕裂拉断浆膜或纱线，使毛羽增多。

PVA可以作主体黏着剂，也可与其他浆料混用，以改善这些浆料的性能，用来对多种纱线上浆。

（4）聚丙烯酸类：聚丙烯酸类浆料对疏水性纤维具有良好的黏着性、优良柔韧性和成膜性，浆膜具有一定的强伸度，与淀粉浆液的混溶性好，并且具有良好的水溶性，对环境污染小，易于退浆并较易于降解，是提高经纱上浆效果，少用、不用PVA的一个重要途径。但其吸湿性和再黏性强，一般不做主黏着剂。聚丙烯酸类浆料的种类很多，每一种根据其组成单体的不同，性能也会有所不同。

（5）纤维素衍生物：常用的有羧甲基纤维素钠（CMC），是纤维素的一种醚化衍生物，即纤维素大分子中的一部分羟基（—OH）被羧甲基（—CH_2COOH）取代的钠盐，若取代程度适当，则易溶于水，用来上浆对亲水纤维的黏着性优于淀粉，浆膜性质也优于淀粉但不及PVA，对疏水纤维的黏着性较差但略高于淀粉。其缺点是浆纱手感太软，易吸湿而再黏，浆液低浓高黏，黏度稳定性差，由于它的混溶性、乳化性等性质很好，对几种不易均匀混溶的浆料和助剂，加入CMC能起到均匀混溶的作用。

其他浆料，如组合浆料，是浆料生产厂按通常品种织物的上浆要求，为纺织厂配制好的浆料，使用时只要按所需浓度调成浆液即可。

2. 助剂 为改善和提高黏着剂的渗透、成膜、吸湿、防腐和防静电等工艺性能，需在浆液中添加适量的助剂，如分解剂、浸透剂、柔软剂、抗静电剂、中和剂、防腐剂、吸湿剂、消泡剂等。

（1）分解剂：淀粉在酸、碱、氧化剂等分解剂的作用下，成为更小的可溶性淀粉，以提高上浆效果。

（2）浸透剂：作用是降低浆液表面张力，增加浆液的扩散性和流动性，使纱线表面蜡质和油脂乳化，利于浆液渗透到纤维内部。

（3）柔软剂和润滑剂：由于黏着剂大多是黏性好的高分子化合物，形成的浆膜强度大，但浆膜粗硬、表面不光滑，故需适当加入柔软剂和润滑剂，增加浆膜的可塑性，以改善浆膜性能。用于浆纱的柔软剂主要是各种油脂，润滑剂主要有蜡液和蜡辊。

（4）抗静电剂：疏水性合成纤维的吸湿性较差，在浆纱和织造过程中容易产生静电集聚，以致纱线毛绒耸立，加入抗静电剂的目的是增加浆膜的吸湿性和离子性，增加导电性，它还有使浆膜平滑、降低摩擦系数、减少摩擦起电的作用。如抗静电剂SFNY、静电消除剂SN等。

（5）中和剂：用以调节浆液的酸碱度，淀粉生浆在分解之前要加入碱性中和剂，中和生浆中的有机酸，以保证分解程度适当。中和剂分碱性中和剂、酸性中和剂两种，碱性中和剂通常为苛性钠；酸性中和剂一般是盐酸等。

(6) 防腐剂：浆料中的淀粉、油脂、蛋白质等都是微生物的营养剂，坯布长期储存过程中，在一定的温度、湿度条件下容易发霉，防腐剂具有杀死微生物和抑制其繁殖的作用，如2-萘酚、NL-4防腐剂。

(7) 吸湿剂：作用是帮助纱线吸收空气中的水分，使之能与空气发生湿交换，保持一定的回潮率，这有助于提高浆膜的弹性和柔性。常用吸湿剂有甘油及具有大量亲水基团的表面活性剂。

(8) 消泡剂：泡沫是分散在液体中的气体被液体薄膜包围的一种现象，消泡剂能降低浆液的发泡能力，并能降低浆液中已经出现气泡膜的强度和韧度，使气泡破裂，如松节油、硅油等。

(二) 浆液的配方及调制

把浆料和水调制成浆液是全部上浆工艺的基础。目前，随着上浆要求的不断提高，用一种浆料调制的浆液很少，通常是由两种或两种以上浆料混和调制而成。

浆液的配方就是正确选择浆料组分、合理制订浆料配比。

1. 浆液配方设计

(1) 根据纤维种类选择浆料。根据经纱纤维种类与黏着剂的相容亲和性来选用浆料。根据“相似相容原理”，两种物质具有相同基团或相似极性时，它们便具有较好的相容亲和性，彼此之间便有一定的黏着力。根据这一原则确定黏着剂后，部分助剂也就随之而定。

如在棉、麻、黏胶纤维纱上浆时，可以采用淀粉、完全醇解PVA、CMC等黏着剂，因为它们的大分子中都有羟基，从而相互之间具有良好的相容性和亲和性。以淀粉作为主黏着剂使用时，浆液中要加入适量的分解剂（对天然淀粉）、柔软剂和防腐剂，当气候干燥和上浆率高时，还可以加入少量吸湿剂。

涤/棉纱的上浆浆料一般为混和浆料。混和浆料中包含了分别对亲水性纤维（棉）和疏水性纤维（涤纶）具有良好亲和力的完全醇解PVA、CMC和聚丙烯酸甲酯。对烘燥后的浆纱进行上蜡，蜡液中加入润滑剂和抗静电剂，以提高浆膜的平滑性和抗静电性能，使涤/棉纱线纱身光滑、毛羽贴伏。

(2) 根据纱线线密度及品质选择浆料。细特经纱所用原料较佳，弹性及断裂伸长大，毛羽少，但强度较低，上浆应以浸透增强为主，要求上浆率较高，黏着剂可以选用上浆性能比较好的合成浆料和变性淀粉；粗特经纱，强度较高，但毛羽相对多些，应以减摩被覆为主，以浸透为辅，一般上浆率设计得低些，浆料的选择应尽量使纱线毛羽贴伏，表面平滑。

对于捻度较大的纱线，由于其吸浆能力较差，浆料配方中可加入适量的渗透剂，以改善经纱浆液的渗透程度。

(3) 根据织物组织和密度来选择浆料。制织高密织物的经纱，由于单位长度上受到的机械作用次数多，因此经纱的上浆率要高些，耐磨性、抗屈曲性要好一些。比如，在其他条件相同的情况下，府绸经密大于细平布，其上浆率要大，细平布用PVA与变性淀粉混和浆就能满足要求，而府绸需用PVA与变性淀粉和聚丙烯酸类混和浆，才能达到满意的织造效果。

总之，主要是依据纱线所用的纤维种类、纱线线密度、织物组织和密度、用途以及工艺条件等，选择浆料及助剂的种类和质量，确定浆液浓度。应注意的是，浆料各种组分（黏着剂、助剂）之间不应相互影响，更不能发生化学反应，否则，上浆时它们不可能发挥各自的特性。浆液配方实例可参见表2-3-1。

表 2-3-1 浆液配方实例

序号	品种：经特（tex）×纬特（tex） 经密（根/10cm）×纬密（根/10cm）	配方	上浆率（%）
1	府绸 J15 ×J15　523.5 ×283	PVA37.5kg，淀粉 50kg，聚丙烯酰胺 20kg	10～11
2	T65/C35 细平布 14.5 ×14.5　393.5 ×362	PVA37.5kg，交联木薯淀粉 37.5kg，PMA20kg，助剂 6kg，2-萘酚碱液 0.15kg	12
3	T65/C35 府绸 13 ×13　433 ×299	改性 PVA37.5kg，磷酸酯淀 50kg，PMA25kg，助剂 8kg，2-萘酚碱液 0.15kg	10～12
4	醋酯长丝平纹织物	水 100%，PVA-205 2.5%，聚丙烯酸酯 3%，乳化油 0.5%，抗静电剂 0.2%	3～5
5	苎麻（平布） 27.8 ×27.8　213 ×244	总浆液量 100%，E43.0%，变性淀粉 1.8%，普通淀粉 1.8%，乳化油 0.2%	9～10

2. 浆液的调制　根据所用浆料种类，调浆方法有定浓法和定积法两类。定浓法是将定量的干浆料加水调制成一定浓度，然后加热煮浆，以测定的体积质量表示，多用于淀粉浆料的调浆。定积法是将定量的干浆料加水调成一定体积，然后加热煮浆，以容积表示，常用于化学及合成浆料的调浆。两者结合可用于混和浆的调制。

（三）浆液质量指标

浆液质量是上浆质量的重要保证。各种浆料的调制方法不同，它们的质量指标也有所差异。浆液的质量指标主要有浆液总固体率、浆液黏度、浆液酸碱度、浆液温度、浆液黏着力、淀粉的生浆浓度、淀粉浆的分解度、浆膜力学性能等。

1. 浆液总固体率　又称含固率。浆液质量检验中，一般以总固体率来衡量各种黏着剂和助剂的干燥重量对浆液的质量百分比。浆液的总固体率直接决定了浆液的黏度，影响经纱的上浆率。

2. 浆液黏度　浆液黏度是浆液质量指标中一项十分重要的指标，黏度大小影响上浆率和浆液对纱线的浸透与被覆程度。在整个上浆过程中浆液的黏度要稳定，它对稳定上浆质量起着关键的作用。影响浆液黏度的主要因素有浆液流动时间、浆液的温度、黏着剂的相对分子质量及黏着剂分子结构。

3. 浆液酸碱度　浆液酸碱度对浆液黏度、黏着力以及上浆的经纱都有较大的影响。棉纱的浆液一般为中性或微碱性，毛纱则适宜于微酸性或中性浆液，人造丝宜用中性浆，合成纤维不应使用碱性较强的浆液。

4. 浆液温度　浆液温度取决于纤维的种类和浆料的特性，是调浆和上浆时应当严格控制的工艺参数。上浆过程中浆液温度会影响浆液的流动性能，使浆液黏度改变，浆液温度升高，分子热运动加剧，浆液黏度下降，渗透性增加；温度降低，则易出现表面上浆。对于纤维表面附有油脂、蜡质、胶质、油剂等拒水物质的纱线而言，浆液温度会影响这些纱线的吸浆性能和对浆液的亲和能力。例如棉纱用淀粉上浆，一般上浆温度在 95℃以上，有时，过高的浆液温度会使某些纤维的力学性能下降，如羊毛和黏胶纤维纱不宜高温上浆。

5. 浆液黏着力 浆液黏着力作为浆液的一项质量指标，综合了浆液对纱线的黏附力和浆膜本身强度两方面的性能，直接反映到上浆后经纱的可织性。影响浆液黏着力的因素有黏着剂大分子的柔顺性、黏着剂的相对分子质量、被黏物表面状态、黏附层厚度、黏着剂的极性基团等。

为控制浆液质量，调浆操作要做到定体积、定浓度、定浆料投放量，以保证浆液中各种浆料的含量符合工艺规定。调浆时还应定投料顺序、投料温度、加热调和时间，使各种浆料在最合适的时刻参与混合或参与反应，并可避免浆料之间不应发生的相互影响。调制过程中要及时进行各项规定的浆液质量指标检验，使浆液应具有一定黏度、温度和酸碱度。

三、经纱上浆

（一）浆纱机

按浆纱工艺过程可分为轴经浆纱机、整浆联合机、染浆联合机、单轴浆纱机等。

1. 轴经浆纱机 与分批整经机相配合，是目前采用最广泛的工艺方式，俗称“大经大浆”。

2. 整浆联合机 在整经机的筒子架和卷绕机构之间安装上浆和烘干设备，合整经、浆纱为一道工序。根据所加工的纤维、织物种类不同，又可分为整浆联合机（与分批整经同时进行）、分条整浆联合机。

3. 染浆联合机 纱片先经染色、烘干后进入浆槽上浆，再烘干，卷绕成织轴或经轴。适用于单色经纱需上浆的色织产品，如牛仔布。

（二）浆纱工艺流程

浆纱机一般由经轴架、浆槽、烘燥、车头（织轴卷绕及其他辅助装置）组成。典型的浆纱工艺流程如图2－3－4所示。

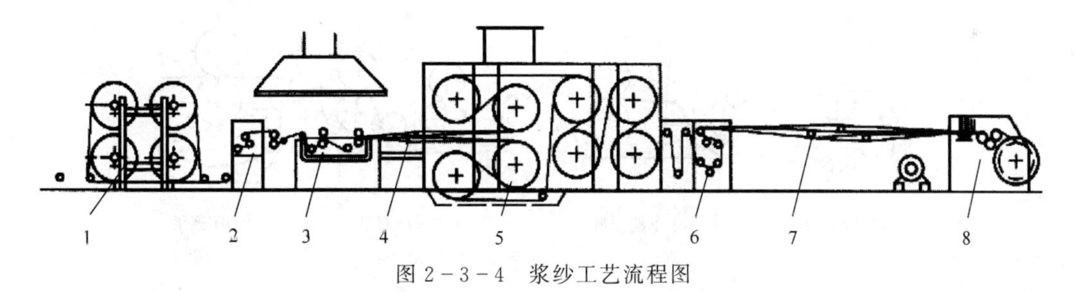

图2－3－4 浆纱工艺流程图

1—经轴架 2—张力自动调节装置 3—浆槽 4—湿分绞棒 5—烘燥装置 6—双面上蜡装置 7—干分绞区 8—车头

纱线从位于经轴架1上的经轴中退绕出来，经过张力自动调节装置2进入浆槽3上浆，湿浆纱经湿分绞棒4分绞和烘燥装置5烘燥后，通过双面上蜡装置6进行上蜡，干燥的经纱在干分绞区7被分离成几层，最后在车头8卷绕成织轴。

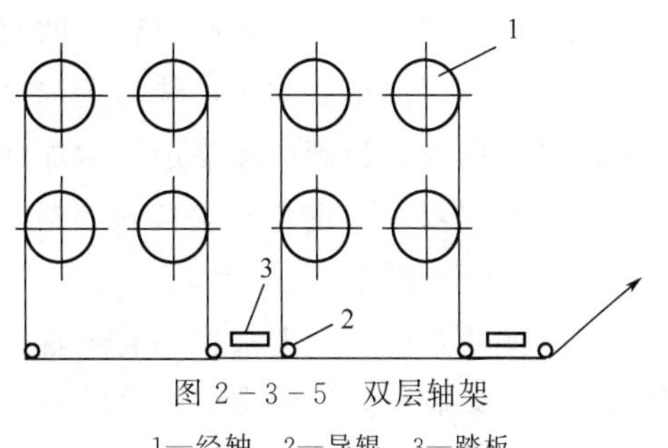

图2－3－5 双层轴架

1—经轴 2—导辊 3—踏板

1. 经轴架 经轴架的形式可分为单层与双层（包括山形式）等。

双层式的经轴架换轴与引纱操作不如单层式方便，但占地少，一般四个轴为一组，各组之间有踏板作为操作通道，适于放置宽幅经轴，操作亦较为方便，如图 2－3－5 所示。

2. 上浆装置 经纱上浆是由上浆装置完成的，经纱在浆槽内上浆的工艺流程如图 2－3－6 所示。经纱 1 从经轴架引出后，经导纱辊 2 和引纱辊 3 进入浆槽 8，通过后浸没辊 5′浸入浆液中，然后经过轧浆、再浸没、再轧浆后离开浆槽。

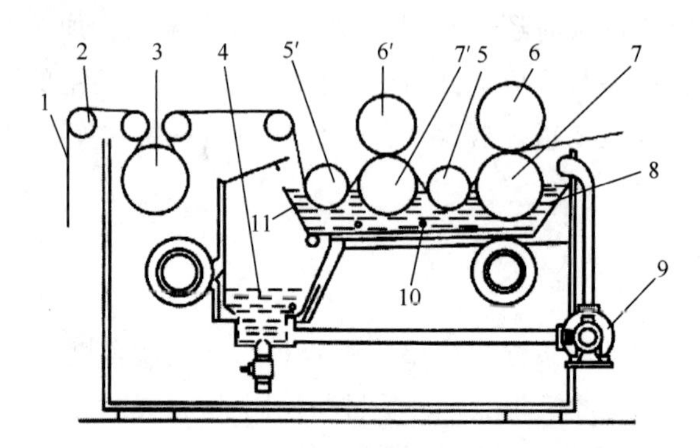

图 2－3－6 经纱在浆槽内上浆的工艺流程

1—经纱 2—导纱辊 3—引纱辊 4—预热循环浆 5、5′—后、前浸没辊 6、6′—后、前轧浆辊 7、7′—后、前上浆辊 8—浆槽 9—循环浆泵 10—蒸汽管 11—液位板

浸过浆液的经纱经上浆辊和压浆辊的挤轧作用，使浆液部分浸入经纱内部，部分被覆于经纱表面，从而获得一定的浸透和被覆，达到工艺要求的上浆率。其浸透和被覆的效果与浸轧形式有着密切关系。如图 2－3－7 所示，浸没辊、轧浆辊和上浆辊可组成不同的浸轧方式，使用时可以根据不同的纤维及不同的工艺要求进行选择。

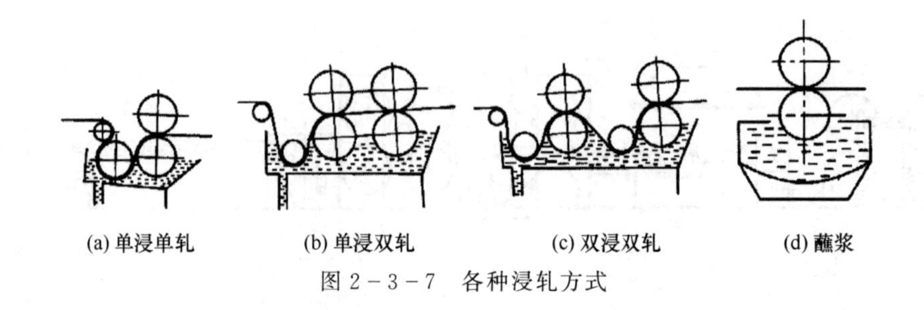

图 2－3－7 各种浸轧方式

（1）单浸单轧：由一只浸没辊、一对上浆辊和轧浆辊组成，其浆液周转快，上浆率稳定；纱线受到的张力和伸长都较小，特别适于湿伸长较大的黏胶纱线。

（2）单浸双轧：由一只浸没辊、两对上浆辊和轧浆辊组成，两只轧浆辊分别配以大小不同的轧浆力，当前小后大时，适合于浓度和黏度较低的情况；当前大后小时，可使浆液逐渐被轧进纱线内部，达到增加渗透、增加强力为主的目的。

（3）双浸双轧：重复两次单浸单轧的结构，特别适合化学纤维类疏水性纤维的混纺纱、高经密织物经纱的上浆。

（4）蘸浆：由一对上浆辊和轧浆辊组成，经纱仅在上浆辊和轧浆辊之间直接通过，其上浆量很小，黏胶长丝还经常采用这种方式上浆。

轧浆辊的压力对上浆率有较大影响。当轧浆辊压力增大时，上浆率减小；反之，则上浆率增加。其所加压力除来自轧浆辊的自身质量外，还可采取在轧浆辊两端加压的方法。

3. 烘燥 湿浆纱经过轧浆辊挤轧后，通过湿分绞棒进入烘燥装置，除去多余的水分，达到工艺要求的回潮率，并使纱线表面浆膜成形良好。

浆纱机烘燥有以下几种类型。

（1）热风式：是将热空气以一定速度吹向浆纱表面，依靠对流方式将水分从浆纱中汽化出来。这种烘燥方式作用比较均匀、缓和，浆纱圆整度好，粘连、落浆和起毛情况较少。但在烘燥过程中需不断排除湿热空气，使烘燥效率降低，蒸汽耗用量多。而且这种方式具有在烘房内穿纱长度较长、缺乏有力的握持控制、纱线伸长较大、断头时处理较困难、烘房结构复杂的缺点。

（2）烘筒式：由多个加热烘筒进行烘燥，纱线在烘筒表面绕行，筒壁以热传导方式对纱线烘燥。这种烘燥方式烘干能力大，效率高，有利于提高浆纱机的速度，容易控制温度和纱线的伸长，烘房结构简单，便于操作。但是这种装置的缺点是由于纱线在润湿状态下直接与烘筒表面接触，纱片易黏附于烘筒表面，易出现与邻纱互相粘连的现象而破坏浆膜的完整性，有时会引起浆纱毛羽增加。

（3）热风、烘筒联合式：纱线烘燥分预烘和烘干两个阶段。先利用热风对湿浆纱进行预烘，使浆膜初步形成，然后再以烘筒对纱线做最后的烘干。

4. 车头 包括织轴卷绕及其他辅助装置，辅助装置主要有以下几项。

（1）浆纱后上蜡：上浆纱线烘干后，再于其表面涂抹蜡类物质，以增加浆纱表面的平滑性和抗静电能力，从而有利于提高纱线的可织性，这种工艺过程称为后上蜡。后上蜡对降低织造时的经纱断头率，提高织机效率和织物质量的效果十分显著，方法简便而费用不多。上蜡的方法一般是在浆纱机上的纱线出烘房后，擦过上蜡辊而将蜡上于表面。

（2）干分绞棒：用来逐根分开烘干后的浆纱。一般是按经轴的个数用分绞棒分成相同的层数，有时还将每个经轴引出的一片经纱再分成两层，称为复分绞，这样使纱线分得更清楚。

（3）伸缩筘：其作用和结构与分批整经机的伸缩筘相同。用来控制纱片的宽度、密度和左右位置。有时经纱需要进行色纱排列，就在伸缩筘上排花。有的浆纱机，伸缩筘也略做上下左右运动，以使织轴卷绕良好并保护机件不致很快被纱线磨损。

四、上浆质量指标

1. 上浆率 上浆率是反映经纱上浆量的指标，其大小根据纱线线密度、织物组织、密度和织造要求等而定。上浆率过大会使浆膜粗硬、发脆，落浆多，堵塞综眼和钢筘，增加织造时的断头；上浆率过小，经纱经不起摩擦，易起毛而增加断头。

影响上浆率的主要因素有：浆液的浓度和黏度、浆液的温度、轧浆力、浆纱车速等。车速快，浸浆、轧浆时间短，表面上浆多。因此车速快时，轧浆力要大，车速慢则相反。一般车速为35～60m/min，不能随意调节，主要由烘干能力决定。

上浆率的计算公式如下：

$$S=\frac{Q-Q_0}{Q_0}\times 100\%$$

式中：S——经纱上浆率；

Q——浆纱干燥质量；

Q_0——原纱干燥质量。

2. 伸长率 浆纱伸长率反映上浆纱过程中纱线的拉伸情况，也反映了纱线上浆后其弹性损失的程度。确定浆纱伸长率的依据是原料，一般纯棉纱在1.0%以下，涤/棉纱在0.5%以下。在保证织轴正常卷绕的前提下，应尽量减小浆纱的伸长率，浆纱伸长率过高，织造中纱线易断头。控制好浆纱过程中纱线的张力就能获得适当的浆纱伸长率。

伸长率的计算公式如下：

$$E=\frac{L-L_0}{L_0}\times 100\%$$

式中：E——浆纱伸长率；

L——浆纱长度；

L_0——原纱长度。

3. 回潮率 浆纱回潮率是反映浆纱含水量的质量指标，也能反映浆纱的烘干程度和浆膜性能。如果浆纱回潮率过大，浆膜发黏，纱线易粘搭、发霉，易造成通绞困难，断头增加；如果浆纱回潮率过小，则浆膜变硬、发脆，纱线易起毛、起球和断头。其随纤维的种类而不同，应结合纤维的标准回潮率而定。

影响回潮率的主要因素有上浆率、浆纱速度、烘房温度、排气风扇转速等。

回潮率计算公式如下：

$$B=\frac{W-W_0}{W_0}\times 100\%$$

式中：B——浆纱回潮率；

W——浆纱（含水）质量；

W_0——浆纱干燥质量。

五、浆纱疵点及成因分析

浆纱疵点有很多种，不同纤维加工时有不同的浆纱疵点产生。下面仅就具有共同性的一些主要浆纱疵点进行介绍。

（1）上浆不匀：是由于浆液黏度、温度、轧浆力、浆纱速度的不稳定以及浆液起泡等原因，使上浆率忽大忽小，形成重浆和轻浆疵点。上浆不匀易造成织机开口不清，引起断边、断经、经缩等疵布。

（2）回潮不匀：烘房温度和浆纱速度不稳定是回潮不匀的主要原因。浆纱回潮率不匀，易使织机开口不清，纱线起毛而断头。

（3）张力不匀：是由于经轴退绕、织轴卷取张力不匀，各导纱辊不平行、不水平等原因造成的。张力不匀易造成经纱断头增多，影响织物成品质量，形成经缩、吊经等疵点。

（4）浆斑：是由于浆液中的浆皮和浆块沾在纱线上、导纱机件不清洁、停车时间过长等原因造成的，浆液温度过高，沸腾的浆液溅到经轧浆之后的纱片上，也会形成浆斑疵点。浆斑会使相邻纱线黏结，易导致浆纱机分纱和织造时断头增加。

（5）油污和锈渍：是由于浆液内油脂上浮、导辊轴承中润滑油熔化后沾在纱片上、织轴回潮过高而出现锈渍、排气罩内滴水、清洁工作不当等原因形成。

（6）多头、少头：是由于整经不良、浆纱不良、分绞断头及处置不当等原因造成的，它对织造的影响很大，会在织机上增加吊经、经缩、断经、边不良等织疵。

（7）松边或叠边：是由于浆轴盘片歪斜或伸缩筘位置调节不当，引起一边经纱过多、重叠，另一边过少、稀松，以致一边硬、一边软，又称软硬边疵点。织造时边纱相互嵌入容易断头，并且边经纱张力过大、过小，造成布边不良。

☞ 思考与练习

1. 浆纱的目的是什么？上浆有什么作用？
2. 浆纱常用的黏着剂和助剂有哪些？
3. 浆液配方的依据是什么？
4. 浆纱机的主要机构及其作用是什么？
5. 常见浸轧方式有哪几种？各有什么特点？
6. 常见的烘燥方式有哪几种？各有什么特点？
7. 上浆控制的主要质量指标有哪些？对浆纱的质量有什么影响？

项目2-4　穿结经与纬纱准备

✲教学目标

1. 了解穿结经工序的目的，知道穿经与结经的适用范围；
2. 认识穿经工序的生产工艺单据，知道工艺单中各参数确定的依据；
3. 了解纬纱定捻的作用，知道不同纬纱定捻的方式。

✲任务说明

1. 任务要求

通过本项目的学习，完成以下工作任务：

（1）通过观察穿经过程，知道穿经工序的工艺过程，并根据穿经工艺单，知道穿经要求制订的主要工艺参数，会简单分析这些工艺参数制订的目的与依据。

（2）通过观察纬纱准备，知道纬纱准备包括的工序，并能根据纬纱的特征选择定捻方式。

2. 任务所需设备、材料

穿经机、定形机、织轴、纬纱。

3. 任务实施内容及步骤

（1）观察穿经机的主要结构及穿经工艺过程；

（2）根据工艺单，知道穿经需要确定的主要工艺参数，分析其作用和确定依据；

（3）根据纬纱的特征，选择适合的定捻方式。

4. 撰写任务报告，并进行评价与讨论。

✲项目导入

原始织机的开口要靠分纱的小木棍，以后出现了扁平形的打纬木刀或骨刀，代替了分纱

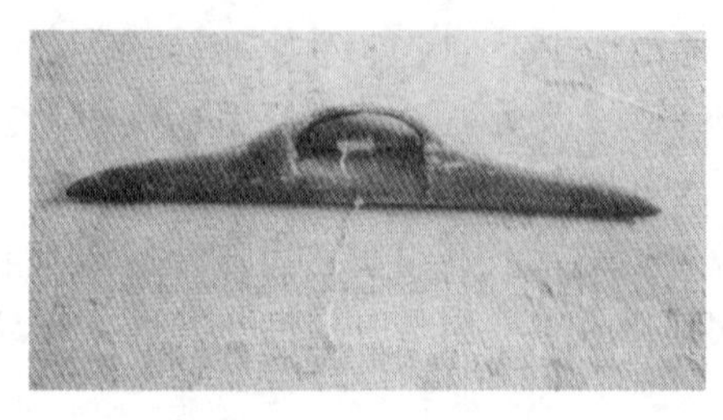

图 2-4-1　刀杼

小木辊。人们还发现，用不连续的一根根纬纱织成的织物，两侧的经纱容易脱散，于是便将一根根纬纱连接起来，绕成圈状后引入经纱层。随着织物的加宽，人们又将连续的纬纱绕在芦苇秆或木杆上，这便是“纡子”的雏形，并把它引过已经被打纬刀撑开的经纱层。由于打纬刀容易通过经纱层，后来打纬刀演变为中空、两端削尖、表面光滑的工具。在剜空处纳入纬纱管，这便是中国汉代画像石上的“杼”，如图 2-4-1 所示，既可引纬又可打纬，加快了织造速度。再后来人们发现，把刀杼抛掷过织口比递送过去要快得多，这样就逐步发明了纡子外面套上两头尖的木壳梭子。但原来刀杼是兼管打纬的，改为梭子后，打纬必须另找工具。

为了织出符合幅宽要求的织物，人们由劈细的竹签，齿隙稀密均匀地固定扎在木条中，让经纱依次在竹齿中穿过，这样经纱排列的宽度可以固定，这就是初期的筘（古时叫箴）。杼改为梭子后，人们便使筘一物两用：既用来定幅，又用来打纬。

梭子、筘以及综的出现，使织物织造之前，必须先做纡子的卷绕、穿综、筘等一系列工作。

一、穿结经

（一）穿结经的目的与要求

穿结经是穿经或结经的统称，是经纱织前准备工作中的最后一道工序。其主要任务是把织轴上的经纱按工艺设计要求依次穿入停经片、综丝和钢筘，如图 2-4-2 所示。穿停经片的目的是当经纱断头时及时停车，避免织疵产生；穿综的目的是使经纱在织造时通过开口运动形成梭口，与纬纱以一定的组织规律交织成所需的织物；穿筘的目的是使经纱保持规定的幅宽和经密。

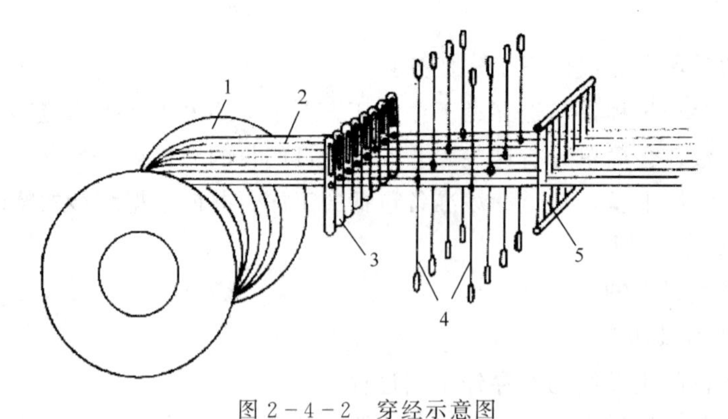

图 2-4-2　穿经示意图

1—织轴　2—经纱　3—停经片　4—综丝　5—筘

结经是用打结的方法把织机上剩余的了机经纱同准备上机的经上纱逐根连接起来，然后由了机纱引导，把待穿轴上的经纱依次拉过停经片、综丝、钢筘，达到与穿经完全相同的要求。结经法只适用于上机与了机的织物组织、幅宽、总经纱根数保持不变的织造生产。

穿结经工艺直接影响织造加工的顺利进行及织物的外观质量，所以，对穿结经工序的工艺要求有：

（1）必须符合工艺设计，不能穿错、穿漏、穿重、穿绞，否则将直接影响织造的顺利进行，造成织物外观疵点。

（2）使用的综、筘、停经片的规格正确，质量良好。

（二）穿结经的方式

1. 穿经

（1）手工穿经：手工穿经是在穿经架上进行的，织轴、停经片、综框和钢筘都置于其上。操作工用穿经钩将手工分出的经纱依次穿过停经片、综丝眼，再以插筘刀将经纱插入钢筘的筘隙内。

穿综钩用以穿综和停经片，其形式有单钩、双钩、三钩和四钩，按织物的品种和穿综图选用，如图 2－4－3（a）所示。插筘刀用来插筘，每插一次能够自动由左至右移动一筘齿，如图 2－4－3（b）所示。

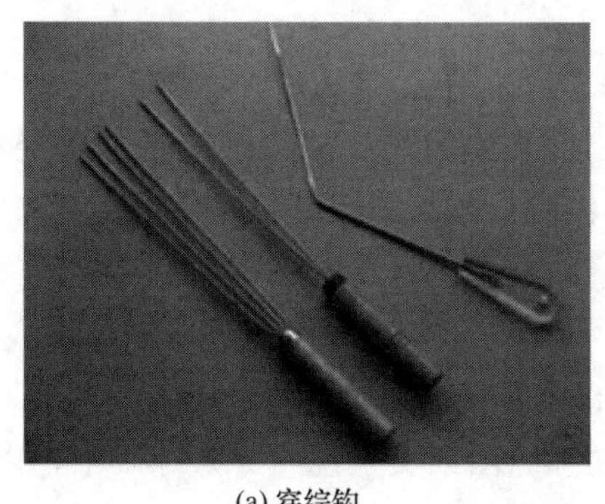
(a) 穿综钩

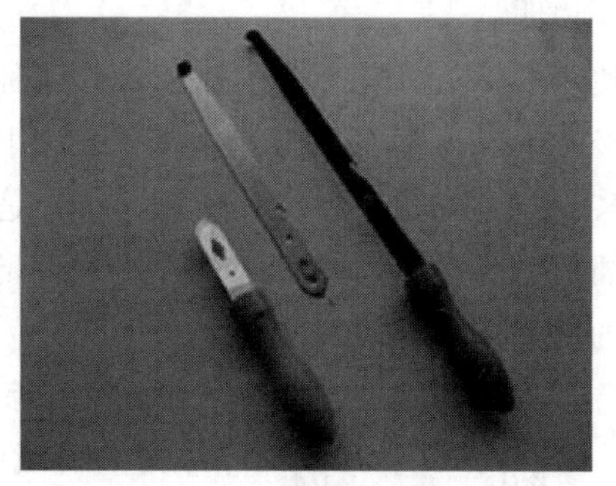
(b) 插筘刀

图 2－4－3 穿经工具

手工穿经劳动强度大，生产效率低，但对任何织物组织都适应，比较灵活，适宜于组织比较复杂的织物和小批量生产。

（2）半自动穿经：粒动穿经机，是一种半自动穿经机械，它是在手工穿经架上加装自动分纱器、自动停经片和电磁插筘器，用以代替部分手工操作，每人每小时穿经数达到 1500～2000 根，该方法应用最广（图 2－4－4）。

（3）自动穿经：全自动穿经机，能根据预定的工艺要求，自动地将织轴上的经纱依次穿过停经片、综丝和钢筘。它大大减轻了工人的劳动强度，但是目前只适用于八片以内的简单组织织物，并且价格昂贵，国内纺织厂使用较少。

2. 结经 自动结经机（图 2－4－5），是用机械打结的方式自动完成待穿轴经纱与了机轴经纱相互连接的工作，大大提高了穿经速度，减轻了穿经工作的劳动强度。但受织物翻改品种、设备周期保养工作的限制，因此它是一种辅助的穿经方式。

除少数经纱密度大、线密度小、组织比较复杂的织物还保留手工穿结经外，现代纺织厂大都采用机械和半机械穿结经方式，以减轻工人的劳动强度，提高生产效率。

图 2-4-4　半自动穿经机

图 2-4-5　自动结经机

（三）穿结经主要器材

1. 停经片　停经片是织机经纱断头自停装置的一个部件。在织机上，每根经纱穿入一片停经片，当织造时经纱断头，停经片落下，使断头自停装置执行关车动作。同时，停经片能使织机机后经纱分隔清楚，减少经纱的相互粘连。停经片的穿法虽不列入上机图，但在工艺设计中必须说明。

目前使用的停经片有开口式和闭口式两种形式，如图 2-4-6 所示。其中（a）、（b）是闭口式停经片，经纱穿在停经片中间的圆孔内，（a）为国产有梭织机机械式停经装置使用，（b）为无梭织机电气式停经装置使用，（c）是无梭织机电气式停经装置使用的开口式停经片，在上机时插放到经纱上，使用比较方便。大批量生产的织物品种一般用闭口式停经片，经常翻改品种的织物采用开口式停经片。

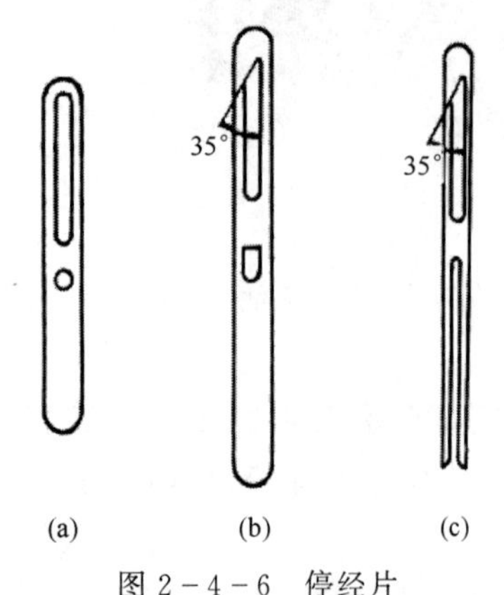

图 2-4-6　停经片

2. 综　综由综框架和综丝组成，是织造时的开口工具。经纱按上机图中的穿综图或文字说明穿入综眼中，以便能在织造时形成梭口并得到所需的织物组织。

每页（或称为片）综框的综丝杆列数有单列的或 2～4 列的，前者称为单式综框，后者称为复式综框。复式综框用于综框页数少而经密较高的情况，这样可减少每列综丝杆上的综丝密度，降低织造时的经纱断头率。织造生产允许的综丝密度与纱线线密度有关，纱线越细，允许综丝密度越大，所用的综丝也越细。

有梭织机综框结构如图 2-4-7 所示，综框架由上下金属管（或铝合金条）、两侧边铁 2、综丝杆 3、小铁圈 4 和综夹 6 组成，综丝杆上穿有综丝 5。

无梭织机用的综框也是金属制成的，但其结构和材料与传统的金属综框差异较大，如图 2-4-8 所示。综框板 1 用铝合金等轻金属或异形钢管制成，它们的上下分别有硬木制成的导向板 2，以避免综框升降时相互撞击。综丝杆 6 为不锈钢条，由挂钩 5、挂钩架 4 连于综框板上。综框两侧的边框 7 是铝合金制成的，外镶硬木条，以便与织机两侧的导槽配合，避免综框升降时晃动和碰撞。这种综框质轻且坚固不易变形，有利于高速运转。综丝都为钢片，但不同开口机构或不同机型所用的综丝型式亦不同。

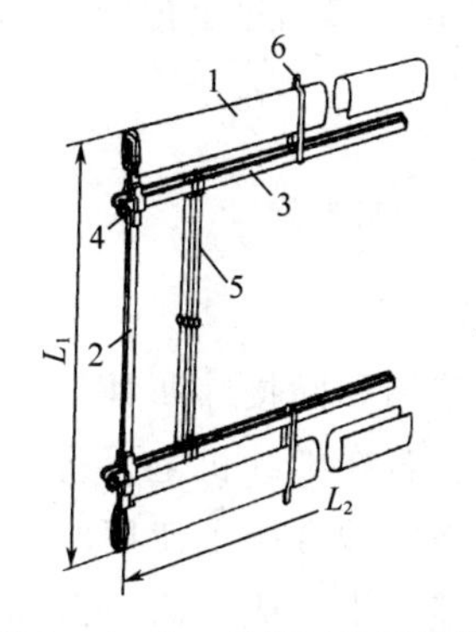

图2-4-7 有梭织机用的综框

1—综框架 2—边铁 3—综丝杆 4—小铁圈 5—综丝 6—综夹

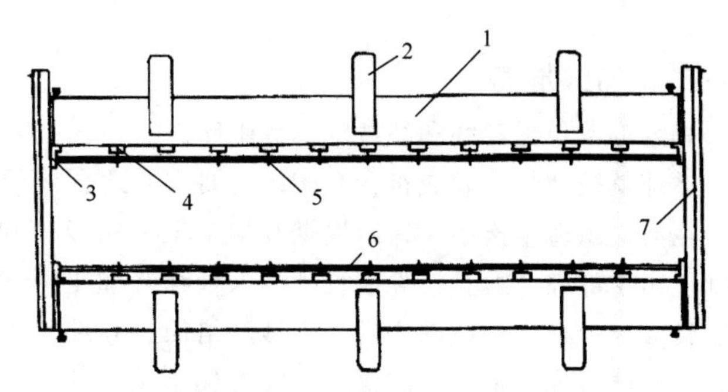

图2-4-8 无梭织机用的综框

1—综框板 2—导向板 3—定位帽 4—挂钩架 5—挂钩 6—综丝杆 7—边框

3. 钢筘 筘的功能较多，一是分布经纱，确定经密和幅宽；二是打纬；在有梭织机上还作为梭子飞行运动的导向面，槽筘式喷气织机，槽筘还作为引纬通道。

筘由许多筘片结合而成，按结合的方法分为胶合筘和焊接筘两类，如图2-4-9（a）所示为胶合筘，由筘片1、筘边2、筘线3、扎筘木条4和筘帽5组成。筘线把筘片扎于木条上，两端用筘边和筘帽固定。如图2-4-9（b）所示为焊接筘，新型织机大多采用焊接筘，因为其强度高，适合于织制厚重和密度大的各种织物。

此外，喷气织机普遍采用异形筘，如图2-4-9（c）所示，异形筘的筘面上有一条由筘片构成的凹槽，它用作引纬气流和纬纱飞行的通道。

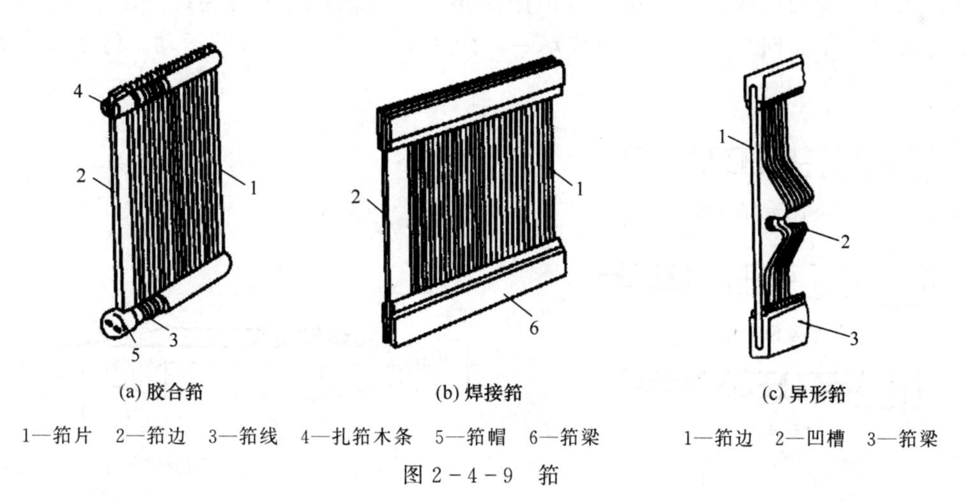

(a) 胶合筘 (b) 焊接筘 (c) 异形筘

1—筘片 2—筘边 3—筘线 4—扎筘木条 5—筘帽 6—筘梁 1—筘边 2—凹槽 3—筘梁

图2-4-9 筘

为了适应不同的织物品种、不同的织物规格和工艺加工要求，筘的规格有筘号、筘长和筘高等。筘号是指筘片的稀密程度，指单位长度中的筘齿数（筘齿是两筘片间的空隙）。有公制筘号和英制筘号之分。公制筘号是指10cm中的筘齿数；英制筘号是指2英寸中的筘齿数。一般而言，丝织用的筘号较高，筘齿很密；毛织用的筘号低，筘齿稀；棉织用的筘号居中。筘长根据织机的主要规格最大工作宽度而定。筘高：钢筘全高有115mm、120mm、130mm

和 140mm 等，其内侧高度由开口大小决定，无梭织机由于开口小，选择的筘高度就可小些。

二、纬纱准备

纬纱准备包括卷纬和纬纱定捻等工序。

卷纬就是把纱线卷成符合有梭织造要求并适合梭子形状的纡子。

在有梭织造生产中，纬纱根据其加工工艺路线不同，分为直接纬和间接纬两种形式。纬纱纡子由纺部细纱机直接卷成管纱，这种纬纱加工形式称直接纬。若在细纱机上，将纬纱卷绕成较大的管纱，到织部之后，管纱经络筒、卷纬加工，重新卷绕成适合梭子使用的纬纱纡子，这种纬纱加工形式称间接纬。间接纬工艺路线长，加工机台多，生产成本高，但间接纬加工的纬纱质量较高。因而，毛织、丝织、麻织、色织和高档棉织物生产的有梭织机都采用间接纬。

无梭织造生产中，纬纱由大卷装的筒子供应，因此不需要卷纬。

纬纱定捻的目的在于稳定纱线捻度，从而减少织造过程中的纬缩、脱纬和起圈等弊病。

（一）卷纬

1. 纡管　有梭织造中使用的梭子种类很多，纡管的形状各异。纡管长度既要保证其具有一定的容纱量，又不得使退绕发生困难。纡管直径影响退解张力、容纱量及其本身强度。纡管表面的螺纹可以增加纱线与纡管间的摩擦作用，防止滑脱。

常用的纡管如图 2－4－10 所示，纡管材质有木材、塑料或纸粕等。

2. 纡子的成形要求　纡子卷绕成形一般要有三个基本运动，即卷绕运动、往复运动和级升运动。卷绕运动是将纬纱卷绕在纡管上，往复运动使纬纱按卷绕成形要求沿纡管轴向做均匀分布，级升运动使纱线卷绕层级向管顶徐徐移动。纬纱纡管上每卷绕一个往返纱层之后，其导纱运动的起始点向纡管顶端方向移动一段距离 ΔL，即产生级升运动。纡子卷绕结构如图 2－4－11 所示。

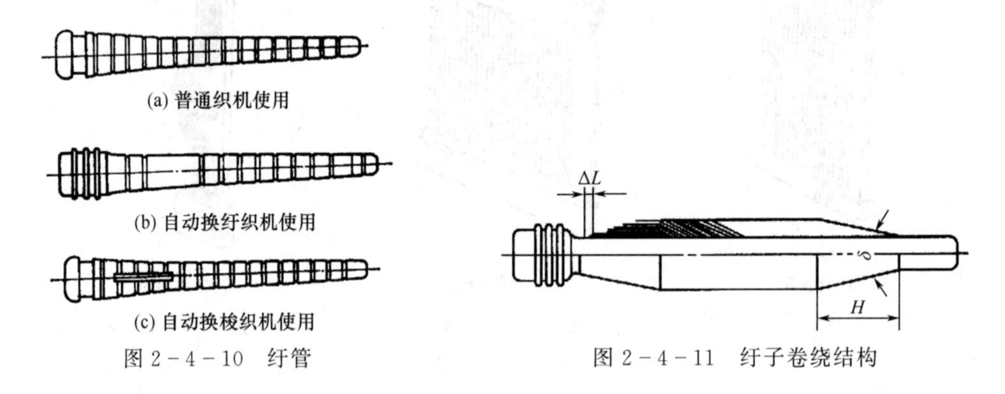

图 2－4－10　纡管

图 2－4－11　纡子卷绕结构

3. 卷纬设备　常见卷纬设备有卧锭式和竖锭式，普通卷纬机、半自动卷纬机和自动卷纬机之分。卧锭式卷纬机的锭子工作位置呈水平状态，竖锭式卷纬机的锭子工作位置呈竖直状态。半自动卷纬机能自动换纡，全自动卷纬机还能自动理管、自动输送纡管和纡子。

（二）纱线定捻

纱线加捻之后，使纤维发生扭曲，特别是强捻纱中纤维的扭曲更大。在织造过程中，当纬纱张力较小而捻度较大时，纤维变形恢复的性能使纱线产生退捻和扭缩，容易产生纬缩、脱纬、起圈等现象。

不同纤维材料的弹性不同，变形恢复能力也有差异，如涤/棉纱的弹性好，反捻力强，产生上述现象的可能性也大。所以，不同纤维原料、不同捻度，采用不同的定捻方式，可采用自然存放、给湿、加热或热湿结合等定捻方式，消除纱线内应力，稳定纱线捻度和回潮率，提高其织造性能。

1. 自然定形 低捻纱线在常温、常湿的自然环境中存放一段时间之后，捻度便得到稳定，纱线卷缩、起卷、脱圈等现象大为减少。

2. 热湿定形 热湿定形主要是利用蒸汽的热和湿进行定捻。一般用热定形箱进行定形，此种定形方式定形效果好，原料周转期短，适用于所有纱线和各种捻度，尤其适用于大卷装原料，是目前纱线定形的主要手段。

☞ 思考与练习

1. 穿结经的目的是什么？穿经与结经各适用什么织物的生产？
2. 综、筘、停经片有什么作用？
3. 什么是公制筘号？什么是英制筘号？
4. 纡子卷绕成形由哪几种运动来完成？
5. 纬纱为什么要定捻？定捻的方法主要有哪些？

项目 2－5 织造

✲教学目标

1. 知道织造的五大运动及其作用；
2. 了解开口、引纬、打纬、卷取、送经五大机构的不同类型，知道它们的主要特点及适用范围；
3. 认识织造工序的生产工艺单，知道工艺单中各参数确定的依据；
4. 知道织机上配置了各种辅助装置及其作用。

✲任务说明

1. 任务要求

通过本项目的学习，完成以下工作任务：通过观察各种织机，知道织造工序的工作原理与工艺流程，并根据一种织机的织造工艺单，知道织造要求制订的主要工艺参数，会简单分析这些工艺参数制订的目的与依据。

2. 任务所需设备、材料

各种织机，经纱和纬纱。

3. 任务实施内容及步骤

（1）认识织机不同开口机构，知道其工作原理及适用产品；

（2）认识不同引纬形式的织机，知道其工作原理及适用产品；

(3) 根据一种织机工艺单，知道织造需要确定的主要工艺参数，分析它们的作用和确定依据。

4. 撰写任务报告，并进行评价与讨论。

✲项目导入

织造技术的发展以织机的发展为标志。

图 2-5-1 斜织机

我国春秋战国时期，在原始腰机的基础上，使用了机架、综框、辘轳和踏板，形成了脚踏提综的斜织机，如图2-5-1所示，织造工的双手被解脱出来，用于引纬和打纬。斜织机所形成的梭口比较小，操作不便，同时也无法用来织造大花纹的丝织品，所以后来又出现了有机架的水平式织机。

宋元时期的普通织机已广泛使用两片综框。两片综框只能织平纹组织，3～4 片综只能织到斜纹组织，5 片以上的综才能织出缎纹组织。为了织出复杂的花纹，综框的数目增加了，综框从十几页增加到上百页。因而多综多蹑（踏板）花机逐渐形成。西汉时最复杂的织花机上的综、蹑数达到120。由于蹑排列密集，为了方便，遂有了“丁桥法”，如图 2-5-2 所示：每蹑上钉一竹钉，使邻近各蹑的竹钉位置错开，以便脚踏。三国时马钧发明了两合控一综的“组合提综法”，如图 2-5-3 所示，用 12 条蹑，可以控制 60 多页综，这是利用数学组合法，从 12 中任取 2，可得 66 种组合。

图 2-5-2 丁桥织机

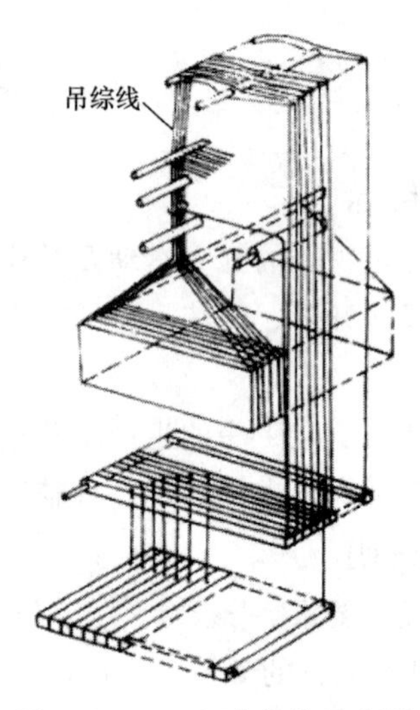

图 2-5-3 组合提综示意图

由于综框数量受空间限制，所织花纹范围还不是很大。战国至秦汉时期提花获得推广，其法不用综框，而用线个别牵吊经纱，然后按提经需要另外用线穿起来，拉线便牵吊起相应的一组经纱，形成一个织口。这样经纱便可以分为几百组到上千组，由几百到几千条线来控制。这些线便构成“花本”，花纹就可以织得很大。这时织造工只管引纬打纬，另有一挽花工坐在机顶按既定顺序依次拉线提经，这就是提花织机，如图 2-5-4 所示。

1789 年，英国牧师埃德蒙卡特·赖特发明了蒸汽驱动的动力织机。到 19 世纪 20 年代，这种动力织机在棉织工业中基本取代了手工织布。1830 年，英国成为世界上第一个实现纺织生产机械化的国家。

现代织机已经广泛应用片梭、剑杆、喷气、喷水等引纬方式取代梭子，织机的速度大为提高，电子提花等技术也普遍使用。

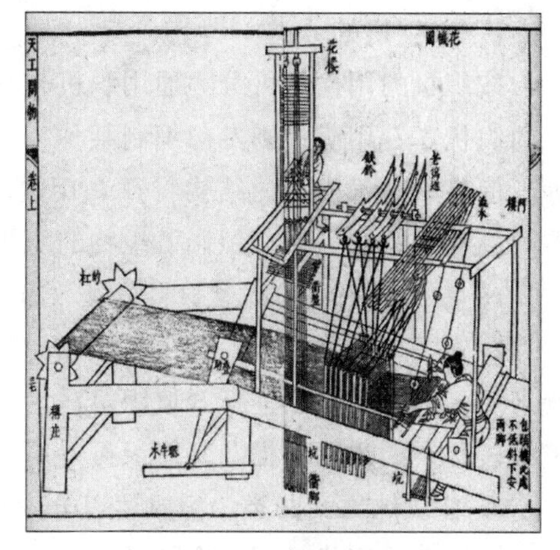

图 2－5－4 提花织机

织造是将准备好的具有一定质量和卷装形式的经纬纱，按设计的要求交织成织物的工艺过程，织造是在织机上进行的。

一、织机认识

（一）织机的主要机构

织物在织机上的形成过程，是由以下几个工作步骤来完成的：

（1）开口运动，按照经纬纱交织规律，把经纱分成上、下两片，形成梭口，以供引纬；

（2）引纬运动，把纬纱引入梭口；

（3）打纬运动，把引入梭口的纬纱推向织口，形成织物；

（4）卷取运动，把织物引离织口，卷成一定的卷装，并使织物具有一定的纬密；

（5）送经运动，按交织的需要供应经纱，并使经纱具有一定的张力。

织机必须经开口机构、引纬机构、打纬机构、送经机构和卷取机构五个主要机构的相互配合来完成以上五个工作步骤的。此外，为了提高产品质量、减轻劳动强度、提高生产效率和织机的适应性等，织机上还设置有各种辅助机构，如经纱断头自停、纬纱断头自停、自动补纬、多色纬织制等。无梭织机一般不能像有梭织机那样以连续的纬纱进行织造，它在每次引纬后都必须将纬纱剪断。因此，无梭织机需设置剪纬机构和布边机构。此外，在新型无梭织机上，随着计算机、电子等高新技术的广泛应用，大大提高了织机的自动化、高速化和高产化水平。图 2－5－5、图 2－5－6 分别为有梭织机和无梭剑杆织机。

图 2－5－5 有梭织机

图 2－5－6 无梭剑杆织机

（二）织机的分类

按织机的用途，可分为通用织机和专用织机两种。通用织机为织制一般服装和装饰用织物的织机，专用织机则专门织制某种特定的织物，如长毛绒织机、地毯织机、工业用呢织机等。但是，由于织机的结构特征和用途不同，织机又可分成不同的类型。为适应不同纤维，不同品种织物的生产，织制机织物的织机按不同的技术特征有多种分类方法。

1. 按构成织物的纤维材料分类 有棉织机、毛织机、丝织机、黄麻织机等。

2. 按开口机构分类 踏盘、连杆、多臂和提花织机。它们分别适用于不同复杂程度的织物组织。踏盘开口、连杆开口织机适用于织造简单织物，多臂开口织机适用于织造小花纹和组织较复杂的织物，提花开口织机适用于织造大花纹织物。

3. 按引纬方式分类 织机可以分为有梭织机和无梭织机两大类。

（1）有梭织机是用装有纡子的梭子作为引纬工具的传统织机。

（2）无梭织机有喷气织机、喷水织机、剑杆织机、片梭织机。无梭织机由大筒子供纬，不存在自动补纬问题。

4. 按多色供纬能力分类

（1）单梭织机，不能多色供纬。

（2）混纬织机，只能用两三种纬纱作简单交替而不能任意供纬。混纬的目的是为了消除纬纱色差或纬纱条干不匀给布面造成的影响。轮流从两个筒子上引入纬纱到织物中，可避免筒子之间的差异对织物外观的影响。

（3）多梭织机和多色供纬无梭织机。

5. 按交织单元分类

（1）单相织机，一台织机只有一个交织单元（开口、引纬、打纬）。目前绝大多数织机属于此类。

（2）多相织机，在同一时间内形成多个梭口，分别引入多根纬纱，是形成连续性多个梭口的阶梯式引纬的织机。由于它在单位引纬时间内，纬纱受到多头牵引，进入多个织口，入纬率高于单相织机。其最大的特点是适应大批量品种单一织物的生产。

二、开口

（一）开口运动和开口机构

织造一种织物时，必须按照该织物经纬纱的交织规律，先将经纱分成上、下两层，形成一个供引纬器（梭子、片梭、剑杆、喷气或喷水射流等）通过的空间通道——梭口，待引入纬纱后，再使部分或全部上下层经纱上下交错，以与纬纱交织成所需的织物，并形成新的梭口。这种运动即为经纱的开口运动。

完成开口动作的机构，称为开口机构。

开口机构的主要作用有：

（1）将经纱分成上、下两层，形成梭口，以便引入纬纱。

（2）根据织物组织的要求，控制综框或综丝的升降规律。

开口机构一般要满足以下要求：应使其机械结构简单、形成清晰梭口、综框运动平稳、开口过程中尽量减少经纱的损伤和断头。

(二) 梭口

1. 梭口的形状　梭口是开口时，经纱随综框上下运动被分成上、下两层，所形成的四边形空间，是由经纱构成的引纬通道。

梭口的几何形状如图 2－5－7 所示，侧视为四边形。经纱自织轴引出后，绕过后梁 E 和停经架中间导杆 D，通过综眼 C 和钢筘，在织口 B 处形成织物，然后经过胸梁 A 卷绕到布辊上。

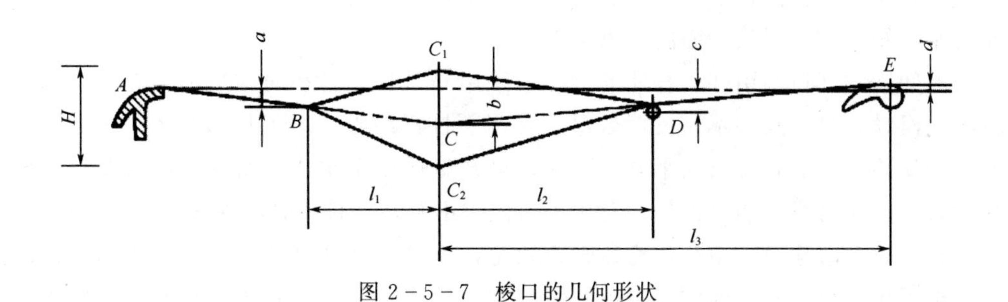

图 2－5－7　梭口的几何形状

经纱闭合（综框平齐）时，由织口至后梁所构成的折线 *BCDE*，称经纱位置线。如果 *D*、*E* 两点在 *BC* 直线的延长线上，则经纱位置线将是一根直线称为经直线。经直线只是经纱位置线的一个特例。

梭口大小取决于梭口高度和梭口前后部深度（长度）。从织口 *B* 到停经架中间导杆 *D* 之间的水平距离 *BD*，称为梭口长度或深度，它又可分为前梭口深度和后梭口深度，前后梭口深度并不相等。

梭口满开时，经纱的最大位移 *H*，称为梭口高度，也可以用筘前梭口高度表示。筘前梭口高度是指筘座在运动的最后方时，梭子紧贴钢筘，此时，梭子前臂与上层经纱间的间隙 *a*，如图 2－5－8 所示。

2. 梭口形成的各个时期　织造过程中，织机主轴每一回转就形成一次梭口，织入一根纬纱。其完成所需的时间称一个开口周期。因此，梭口形成的三个时期可用在主轴回转的圆图上标示，即开口工作圆图来表示，如图 2－5－9 所示。

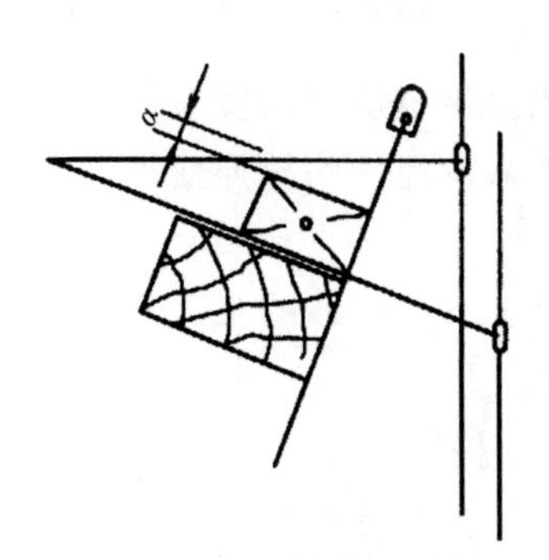

图 2－5－8　筘前梭口高度

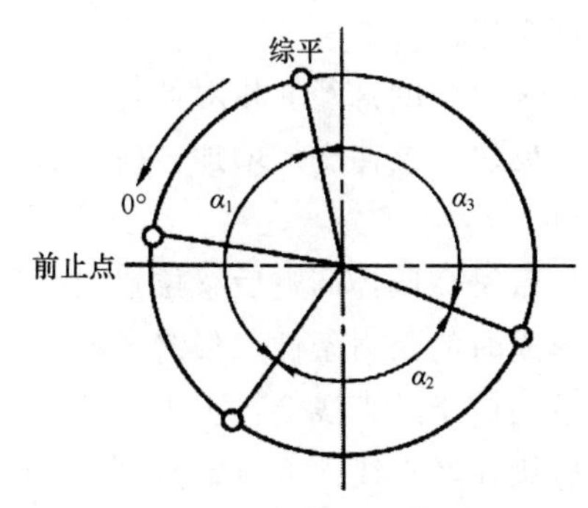

图 2－5－9　开口工作圆图

（1）开口时期（α_1）：经纱离开经位置线到梭口满开时为止。此时经纱处于运动状态，经纱张力由小到大。

（2）静止时期（α_2）：梭口满开后，经纱在梭口上、下两个极端位置上处于静止状态，以便引入纬纱。

（3）闭口时期（α_3）：梭口开始闭合，经纱返回经位置线，经纱张力由大到小。

在开口过程中，上下交替运动的综框相互平齐的瞬时，即梭口开启的瞬间，称为开口时间，俗称综平时间。开口时间的表示方法有两种，一种是以主轴曲柄的前止点（筘座位于最前方位置时，主轴所在的位置）为起点，综平时主轴曲柄所处位置的角度来表示；另一种方法是用综平时筘面到胸梁后侧面的距离来表示。

开口时间影响开口与引纬、打纬的配合。采用早开口，打纬时梭口前角较大，纬纱易于沿经纱向前滑动，打后纬纱不易反拨后退，有利于打紧纬纱；由于打纬时经纱张力较大，不但有利于开清梭口，而且使布面平整。因此，早开口适用于织造较紧密布面且要求平整的平纹类织物，但因开口早，闭口也早，对梭子出梭口不利，且打纬时经纱张力大，易产生断头。采用晚开口，打纬时梭口前角小，经纱张力较小，不仅可降低经纱断头和使织物表面纹路清晰，且对梭子出梭口有利。因此，在织制斜纹和缎纹类织物时，宜采用迟开口，但若开口时间过迟，则打纬时经纱张力过小，会造成开口不清，纬纱不易打紧，且打纬后纬纱回退较多，布面不够丰满匀整。

开口时间的早晚，对织物经纬纱的缩率也有较大影响。开口时间早，打纬时经纱张力大，故经纱屈曲小而纬纱屈曲大，同时梭口夹持的纬纱长度较大，因此，经纱缩率小而纬纱缩率大；迟开梭口时情况则相反。经纬纱缩率的变化，将直接影响织物的结构和经纬纱用量。

确定开口时间，要根据织物品种、原纱条件、质量要求以及织造条件等因素综合考虑，而且要经过上机实践，得出最合理的数据。

3. 开口过程中经纱的拉伸变形 在梭口形成过程中，经纱受到拉伸、弯曲作用，同时经纱与综眼和筘齿间也产生摩擦，这将引起纱线断头。梭口高度、梭口长度及后梁高低能对经纱拉伸变形产生重要的影响。

（1）梭口高度：在梭口的后部长度一定的情况下，经纱变形几乎与梭口高度的平方成正比，即梭口高度的少量增加会引起经纱张力的明显增大。因此，在保证纬纱顺利通过梭口的前提下，梭口高度应尽量减小。有梭织机的梭口高度大于无梭织机，喷气和喷水织机小于片梭和剑杆织机。

（2）梭口长度：经纱相对伸长与梭口长度的平方成反比。梭口后部长度增加时，拉伸变形减少；反之，拉伸变形增加。梭口后部长度的增加有利于减少经纱的拉伸变形，但需保证开清梭口。

（3）后梁高低：调整后梁位置的高低实际就是改变梭口上下层经纱的张力差异，从而改变织物形成时的张力条件，最终影响织物的外观与力学性能。

①后梁位于经直线上：上下层经纱张力相等，形成等张力梭口。

②后梁在经直线上方（高后梁）：此时下层经纱的张力大于上层经纱，形成不等张力梭口。上、下层经纱张力差值将随后梁、经停架的上抬而增大，其作用有利于打紧纬纱，消除筘痕。

③后梁在经直线下方（低后梁）：下层经纱的张力小于上层经纱，但这种梭口在实际生产中极少应用。

（三）开口机构

开口机构一般由提综装置、回综装置和综框升降次序控制装置组成，常用的有以下几种。

1. 凸轮开口机构　凸轮开口机构可以用以织制综片数在2～8页的平纹、斜纹、缎纹等简单织物。

凸轮开口机构是利用凸轮控制综框的升降运动和升降次序。图2－5－10是传统有梭织机织制平纹织物时的凸轮开口机构。综框下降由凸轮作用产生，综框上升依靠两页综框的联动作用来完成，此时，对应的凸轮对上升综框只起约束作用，因此这是消极式凸轮开口机构。这种开口凸轮习惯上称为踏盘。

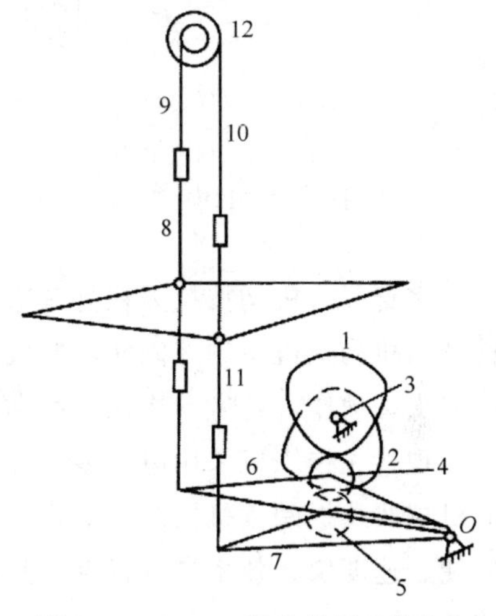

图2－5－10　一般凸轮开口机构

1、2—凸轮　3—中心轴　4、5—转子　6、7—踏综杆　8—前综　9、10—吊综带　11—后综　12—吊综辘轳

凸轮1和2互成180°相位角连接在一起，装在织机的中心轴3上。前、后综框的上端通过吊综带9、10分别吊在吊综辘轳12的小、大直径的圆周面上，前、后综框的下端分别与踏综杆6和7相连。当凸轮1的大半径转向下方，将转子4往下压，通过踏综杆6而使综框8下降。此时凸轮2的大半径转向上方，由于前综8的下降通过吊综带将吊综轴转动一角度，通过综框11的吊综带而将综框11提升。当轴转动180°，则凸轮2大半径向下，凸轮1向上，使综框11下降，综框8上升形成第二次梭口，如此反复进行。

凸轮开口机构若用于多页综织造，其结构与两页综的有些不同，但原理相同。凸轮的个数等于综框页数。对不同组织需用不同的凸轮，为了适应织物品种的变化要求，需要储备大量各种外形的凸轮。由于受到凸轮结构的限制，只能用于织制纬纱循环较小的织物。

这种开口机构的优点是结构简单，安装维修方便，由于吊综辘轳的联动作用，可以减少开口机构的动力消耗。其缺点一是使用过程中吊综带易产生变形，影响综框运动的稳定性；二是因踏综杆在挂综处做圆弧运动，致使综框前后晃动，增加经纱与综丝的摩擦，容易引起经纱断头，不适合高速生产。为了克服一般凸轮开口机构的缺陷，在大量生产织物的新型织机上采用共轭凸轮开口机构，利用双凸轮积极控制综框的升降运动，无须吊综装置，每页综框各自独立，互不关联，清除了综框的晃动，使开口运动平稳。

2. 多臂开口机构　当织物组织循环大于8的时候，一般要采用多臂开口机构来织制。多臂开口机构用以织制综片数为16页（最多可达32页）以内的斜纹、缎纹、变化组织及小花纹织物。

多臂开口机构种类较多，现以最简单的一种为例，说明其工作原理。如图2－5－11所示，拉刀1由织机主轴上的连杆或凸轮传动，做水平方向的往复运动；拉钩2通过提综杆4、吊综带5同综框6连接，由环形纹板链8、重尾杆9控制的竖针3按照纹板图所规定的顺序上下运动，以决定拉钩是否被拉刀所拉动，从而决定与该拉钩连接的综框是否被提起。

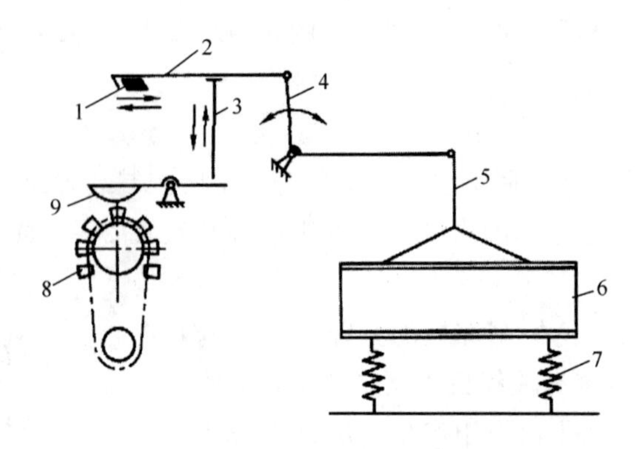

图 2-5-11　多臂开口机构

1—拉刀　2—拉钩　3—竖针　4—提综杆　5—吊综带　6—综框　7—回综弹簧　8—纹板　9　重尾杆

多臂开口机构按拉刀往复一次所形成的梭口数分为单动式和复动式两种类型。单动式多臂开口机构织机主轴一同转，形成一次梭口；复动式多臂开口机构织机主轴每两转，上、下拉刀交替动作，各做一次往复运动，可以形成两次梭口。

现代无梭织机采用电子多臂开口机构，通常以微处理机为基础，在结构上是将普通多臂的机械式纹板阅读机构改为电磁铁控制形式，不再使用纹板，机构大大简化，具有更换品种方便、速度快、效率高等特点。其由键盘输入织物的数据信息，并随时可以调用、改变织物的花纹图案。

多臂开口机构开口能力较大，改变品种方便，广泛用于品种多变的丝织、毛织、色织、床单的生产。

3. 提花开口机构　提花开口机构的特点是不用综框，每一根经纱都有一根综线控制，可以使每一根经纱独立的上下运动，经纱的组织循环可达 4800 根，用以织制花纹大、组织结构复杂的织物。

提花开口机构，可视作多臂开口机构的扩展，常见的一种如图 2-5-12 所示。经纱穿过综丝 1 的综眼，重锤 2 吊在综丝下端，综丝上端与通丝 3 相连。通丝又穿过目板 4 的孔眼与首线 5 相连，首线穿过底板 6 的孔眼挂在竖钩 7 下端的弯钩上。如纹板 14 上对应的位置有孔眼时，横针 10 穿过纹板插入花筒 13 对应孔眼，当刀架 8 向上运动时，刀架上的提刀 9 将竖钩及相连的首线、通丝、综丝向上提升，形成上层经纱。如纹板 14 上对应的位置没有孔眼时，横针将竖钩推开，竖钩不能挂在提刀上提升，这样穿在综眼中的经纱就分为上、下两层，形成梭口。每根首线下悬吊的通丝根数取决于织物组织循环经纱数，一般不超过 8 根。

纹板由纸板或塑料板制成，其上有许多孔位，按工艺设计打孔或不打孔。织机每开一次梭口，织入一纬，换一块纹板，由于提花机用来织造组织循环很大的织物，因而纹板块数很多。当改变织物组织时，必须更换一副纹板。提花开口机构的开口能力很大，能织大花纹织物，但结构复杂，织机车速低。此外，也有复动式提花开口装置，刀架往复一次形成两次梭口，从而有利于提高车速。

现在普遍使用的电子提花机，用计算机代替原有的花筒、纹板装置，控制每根经纱的升降顺序。织物花纹图案通过扫描转换成数据存入存储器或计算机软盘，代替庞大的穿孔纹板，

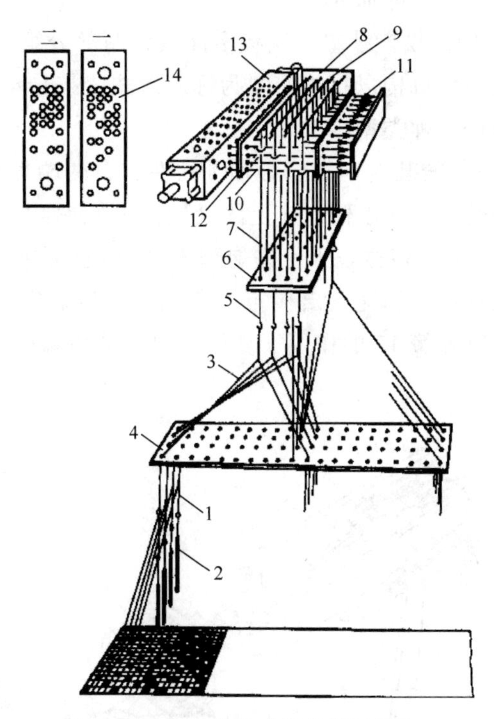

图 2-5-12 单动式提花开口机构

1—综丝 2—重锤 3—通丝 4—目板 5—首线 6—底板 7—竖钩 8—刀架 9—提刀
10—横针 11—弹簧 12—横针板 13—花筒 14—纹板

节省了空间，省略了制作纹板的大量劳动。采用计算机技术可以快速、方便地对存储的织物组织信息进行修改，大大缩短了更换品种的时间。提升经纱动作通过电磁铁实现电子控制。电子提花机开口机构结构简单、体积小、运动零件少、震动小，车速得以大大提高。

三、引纬

引纬是将纬纱引入梭口。织机上经纱由开口机构形成梭口之后，必须把纬纱引过梭口，才能实现经纱和纬纱的交织。

引纬有两种方式，即传统的有梭引纬方式和新型的无梭引纬方式。

（一）有梭引纬

有梭引纬以装有纡子的梭子在梭口左右往复运动，带动纬纱穿过梭口，这种方式可以适应各种原料和组织的织物，自然形成的布边平整、光滑，织机结构简单，但纡子容量有限，补纬次数频繁，纬纱张力也不均匀，投梭时的冲击、震动、噪声较大，机物料消耗大，织机车速和生产效率不高。

1. 梭子 梭子是传统有梭织机的载纬器。梭子的飞行过程实际是纬纱的退解过程，在这个过程中，梭子与经纱发生摩擦与挤压，并反复经受击梭、制梭和自动补纬所产生的剧烈冲击和摩擦作用。梭子一般采用耐冲击、耐磨、质量较轻的木材为好。为了减少运动阻力，使梭子顺利通过梭口，梭子两端装有梭尖，外形呈流线型，表面光洁。梭子内腔形状和大小，视纬纱的补给方式和织机类型不同而异。

2. 引纬机构 引纬机构由投梭装置和制梭缓冲装置两部分组成。

（1）投梭装置：有梭引纬机构以投梭装置为标志形式，按传动投梭棒作用力位置的高低，有上投梭、中投梭和下投梭三种类型。

图2－5－13所示为下投梭装置，在中心轴1的左、右两端各装有一个投梭盘2，中心轴回转时，投梭盘上的投梭转子3撞击侧板5上的投梭鼻4，使侧板5的前端向下摆动，推动投梭棒7下部的投梭棒帽6，使投梭棒绕十字铁炮脚10的轴心快速向机内摆动，活套在投梭棒上的皮结8也随之快速推动梭子加速飞出梭箱。完成投梭后，投梭棒受到缓冲皮圈等的阻挡而停止摆动，各机件在恢复弹簧17的作用下复位。中心轴两端投梭转子的位置相差180°，其一转可做两次投梭。

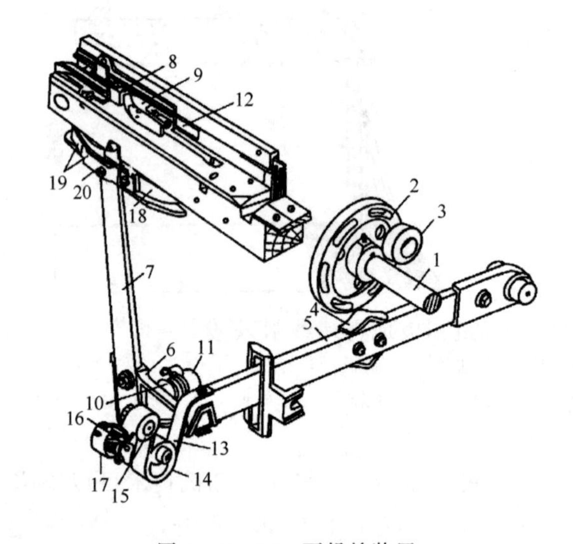

图2－5－13 下投梭装置

1—中心轴 2—投梭盘 3—投梭转子 4—投梭鼻 5—侧板 6—投梭棒帽 7—投梭棒 8—皮结 9—梭子 10—十字炮脚 11—投梭扭轴 12—制梭板 13—缓冲器 14—偏心盘 15—固定盘 16—弹簧盘 17—缓冲弹簧 18—皮圈 19—皮圈弹簧 20—调节螺母

（2）制梭缓冲装置：制梭缓冲装置的作用是在短时间内迅速吸收梭子剩余的能量，制停梭子，防止回跳，为下一次投梭做好准备。制梭缓冲过程分为两个阶段：第一阶段，依靠梭子与制梭板的碰撞和摩擦作用，损耗梭子的部分动能，使梭子速度降低；第二阶段，梭子继续向前，撞击并推动皮结和投梭棒，由梭箱下方的缓冲装置吸收剩余能量。

3. 投梭工艺参数 投梭工艺参数主要有投梭力、投梭时间和制梭力。

（1）投梭力：投梭力为投梭时期给予梭子加速度的大小，常用皮结动程表示。在开口和投梭时间不变的情况下，投梭力过小，梭子会因打不到头而发生轧梭；投梭力过大，则梭子速度过高，制梭缓冲装置不能及时吸收梭子的全部动能，使梭子回跳，影响下次投梭。

（2）投梭时间：投梭时间是指投梭鼻与投梭转子开始接触时主轴的角度，也可以用钢筘到胸梁的距离表示。投梭时间过早，底层经纱离走梭板较高，梭子入梭口时其前壁被经纱上托，因此运行不稳；投梭时间过迟，梭子出梭口时挤压度大，经纱夹梭尾，容易造成边经磨损和梭子飞行方向不稳。

(3) 制梭力：制梭力是制梭板压迫梭子所产生的摩擦阻力。制梭力偏大，会加快梭子的磨损，增加投梭时的负荷；制梭力偏小，制梭作用不足，易发生梭子回跳。

(二) 无梭引纬

梭子引纬的缺点很多，不仅因引纬速度低而使织机的生产率不高；而且巨大而笨重的梭子做往复运动，凭惯性自由飞行通过梭口，其安全可靠性差、轧梭和飞梭难以避免，极为严重的噪声和振动更无法解决，机器故障频频发生，所以用无梭引纬逐步代替梭子引纬已是必然的趋势。无梭引纬的发展非常快，方法也较多，目前，有剑杆引纬、喷气引纬、喷水引纬、片梭引纬等方式。

1. 剑杆引纬 剑杆引纬是最早使用的无梭引纬方式，它是利用剑杆的往复运动，将纬纱有控制地带入梭口完成引纬工作。剑杆的往复引纬动作很像体育中的击剑运动，剑杆织机因此而得名。

在无梭织机中，剑杆织机的引纬原理最早被提出，起初是单根剑杆，以后又发明了用两根剑杆引纬的剑杆织机。在1951年的首届国际纺织机械展览会上就展出了剑杆织机样机，也正是在这次展览会上将无梭织机评为新技术。

自1959年以来，各种剑杆织机相继投入使用，现已发展成为数量较多的一种无梭织机。结构简单、运转平稳、噪声低、适应阔幅和多色纬纱织造，得到了广泛应用。剑杆织机品种适应性强，原因在于剑杆织机是积极地将纬纱引入梭口中，纬纱始终处于剑头的积极控制之下，凡棉、毛、丝、麻、玻璃纤维、化学纤维或轻、中、重型织物都可用相应的剑杆织机来织制，尤其是它具有轻巧的选纬装置，换纬十分方便，在采用多色纬织造时，更显示出它的优越性。

剑杆织机形式很多，按剑杆的配置可分为单剑杆引纬和双剑杆引纬。单剑杆引纬，引纬可靠，剑头结构简单，但剑杆尺寸大，增加占地面积，且剑杆动程大，限制车速的提高；双剑杆引纬，如图2－5－14所示。剑杆轻巧，结构紧凑，便于达到宽幅和高速，梭口中央的纬纱交接极少失误，目前广泛采用双剑杆引纬。

图2－5－14 双剑杆

按照剑杆结构特点可分为，剑杆引纬可分为刚性剑杆和挠性剑杆两大类。刚性剑杆引纬是剑头借助刚性杆状结构传输，它不需要导剑构件，剑头剑杆消耗小，维修方便，但占地面积大，幅宽受限制，剑杆惯量较大，不适应高速；挠性剑杆引纬是剑头借挠性带状结构传输，结构紧凑，适应宽幅、高速，因而得到了广泛的应用。

图2－5－15为挠性剑杆织机引纬示意图。从筒子上退解下来的纬纱经过储纬器、选纬杆后进入送纬剑，送纬剑将纬纱送到梭口中间，接纬剑接过纬纱将其带到织机的另一侧，完成一次引纬。在多色纬纱织造过程中，选纬器可按纬纱配色循环的要求，将所需的纬纱送到送纬剑中。两条剑杆带轮往复回转，使送纬剑和接纬剑做进出梭口的运动。

剑杆引纬结构简单，安全性好，门幅宽，对纬纱能积极控制，引纬时纬纱张力小而不松

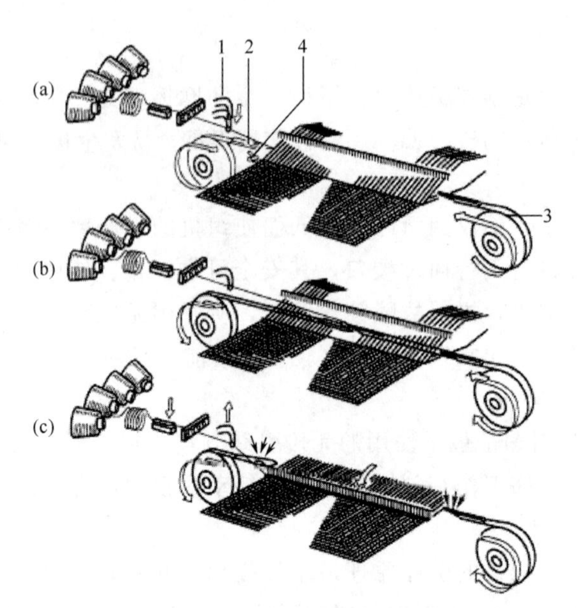

图 2-5-15　挠性剑杆引纬示意图

1—选纬杆　2—送纬剑　3—接纬剑　4—剪刀

弛，对各种纱线，如不同原料、线密度的纬纱均能适应，因此剑杆引纬非常适宜于加工纬向采用粗线密度的花式纱线（如圈圈纱、结子纱、竹节纱等）或装饰织物中粗细线密度间隔排列等形成不同风格的高档织物，这是其他无梭引纬难以实现的。而且它具有极强的选纬能力，能用较简单的方法实现 8 色的任意换纬，最多可达 16 色，特别适合多色纬织造，小批量、多品种的织物生产，在装饰织物、毛织物和棉型色织物等生产加工中广泛应用。

2. 片梭引纬　片梭引纬的方法是用片状夹纱器将固定筒子上的纬纱引入梭口，这个片状夹纱器称为片梭。

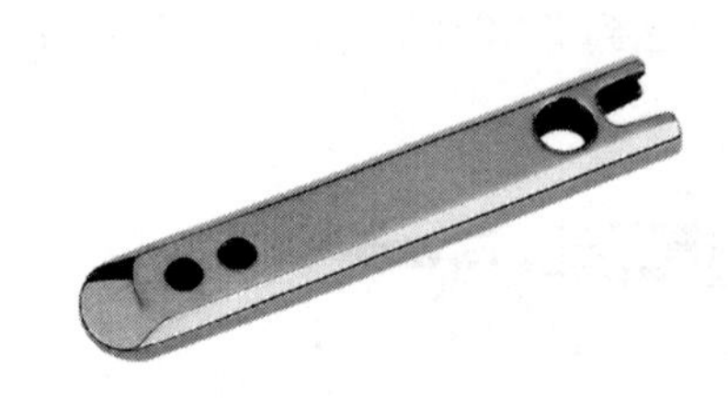

图 2-5-16　片梭

片梭引纬的专利首先是在 1911 年由美国人 Poster 申报的，着手研制片梭织机是在 1924 年，从 1942 年起由瑞士苏尔寿（SULZER）公司独家研制，到 1953 年首批片梭织机正式投入生产使用，这使得片梭织机成为最早实用化的无梭织机。

片梭引纬用带有梭夹的小而轻的片梭代替传统梭子，如图 2-5-16 所示。可根据不同的纬纱选择不同的质量，一般尺寸为 90mm×14mm×4mm，重 40g 左右。

片梭引纬时飞行速度很高，达到 30m/s 左右，加之质量轻、体积小，需采用导梭片组成的通道来控制片梭飞行。导梭片形状如图 2-5-17（a）所示。片梭 1 尾部的梭夹 2 夹持纬纱 3，投梭机构将片梭投出，沿导梭片 4 通过梭口到达对侧，梭夹打开将纬纱留在梭口中，制梭装置对片梭制动，然后由传送带送回投梭侧待以后投梭。

导梭片呈等间隔固装在筘座上，随筘座一起前后摆动，如图 2-5-17（b）所示。筘座在片梭引纬时静止在最后方，让片梭在导梭片组成的通道中飞越梭口。片梭到达接梭箱后，筘座向机前摆动打纬，导梭片移到布面下方，纬纱便从导梭片的脱纱槽中脱出留在梭口中，

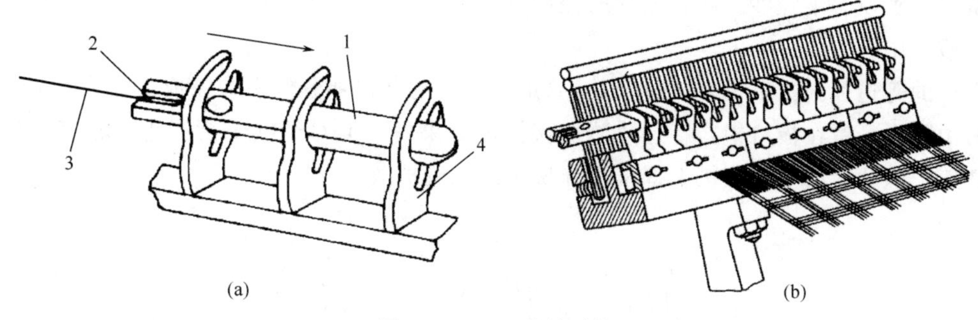

图 2-5-17 片梭引纬

1—片梭 2—梭夹 3—纬纱 4—导梭片

被钢筘继续打入织口形成织物。完成打纬后，随筘向后摆动，导梭片便插入梭口，供下一次引纬时支持着片梭安全飞过梭口。

一台织机有多只片梭，逐个单向投出。纬纱由投梭侧的筒子供应，每次引纬后都将纬纱剪断，由递纬器（图中未画）将纬纱头递给下一个片梭的梭夹夹持以便引纬。梭夹的形状尺寸有多种，以适应不同纬纱的需要。每台织机所需片梭只数与上机筘幅大小有关，配备只数＝上机筘幅（mm）÷254＋5。例如，3200mm 上机筘幅时，需配 18 只片梭。

片梭织机特别适于宽幅织物的织造，能织制单幅或同时织制多幅不同幅宽的织物，幅宽适用范围是无梭织机中最广的。产品适应性广，引纬纱线包含各种天然纤维、化学纤维的混纺或混纺短纤纱及各类长丝纱和花式纱线。其价格在无梭织机中最贵，适于加工高档和高附加值的织物。

片梭引纬除单色引纬的机型外，还可以进行固定混纬比 1∶1 的混纬，具有 2～6 色的任意换纬功能。

3. 喷气引纬 喷气织机的引纬方法是用压缩气流摩擦牵引纬纱，将纬纱带过梭口。

喷气引纬的原理早在 1914 年就由 Brooks 申请了专利，但直到 1955 年的第二届 ITMA 上才展出了样机，其筘幅仅为 44cm。喷气织机真正成熟是在此 20 多年之后。之所以经过这么长的时间，是因为喷气织机的引纬介质是空气，而如何控制容易扩散的气流，并有效地将纬纱牵引到适当的位置，符合引纬的要求，是一个极难解决的技术问题，直到一批专利逐步进入实用阶段，这一难题才得到解决。这些专利主要包括美国的 Ballow 异形筘、捷克的 Svaty 空气管道片方式及荷兰的 Te Strake 辅助喷嘴方式等。随着电子技术、计算机技术在喷气织机上的广泛应用，其机构部分大大简化，工艺性能更为理想，在织物质量、生产率方面有了长足的进步。喷气织机已成为发展最快的一种织机。

在喷气织机的发展过程中，已形成了单喷嘴引纬和主辅喷嘴接力引纬两大类型。在防止气流扩散方面也有两种方式：一种是管道片方式，另一种是异形筘方式。由引纬方式和防气流扩散方式的不同组合形成了喷气织机的三种引纬形式。

（1）单喷嘴＋管道片：该形式引纬完全靠一只喷嘴喷射气流来牵引纬纱，气流和纬纱是在若干片管道片组成的管道中行进的，从而大大减轻了气流扩散。

防气流扩散装置有两种，一种是管道片，另一种是异形筘。管道片组成管道，管道片之间要留有间隙以容纳经纱，在管道片的径向开有脱纱槽，以便完成引纬后，纬纱从管道中脱出留在梭口中。

常见的管道片如图 2－5－18 所示，管道片上方的开口部分供引纬完成后，纬纱从管道片脱纱槽中脱出，留在梭口中。管道片防气流扩散效果好，但对经纱干扰严重，筘座动程大不利于高速，因此新型喷气织机上都采用异形筘防气流扩散。

图 2－5－18　管道片

（2）主喷嘴＋辅助喷嘴＋管道片：前一种形式的喷气织机虽简单，但因气流在管道中仍不断衰减，织机筘幅只能到 190cm，故人们在筘座上增设了一系列辅助喷嘴（2～5 只），沿纬纱行进方向相继喷气，补充高速气流，实现接力引纬。

（3）主喷嘴＋辅助喷嘴＋异形筘：前两种形式的喷气织机每引入一纬，管道片需在引纬前穿过下层经纱进入梭口与主喷嘴对准，引纬结束后，需再穿过下层经纱退出梭口。由于管道片具有一定厚度，且为有效地防止气流扩散紧密排列，这就难以适应高经密织物的织造，加之为保证管道片能在打纬时退出梭口，筘座的动程较大，也不利于高速。于是人们将防气流扩散装置与钢筘合二为一，发明了异形筘。异形筘的筘槽与主喷嘴对准，引纬时，纬纱与气流沿筘槽前进，如图 2－5－19 所示。由于这种引纬形式在宽幅、高速和品种适应性等方面优势明显，为喷气织机广泛采用。

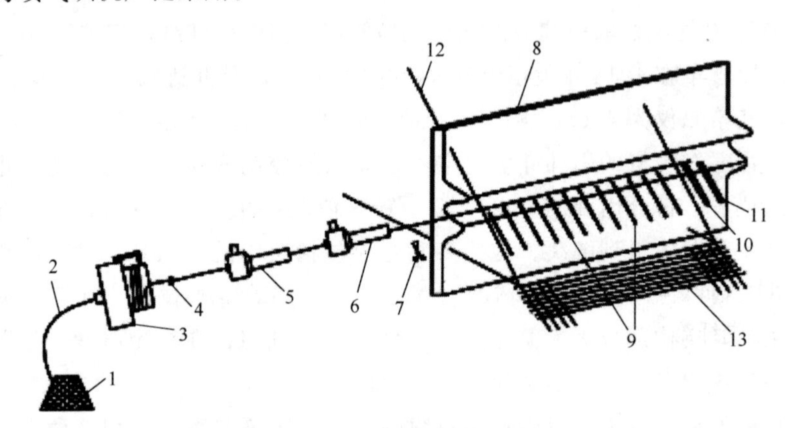

图 2－5－19　喷气引纬示意图

1—筒子　2—纬纱　3—定长储纬器　4—导纱器　5—固定主喷嘴　6—摆动主喷嘴　7—剪刀
8—异形筘　9—辅助主喷嘴　10—第一探纬器　11—第二探纬器　12—经纱　13—织物

喷气引纬具有引纬速度高，产量高，质量好等特点，纬纱可选择 2～8 色，原料主要为短纤纱和化纤丝，幅宽由原来的窄幅发展至最宽达 5.4m，适合低特、高密、阔幅的简单组织织物生产，其织造品种的范围接近片梭织机，成为无梭织机中技术发展较快的机型。

4. 喷水引纬　喷水织机和喷气织机一样，同属于喷射织机，区别仅在于喷水织机是利用水作为引纬介质，通过喷射水流对纬纱产生摩擦牵引力，使固定筒子上的纬纱引入梭口。由于水射流的集束性较好，喷水织机上没有任何防水流扩散装置，即使这样它的筘幅也能达到两米多。

喷水织机是继喷气织机问世后不久出现的又一种无梭织机，由捷克人斯瓦杜（Svaty）发明，1955 年第二届 ITMA 上第一次展出了喷水织机。

喷水织机与喷气织机都是利用流体来引纬，所以引纬原理和引纬装置都很相似，但其特有的装置有喷射泵、水滴密封疏导和回收装置、织物脱水干燥装置等。喷水织机上与水接触的部件要注意防锈。

图 2－5－20 所示为喷水织机织造原理示意图。纬纱从筒子 5 上退解，经测长盘 6 和夹纬器 7 进入喷嘴 8；喷射水泵 10 在引纬凸轮 9 大半径作用下，从稳压水箱 11 中吸水流，当凸轮转至小半径的瞬间，有一定压力的水流进入喷嘴 8，携带纬纱通过梭口；探纬器 2 的作用是探测每纬到达出口的状态；打纬机构把纬纱打向织口，形成织物，电热割刀 3 将纬纱割断，左右边纱经绞边装置作用形成良好的边组织，一次引纬结束。

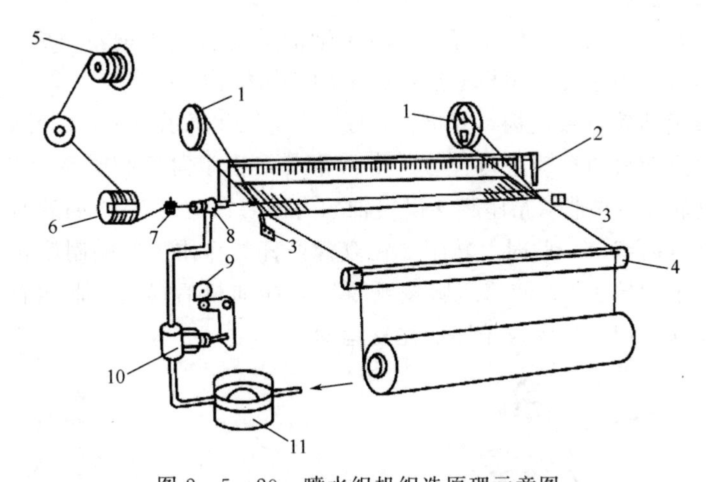

图 2－5－20　喷水织机织造原理示意图

1—绞边装置　2—探纬器　3—电热割刀　4—胸梁　5—纬纱筒子　6—测长盘　7—夹纬器
8—喷嘴　9—引纬凸轮　10—喷射水泵　11—稳压水箱

喷水引纬适于大批量、高速度、低成本织物的加工，但织物织成后需在织机上除去绝大部分水，仅适用于合成纤维等疏水性纤维纱线的织造，因此喷水织机在织制品种上有着局限性。

四、打纬

打纬是在织机上依靠钢筘前后往复摆动，将一根根引入梭口的纬纱推向织口，与经纱交织，形成符合设计要求的织物的过程。

打纬是由打纬机构完成的。

打纬机构的作用主要有：

（1）用钢筘将引入梭口的纬纱打入织口，与经纱交织；

（2）通过钢筘确定经纱排列的密度和织物幅宽；

（3）在一些织机上，钢筘兼有导引纬纱的作用，控制载纬器的飞行方向及运动稳定性。有梭织机上钢筘组成梭道，作为梭子稳定飞行的依托，在一些剑杆织机上，借助钢筘控制剑带的运行，在喷气织机上，异形钢筘起到防止气流扩散的作用。

打纬机构的类型很多，采用何种打纬机构主要与制织织物的原料、组织结构、幅宽、车速、引纬方式等因素有关。

常用的打纬机构主要有连杆打纬机构、凸轮打纬机构等几种形式。

（一）连杆打纬机构

连杆打纬机构是利用杆件将织机主轴的回转运动转变为钢筘的往复打纬运动。

四连杆打纬机构如图 2－5－21 所示，它是由织机主轴 1 上的曲柄 2、牵手 3、筘座脚 4 和机架组成。主轴 1 回转时，使筘座脚 4 以摇轴 5 为支点做一定幅度的前后摆动，筘座脚向前摆动时，钢筘把纬纱推向织口。

四连杆打纬机构，结构简单，制造容易，被传统有梭织机和部分无梭织机（如喷气、喷水）广泛采用。

（二）凸轮打纬机构

凸轮打纬机构是利用凸轮、转子等构件将主轴的运动传递给钢筘完成打纬动作，是目前在剑杆、片梭、喷气、喷水无梭织机上应用较多的打纬机构。

现普遍采用共轭凸轮打纬机构，其机构如图 2－5－22 所示。主、副凸轮都安装在主轴 1 上，主凸轮 2 使筘座向机前摆动进行打纬，副凸轮 9 使筘座向机后摆动。当凸轮主轴 1 回转时，主凸轮 2 推动转子 3，带动筘座脚 4 以摇轴 5 为中心按逆时针方向向机前摆动，使筘座 6 上的钢筘 7 将纬纱打向织口。此时，转子 8 在双臂摆杆的作用下紧贴副凸轮 9，打纬完毕后，副凸轮变为主动，推动转子 8，使筘座脚按顺时针方向向机后摆动，此时转子 3 又紧贴主凸轮。两凸轮如此相互作用，以完成筘座的往复运动。

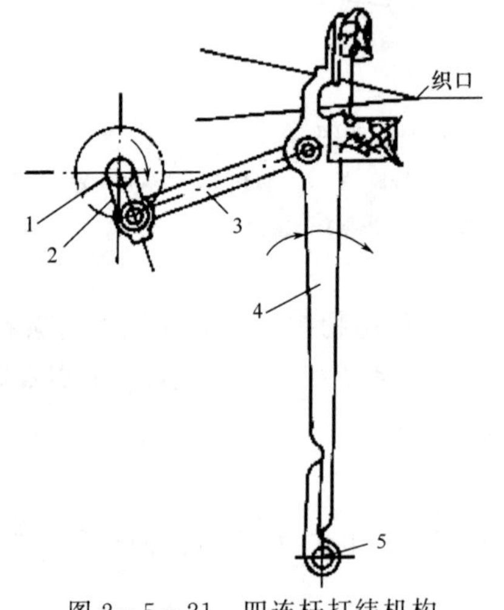

图 2－5－21　四连杆打纬机构

1—主轴　2—曲柄　3—牵手　4—筘座脚　5—摇轴

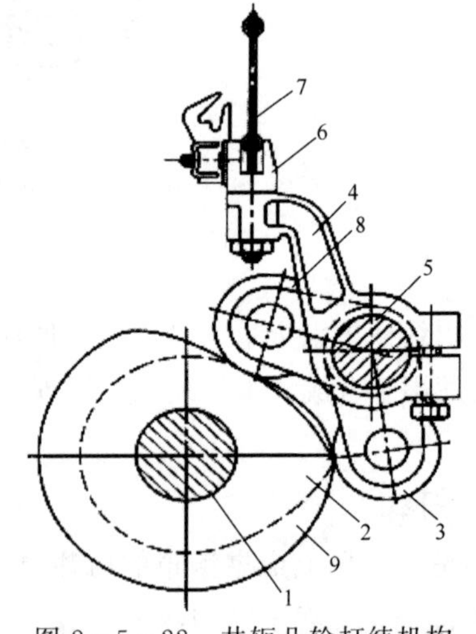

图 2－5－22　共轭凸轮打纬机构

1—主轴　2—主凸轮　3、8—转子　4—筘座脚
5—摇轴　6—筘座　7—钢筘　9—副凸轮

由于筘座脚受凸轮控制，因而可根据工艺要求安排静止时期，以适应剑杆引纬运动的需要。由于共轭凸轮的作用，筘座向前、向后运动均为积极传动，剑杆在引纬时，筘座基本不动，这有利于织机的高速化。

五、卷取与送经

纬纱被打入织口形成织物之后，必须不断地将这些织物引离织口，卷绕到卷布辊上，同时从织轴上放送出相应长度的经纱，使经纬纱不断地进行交织，以保证织造生产过程持续进行，织机完成织物卷取和经纱放送的运动，分别称为卷取和送经。因此，为使织造过程能够连续进行，除了开口运动、引纬运动和打纬运动外，还必须有卷取机构和送经机构配合的两大运动。

（一）卷取机构

卷取机构的主要作用是：

（1）将已形成的织物引离织口，卷到卷布辊上；

（2）确定织物的纬密和纬纱在织物中的排列特征。

卷取机构的主要有以下几种形式。

1. 消极式卷取机构 卷取织物的动力是因为打纬时织物张力减小，并且重锤等机件产生了力矩。

在打纬的瞬间，利用经纱张力和卷取机构对织物的拉力差来卷取织物。在打纬以外的时间，经纱张力同织物的张力相等。纬密调节通过织机配备的各种变换齿轮进行。从织口处引离的织物长度不受控制，所形成的织物中，纬纱的间距比较均匀，由于卷取发生在打纬的织口上，有机件冲击、磨损较大、动作失误和布面游动的缺点。消极式卷取机构技术上比较落后，主要用于纬纱粗细不匀的纱线，如再生废纺纱、粗纺毛纱等织物的加工。

2. 积极式卷取机构 卷取织物的动力是由织机某部分机械主动传动给出的，它又可分为两种情况，一种是间歇卷取机构，其卷取作用仅在织机一回转中的部分时间里进行，另一种是连续卷取机构，其卷取作用在织机一回转中始终进行着。

积极式间歇卷取机构，如七齿轮卷取机构，其整个卷取机构的变速轮系由包括首轮棘轮在内的七只齿轮组成，卷取作用发生在筘座由后方向前方的运动过程中。其结构简单，调整方便，但工作时棘轮与棘爪的频繁撞击，使机件容易磨损和松动，使织物的纬密发生变化。在织机高速时，这种卷取无法正常进行。

积极式连续卷取机构是通过织机主轴使卷取辊获得匀速转动，根据所织造纬密的大小确定主轴与卷取辊的传动比。纬密调节有两种方式，一是调节变换齿轮，二是调节无级变速器，这种方式不仅使纬密控制的精确程度得以提高，而且不需要储备大量的变换齿轮，翻改品种也很方便。

3. 电子式卷取机构 电子式卷取机构是近年来在无梭织机上普遍采用的新型卷取机构。其卷取机构由一个单独的调速电动机驱动，只要改变电动机的转速，就可改变织物的纬密。计算机的控制程序可以根据织物纬密的具体要求进行编制。其主要特点在于：

（1）无需大量的变换齿轮；

（2）纬密变化范围大、精度高且是无级的；

（3）织造过程中机上纬密可按设定的程序做动态变化，不仅能实现定量卷取和停卷，还可根据要求随时改变卷取量，调整织物的纬密，形成织物各色外观。

（二）送经机构

送经机构的主要作用是：

（1）均匀地送出织造所需的经纱；

（2）保持织造过程中经纱具有一定的、稳定的张力。

送经机构的主要有以下几种形式。

1. 消极式送经机构　消极式送经机构特点是经纱从织轴上退绕是靠经纱张力的牵引，而不是靠送经机构的推送。在主轴回转过程中，经纱张力随着开口、打纬、卷取等运动做周期性变化，当经纱的作用力大于织轴的制动力时，织轴会微量转动，放出相应长度的经纱。为保证经纱张力的均衡，织轴的制动力随经纱卷绕直径的减小而相应减小。其缺点是织轴的制动阻力发生任何变化都会影响送经量的均匀。消极式送经机构在一般织机上已很少使用。

2. 积极式送经机构　积极式送经机构特点是在织机主轴的每一转中，送出恒定的经纱，送经量不做调节。由于省却了调节装置，其结构比较简单。这种机构应用较少，主要用于特种织物的织造，如轮胎的帘子布等。

3. 调节式送经机构　调节式送经机构种类多，应用最为普遍，其特点是织轴受到积极传动而送出经纱。送经量根据经纱张力进行调节，织轴回转时的送经量由经纱张力感应器调节机构控制，它可分为机械式和电子式两种类型。

（1）机械式调节送经机构，主要由两大部分组成，即织轴传动装置和经纱张力调节装置。为提高调节性能，有些织机上还增设了织轴直径检测装置，其工作原理是以活动后梁或者其他检测机件感知经纱的动态张力，得到的低频调节信号控制织轴传动系统，调节经纱的送经量，从而维持经纱张力或静态张力的恒定。送经量由两部分叠加而成，一是由织物品种所决定的每纬基本送经量，二是由经纱张力波动决定的送经修正量。对于机械送经，相对于逐渐变小的织轴直径，后梁不断有新的平衡位置，由此控制送经量达到基本部分；而张力波动引起的后梁系统相对平衡位置的摆动，则对应送经量的补偿修正部分。

（2）电子式调节送经机构，由单独的电动机驱动织轴转动送出经纱。与机械式调节送经机构一样，电子式调节送经机构也是采用活动后梁作为经纱张力的检测机件，但一般运用非电量电测的方法采集经纱张力信号，以电子或计算机技术对信号进行处理后，根据信号处理结果驱动织轴送出经纱，并维持经纱张力的恒定。该机构的机械结构大大简化，送经误差小、工艺性能稳定，能迅速地对经纱张力变化做出调节，在高速织机上得到广泛应用。

六、辅助机构

在织机上除了开口、引纬、打纬、送经与卷取五大运动外，为提高产品的质量、产量和生产效率，使工人操作方便，还在织机上配置了各种辅助装置。尤其在无梭织机上，由于引纬方式的变化和电子与计算机技术的应用，其特有的辅助装置能与直接织造的主要机构密切配合。

（一）保护装置

1. 断经自停装置 经纱自停是以停经片作为检测器件，每个停经片中穿入一根经纱，停经片由经纱张力托住，当经纱产生断头时，经纱张力消失，停经片落下而关机。断纱自停装置有机械式和电气式两种，前者多用于有梭织机，后者多用于无梭织机。

2. 断纬自停装置 断纬自停装置有机械式和电气式，前者多用于有梭织机，后者多用于无梭织机。断纬自停装置的作用在于当纬纱断头或缺纬时，使织机停止运转。在无梭织机上，其作用扩展到对各种引纬或纬纱不正常情况的检测，如纬纱长度不足、交接纬失败、纬纱出口时间不相等，当引纬发生异常时，有关检测头将发出信号，使织机停在相应的位置上，并亮起纬纱断头指示灯，或经计算机控制，调整相关引纬参数。

3. 经纱保护装置 经纱保护装置的作用：当发现梭子未按时进入梭箱时，使织机停在钢筘距织口一定位置上，避免在打纬时将梭子挤向织口，从而压断和损伤经纱。经纱保护装置也有机械式和电子式，与机械护经相比，电子式结构简单，零件少，作用效果好。

（二）自动补纬机构

有梭织机的自动补纬有自动换梭和自动换纡两种方式。

自动换梭是用推梭框将满卷装的梭子水平推入梭箱，顶替已基本用完纬纱的空梭子；自动换纡是用换纡锤从上方将满纡管压入梭腔，挤出空纡管。

（三）选纬装置

1. 有梭织机的多梭箱装置 有梭织机的选纬作用由多梭箱机构完成，若干个装有不同纡纱的梭子依次随梭箱升降，以一定规律分别进入与走梭板相平行的工作面进行投梭，实现纬纱变换的要求。梭箱升降次序由打孔的纹链钢板做程序控制。

2. 无梭织机的选纬机构 无梭织机的选纬机构有三种，即机械式、电磁式和电气式。在结构上由两部分组成，即选色信号部分和选色执行部分。

剑杆织机选色最多可达 16 色，片梭织机可以配用 4 色、6 色及混纬机构。喷气织机可以实现 2～8 色任意变换或混纬，喷水织机可进行 2 色或 4 色任意变换或进行混纬。

（四）成边装置

布边作用是防止边经松散脱落，增加织物边部对外力的抵抗能力；在丝织、毛织等高档织物的生产中，还可以在布边上织出边字，以介绍品名、原料、质量等。布边的要求平整、牢固、光洁、硬挺。

传统织机采用梭子引纬，纡子随梭子左右往复运动，引出的纬纱呈连续状态而不剪断，与经纱交织形成光洁整齐而坚牢的布边，称为自然边。

对无梭织机而言，单向引纬，纬纱由梭口之外的筒子供应，除个别情况外，基本是每一纬都剪断，布边纬纱不连续。这样边部经纬纱形成的毛边没有有效的束缚，在打纬和染整时的拉幅作用下，会造成边部经纬脱散。因此，对无梭织机的布边必须作特殊处理，采用特殊的布边结构，防止布边散脱。

无梭织机的布边有纱罗绞边、绳状边、折入边等几种方式。

1. 纱罗边 如图 2－5－23（a）所示，是由一组绞经纱和地经纱做开口运动，而绞经纱

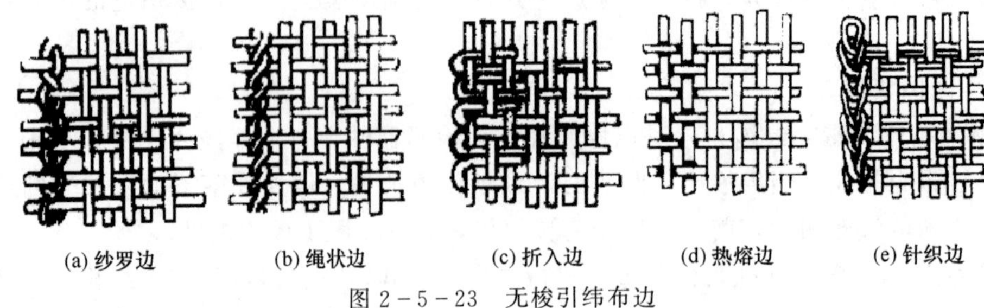

图 2－5－23　无梭引纬布边

需按一定规律在地经的两侧做交替的变位运动，形成相当牢固的纱罗边组织。这种布边并不光洁而呈毛边状，但能承受打纬与染整的拉幅作用。剑杆织机常用这种布边，其形成方法有多种，织边装置的结构一般也不复杂。

纱罗边组织的形式多种多样，在片梭、剑杆、喷水、喷气织机上均可见到。

2. 绳状边　如图 2－5－23（b）所示，是边由两根经纱搓绳似地相互缠绕，并与纬纱交织而成的一种布边。其牢度比纱罗边高，经纱由单独供纱筒子提供。这种布边能适应高速织造，所以喷气、喷水织机广泛采用。这种布边与纱罗边类似，都是不光洁的毛边。

3. 折入边　如图 2－5－23（c）所示，又称钩入边，是利用折边机构将前一个梭口留在梭口外的纬纱，折回到下一个梭口内，从而在布边处形成与有梭织机相类似的光边，也较坚牢。目前，片梭织机常用这种布边，它采用专门的织边装置，由钩边针将纬纱头钩入下次梭口。

4. 热熔边　如图 2－5－23（d）所示，织制合成纤维织物时，可利用其热熔性，在机上或机下将边部经纬纱利用电热丝热熔黏合，然后再切去毛边而成为光滑坚牢的热熔边，但这种布边较硬，而且染整后其效果与布身有差异。由于喷水织机多织制合成纤维等疏水纤维的织物，而热熔方法很简单，所以喷水织机可采用这种布边。

5. 针织边　如图 2－5－23（e）所示，剑杆双纬织造时，入纬侧可形成自然光边，接纬侧在纬纱的出口端呈圈状，可利用一根针织舌针作前后运动，将纱圈逐个串联而得到针织边。这种布边光洁，亦较坚牢，只适用于叉入式剑杆双纬引入的特殊情况边。

形成纱罗、绳状等布边结构时还需在这些布边的外侧再设“假边”（又叫赘边、废边），即另用若干根边经纱与纬纱头交织，再行纵向剪开，由假边牵引轮引入假边箱中作回丝处理。采用假边的目的：一是在形成纱罗、绳状时，张紧纬纱，以便边经纱绞转或缠绕；另一目的是因纬纱出梭口时，纱头呈自由状态（若为剑杆引纬，此时接纬剑的钳口已将纬纱放开），此时由假边经纱握持纬纱头，以防止纬纱头回缩而形成织疵。由于假边的存在，造成回丝增多，而采用宽幅织造则有利于降低回丝率，假边经纱亦宜采用高强而价廉的纱线。

（五）其他装置

1. 自动找纬装置　自动找纬装置的作用是：在断纬或断经之后，自动使开口机构倒转，卷取机构、送经机构和选色机构通过传动系统也同时倒转，此时，打纬和引纬机构停动，从而使织机能自动停在断纬的梭口位置上，以便挡车工迅速操作，在消除断纬后，能立即开车织造，并能减少和防止开车稀密路的产生。

2. 无梭织机的储纬与定长装置　在片梭织机和剑杆织机上，通过载纬器引纬，纬纱始终受到载纬器控制，储纬器只要起到卷绕储存纬纱的作用，便可消除筒子直径由大到小造成的纬纱张力变化；在喷水织机和喷气织机上，纬纱受射流的牵引向前飞行，由于引纬介质的流动性，不能确定纬纱的长度，储纬器应具有储纬和定长的作用。

3. 剪纬装置　无梭织机每次引纬完成后都要将纬纱剪断，边剪的作用是在打纬形成织物后，沿布边外的经纱空档剪断纬纱尾端。

☞ 思考与练习

1. 织机五大运动是指哪些运动？它们各自的主要作用是什么？
2. 开口机构有哪些类型？说明各自的应用范围。
3. 常见的无梭织机有哪些类型？说明各自的主要特点及应用范围。
4. 打纬机构有什么作用？
5. 卷取与送经机构有什么作用？常见的机构有哪些主要类型。
6. 无梭引纬的布边有哪些形式？
7. 织机上有哪些主要辅助机构？各有什么作用？

项目 2－6　坯布整理

✲教学目标

1. 了解坯布整理工艺流程；
2. 认识常见织疵，会初步分析其形成的原因。

✲任务说明

1. 任务要求

通过本项目的学习，完成以下工作任务：观察织造厂坯布整理过程，知道坯布整理工序的工艺流程及作用；并通过观察带疵点的样布，认识机织物常见织疵，会简单分析这些织疵形成的原因。

2. 任务所需设备、材料

验布机，码布机，带疵点的样布。

3. 任务实施内容及步骤

（1）观察坯布整理工序的工艺流程及作用；

（2）在样布的各种不同织疵上标上编号；

（3）分别分析标示的织疵的种类及产生的原因。

4. 撰写任务报告，并进行评价与讨论。

✲项目导入

我国古代纺织生产中，素有重视纺织品质量和规格的优良传统。

《礼记》上说：“布帛精粗不中数，幅广狭不中量，不粥于市。”正是对此特点的概括说明。据《汉书》记载，姜太公为西周立法时，规定“布帛广二尺二寸，长四十尺为匹”（大概为现代的 1.5247cm 宽，27.7477cm 长），每匹可裁制一件上衣与下着相连的当时的服装“深衣”。并且规定，不符合标准的产品不得出售，这是世界上最早的纺织标准。自周至清，数千年间，织品规格基本仍沿用周制，虽然略有上下，但变化不大。

古代对纺织品不但固定了统一的规格，而且提出了质量要求和检查处理的办法。不同时期都分别订立了严格的制度，如明代对织品的质量要求是“组织紧密，颜色鲜明”“丈尺斤两，不失原样”，如不合要求，则“究治追赔”（《集成》卷 10）。并规定在生产过程中，要经常派人进行检查，检验质量不合格的，主管官吏要受到弹劾或审讯，还要降级使用。

重视产品质量的当今，机织厂又是如何保证所生产的产品质量呢？

在织机上形成的织物卷于布辊上，到达一定长度（规定联匹长度）后，从织机上取下布辊，然后送到整理车间。整理是织厂的最后一道工序。

从织机上取下来的布匹，由于机械或操作的原因，布面还留有疵点和棉粒杂质，织物尚未整齐折叠。为了改善织物外观，保证织物质量，必须通过整理工序，对织物进行检验和分等。

坯布整理的任务包括：

（1）根据国家标准和用户要求，逐匹检查布面疵点，评定织物品等，保证出厂的产品质量和包装规格。

（2）通过整理，可以找出影响质量的原因，便于分析追踪，并落实产生疵品的责任。

（3）在一定程度上对布面疵点进行修、织、洗，改善布面外观，提高织物外观质量。

（4）把织物折叠成匹，计算织机和织布工人的产量。

一、整理工艺

整理的工艺过程，要根据织物的要求而定，棉、毛、丝、麻织物各不相同，以棉织物为例，坯布一般必须经过下列几个工序：验布→折布→分等→修布→打包入库。对于特殊要求的织物，还要在验布之后经过烘布和刷布。

（一）验布

验布的目的是按标准的规定逐匹检查织物的外观疵点并给予评分，并在布边作上各种标记。同时对部分小疵点，如拖纱、杂物织入等，在可能的条件下，予以清除。

验布是在验布机上进行，验布机如图 2－6－1 所示。为便于检验，验布台 4 倾斜呈 45°，被检验的织物等速通过验布台。织物从布辊 1 上退解出来，绕过踏板 2 的下方，经导辊 3 和验布台 4，进入拖布辊 5 和橡胶压辊 6 之间，再经导辊 7 和摆布斗 8，送入运布车 9 中。

验布工人站或坐在踏板上，用目光对验布台上缓慢前进的织物进行检查，对于宽幅织物则由两人共同检查。由于验布是用目光，所以应有良好的光线，且不能直接照射工人的眼睛。

（二）折布

折布的任务是把从验布机下来的织物，按规定的折幅折叠，并按班印标记测量计算织机和织布工人的下机产量。一般折幅的公称长度为 1m，考虑出厂后织物长度还会继续缩短，所以应适当加放，加放长度随品种等因素而定。

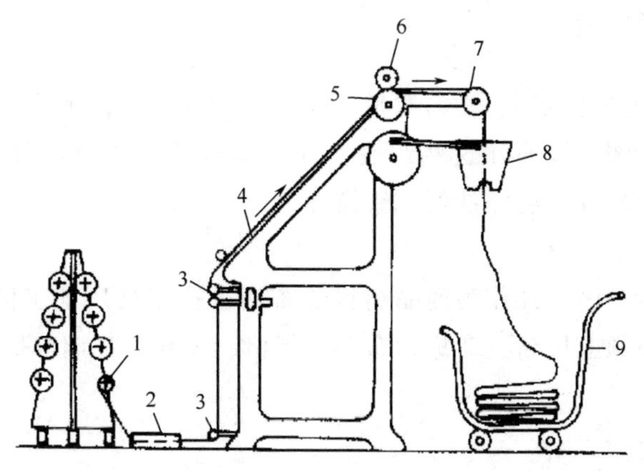

图 2-6-1 验布机示意图

1—布辊 2—踏板 3—导辊 4—验布台 5—拖布辊 6—压辊 7—导辊 8—摆布斗 9—运布车

折布是在折布机上进行，折布机如图 2-6-2 所示。织物 1 从运布车中引出，沿倾斜导布板 2 上升至折布机中部，再往下穿过往复折刀 3，通过折刀的往复运动及压布运动、折布

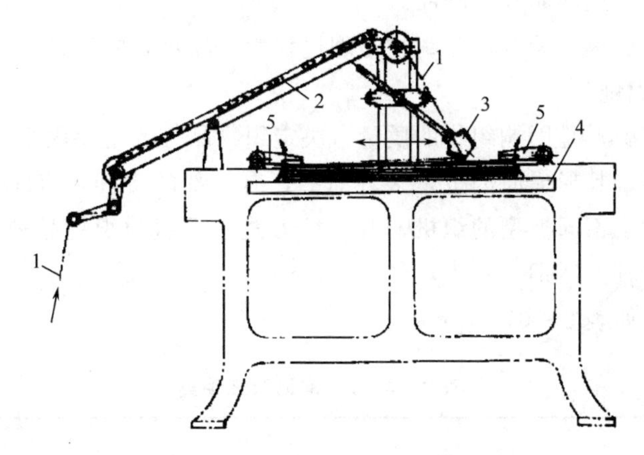

图 2-6-2 折布机示意图

1—织物 2—导布板 3—折刀 4—折布台 5—压布针板

台下降运动的相互配合，将织物一层层地折叠于折布台 4 上。

(三) 分等

分等工序是由人工在布台上进行的，其任务主要有以下几项。

1. 复验 根据验布工在布边作的标记，逐匹检查其检验结果是否正确，最后决定该织疵的评分。

2. 定等 根据布面疵点的评分数，按国家标准的分等规定，确定每匹织物的品等。

3. 开剪、定修 按国家标准的开剪规定和修织洗范围，对某些织疵进行开剪，并确定应进行整修的织疵。开剪是将织物上某些织疵剪开或剪下，这样不仅可以提高织物的质量和品等，更主要是避免了这些织疵给消费者和印染厂造成损失。

4. 分类 准确地按品种、品等、已开剪或未开剪、需整修或不需整修等差别分开，定点堆放，以便整修或成包。

(四) 修织洗

为了减少降等布，提高出厂织物的质量，在不影响使用牢度和印染加工的条件下，可对某些织疵进行修、织、洗，以消除这些织疵。其内容包括：如织补跳花、断经，更换粗经，修除粗竹节，刮匀小经缩等，洗涤油污、铁锈等。

(五) 打包

这是织厂最后一道工序，凡作为商品销售的布或运往印染厂加工的坯布，一律都要按成包要求打包，并在包外刷上厂名、商标、布名、规格、长度、日期等标志。

二、织物质量检验

织物的质量包括多方面的内容，如外观疵点、物理指标、棉结杂质、风格特征等，因此对织物的质量评价也应从多方面考虑，而且还要视其用途和种类而定。不同的织物有不同的质量标准，如本色棉织物以匹为单位，织物组织、幅宽、布面疵点按匹评等，密度、断裂强力、棉结杂质疵点格率、棉结疵点格率按批评等，以其中最低的一项品等作为该匹布的品等，分优等、一等、二等、三等品及等外品。

其中，织物外观疵点的分等，是织物整理过程中一项重要的工作。

(一) 常见主要织疵

布面疵点简称织疵，是影响织物的质量、决定织物品等的主要因素。

织疵的种类很多，其形成原因也是多方面的，有纺部的责任，有织前准备的责任，也有织造本身的责任。对于不同类型的织机，其引纬方式、适织的织物品种等不同，产生的主要织疵及形成原因也有较大区别。

常见织疵种类，如表 2-6-1 所示。

表 2-6-1 常见织疵种类

织疵名称	特征
断经	织物中缺少 1 根或几根经纱的疵点
断疵	经纱断头后，其纱尾织入布内的疵点
筘痕	布面经向的条状稀密不匀
吊经纱	在布面上 1～2 根经纱，因张力较大而呈紧张状态
经缩	部分经纱以松弛状态织入布内，布面形成毛圈状的波浪纹形
纬缩	布内纬纱呈扭结状织入或布面出现纱起圈的疵点
跳纱	1～2 根经纱或纬纱，跳过 3 根及以上的纬纱或经纱的称为跳纱
跳花	3 根及其以上的经纱或纬纱相互脱离组织，并列地跳过多根纬纱或经纱浮于织物表面的疵点
星跳	1 根经纱或纬纱跳过 2～4 根的纬纱或经纱，在布面上形成分散星点状的疵点
双纬	当布边处纬纱断头、纱尾带入织物，或在布面上缺一根纬纱，在平纹织物上形成双纬疵点
百脚	当布边处纬纱断头、纱尾带入织物，或在布面上缺一根纬纱，在斜纹织物上形成百脚疵点
脱纬	引纬过程中，纬纱从纡子上崩脱下来，使在同一梭口内有 3 根及以上纬纱的疵点

续表

织疵名称	特征
稀纬	织物的纬密低于标准，在布面上形成一段纬密稀松的疵点
密路	织物的纬密超过标准，在布面上形成一段纬密紧密的疵点
云织	布面纬纱一段稀一段密，形成云斑状的疵点
豁边	布边内有3根及其以上经纬纱共断或单断经纱形成布边豁开的疵点
烂边	在边组织内只断纬纱，使其边部经纱不与纬纱进行交织；或绞边经纱未按组织要求与纬纱交织，致使边经纱脱出毛边之外的疵点
毛边	有梭织造时纬纱露出布边外面呈须状或呈圈状的疵点，无梭织造时废纬纱不剪或剪纱过长的疵点
油经纬	经纱或纬纱上有油污的疵点
油渍	布面有深、浅色油渍状的疵点
幅宽或匹长不符合标准	织物幅宽、匹长超过允许范围

（二）织疵成因分析

1. 断经、断疵　原纱质量，浆纱质量，综筘保养，经纱上机张力，织造工艺参数选择，车间温度控制不当等原因形成。

2. 筘痕　形成原因有筘齿内排列不均匀，筘齿变形，经纱绞头，综框变形导致综丝不能自由游动等。

3. 吊经纱　形成原因有络、整、浆、并过程中，几根经纱张力过大；织轴有并头、绞头、倒断头；经纱断头微机室停车，断头纱尾与邻纱相绞；经纱上有飞花、回丝等，开口时纠缠邻纱等。

4. 经缩　经缩有局部性、间歇性和连续性三种情况。主要由于经纱片纱张力不匀，部分经纱松弛所形成的。

5. 纬缩　纬纱捻度过大，纬纱给湿不足，开口不清，张力不足，梭子回跳过大，都会产生纬缩。对于喷气织机，开口不清或在纬纱出口侧引纬力不足是产生纬缩的主要原因。

6. 跳纱、星形、跳花　这三种疵点统称为三跳织疵。主要是由于开口不清，或开口、引纬时间配合不当所致；断经不停车，断经会与相邻经纱纠缠而造成开口不清；吊综不当，投梭时间过早或过迟等。

7. 双纬和百脚　当布边处纬纱断头、纱尾带入织物中继续引纬或断纬关车不及时，这时织口内缺一根纬纱，平纹会形成双纬、斜纹会形成百脚的织疵。

8. 脱纬　投梭力过大，使梭子回跳过大；纬纱卷绕过松；纬管上纱圈之间摩擦力太小等都会造成纬纱退绕量过多；无梭织机探纬器不良，灵敏度低等原因造成。

9. 稀密路　绝大多数是由于开关车及拆坏布造成的，根本原因是开车时织口位子的变动。另外由于种种原因，如送经、卷取机构故障等使纬纱在织物中排列不均匀，也会产生稀密路疵点。钢筘的松动，经纱张力不匀，挡车工操作不当，均有可能造成稀密路疵点。

10. 云织　送经机构发生故障，使送经量不匀；卷取机构失灵，使卷取时快时慢，都会产生云织。

11. 豁边 纬纱退解时被拉断，边经纱被磨断等造成，无梭织机主要由绞边装置不良造成。

12. 烂边 由于纬纱断头不停车，绞边纱张力不适宜、开口不清，筘齿将边部纬纱磨断等原因。

13. 毛边 无梭织造时右侧剪刀不剪纱，或剪刀位置调整不当，剪纱后边纱太长；废边纱张力不足，对纬纱握持力不够，致使余留纬纱位置失控，形成毛边等。

14. 油经纬、油渍 油经纬主要由于纺部、织部生产管理不良等造成；油渍主要由于织部生产管理不良造成的。

15. 幅宽或匹长不符标准 筘号选择不当，纬纱实际缩率与设计值出入过大，会引起织物幅宽的变化。车间温湿度调节不良，会使织物幅宽及匹长有较大的变化，对于一般产品，湿度过高，布幅变窄，匹长增加；湿度过低，则相反。经纱上机张力过大，易使布幅变窄，匹长增加；经纱张力过小，则相反。

要提高织物的质量，既要严格控制原料、纱线的质量，更重要的是提高织造设备操作与技术管理水平，减少织疵，使织物的各项技术指标符合产品规格或设计要求。

☞ 思考与练习

1. 整理工序的任务是什么？包括哪些主要工序？
2. 分析常见织疵的主要特征及形成原因。

项目3 针织

项目3-1 针织基本知识认知

✲教学目标

1. 认识针织物，知道针织物的形成过程；
2. 能分辨针织物的结构特征；
3. 掌握针织产品的种类；
4. 熟悉针织物主要力学性能指标；
5. 掌握针织机的种类及机构组成；
6. 熟悉针织物的技术规格；
7. 熟悉针织机的技术参数；
8. 根据不同针织物的特点，初步学会分析针织物的结构，并能测定主要工艺参数。

✲任务说明

1. 任务要求

通过本项目的学习，完成以下工作任务：

（1）能够认识针织物的结构组成，并能正确辨析单双面针织物以及针织物的正反面；

（2）学会测定针织物的主要工艺参数。

2. 任务所需设备、工具、材料

数块针织物样品、照布镜、色笔、尺、量角器。

3. 任务实施内容及步骤

（1）对针织物样品进行观察，分析织物的主要结构特点，能够认识针织物的结构组成，标出织物的横列与纵行；

（2）根据单、双面针织物的结构特征以及针织物的正、反面的结构特征。正确区分所给针织样品织物的单、双面和正、反面，按正面朝上贴好织物；

（3）找出单面针织物，测定单面针织物的主要工艺参数。

①求线圈长度：以纬平针织物为例，在坯布的横向确定一段长度（一般取100mm，本次实验可取25～50mm），数其线圈数后拆下这一坯布长度的5～10根纱线，自然伸直量出纱线长度，求出线圈长度的平均值。利用公式 $l=L/N$，计算出单个线圈的长度，单位为毫米（mm）。

②测密度：用照布镜数出5cm×5cm坯布的纵行数和横列数作为坯布的密度，即横密 P_A 和纵密 P_B，分四处测定后取平均值。

③测线圈歪斜：用量角器（以线圈横列为基准线）在织物的正面测定线圈纵行的歪斜角度，写出歪斜方向，同时对脱散下来的纱线进行判断，确定其捻向，线圈歪斜测3～5次，取平均值。

4. 撰写任务报告，并进行评价与讨论。

✲项目导入

针织分手工针织和机器针织两类。手工针织使用棒针，历史悠久，技艺精巧，花形灵活多变，在民间得到广泛的流传和发展，如图 3－1－1 所示。这种做工方式速度慢、效率低，在 16 世纪初已经越来越不适应大生产的需要。于是，许多有志之士一直热衷于编织机械的发明创造。据最原始的资料记载，1589 年英国一个叫威廉·李（William Lee）的牧师设计了一种手动脚踏、用弹簧钩针进行编织的机器，如图 3－1－2 所示，它有 3500 多个零件，钩针排列成行，一次可以编织 16 个线圈。这就是现代编织机器的雏形。这台袜机每分钟能编织 500 个线圈，是当时英国针织手工编结速度最快的女工生产量的 5 倍。开始，它被用来织袜子，以后才逐渐延伸到织衣裤、帽子和围巾等其他织物。威廉·李发明的编织机器，就是当今横机和圆机的前身。它的发明奠定了现代编织和针织工业的基础。

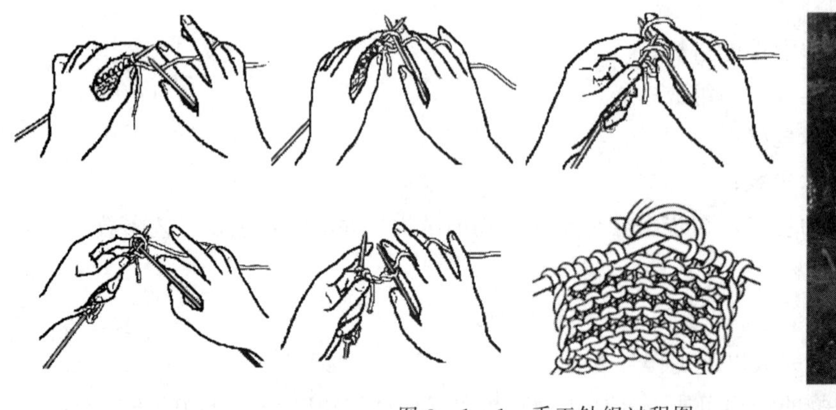

图 3－1－1　手工针织过程图

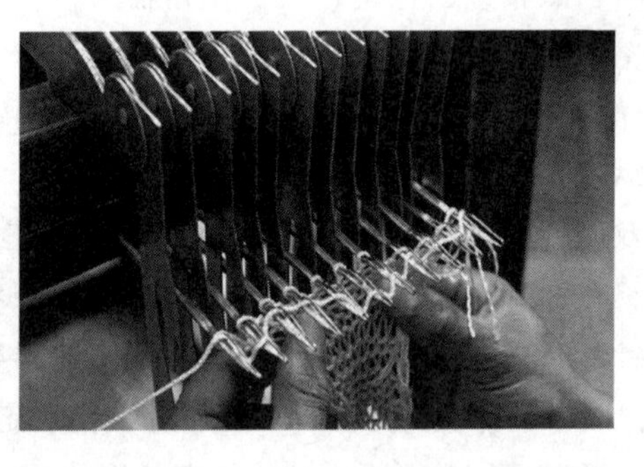

图 3－1－2　第一台针织机

由线圈串套而成的织物称为针织物。针织是利用织针将纱线编织成线圈并相互串套而形成织物的一种工艺。按生产工艺分为纬编、经编和经纬编复合针织物三类。针织物的基本结构单元是线圈。其结构如图 3－1－3 所示。

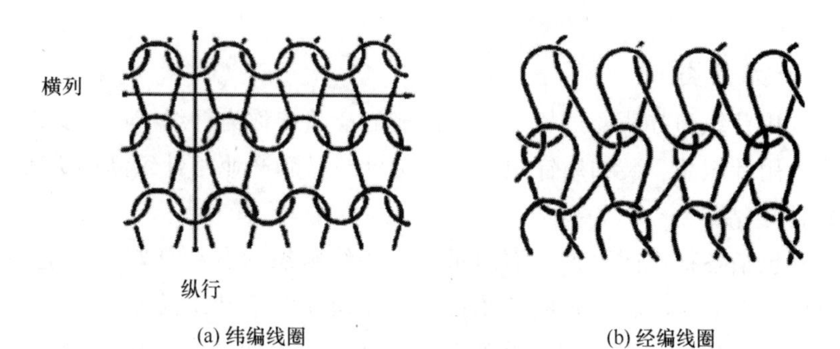

(a) 纬编线圈　　(b) 经编线圈

图 3－1－3　线圈结构图

在针织物中，线圈沿织物横向组成的一行称为线圈横列。线圈沿纵向相互串套而成的一列称为线圈纵行。在线圈横列方向上，两个相邻线圈对应点之间的水平距离叫作圈距。在线圈纵行方向上，两个相邻线圈对应点之间的距离叫作圈高。如果由一个针床编织而成的针织物，其线圈的圈弧或圈柱集中分布在织物的一面，这样的针织物为单面针织物。由两个针床编织而成的针织物，线圈的圈柱或圈弧分布在针织物的两个面上，织物的两面外观基本相同，无正反之分，这样的针织物为双面针织物。单面针织物的工艺正面是指圈柱覆盖于圈弧之上的一面。工艺反面是指圈弧覆盖于圈柱之上的一面。

一、针织物的形成过程

针织物在针织机上的织造过程可以分为如下三个阶段：如图 3－1－4 所示。

1. 给纱阶段　此阶段是指纱线以一定的张力输送到针织机的成圈编织区域。经编生产中该阶段一般称作送经阶段。

2. 编织（成圈）阶段　此阶段是指纱线在编织区域，按照各种不同的成圈方法，形成针织物或形成一定形状的针织品。

3. 牵拉卷取阶段　此阶段是指将针织物从成圈区域引出，并卷绕成一定形式的卷装。

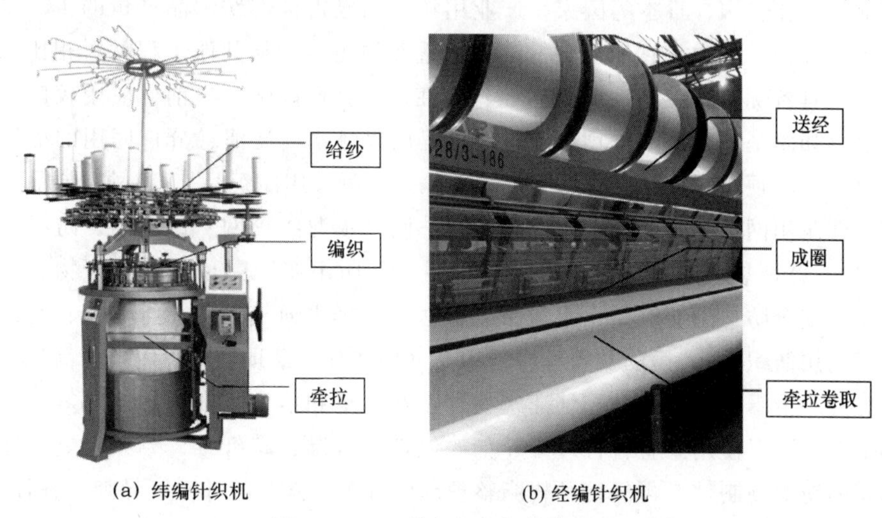

(a) 纬编针织机　　(b) 经编针织机

图 3－1－4　针织机上织物的形成

二、针织产品分类

纺织纤维利用针织的方法经过加工织造而成的产品统称为针织产品。针织产品品种繁多，按用途可分为服用针织品、装饰用针织品、医用针织品和产业用针织品四大类。

（一）服用针织品

服用针织品包括各种不同原料、不同粗细的纱线编织的各种外观、性能和厚薄不同的坯布，如各种单面、双面、印花、彩横条坯布；棉针织品、毛针织品、真丝针织品、各种化纤仿绸、仿呢、仿毛产品；针织平布、毛圈布、天鹅绒、提花布、人造毛皮、人造麂皮等，有的轻薄如蝉翼，有的重如皮毛。用各种针织坯布制作的针织内衣（包括汗衫、背心、棉毛衫裤、绒衣绒裤、三角裤、睡衣、文胸等）、外衣（包括内衣外穿的文化衫、T恤衫、紧身衫以及运动服、休闲装便装、时装、套装等纯外衣产品）。还有利用其成形原理直接编织的各种羊毛衫、袜子、手套、围巾等产品。

（二）装饰用针织品

装饰用针织品可分为室内装饰用品、床上用品和户外用品。室内装饰用品包括家居用布和餐厅、浴室用品，如地毯、沙发套、椅子套、壁毯、贴布、窗帘、毛巾、茶巾、台布、手帕、软体玩具等；床上用品包括床罩、床单、蚊帐、被套、毛毯、毛巾被、枕套等。户外用品包括廉价的擦布、包装布、铺地、贴墙织物、盖布以及火车、飞机、汽车内部的坐垫、地面铺设、窗帘、顶部等装饰织物。它们不但以色泽、组织结构、外观等美化人们的生活空间，同时还具有隔热、吸音、保护、隔离甚至防火的功能。经编针织机起花能力强，在装饰织物的织制上占有特别的优势，生产出越来越丰富多彩的针织品，广泛应用于装饰领域，美化着人们的生活。

（三）产业用针织品

这是一个十分广阔的领域，由于化学纤维工业的发展，具有超高强度的高性能纤维的问世，在过去的30年中，产业用纺织品已渗透到非纺织的各行各业，如农业、汽车制造业、航空、航天业等。在美国、日本等国家，产业用纺织品已占全部纺织品产量的1/3以上。而且在未来的人类社会进程中，它们还将扮演更加重要的角色。与其他工程材料相比，产业用纺织品需要同时具备优良的柔韧性、挺括性、弹性，质轻而高强。目前，应用较广的有各种建筑用纺织品（如路基、跑道、堤坝、隧道等工程用以排水、滤清、分口固用的铺地材料，混凝土增强材料，屋顶防水材料，帐篷，隔冷、隔热、隔音用纺织品）、各种网制品（如体育用品、银幕、建筑用网、渔网、伪装网及庄稼防护网、水源防护网、遮光网、防滑网、集装箱安全用网等）、各种袋类制品、各种工业用材料（如防雨布、屋顶覆盖用织物、救生衣、盔甲、降落伞等安全防护用纺织品、水龙带、输送带、排水通气管道、行李箱、航天航海用材料等交通运输用纺织品）、运动及娱乐用纺织品（如体育场篷顶及地表用材、高透气性的运动鞋鞋面、睡袋、滑雪器具、运动充气建筑物）以及电子和信息技术用纺织品等。利用良好的针织成形加工，可以使用某些特种纤维，如改性玻璃纤维、碳纤维、芳族聚酰胺纤维等织制出各种形态的纺织预制件，再经特种树脂整理制成汽车、汽船的外壳、导弹、各种压力容器、张力设施、玻璃钢板、玻璃槽钢、防弹服、防火服等产品。这样制得的纺织复合材料可以是柔性的，也可以是刚性的，强度高、重量轻、耐高温、抗腐蚀、不锈，甚至可以通过恰当地布排纤维，使之和载荷方向、载荷大小相一致，从而制成各向异性结构，显著减轻制成品的重量。

(四) 医用针织品

医疗材料，如人造血管、人造心脏瓣膜、人造皮肤、人造骨骼、器脏修补针织布片、胶布、绷带、护膝等。经多年试验证明，用特殊弹性尼龙袜取代外科用的特种橡胶长袜来矫治静脉曲张效果更好。近年来，利用特殊后整理手段开发的抗菌、保健、抗冻、治冻产品在大力发展中。

如今，针织品的应用范围越来越广，针织工业的发展速度令人瞩目。层出不穷的针织产品更是令人眼花缭乱。

三、针织物的主要力学性能指标

针织物主要具有下列各项力学性能指标。

(一) 线圈长度

一个线圈的纱线延展伸直后的长度称为线圈长度，即每一个线圈的纱线长度。它由线圈的圈干和延展线组成，一般用 l 表示，以毫米（mm）为单位。

线圈长度决定了针织物的密度，而且对针织物的脱散性、延伸性、耐磨性、弹性、强力及抗起毛起球和勾丝性等有影响，为针织物的一项重要物理指标。一般采用近似计算和测量方法获得其数值，在织物分析中常用拆散法。

$$l = L/N$$

式中：N——线圈个数；

L——纱线长度。

(二) 密度

表示针织物在一定纱线线密度条件下的稀密程度，通常用规定长度内的线圈数表示。一般应用于纱线粗细相同的织物。可用横密和纵密分别表示织物的横向密度和纵向密度。在生产中密度是控制织物质量的重要参数。其中：

横密：是以沿线圈横列方向，以 50mm 内的线圈纵行数表示，$P_A = 50/A$。

纵密：是以沿线圈纵行方向，以 50mm 内的线圈横列数表示，$P_B = 50/B$。

一般将横密与纵密之比称作密度对比系数，用 C 表示，即 $C = P_A/P_B = B/A$

(三) 未充满系数 δ

上述密度仅能反映在一定纱线线密度情况下针织物的稀密程度，如果密度不变，纱线线密度不同，针织物的稀密程度就不同。因此，为了确切反映针织物的紧密程度，必须将线圈长度和纱线直径联系起来。未充满系数表示针织物在相同密度条件下，纱线支数对其稀密程度的影响，它反映了纱线粗细不同的织物的紧密程度。用 δ 表示。

$$\delta = l/f$$

式中：l——线圈长度。

f——纱线直径；

δ 越大，织物稀薄。

（四）单位面积干燥重量 Q（克重）

用每平方米的干燥针织物的重量来表示（g/m^2）。它是国家考核针织物的一项重要指标。

当已知针织物的线圈长度 l、横密 P_A、纵密 P_B 和纱线线密度 Tt 时，则针织物的单位面积重量 Q' 由下式求得：

$$Q' = 4 \times 10^{-4} P_A P_B l \ \mathrm{Tt}(1-y)$$

式中：y ——加工时的损耗。

当已知针织物的回潮率为 W 时，织物的单位面积干燥重量 Q 为：

$$Q = \frac{Q'}{1+W}$$

（五）厚度

织物厚度取决于组织结构、线圈长度、纱线线密度等因素。一般以厚度方向上有几根纱线直径表示。

（六）延伸性

延伸性是指针织物在受到外力拉伸时，其尺寸伸长的特性。与组织结构、线圈长度、纱线性质、纱线线密度等因素有关。一般针织物有较大的延伸性。

（七）弹性

弹性是指当引起针织物变形的外力去除后，针织物形状回复的能力。取决于组织结构、纱线弹性、纱线的摩擦系数和针织物的未充满系数等。

（八）断裂强力与断裂伸长率

针织物在连续增加的负荷作用下，至断裂时所能承受的最大负荷（N 或 kgf）。布样断裂时的伸长量与原来长度之比称为断裂伸长率，用百分比表示。

（九）收缩率

收缩率是指针织物在使用、加工过程中长度和宽度的变化。

$$Y = [(H_1 - H_2) \div H_1] \times 100\%$$

式中：H_1——针织物在加工或使用前的尺寸；

H_2——针织物在加工或使用后的尺寸；

Y——针织物的收缩率。

Y 可正可负，如横向收缩而纵向伸长时，则横向 Y 为正，纵向 Y 为负。

针织物的收缩率可分为下机收缩率、染整收缩率、水洗收缩率以及在给定时间内的收缩率。

（十）脱散性

脱散性是指当针织物的纱线断裂或线圈失去串套后，线圈与线圈分离的现象。与组织结构、纱线摩擦系数、织物未充满系数、纱线抗弯刚度等有关。

一般纬编织物易脱散，经编织物不易脱散。

（十一）卷边性

某些针织物在自由状态下，其边缘发生包卷的现象称为卷边。是由线圈中弯曲线段所具有的内应力，力图使纱线段伸直而引起的。与组织结构、纱线弹性、线密度、捻度和线圈长度等因素有关。

（十二）勾丝及起毛起球

针织物在使用过程中如果碰到尖硬的物体，织物中的纤维或纱线就会被勾出，在织物表面形成丝环所产生的现象叫作勾丝。当织物在穿着、洗涤中不断经受摩擦，纱线表面的纤维端露出织物，就使织物表面发毛，称作起毛。这些起毛的纤维端在以后的穿着中不能及时脱落，就互相纠缠在一起被揉成许多球形成小粒，通常这种现象称作起球。

勾丝及起毛起球与原料品种、纱线结构、针织物结构、染整加工、成品的服用条件等因素有关。化纤产品该现象尤为突出。

四、针织生产工艺流程

从原料进厂到针织产品出厂须经许多道工序，顺次经过各道工序时必须按照一定方式和要求，在一定的条件下进行，整个流程即为针织生产工艺流程。生产工艺必须根据原料性能、成品要求、所用设备等条件而制订。合理的工艺能使生产周期缩短，达到优质、高产、低成本的目的。针织产品品种繁多，各种产品有各自的生产工艺，这里只概括针织产品共有的工艺流程。一般为：

原料进厂→络纱（整经或直接上机加工）→织造→染整→成衣

（一）织前准备

编织用的纱线原料进厂入库后，一般需由测试化验部门及时抽取试样，对纱支的标定线密度、条干均匀度等项目进行检验，符合要求方能投产使用。同时，进厂的纱线有可能为绞纱形式，或者卷装容量或卷装形式不符合上机加工要求，因此，须经过络纱（经编为整经）工序，使之成为符合上机编织要求的卷装。

络纱（或整经）的目的是使纱线符合上机编织的容量、形式及性能要求。纬编生产中可采用槽筒式络纱机络取棉、毛及混纺等短纤维纱线，菠萝锭络丝机络化纤长丝。经编生产中则采用整经机进行整经，将筒子纱按经编工艺所要求的根数和长度，在相同的张力下，平行、等速、整齐地卷绕成经轴，以供经编机使用。

络纱（或整经）时应尽量保持纱线原有的弹性和延伸性，要求张力均匀，退绕顺利，并能清除纱线表面的疵点和杂质，对纱线进行必要的辅助处理（如上蜡、上油、上柔软剂、上抗静电剂等）使之柔软光滑，改善编织性能。

（二）织造

织造是针织生产的主要工序，利用织针将纱线弯曲成圈并串套形成所需要的针织产品。按照针织工艺编织机械有纬编针织机和经编针织机两大类。每一大类根据生产产品的不同又可分为各种针织机。因此，织造时，一般根据生产的产品种类和要求选择合适的生产设备和工艺。

（三）染整

从针织机上落下的坯布，一般不是最终产品，常需要进行染色、印花、后整理。它对改变针织物外观，改善其使用性能，提高产品质量，增加花色品种等起着十分重要的作用。因此，染整生产是针织生产的重要组成部分，与产品的质量和企业的经济效益有着密切的联系。

染整生产的形式是由产品品种和要求、染整工艺及设备而决定的。染整工艺及流程根据产品品种而定。针织物染整加工主要围绕三个方面的效果和目的进行：

1. 改变外观方面

（1）稳定尺寸、降低缩率：如烘干、拉幅、热定形、棉针织物的预缩整理、毛织物的煮呢、蒸呢等。

（2）光泽效应：如丝光、烧毛、轧光、光电整理、光泽印花、闪光印花、钻石印花、夜光印花、局部擦光整理、局部植绒和消光整理等。

（3）色彩效应：各种染色、印花、增白、变色整理。

（4）外观整理：如轧花、拷花、烂花、印花、发泡印花，磨毛和起绒印花、永久性压烫整理等。

2. 改善使用性能方面

（1）舒适性功能整理：如柔软整理改善手感；减量整理使涤纶织物更具丝绸感；增重整理使丝织物风格改变，悬垂性更好；石磨水洗和砂洗使牛仔布手感柔软，尺寸稳定；起绒、拉毛、涂层等整理手段增加织物保暖防寒能力；某些化学整理增加织物吸湿透气性和弹性。

（2）卫生功能整理：如防菌、抗菌、防臭、防霉、香味、药物整理等。

（3）防护性功能整理：如防水、拒水、防污、防霉、防风、防蛀、阻燃、耐高温、防熔、防静电、防化学辐射、防电磁波等。

（4）特殊功能整理：如医疗、军事、国防、航天、运输等产业用织物的特殊功能整理。

3. 改变风格特性方面

如防皱整理、防缩整理、柔软整理、硬挺整理、起绒整理、耐久定形整理、绉效应整理及仿棉、仿麻、仿毛、仿真丝、仿皮等各种仿生整理。

总之，印染整理加工技术不仅可以使针织物呈现出五彩缤纷、千姿百态的外观，更重要的是赋予针织物各种优良的服用性能和特殊功能。如今，人们就是利用各种各样的印染加工技术生产出许许多多奇妙的针织物和服装，如全天候旅游服、保健服、舒适空调衣、太阳能防寒服、安全防毒服、吸汗速干运动服、抗燃耐磨赛车服、冬暖夏凉窗帘布、长效避蚊织物、防火毛织物、防癣袜、变色衣、夜光服等。许多新颖功能的服装一经上市，便名噪一时。在现代新产品的开发中，先进的印染整理加工技术是至关重要的。

（四）成衣

目前不少的针织企业实际上是针织服装加工厂。因为针织厂生产的各种服用织物最后都需要经过裁剪、缝纫而达到成衣的目的，所以，成衣作为针织生产的最后一道工艺过程，直接影响着产品的式样、规格、质量、成本、价格。而且编织、染整工序所造成的疵点也可以通过裁剪工序加以部分的弥补和解决。只有通过成衣手段才能把原料、组织、色彩图案等诸因素化作最终的完整衣着成品；针织厂的各项技术经济指标和经济效益最后也都要通过衣着成品反映出来。因此，成衣工艺在整个针织生产中占有十分重要的地位。

成衣加工工艺根据不同品种、款式和服用要求有不同的加工手段和生产工序。随着新材料、新技术的不断涌现，加工方法和加工顺序也不断变化。成衣生产工艺流程制订是否合理，直接关系到生产效率和产品质量。虽然加工方法和顺序因产品而变，但服装生产一般都有以下几个生产工序和环节。

（1）生产准备：面料、辅料、缝线等材料的选配，并做出预算，同时对各种材料进行必要的物理、化学检验及测试。

（2）裁剪：服装生产的第一道工序。包括：排料、铺料、算料、制样、坯布疵点的借裁、套裁、划样、剪切、验片等。

（3）缝制：是服装生产中较重要的工序，是按不同的服装材料、不同的款式要求，通过合理的缝合，把衣片组合成服装的一个工艺处理过程。

（4）熨烫塑形：将成品或者半成品，通过施加一定的温度、湿度、压力，使织物按照要求改变其经纬密度及衣片外形，进一步改善服装立体外形。

（5）质检：是使产品质量在整个加工过程中得到保证的一项十分必要的措施和手段。包括半成品和成品的质量检验。

（6）后整理：整个生产的最后一道工序。包括包装、储运等内容。它必须根据不同的材料、款式和特定的要求采取不同的折叠和整理方式；同时研究不同产品所选用的包装、储运方法，还需要考虑在储运过程中可能发生的对产品造成的损坏和质量影响，以保证产品的外观效果和内在质量。

（7）生产技术文件的制订：包括总体设计、商品计划、款式说明书、成品规格表、加工工艺流程图、生产流水线工程设置、工艺卡、质量标准、标准系列样板和产品样品等技术资料和文件。

（8）生产流水线设计：根据不同的生产方式及品种，选择和决定生产的作业方式，并编制工艺规程和工序，根据生产规模的大小设计出场地、人员、配备和选择生产设备，要求能形成高效率、高质量的最佳配置形式。

五、针织生产的特点

与机织生产方式相比较，针织生产方式具有许多明显的特点：

（一）针织机的产量高

编织针织坯布的主要机器是圆纬机和经编机。针织圆纬机的产量取决于机器转速的高低、进线路数的多少、针筒直径的大小。圆纬机的针筒做等速回转运动，由于没有不合埋的往复运动、笨重机件及强大冲击负荷等因素的影响，车速轻快稳；一般大圆机的针筒直径都达76cm（30英寸），坯布门幅可达1.5m以上，加上多路成圈，机器每一转可喂入几十根甚至一百多根纬纱，形成几十到一百多个线圈横列。经编机的产量取决于主轴转速和门幅宽度，但主轴一转是织出一个线圈横列，而不是仅仅铺入一根纬纱，一个线圈横列的布长相当于一根纬纱布长的2～2.5倍。同时各个成圈机件的质量轻、动程小（只有10～20 mm)、机构简单，机速可高达800～2600r/min；现代经编机的门幅宽达4.2m（168英寸），加上大卷装、停台时间少，故产量十分可观。一台直径为76cm（30英寸）的单面圆纬机或一台幅宽为4.2m（168英寸）的单针床经编机，其编织速度为400～800万个线圈/min，其产量一般经编机可达100m^2/h，圆纬机可达100～250m^2/h，而一般梭织机的最高产量仅为10m^2/h。

（二）对纱线的损伤较少，对纱线的适应范围广

针织物在形成过程中要求送纱机构、坯布牵引卷取装置给予纱线一定的张力，以使编织顺利进行；织针将纱线弯曲成线圈时有一定的工艺阻力；线圈与线圈相互串套时也有一定的

摩擦力。与针织相比，现有梭织机的成布方式对纱线质量的影响就比较大，打纬运动中每段经纱与筘齿要接触几百次，开口过程中经纱相互摩擦一千多次，加上络纱、整经、浆纱等织前准备工程的疲劳及织机上各种不利因素的影响，使经纱损伤较大，因而常断头；而铺纬时纬纱退绕受梭子飞行速度和梭子在织口中位置、换梭箱等多种因素的影响，张力波动范围很大，使得纬纱也是在不利的条件下工作。为了抵抗综箱的强力摩擦、开口时的强大张力和投梭时的拖拽张力，经、纬纱必须要有一定的粗度和强力，经纱还必须上浆。而针织编织过程中纱线所受张力较小，不需要浆纱，而且可以根据使用目的的不同，选用一些低强度的纱线。

（三）针织生产工艺流程比较短，经济效益比较高

机织生产的织前准备工序较多，经纱要络纱、整经、浆纱、穿经；纬纱要卷纬、给湿或热定形。而针织纬编生产织前只需络纱，经编生产则只需整经、穿纱，而且一般说来针织生产有纬纱则无须经纱，有经纱则无须纬纱。可见针织的准备工程比机织简单得多。准备工序的减少可大量节省人力、动力和浆料等物料消耗，减少准备工序设备的购置，减少厂房占地面积。在节能方面，据计算以生产相同重量的14tex（40英支）府绸与18tex（32英支）汗布作比较，后者比前者节能达30多倍。厂房面积的减小也意味着投资、厂房保养、运输、清扫、空调、照明费用的减少，由于投资少（针织的单位投资仅为棉纺织的1/2）、产量高（单位面积产量比装备自动织机的织布厂高9～11倍）、日常生产消耗少、成本低，因此针织厂的经济效益比织布厂高。

（四）针织机可以织制许多成形产品

针织机可以织袜子、手套、毛衫等成形产品。羊毛衫等成形衣片不仅可以在横机上编织，还可以在半成形大圆机上编织。如今在计件圆纬机上编织衬衫、衬裤、裙子、婴儿衣服等成形产品应用越来越广，下机后无须裁剪或只需少量裁剪即可缝制成衣突显优越，因为用坯布裁剪、缝制的过程劳动繁重、用工多，裁剪边角余料多达25%～27%，而半成形衣片的剪边角余料只有2%～4%，大大节省了原料，降低了产品成本。

（五）各种现代科学技术成就能迅速、广泛地应用于针织机上

气流、光电和微电子技术，对针织产品的升级换代，适应多品种、小批量的要求提供了良好条件。例如提花机构方面，针织机的提花机构已发展成多种类的机械式或电子式提花选针装置，直接或间接地选取织针，并且机构简单精巧，花型变换容易。还可以建立由中心室进行电子群控的自动针织车间，对多台针织机进行遥控，使每台机器都编织不同的花纹，并能自动进行花纹校正。

（六）针织生产的劳动条件也比较好

针织生产由于设备的运转特点，圆机回转平稳，工作车间噪声小，生产的连续和自动化程度较高，因此，工人的劳动强度较小。

六、针织物的常用技术规格

了解针织物的关键技术参数，才能更好地控制针织面料的质量。

（一）克重

克重即平方米重量（或平方米克重），是指针织面料单位面积（$1m^2$）的重量，通常用克

(g) 表示，所以俗称克重。克重有干燥克重和自然克重之分，国标上要求是干燥克重，但在工厂里基本上都是采用自然克重。干燥克重是指面料放在105～110 ℃的烘箱中烘至恒重，再称其重量；自然克重就是直接剪取面料，称其重量。

针织面料的克重关系到产品的成本和面料的内在质量，是相当重要的技术参数之一。从理论上可用下式计算克重：

$$Q = 0.0004 \times P_A \times P_B \times l \times \mathrm{Tt}$$

式中：P_A——针织面料的横向密度，线圈数/50mm；

P_B——针织面料的纵向密度，线圈数/50mm；

l——针织面料的线圈长度，mm；

Tt——所用纱线的线密度，tex；

Q——针织面料平方米重量，g/m^2。

在工厂生产实践中，针织面料用途不同，克重也不相同。如通常女士西装要求180～230g/m^2，男士上装要求235～240g/m^2，运动服为200～260 g/m^2。另外，针织面料克重与加工时的设备机号有关，机号越低，可以加工的面料克重越重（因为采用的原料比较粗）。一般情况下，每一个机号都有适宜加工的克重范畴。每种针织面料的克重不可能刚好达到标准，所以就有一个误差。通常情况下，干燥克重误差在±5 g/m^2以内、自然克重误差在±10g/m^2以内或误差在±3%以内都符合要求。

（二）门幅

也称幅宽、布封、封度。针织面料的门幅是指针织物布面的宽度，分为开幅与圆筒宽度两种，通常是以厘米（cm）或英寸表示。

针织面料的开幅宽度是指单层织物布面的横向宽度，具有毛门幅和净门幅之分，毛门幅即为面料所有的宽度，净门幅即为面料可以使用的有效宽度。

圆筒门幅指筒状针织面料平摊后双层织物横向的宽度。针织面料的门幅同样是表示针织物规格的一项重要指标，关系到成品的剪裁（服装用布、装饰用布和产业用布等都与门幅有关）。而门幅又与机号、织物的密度、组织结构、纱线线密度等有关。

不同的组织结构和不同的服用性能，其要求具体门幅尺寸也有所不同。

（三）线圈长度

线圈长度是指一个完整线圈的长度，即通常工厂里所说的“纱长”，以毫米（mm）为单位。线圈长度决定针织面料的密度，对针织物的其他性能如脱散性、延伸性、弹性、强力、克重等指标有着重大影响，因此是针织物的重要技术指标之一。在设计编织生产工艺时，控制针织物的质量、外观、性能通常以线圈长度作为一个决定性的参数。如果线圈长度不稳定，有大有小，造成织物外观纹路不均匀，就会严重影响外观效应。目前许多企业都是利用50只（或100只）线圈长度来控制针织面料的克重。

（四）密度

针织面料的密度是以织物单位长度内的线圈数量来表示，分为横密和纵密两个指标。针织面料的密度与线圈长度有关，通常线圈长度长，针织物密度就小；反之，线圈长度小，针织物密度就大。

(五) 纬斜

针织面料的纬斜，是圆纬机并由多路编织系统（路数）编织圆筒形织物所特有的现象。在多路（通常有50～120路）编织过程中，圆纬机每回转一周，同时有多路纱线编织织物，实际上是沿圆形螺旋条带进行编织；当筒状织物沿纵行方向剪开呈平面状时，实际上，横列线圈与纵行线圈不是互相垂直的，即纬向线圈有一个斜度，这就是纬斜现象。

(六) 扭度

扭度也是多路圆纬机编织织物所特有的现象，其主要表现是成品针织物经洗涤后有扭曲变形现象。通常扭度控制在±5%以内，有些要求较高的产品控制在±3%以内，如果超出此范围，对成衣的效果及尺寸稳定性有影响。

针织面料的命名由下列几部分构成：

纱支组成＋原料组成＋面料组织＋平方米克重，如18tex/28tex/96tex全棉色织薄绒布，克重380g/m²。

七、针织机

(一) 针织机的机构与分类

1. 针织机的机构　用来编织针织物的机器叫作针织机。针织机的种类很多，但不论什么类型的针织机，它们的主要结构基本上是一致的，只是按照各种机器的工作要求不同，具体机构组成有所差异，且配有不同用途的辅助机构。针织机的机构大体可分为两大部分，即主要机构和辅助机构。

(1) 针织机的主要机构：

①成圈机构：成圈机构是把纱线弯曲形成线圈，并使线圈相互串套，从而形成针织物的机构。其主要机件有织针、沉降片、三角装置和导纱装置等，这些机件统称为成圈机件，它们由主轴经各自的传动机构传动或固定不动，互相配合做成圈运动。

②给纱机构：给纱机构是将筒子或经轴上的纱线，按照编织系统的要求，以一定的张力和速度送到成圈机件上的机构。

③花色机构：花色机构在纬编中称为选针机构，作用是按照花纹的要求，对织针或沉降片等机件进行选择。花色机构在经编中称为梳栉横移机构，作用是控制固装着导纱针的梳栉，按花纹要求的规律使其沿针床方向作针前和针背横向垫纱运动。

④传动机构：是以主轴为主体，通过凸轮、偏心连杆、蜗杆涡轮和齿轮等各种传动机件，使机器上的各部分机件进行运动的机构。

⑤控制机构：是能使各机构按照编织要求互相协调工作的机构。

⑥牵拉卷取机构：是以一定的张力和速度，将织物从编织区域引出并卷成布卷的机构。

(2) 针织机的辅助机构：

①减速装置：为了调整机器，针织机上配置了减速装置，使机器慢速运转，便于维修调整。

②自停装置：包括机器故障、安全、断纱、布面疵点、张力过大或过小、卷装容量限定等自停装置。

③各种仪表：针织机根据机型不同，配置有机器转速表、送经速度表和计数器等。

④扩大花色品种机构：包括提花机构、压纱杆、花压板、间歇送经和多速送经等机构。

2. 针织机的分类 针织机按生产方式分为经编针织机和纬编针织机，也可以按工作针床（或针筒）形状所使用的织针进行分类，如图3－1－5和图3－1－6所示。

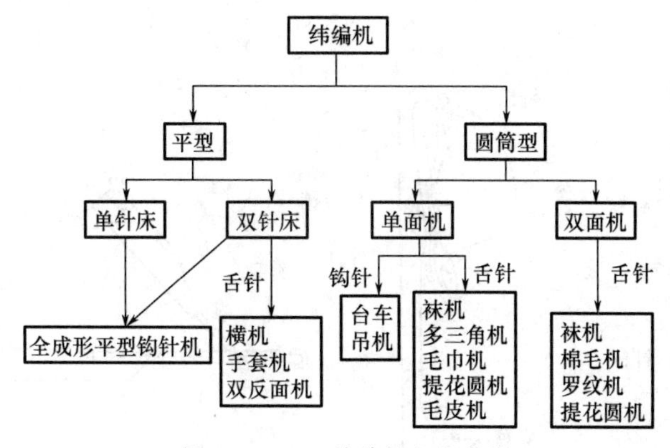

图3－1－5 纬编针织机分类

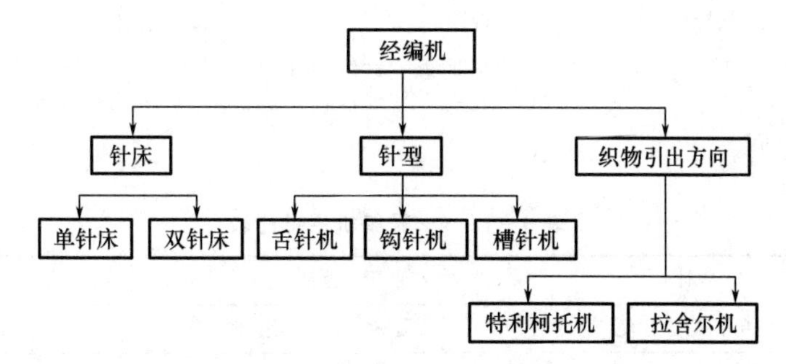

图3－1－6 经编针织机分类

（二）针织机的常用参数

1. 机型 机型是指针织机的类别和型号。根据坯布类别、性能以及用途来选用不同型号的针织机。如汗布就需要选择台车或单面大圆机。

2. 机号 机号是指针床（筒）规定长度内的织针数，即表示针床（筒）上排列织针的疏密程度，机号越高，针数越多，编织的面料越细密。一般圆纬机的规定长度是指25.4mm（即1英寸）。德国制造的针织机大多以E表示机号，其他企业生产制造的针织机机号都以G表示。例如24G，表示针床（筒）25.4mm（1英寸）内具有24枚织针。机号越高，织针与织针之间的间隙越小，能编织的纱线就越细，反之，机号越低，间隙越大，能编织的纱线越粗。因此，机号主要是根据原料粗细、面料厚薄进行工艺计算来选择的。

3. 针床和针筒 针筒（或针床）是针织机的主要工作机件。形状是平型的叫针床，形状是圆筒形的叫针筒。针床（或针筒）上有针槽，织针插在针槽之中，形成编织面料时的织针依托机构。

针床的宽度以毫米表示，它决定了可以编织生产面料的最大宽度；针筒的大小以针筒直径表示，通常称作筒径，也用毫米表示（但在生产实践中，企业大多依然采用英寸表示）。筒径的大小决定了可以编织生产面料开幅宽度的大小。总之，针床（或针筒）大小，应根据用途规格、排料尺寸、染整轧幅要求来确定。

4. 织针 织针是针织工艺中所特有的生产编织机件，有钩针（弹簧针）、舌针和复合针（槽针和管针）几种，如图 3－1－7 所示。

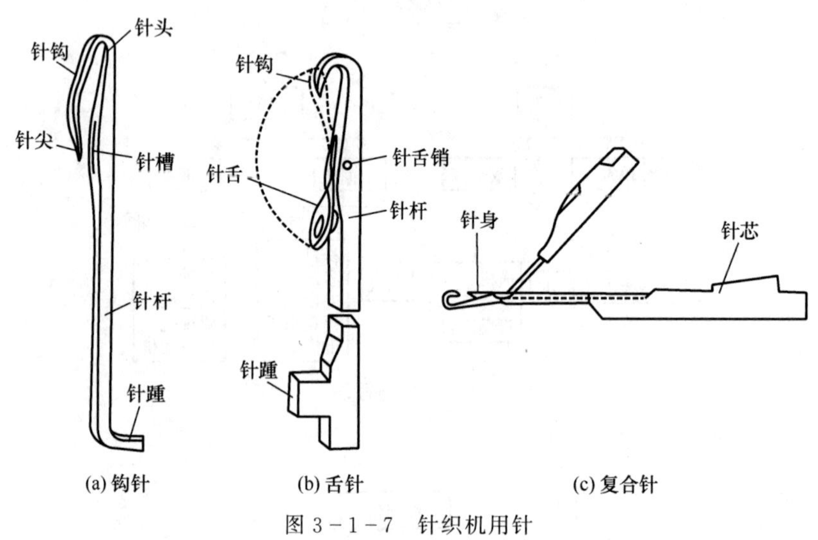

图 3－1－7 针织机用针

各种针的比较见表 3－1－1 所示：

表 3－1－1 针织机用针比较

	钩针	舌针	复合针
结构	简单、制造方便	复杂、制造较困难	较简单方便
成圈	闭口须专门的压片，成圈机构较复杂	闭口靠线圈移动使针舌回转，成圈机构简单	闭口不由旧线圈作用，形成的线圈结构均匀
用途	编制较紧密细薄的织物，单面织物为主	范围广，单双面、厚薄型织物均可编织	经编机多用。尤其适宜高速机的编织

5. 路数 即针织机上所具有的成圈系统数量。所谓成圈系统是指能够使织针形成一个线圈的若干个成圈机件的组合。路数在一定程度上反映了纬编针织机技术水平的高低，决定了面料的产量。针织机转一转，每一路就可形成一个线圈横列。在转速相同的情况下，路数越多，产量越高；路数越少，产量越低。而单位进纱路数是指每 1 英寸针筒直径内路数，其数值如下计算：

$$单位进纱路数=\frac{针织机的总路数\times 2.54}{针织机的针筒直径}$$

6. 总针数 总针数是指针床或针筒上能够插装织针的数量，也可以表示所具有针槽的数量。总针数决定了可编织生产面料的最大幅度（封度）。总针数与机号有相当密切的关系，当针筒直径和针床宽度一定时，机号越高，总针数越多。

☞ 思考与练习

1. 针织产品的特点是什么？请举例说明。
2. 请列举一些针织产品。
3. 针织物的结构有什么基本特征？
4. 国家考核针织物的力学性能指标是什么？并说明其意义。
5. 针织物的稀密程度可用什么指标考核？
6. 如何理解机号及其意义？
7. 针织生产工艺流程如何？
8. 针织机的机构组成？如何区分单面机和双面机？
9. 采用什么样的针来编织针织物？
10. 针织机有哪些？
11. 针织物的横列数和纵行数分别与机器的哪些参数有关？

项目3-2 针织面料生产

✲教学目标

1. 了解针织面料的基本概念；
2. 掌握针织面料的基本分类；
3. 掌握针织物的形成原理；
4. 熟悉常用针织面料的组织与性能；
5. 基本了解各类针织面料生产设备及生产工艺流程；
6. 能够分辨常用针织面料的组织。

✲任务说明

1. 任务要求

通过本项目的学习，完成以下工作任务：

（1）认识常见的针织面料并熟悉其品名、组织结构和用途；

（2）分析所给面料的生产设备及加工方法；

（3）手工编织针织物小样。

2. 任务所需设备、工具、材料

数块针织面料样品、毛线、竹针、照布镜。

3. 任务实施内容及步骤

（1）根据给出的针织物样品的结构，采用目测、拆散、拉伸等方法，分别判定各块针织物的结构单元，由此得出各块面料的织物组织；

（2）写出所分析织物的面料名称、组织名称及织物结构单元；

（3）说明每种面料的用途。

（4）说明每种面料可用什么针织机织造？简要说明编织方法。

（5）手工编织针织物小样，要求完成以下组织各 1 块，织物大小 5cm×5cm。并分别画出它们的编织图：纬平针组织、1＋1 罗纹组织、2＋5 罗纹组织、双反面组织、2 色单面提花组织（花型自己设计）、畦编组织（元宝）。

4. 撰写任务报告，并进行评价与讨论。

✲项目导入

针织面料产品除供服用和装饰用外，还可用于工农业以及医疗卫生和国防等领域。针织分手工针织和机器针织两类。手工针织使用棒针，历史悠久，技艺精巧，花形灵活多变，在民间得到广泛的流传和发展。1982 年 1 月在中国湖北江陵马山砖瓦厂一号战国中晚期（公元前 3 世纪）墓出土一批丝织品文物中有带状单面纬编两色提花丝针织物，如图 3－2－1 所示，是至今已发现的最早手工针织品，距今约 2200 多年。出土的绦属单面纬编提花组织，是用于装饰衣物的窄带。绦宽 3.5～17mm，纵行有 3、11、13 三种。前者由于卷边，在自然状态下外表呈圆形。后两种外观较平整，两边微卷。都具有良好的纵向拉伸性，横向拉伸性较差，不易脱散。

图 3－2－1　战国动物提花针织绦——迄今在中国出土的最早针织品

19 世纪末，吊机、手摇横机和手摇袜机相继传入我国。1896 年在上海建成的云章机器织造汗衫厂是我国第一家针织厂。从手工编织到创制第一台手摇针织机，从一开始的织袜子逐步发展到生产针织面料制作衣裤，针织跻身纺织工业，成为不可或缺的一部分。如今，通过产业结构调整、技术改造和技术引进，使针织工业得到了迅猛发展。一方面为针织生产提供了丰富的新原料；另一方面，针织机械的加工技术不断提高，计算机等电子技术在针织机上的应用，使针织机的品种不断增多、规格不断扩大，针织机的自动化程度越来越高、功能越来越多，使得生产的针织品品种、花色越来越丰富，如图 3－2－2 所示现代针织面料。

一、针织面料的认识

针织面料是指各种编织工艺所生产的针织坯布供裁剪用的非成形编织品。根据不同的工艺特点，针织生产分纬编和经编两大类。在纬编生产中原料经过络纱（或直接上机），把筒子纱上的纱线沿纬向顺序地垫放在纬编针织机的各枚织针上，以形成纬编针织物。纬编针织物手感柔软、延伸性大、弹性好。在经编生产中原料经过整经，把纱线平行排列卷绕成经轴，然后上机生产。纱线从经轴上退解下来，各根纱线沿纵向各自垫放在经编针织机的一枚或至多两枚织针上，以形成经编针织物。与纬编针织物相比，经编针织物延伸性、弹性较小、脱

图 3－2－2　现代针织面料

散性小，线圈稳定性好，织物的结构和外形较稳定。在某些针织机上也有把纬编和经编结合在一起的方法。这时在针织机上配置有两组纱线，一组按经编方法垫纱，而另一组按纬编方法垫纱，织针把两组纱线一起构成线圈，形成经纬编复合针织物。

纬编：由一根或几根纱线在织针上顺序编织构成一个线圈横列。由同一根纱线形成的线圈在纬编针织物中沿着纬向配置，如图 3－2－3 所示。

经编：由一组或几组平行排列的经纱在一次成圈过程中，分别在织针上形成线圈构成一个线圈横列。由同一根纱线形成的线圈在经编针织物中则沿着经向配置，如图 3－2－4 所示。

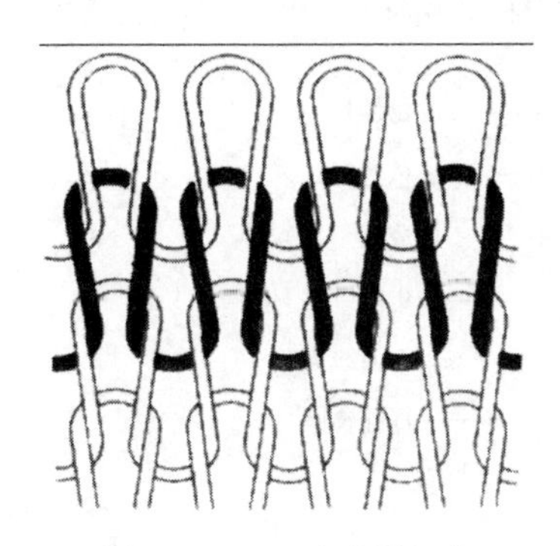

图 3－2－3　纬编针织物

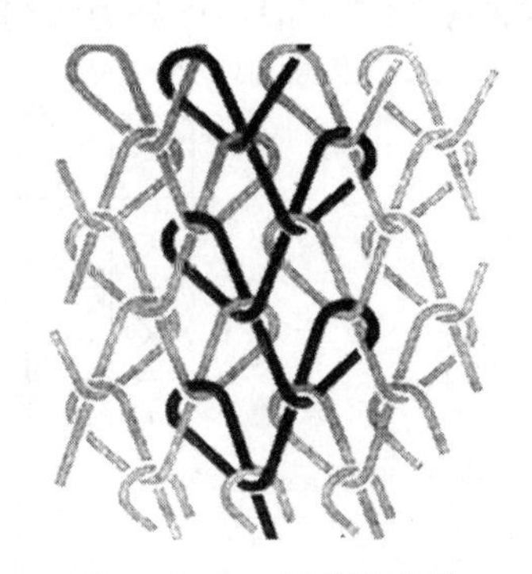

图 3－2－4　经编针织物

针织面料按结构分单面针织物和双面针织物。单面针织物线圈的延展线或圈柱集中分布在针织物的一面，织物两面具有显著不同的外观，且采用一个针床编织。双面针织物线圈的延展线或圈柱分布在针织物的两面，两面均有正面线圈和反面线圈，或均显示正面线圈，织物两面具有相同的外观，且采用两个针床编织。

单面针织物有正面与反面之分。一般把线圈圈柱覆盖于线圈延展线上的一面称作针织物工艺正面；线圈延展线覆盖于线圈圈柱上的一面称作针织物工艺反面。

二、针织物组织结构的表示方法

(一) 纬编针织物结构的表示

常用方法有线圈结构图、意匠图、编织图、三角配置图。

1. 线圈结构图

(1) 优点：可清晰地看出针织物结构单元在织物内的连接与分布，有利于研究针织物的性质和编织方法，如图 3－2－5 所示。

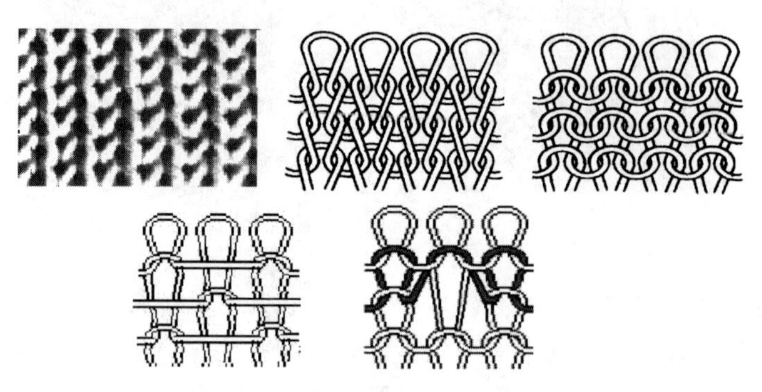

图 3－2－5　纬编组织线圈结构图

(2) 缺点：仅适用于较简单的织物结构，复杂的大花纹绘制较困难。主要用于教学和研究。

2. 意匠图　意匠图是把织物内线圈组合的规律，用规定的符号画在小方格纸上表示的一种图形。每一个方格代表一个线圈。每一方格行和列表示织物的一个横列和一个纵行。根据表示对象的不同，一般可以分为结构意匠图和花型意匠图，如图 3－2－6 所示。

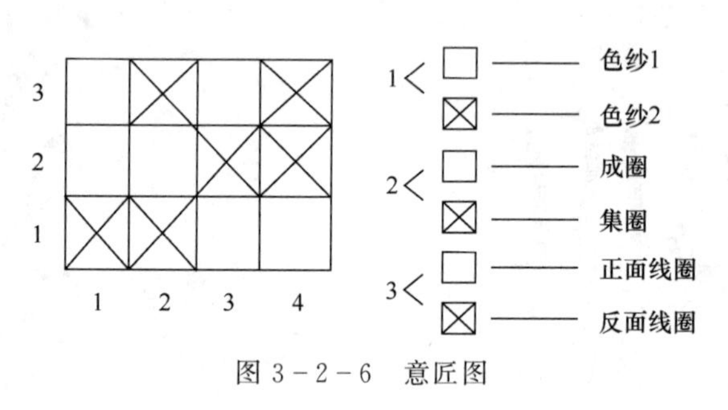

图 3－2－6　意匠图

(1) 结构意匠图：符号“×”表示正面线圈，“○”表示反面线圈，“·”表示集圈悬弧，空格表示浮线（即不编织）。可用来表示某一单面和双面织物的织物结构，通常用于表示由成圈、集圈和浮线组合的单面变换结构。

(2) 花型意匠图：用来表示提花织物正面（提花一面）的花型与图案。每一方格均代表一个线圈，方格内的符号的不同仅表示不同颜色的线圈，图 3－2－7 表示的是三色双面提花织物的反面。

其特点是画法简便，特别适用于组织的设计与分析。比线圈结构图简单明了，易于在生产中使用。但不能反映出针织物结构的具体形态，且难以反映双面织物的编织情况。

3. 编织图 编织图是将针织物组织的横断面形态，按成圈顺序和织针编织及配置情况，用图形表示的一种方法。这种方法适用于大多数纬编织物。特别是表示双面纬编针织物时优点尤为突出。从编织图上可以清楚地看出织针配置情况及每根纱线在每一枚针所编织的结构单元，而且显示了织针的配置与排列，绘制十分简单。能够清晰地表示纱线在织针上的编织情况，特别是可以表示上下针（前后针）的编织情况，特别适合于双面结构花型的表示，不适合大提花花型的表示。

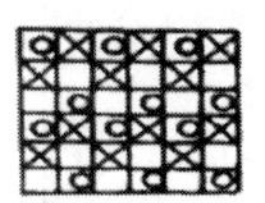

图 3－2－7 三色双面提花织物

纬编针织物花色组织常用成圈、集圈、浮线组合而成，所以织针的编织情况通常可分为成圈、集圈、浮线三种；按照织物结构的要求，织针可以处于编织（工作）状态；也可以把织针从针槽内取出，把织针从针槽内取出称为抽针；对于双面织物，要根据织物结构的要求确定上下针的对应关系。

编织图的图形符号及表示如图 3－2－8 所示。

	下针	上针	上下针
成圈			
集圈			
浮线			
抽针			

图 3－2－8 编织图

4. 三角配置图 根据编织情况在每一路排列三角种类，用以表示舌针纬编机织针的工作情况以及织物的结构，一般用于多针道针织机。成圈、集圈和不编织的三角配置表示方法如图 3－2－9 所示。当三角不编织时，有时可用空白来取代符号“—”。

（二）经编针织物的表示

常用方法有线圈结构图、垫纱运动图和垫纱数码表示法。通常垫纱数码与数字记录结合表示。垫纱运动图虽不及线圈结构图直观，但使用与表示均很方便。

三角配置方法	三角名称	表示符号
成圈	针盘三角	∨
	针筒三角	∧
集圈	针盘三角	∪
	针筒三角	∩
不编织	针盘三角	—
	针筒三角	—

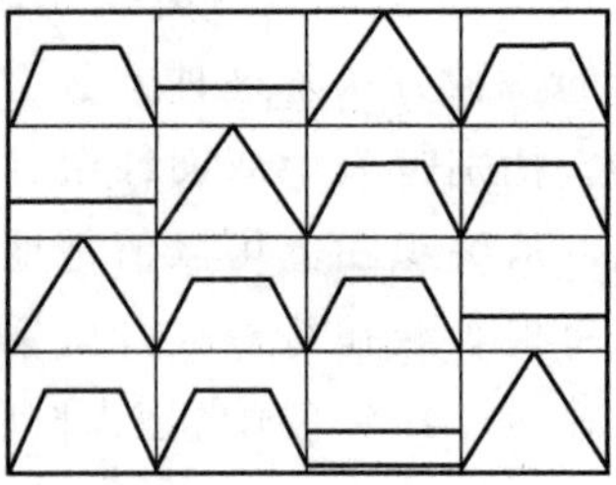

图 3-2-9　三角表示及配置图

将经纱垫放在织针上的轨迹形象地描述在带圆点的意匠纸上来表示经编织物的组织结构，同时表示出各把梳栉的穿经规律和对梳规律的图，如图 3-2-10 所示。

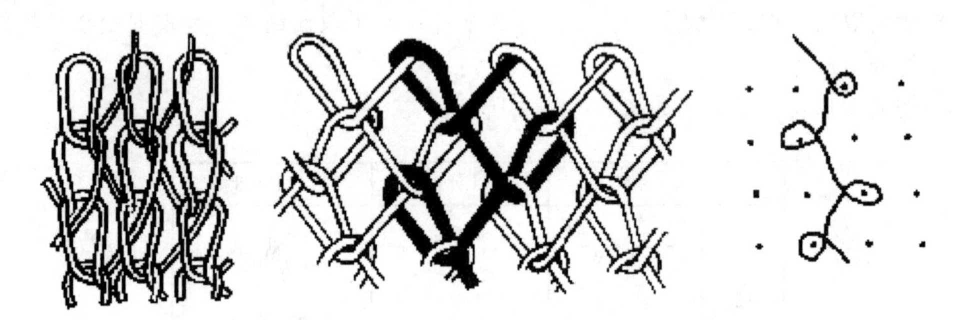

图 3-2-10　经编线圈结构图与垫纱运动图

在图 3-2-11 中，每个“点”表示编织某一横列时的一个织针针头的投影，“点”的上方表示针前，“点”的下方表示针背。针与针的间隙用数码 0、1、2、3…表示（一般舌针机上用 0、2、4、6…表示）；其横向“点列”代表针床上的各枚针，表示经编织物的线圈横列，自下而上用Ⅰ、Ⅱ、Ⅲ、Ⅳ…表示；纵向“点行”代表各枚针在编织不同横列时的位置，表示经编织物的线圈纵行每一纵向点行，即表示编织每个线圈纵行针的位置，用 n_1、n_2…表示。圆点群中的线迹则表示导纱针在编织针织物一个完全组织内的导纱规律，即纱线在各枚针上的垫纱规律，编织方向为自下而上。

垫纱运动图可清楚、简便地表示出每根经纱在织物中的编织规律及线圈的开口、闭口形式。适于在设计和表示经编织物时使用。此法直观方便，每把梳栉只需要做出一根经纱的垫纱规律作为代表即可。双针床经编组织的垫纱运动图做法同上，但必须用两横列“点”为一组表示双针床经编织物的一个线圈横列。用奇数点列描绘前针床的垫纱运动，用偶数点列描绘后针床的垫纱运动。为了表示得更清楚，可用两种符号表示前、后针床的针的投影，“×”表示前针床的点列，“?”表示后针床的点列；或在前针床的点列旁标注字母 F，在后针床的点列旁标注字母 B。在垫纱运动图的下方往往还附有穿经图，“|”表示在相应的导纱针中穿有纱线。“·”表示在相应的导纱针中未穿有纱

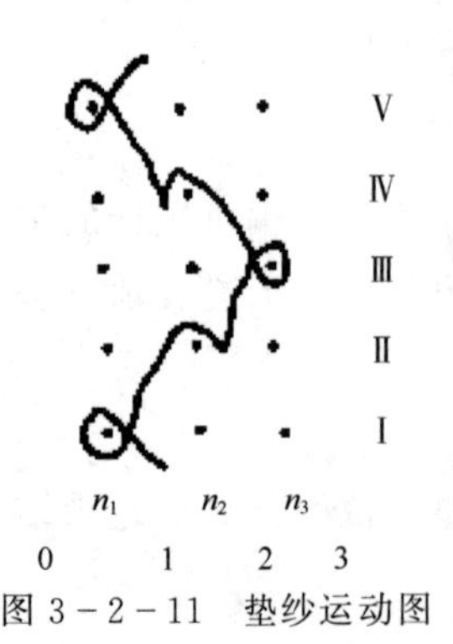

图 3-2-11　垫纱运动图

线，即空穿。例如　｜｜·｜｜·表示两穿一空。

三、纬编面料生产

（一）纬编组织分类

纬编针织物的组织种类很多，一般可分为原组织、变化组织和花色组织。原组织是构成所有针织物组织的基础。包括纬平针组织、罗纹组织和双反面组织。变化组织是由两个或两个以上的原组织复合而成，如双罗纹组织。原组织、变化组织合起来称为基本组织。

利用各种不同的纱线，按照一定的规律编织不同结构的线圈而形成的组织为花色组织。它是由式样、大小、位置、色型等互不相同的结构单元组成，常见结构单元有线圈、悬弧、浮线、延展线、附加线段等。花色组织既能形成花纹，又能改变织物的性能。常见的花色组织有提花组织、集圈组织、添纱组织、毛圈组织、衬垫组织、长毛绒组织、纱罗组织、移圈组织、波纹组织、衬经衬纬组织以及复合组织等。

（二）纬编基本组织

纱线构成线圈，经过纵向串套和横向连接便形成针织物。所以成圈是针织的基本工艺。成圈过程可按顺序分解成下列几个阶段：退圈、垫纱、弯纱、带纱、闭口、套圈、连圈、脱圈、成圈、牵拉，形成的新线圈在下一成圈周期中即成为旧线圈。纬编针织物成圈过程有针织法和编结法两类。在针织法成圈过程中，成圈各阶段按上述顺序进行。在编结法成圈过程中，弯纱始于脱圈，并与成圈阶段同时进行。在有的针织机上各枚织针依次顺序完成成圈过程；也有一些针织机的成圈过程各枚织针整列地同时进行。

（1）针织法成圈（如钩针成圈）：成圈过程可细分为10个阶段，如图3－2－12所示。

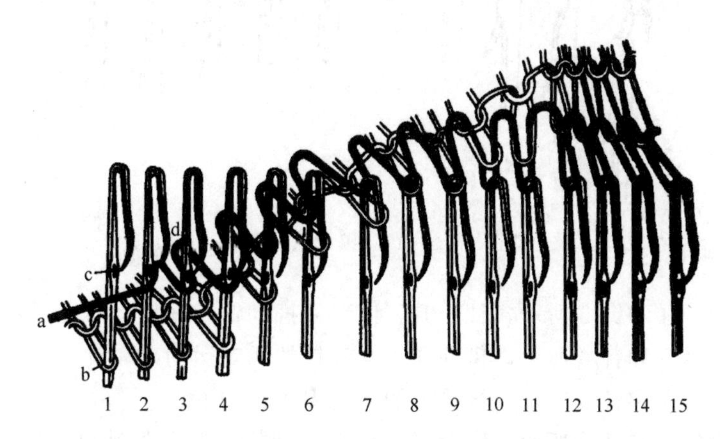

图3－2－12　针织法成圈

退圈：如图中针1所示，将针钩下的旧线圈移至针杆上，使旧线圈b同针槽c之间有足够的距离，以供垫放纱线。

垫纱：如图中针1和针2所示，将纱线垫放在针杆上，并使其位于旧线圈b和针槽c之间，垫纱是借助导纱器和针的相对运动来完成的。

弯纱：如图中针3和针4所示，利用弯纱沉降片将垫放在针杆上的纱线弯成具有一定大小但未封闭的线圈d。线圈大小取决于弯纱深度。

带纱：如图中针 5 所示，由弯纱沉降片使弯曲成圈的线段沿针杆移动，并经针口进入针钩内。

闭口：如图中针 6 所示，利用压板将针尖压入针槽，使针口封闭，以使旧线圈套在针钩上。

套圈：如图中针 6 和针 7 所示，由套圈沉降片和钩针的相对运动来完成，将旧线圈套上针钩后，针口即恢复开启状态。

连圈：如图中针 8 所示，此时旧线圈与未封闭的新线圈接触，未封闭线圈的大小应为沉降片所控制，因为纱线转移时需克服纱线和纱线之间以及纱线与针钩之间很大的摩擦阻力。

脱圈：如图中针 9 和针 10 所示，旧线圈从针头上脱下，套在未封闭的线圈上，使其封闭。

成圈：如图中针 12 所示，形成所需大小的线圈。

牵拉：如图中针 13～15 所示，给形成的新线圈一定的牵拉力，将其拉向针背，以避免在下一成圈循环中进行退圈时，发生旧线圈重新套到针上的现象。

一般可简化为 8 个主要阶段：即退圈、垫纱、弯纱、闭口、套圈、脱圈、成圈和牵拉。

（2）编织法成圈（如舌针成圈）：成圈过程可细分为 10 个阶段，如图 3－2－13 所示。

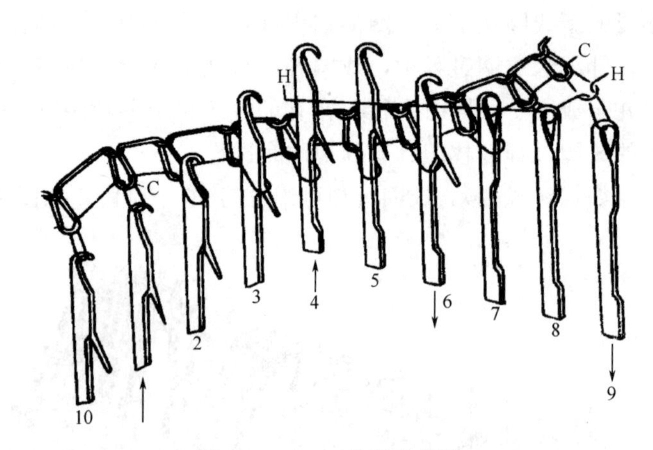

图 3－2－13　编织法成圈

退圈：如图中针 4 和针 5 所示，针上升，旧线圈推动针舌开启，旧线圈移至舌下针杆上。

垫纱：如图中针 5 和针 6 所示，借助导纱器和针的相对运动来完成。

带纱：如图中针 7 和针 8 所示，将垫上的纱线引入针钩下。

闭口：如图中针 8 和针 9 所示，针下降，由旧线圈推动针舌将针口关闭，使旧线圈与新垫的纱线分隔于针舌的内外。

套圈：如图中针 8 和针 9 所示，将旧线圈套于针舌上，套圈与闭口同时进行。

连圈：如图中针 9 所示，针继续下降，使旧线圈和被针钩带下的新纱线相接触。

弯纱：如图中针 9 所示，针继续下降使新垫上的纱线逐渐弯曲，弯纱由此开始一直延续到线圈最终形成。线圈大小取决于弯纱深度。

脱圈：如图中针 9 和针 10 所示，旧线圈从针头上脱下并套在新线圈上。

成圈：如图中针 10 所示，舌针下降至最低位置最终形成线圈。

牵拉：如图中针 1、针 2、针 3 所示，将新形成的线圈拉向针背，以免针上升时旧线圈重新套于针钩上。

纬编针织物基本组织及其特性如下。

1. 纬平针组织 纬平针组织，简称平针组织，它是由连续的单元线圈以一个方向相互串套而成的单面纬编基本组织。可采用舌针和钩针编织。广泛应用于内衣、运动衣裤、羊毛衫、袜子和手套生产中。

(1) 纬平针组织的结构：纬平针组织的结构如图 3－2－14 所示。由连续的单元线圈以一个方向相互串套形成两面外观明显不同，图 3－2－14 (a) 为织物正面，正面主要显露线圈的圈柱；图 3－2－14 (b) 所示为织物的反面，反面主要显露与线圈横列同向配置的圈弧。成圈过程中，新线圈从旧线圈的反面穿向正面，纱线上的结头、棉结杂质等被旧线圈的圈弧阻挡而停留在反面，因正面与线圈纵行同向排列的圈柱对光线有较好的反射性，而反面的圈弧对光线却有较大的漫反射，因此，纬平针组织正面亮而光洁，反面暗而粗糙。

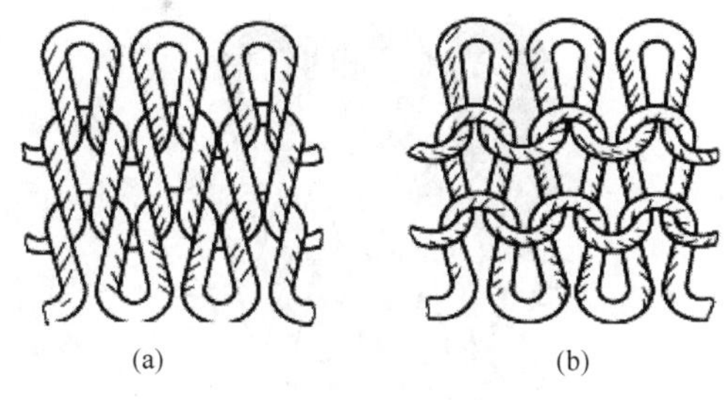

图 3－2－14 纬平针组织

(2) 纬平针组织的特性：

①具有线圈的歪斜性。纬平针组织在自由状态下，其线圈常发生歪斜现象，在一定程度上直接影响针织物的外观与使用。线圈的歪斜是由于纱线的捻度不稳定所引起的，纱线力图解捻，引起线圈歪斜。线圈的歪斜方向与纱线的捻向有关。当采用 Z 捻纱时，织物的正面纵行从左下向右上歪斜；当采用 S 捻纱时，织物的正面纵行从右下向左上歪斜。这种歪斜现象对于使用强捻纱线的针织物更加明显。为减少纬平针织物的线圈歪斜现象，在针织生产中多采用弱捻纱，或预先进行汽蒸等处理，以提高纱线捻度的稳定性。

②具有卷边性。纬平针织物在自由状态下，其边缘有明显的包卷现象，称作卷边性。卷边性是由于被弯曲的纱线力图伸直，弯曲纱线弹性变形的消失而形成的。织物的横向和纵向的卷边方向不同。织物的横向边缘卷向织物的正面。织物的纵向边缘卷向织物的反面，如图 3－2－15 所示。

纬平针织物的卷边性随着纱线弹性的增大、纱线线密度的增大和线圈长度的减小而增加。卷边现象使针织物在后处理以及缝制加工时产生困难。因此，在裁剪和缝纫前须经过轧光或热定形处理。

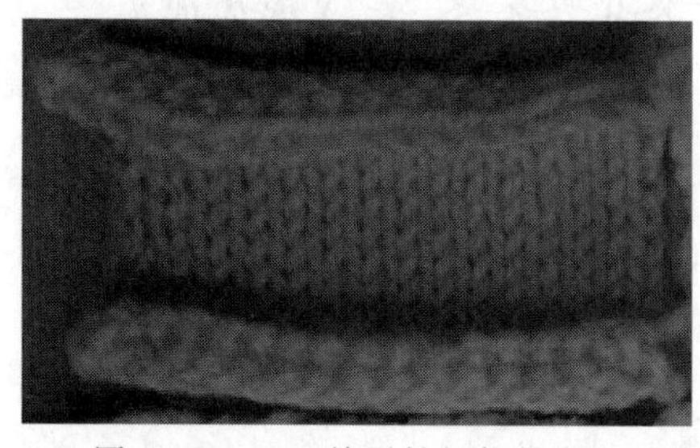
图 3－2－15 纬平针织物的卷边

③具有较大的脱散性。在针织物中，当纱线断裂或线圈失去串套联系，在外力的作用下，线圈依次从被串套线圈中脱出，这种现象称为脱散。纬平针织物的脱散可能产生两种情况：

有规律脱散：纱线没有断裂，线圈失去串套从整个横列中脱出，一般在针织物边缘横列中，线圈逐个连续地沿织物逆编织方向脱散，如图 3－2－16 所示，纱线 a 形成的线圈可顺次地从串套的线圈中脱出，这种脱散由于纱线未断裂，针织物脱散后纱线可以回用，从而达到节约原料的目的；同时，利用这种脱散可在成形产品的连续生产中作为分离横列或握持横列编织段；也可利用该脱散测量针织物的实际线圈长度以及分析针织物的组织结构。

无规律脱散：纱线断裂，线圈沿着织物的纵行，从断裂纱线处分解脱散。如图 3－2－17 中 a 处所示。一般这种脱散可在纬平针织物的任何地方发生，极大地影响了针织物的外观，缩短了针织物的使用寿命。针织物的脱散性与线圈长度成正比，与纱线的摩擦系数及抗弯刚度成正比。当针织物受到横向拉伸时，由于线圈扩张也会加大脱散。

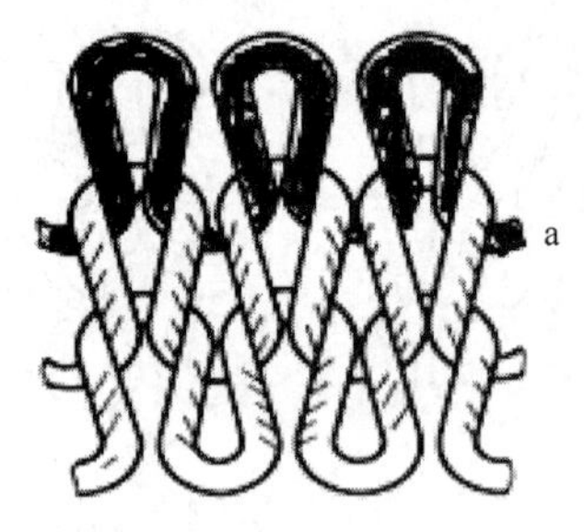

图 3－2－16　针织物沿线圈横列顺序脱散

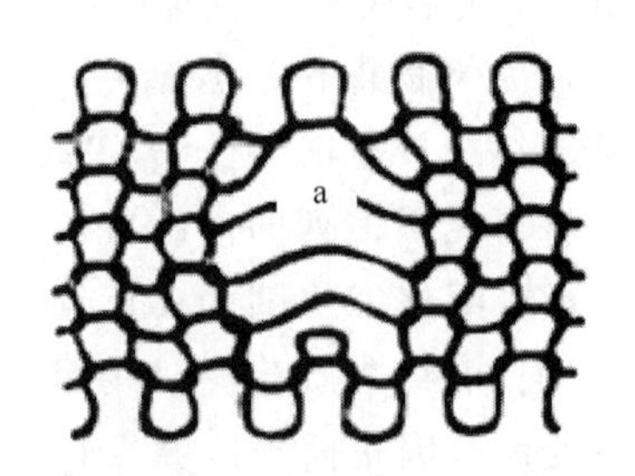

图 3－2－17　纱线断裂处线圈脱散

④具有延伸性。针织物在外力拉伸作用下，尺寸会发生伸长的特性。主要是由于线圈结构的改变而发生的变形。由于拉伸作用的不同，针织物可产生单向延伸和双向延伸。单向延伸一般指织物受到一个方向拉伸力的作用后，其尺寸沿着拉伸方向增加，而垂直于拉伸方向则缩短。例如：针织坯布在漂染加工中主要产生的纵向拉伸。双向延伸是指拉伸同时在两个垂直方向上进行，针织物面积增加。例如：针织内衣、裤穿着时，肘部和膝盖处受到的拉伸。一般纬平针织物的横向延伸性大于纵向。

2. 罗纹组织　罗纹组织是由正面线圈纵行和反面线圈纵行以一定的组合相间配置而成的双面基本组织，如图 3－2－18 所示为罗纹织物。

(1) 罗纹组织的结构：如图 3－2－19 所示，由一个正面线圈纵行 a 和一个反面线圈纵行 b 相间配置组成的罗纹叫作 1+1 罗纹。图 3－2－19 (a) 为横向拉伸时的结构，图 3－2－19 (b) 为

图 3－2－18　罗纹织物

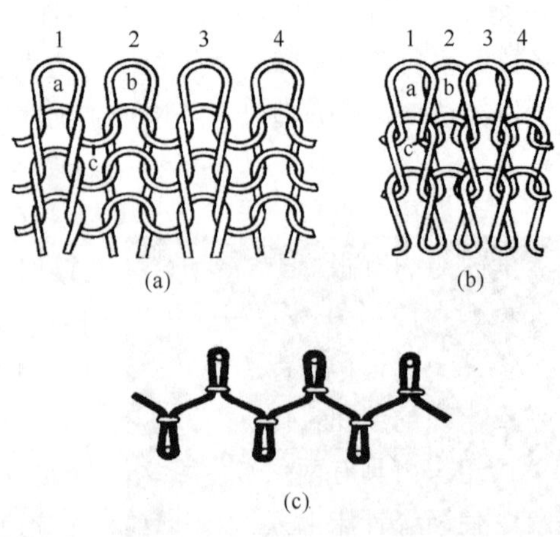

图 3－2－19　1+1 罗纹组织

自由状态时的结构；图3－2－19（c）为在机器上时的线圈配置图。1＋1罗纹组织正、反面线圈纵行不在同一平面上，因为正、反面线圈纵行间的沉降弧c从前至后或从后至前连接正、反面线圈，从而产生较大的弯曲和扭转。由于纱线的弹性，纱线力图伸直，使相邻的正、反面线圈纵行相互靠近，彼此潜隐半个纵行。使得织物两面都具有由圈柱组成的直条凸纹效应。

罗纹组织种类较多，取决于正、反面线圈纵行数不同的配置。通常用数字来表示正、反面线圈纵行的配置情况。如正、反面线圈纵行1隔1配置叫作1＋1罗纹、2隔2配置叫作2＋2罗纹、3隔4配置叫作3＋4罗纹等。其中正面线圈纵行和反面线圈纵行相等的称作完全罗纹，如1＋1罗纹；正面线圈纵行和反面线圈纵行不相等的称作不完全罗纹，如3＋4罗纹。每个组织中的一个最小循环单元称作一个完全组织。1＋1罗纹组织完全组织数为2，3＋4罗纹组织完全组织数为7。

（2）罗纹组织的特性：

①具有良好的弹性和延伸性。罗纹组织的最大特点是具有较大的横向延伸性和弹性。而其纵向延伸性和弹性类似于纬平针组织。

罗纹组织在横向拉伸时，连接正、反面线圈的沉降弧从近似垂直于织物平面向平行于织物平面偏转，产生较大的弯曲。当外力去除后，弯曲较大的沉降弧力图伸直，回复到近似垂直于织物平面的位置，从而使同一平面上的相邻线圈靠拢，在每个完全组织中，反面线圈纵行隐潜于正面线圈纵行后。因此罗纹组织的宽度将随织物完全组织的不同而不同。当织物横向受力时，隐潜的反面线圈纵行首先显露出来，然后才发生线段转移；当外力去除后，纱线弹性的作用，使得织物又恢复原状。因此，罗纹织物具有优良的横向延伸性和弹性。其弹性取决于针织物的组织结构，一般来说，1＋1罗纹的延伸性和弹性比2＋1、2＋2等罗纹好。罗纹织物的完全组织越大，则横向相对延伸性就越小，弹性也越小。罗纹组织的弹性还与纱线的弹性、摩擦力以及针织物的密度有关。纱线的弹性越大，针织物拉伸后恢复原状的弹性也就越大。纱线间的摩擦力取决于纱线间的压力和纱线间的摩擦系数，当纱线间摩擦力越小时，则针织物回复其原有尺寸的阻力越小。在一定范围内结构紧密的罗纹针织物，其纱线弯曲大，因而弹性就较好。

②具有较小的脱散性。罗纹组织也可能产生脱散现象。1＋1罗纹组织只能逆编织方向脱散。而其他如2＋2、2＋3等罗纹组织，由于相连在一起的正面或反面的同类线圈纵行同纬平针织物相似，故线圈除能逆编织方向脱散外，还可沿纵行顺编织方向脱散。

③基本不卷边。不同组合的罗纹组织，在边缘自由端的线圈也有卷边的趋势。在正反面线圈纵行数相同的罗纹组织中，卷边力彼此平衡，因而基本不卷边。在正、反面线圈纵行数不同的罗纹组织中，卷边现象也不是很严重。

由于罗纹组织有很好的延伸性和弹性，卷边性小，而且顺编织组织不会脱散，因此它常被用于要求延伸性和弹性大、不卷边、不会顺编织方向脱散的地方，如袖口、领口、裤口、袜口、下摆等，也可用作弹力衫、裤的组织结构。

④罗纹组织的编织：由于罗纹组织的每个横列均由正面线圈与反面线圈相互配置而成，因此，罗纹组织由具有两个针床（或针筒）的双面圆纬机上编织，并且两个针床应配置成一定的角度，使两个针床上采用的舌针在脱圈时的方向正好相反。在一个针床上的针形成正面线圈，另一针床上的针形成反面线圈，与舌针编织平针组织一样，成圈过程也分为退圈、垫

纱、闭口、套圈、弯纱、脱圈、成圈与牵拉 8 个阶段，如图 3－2－20 所示，两个针床相互呈 90°配置，上针盘针槽与下针筒针槽呈相间交错对位，上、下织针也呈相间交错排列。

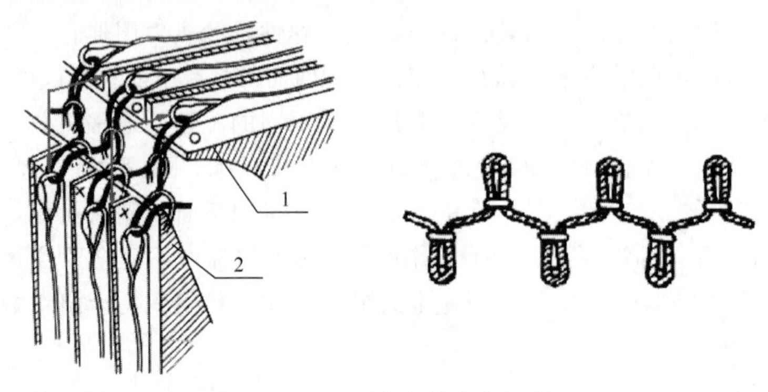

图 3－2－20　罗纹机针床与织针配置

3. 双反面组织　由正面线圈横列和反面线圈横列相互交替配置而成的双面基本组织称为双反面组织。

（1）双反面组织的结构：如图 3－2－21 所示。由一个正面线圈横列和一个反面线圈横列相互交替配置而成双反面组织称为 1＋1 双反面组织。图 3－2－21（a）为自由状态时的双反面织物；（b）为纵向拉伸后的双反面线圈结构图。1 为反面线圈横列，2 为正面线圈横列。按需要组合，也可形成 2＋1、2＋2、2＋3 等双反面组织。

(a)

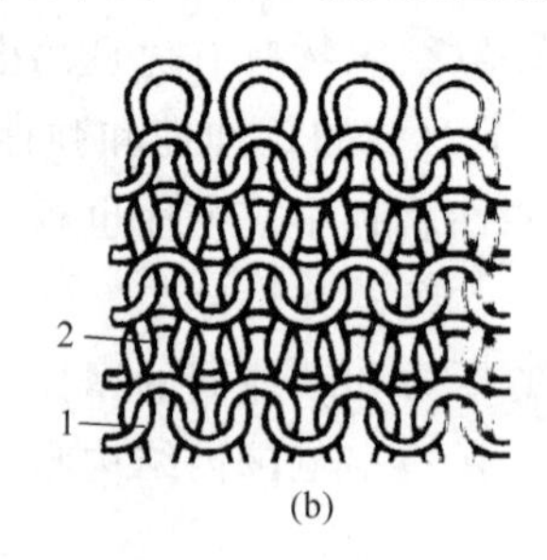

(b)

图 3－2－21　双反面组织

在双反面组织中，由于纱线的弹性，使线圈在垂直于织物平面的方向上产生倾斜。线圈圈柱由前至后，由后至前，导致线圈倾斜，使织物的两面都由线圈的圈弧突出在外，圈柱凹陷在里，在织物正、反两面，看上去都似纬平针组织的反面。

（2）双反面组织的特性：双反面组织由于线圈倾斜，使得织物纵向长度缩短，因而增加了织物的纵密和厚度。在纵向拉伸时，具有较大的延伸性和弹性，使双反面织物纵横向的延伸性相接近。双反面组织中线圈倾斜程度与纱线的弹性、纱线线密度以及织物密度有关。

双反面组织的卷边性随正面线圈横列和反面线圈横列的组合不同而不同。如 1＋1、2＋2 由相同数目的正、反面线圈横列组合，卷边力相互抵消，故不卷边。如将正、反面线圈横列以不同的组合配置，如 2＋1、2＋3 等，正、反面线圈横列形成的凹陷和浮凸使织物有凹凸感横条效应。因此，双反面组织及其由双反面组织形成的花色组织被广泛地应用于羊毛衫、围巾、外衣及袜子生产中。

双反面组织具有和纬平针组织相同的脱散性，顺和逆编织方向均可脱散。

（3）双反面组织的编织：双反面组织主要在双反面机和双针筒圆机上用双头舌针进行编织，也可以在横机上通过前后针床针上的线圈转移来实现。双头舌针如图 3－2－22 所示。成圈可在双头舌针任何一只针头上进行，由于两只针头的脱圈方向不同。因此，一只针头编织正面线圈，而另一只针头编织反面线圈。

图 3－2－23 所示圆形双反面机成圈机件的配置。双头舌针 3 安插在两个呈 180°配置的针筒 5 和 6 的针槽内。上、下针槽相对，上、下针筒同步回转。每一针筒针槽内还分别插有上、下导针片 2 和 4，分别由上、下三角 1 和 7 控制带动双头舌针运动。当双头舌针在上针筒或下针筒被导针片钩住一个针头时，被钩住的针头及导针片组成一枚舌针进行编织

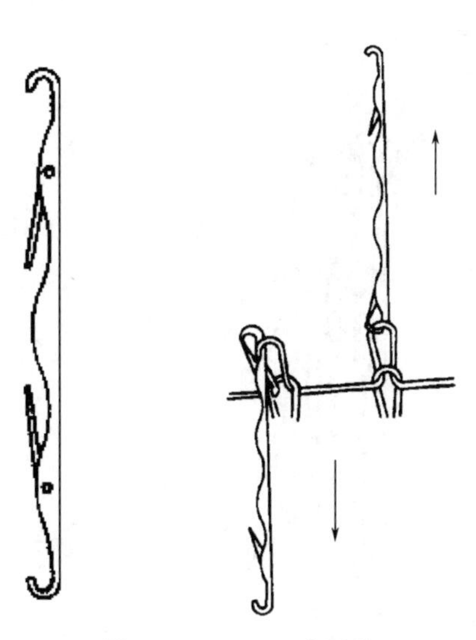

图 3－2－22　双头舌针

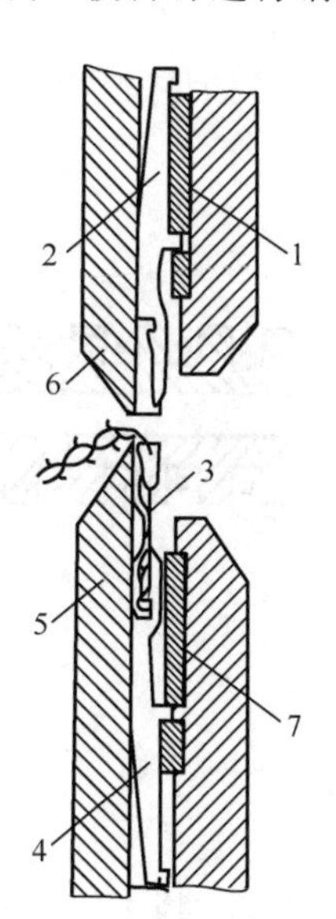

图 3－2－23　成圈机件及其配置

1—上三角　2—上导针片　3　双头舌针　4—下导针片

5—下针筒　6—上针筒　7—下三角

4. 双罗纹组织　双罗纹组织俗称棉毛组织，其坯布称为棉毛布，常用来缝制秋冬内衣、T 恤衫、运动衣裤等。该组织是由两个罗纹组织彼此复合而成的双面纬编组织，在一个罗纹组织线圈纵行之间配置了另一个罗纹组织的线圈纵行。它又称双正面组织。它是罗纹组织的一种变化组织。

（1）双罗纹组织的结构：图 3－2－24 所示为双罗纹组织线圈结构图，一个罗纹的反面线圈正好被另一个罗纹的正面线圈所覆盖，织物两面均为正面线圈。每一横列由两根纱线组成，相邻两纵行线圈相互错开半个圈高。

（2）双罗纹组织的特性：由于双罗纹组织由两个拉伸的罗纹组织复合而成，因此，在未充满系数和线圈纵行配置与罗纹组织相同的条件下，其延伸性、弹性、脱散性均小于罗纹组织，并且不卷边。织物比罗纹组织更厚实，表面更平整，尺寸及结构更稳定。双罗纹组织的边缘横列只逆编织方向脱散，顺编织方向不脱散，故脱散性很小。

由棉毛组织的编织特点可知，当采用不同的色纱、不同的方法上机时，可以编织出纵条花纹、横条花纹和纵条花纹相配合形成的方格花纹、跳棋花纹等多种花纹。

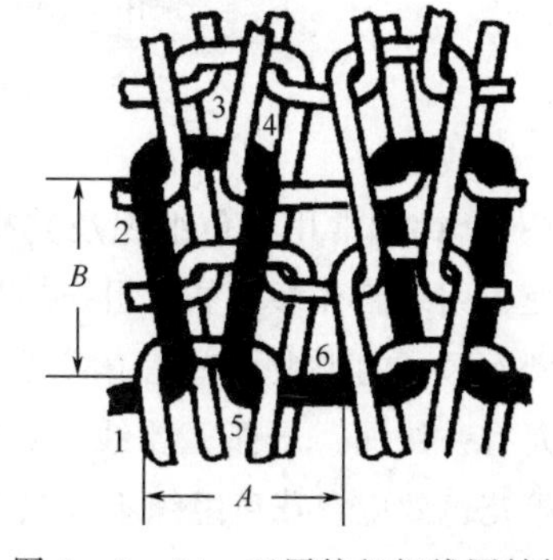

图 3－2－24　双罗纹组织线圈结构图

另外，在上针盘或下针筒上某些针槽中不插针，可形成各种纵向凹凸条纹，俗称抽条棉毛布。

（3）双罗纹组织的编织：双罗纹组织通常由专门的双罗纹机编织。双罗纹机俗称棉毛机。由上针盘和下针筒呈90°配置，上、下针槽相对配置。图3－2－25显示了棉毛机上、下针槽的对位情况。

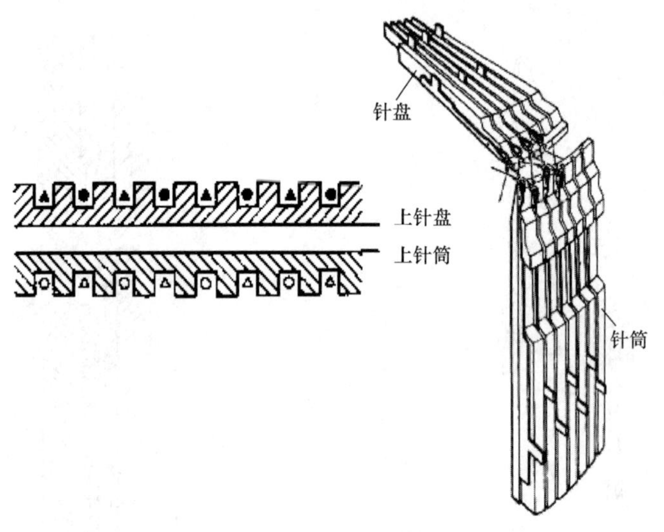

图3－2－25　棉毛机针盘、针筒及上、下针配置

△—低踵下针　○—高踵下针　▲—低踵上针　●—高踵上针

双罗纹组织是由两个1＋1罗纹复合而成，故需要用四种针来进行编织。上、下针均分成高踵针和低踵针两种，分别在各自的针槽内呈1隔1排列。上、下针对位关系是：上高踵针对下低踵针，上低踵针对下高踵针。上、下高踵针编织一个1＋1罗纹组织，上、下低踵针编织一个1＋1罗纹组织，彼此复合，每两路编织一个完整的双罗纹线圈横列，如图3－2－26所示。因此，棉毛机成圈系统必须是偶数。

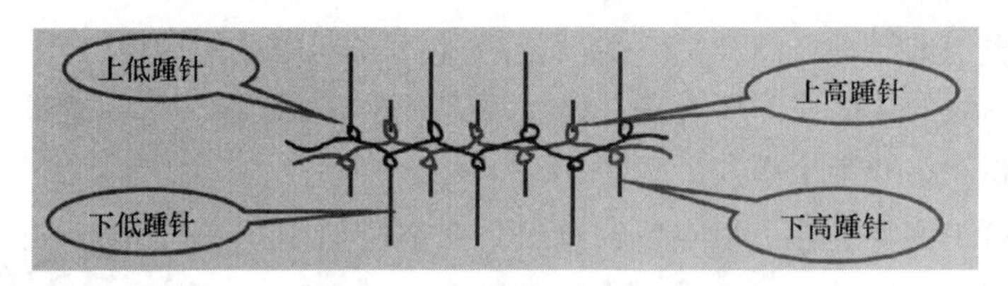

图3－2－26　双罗纹组织编织图

（三）纬编常用花色组织及其特性

花色组织是在纬编基本组织的基础上利用各种不同的纱线，按照一定的规律编织不同结构的线圈而形成的组织。它是由式样、大小、位置、色型等互不相同的结构单元组成。常见的结构单元有：线圈、悬弧、浮线、延展线和附加线段等。通常可形成图案、凹凸、色彩、孔眼、毛绒等花色效应。花色组织不仅具有花纹效应，又能改变织物的性能。本节主要介绍几种常见的花色组织。

1. 提花组织　提花组织是将纱线垫放在按花纹要求所选择的某些针上编织成圈而形成的带有花纹图案的组织。图 3－2－27 所示为提花织物。

图 3－2－27　提花织物

（1）提花组织的结构：按照花纹设计的要求，在每个成圈系统中选择某些织针进行垫纱编织成圈，而未垫放纱线的织针不成圈，纱线呈浮线状浮在这些不参加编织的织针后面，以连接左右相邻针上刚形成的线圈。这些没参加编织的针待下一编织系统中进行成圈，才将提花线圈脱圈在新形成的线圈上。提花组织的结构单元是线圈和浮线，具有彩色或结构花纹效应。

提花组织有单面和双面之分，每一种又有单色和多色之分。单面提花组织是在单面提花圆机上编织，是在单面基本组织的基础上形成的。可分为结构均匀提花和结构不均匀提花两种。如图 3－2－28 所示，图中（a）所有线圈大小相同，每个线圈后均有浮线，即为结构均匀提花；（b）每枚针根据花纹需要垫一次纱或多次纱，也可在一个循环周期内不垫纱，形成拉长的线圈。线圈大小不同，外观有凹凸效应，即为结构不均匀提花。

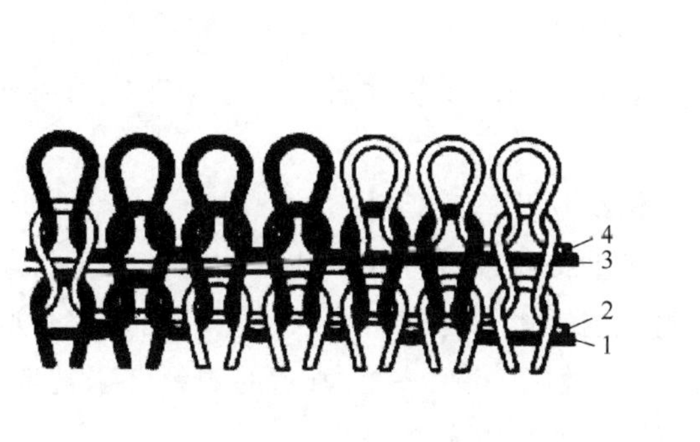

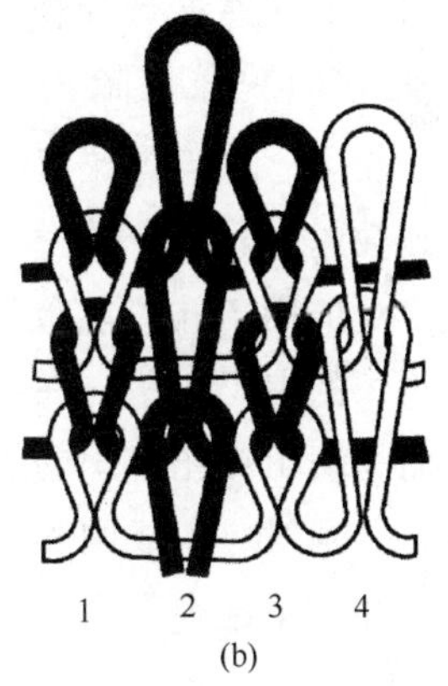

图 3－2－28　单面提花组织

双面提花组织在双面提花圆机上编织，是在双面基本组织的基础上形成。可分为完全提花和不完全提花两种。如图 3－2－29 所示，图中（a）为完全提花组织，每一路成圈系统在编织反面线圈时，所有反面织针（在圆机中即上针盘织针）都参加编织。在织物反面形成横条效应，通常反面线圈的纵密大于正面线圈纵密，色纱数应在 2～3 色为宜。图中（b）为不完全提花组织，将针盘针分为高低两种针，一隔一配置，编织时，前一路只有高（低）踵针参加编织，后一路只有低（高）踵针参加编织，轮流交替。反面可形成直条效应和芝麻点效应。由于直条效应色纱集中，容易显露在正面而形成“露底”现象，通常采用芝麻点效应做反面为多。如图 3－2－30 所示为双面不完全提花织物。

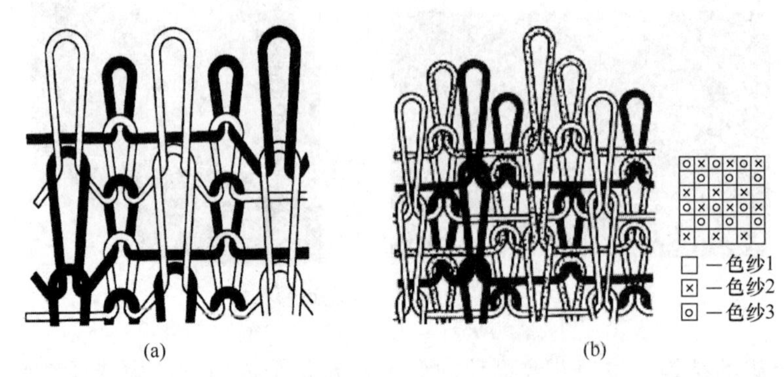

图 3－2－29　双面提花组织

(2) 提花组织的特性：提花组织可形成各种色彩图案和结构的花纹效应，织物外观得以美化。由于提花组织中存在浮线，因此延伸性较小。浮线越长，延伸性越小。但是单面提花组织的反面浮线不能太长，以免产生抽丝的疵点。而双面提花组织，由于反面织针参加编织，因此不存在浮线的问题，即使有也被夹在织物两面的线圈之间。

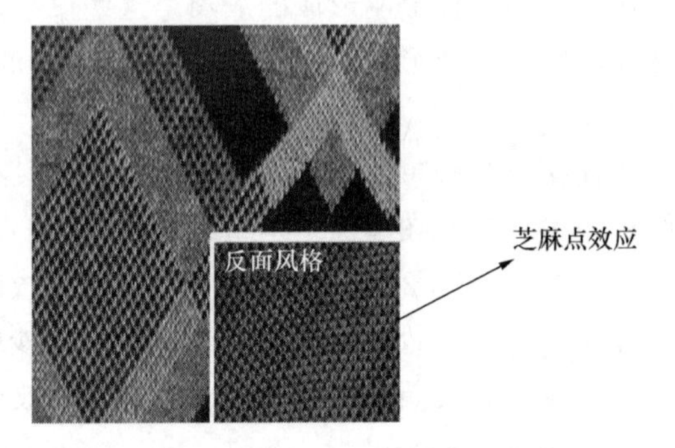

图 3－2－30　双面不完全提花织物

由于提花组织的线圈纵行和横列是由几根纱线形成的，因此它的脱散性较小。织物厚度增加，平方米重量较大。由于提花组织一般几个编织系统才编织一个提花线圈横列，因此生产效率较低，色纱数越多，生产效率越低。

提花组织广泛应用于外衣坯布和装饰织物及羊毛衫生产中。

(3) 提花组织的编织方法：在圆纬机上按花纹设计要求使一些针参加工作，另一些针不参加工作，从而编织出提花组织的织物。选针机构与三角可以使织针到达完全退圈高度或者保持在原位置，分别对应于成圈和不编织。如图 3－2－31 所示的织针 2 未被选中而不升高，形成浮线，针 1 和 3 被选中升高达到退圈高度垫纱成圈。

2. 集圈组织

(1) 集圈组织的结构：集圈组织是一种在针织物的某些线圈上，除套有一个封闭的旧线圈外，还有一个或几个悬弧的花色组织。其结构单元由线圈与悬弧组成。如图 3－2－32 所示，a、b、c 三处既有线圈又有未封闭的悬弧。

集圈组织按结构分为单针集圈、双针集圈、三针集圈等；按形成方法分为单列集圈、双列集圈、三列集圈等；在单面组织基础上形成的为单面集圈组织，在罗纹或双罗纹组织基础上形成的为双面集圈组织。如图 3－2－33 所示的组织，在罗纹组织的基础上进行集圈，形成半畦编组织和畦编组织。

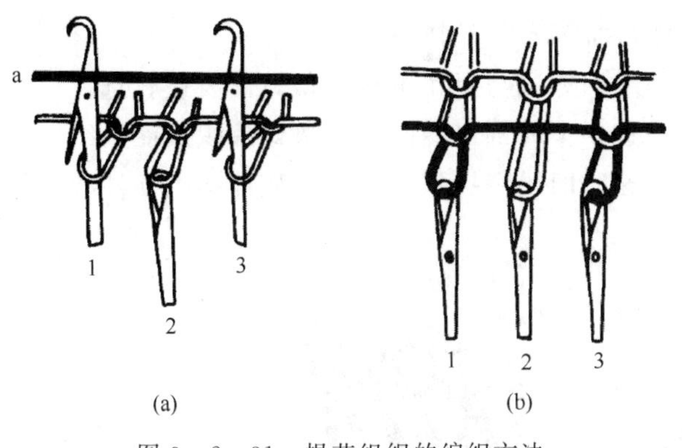

图 3－2－31 提花组织的编织方法

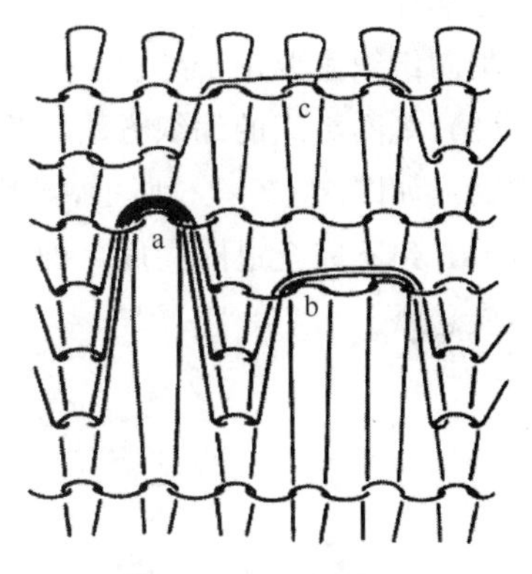

图 3－2－32 集圈组织结构

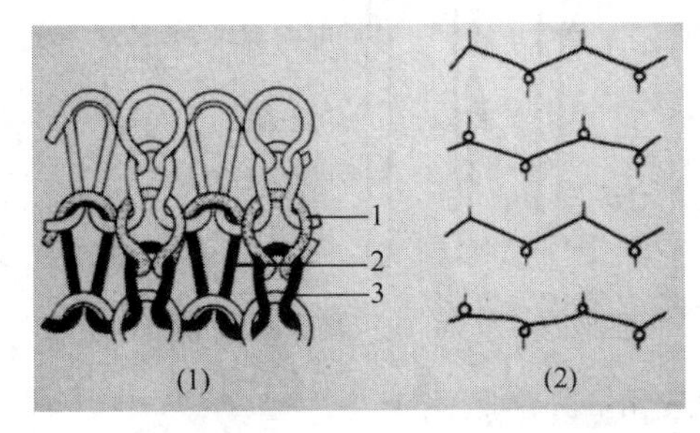

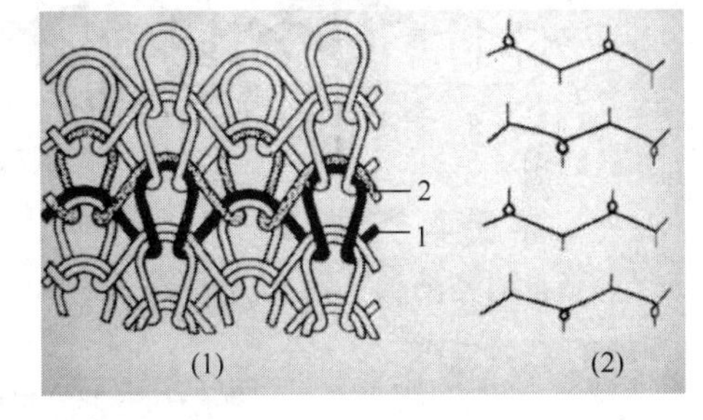

图 3－2－33 双面集圈组织

（2）集圈组织的特性：单面集圈组织可形成多种花色效应。利用集圈在织物上按一定规律排列及使用不同色彩的纱线，可使织物表面形成花纹、色彩、网眼及凹凸效应等。利用单针双列或单针多列集圈形成凹凸不平的织物。集圈的悬弧越多，织物表面的凹凸效应越明显，小孔也越大。可形成网孔效应和绉效应等；如图 3－2－34 所示。利用几种色纱与集圈单元组合形成色彩效应；利用集圈悬弧来减少单面提花组织中浮线的长度。根据集圈单元在平针线圈中有规律的排列，形成斜纹效应。采用单针双列集圈，斜纹明显。

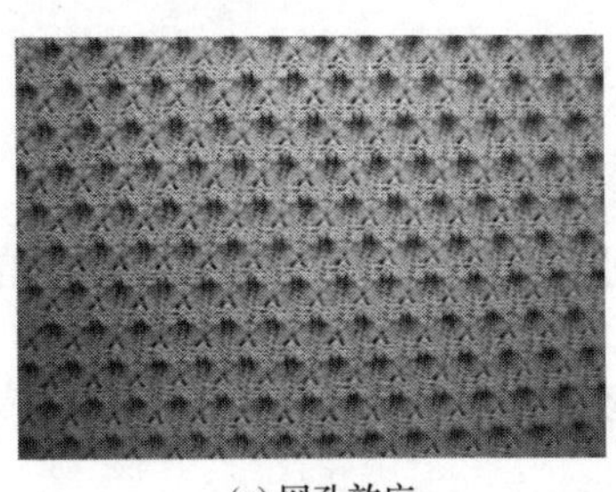

(a) 网孔效应

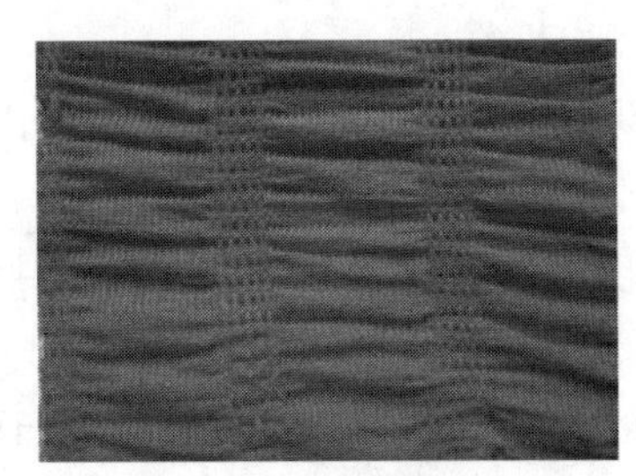

(b) 绉效应

图 3－2－34 单面集圈组织织物花色效应

双面集圈组织也能形成花色效应。在双层织物组织中，集圈还可以起到一种连接作用。

与平针、罗纹组织相比，集圈组织厚度增大，宽度增加，长度缩短，脱散性减少，织物横向延伸性较小。因线圈大小不均匀，表面凹凸不平，织物强力较低，耐磨性较差，易勾丝和起毛起球。

集圈组织主要用于外衣、羊毛衫、T恤衫面料等生产中。

(3) 集圈组织的编织方法：集圈组织的编织方法与提花组织类似，需要进行选针、成圈或集圈。如图3-2-35所示，织针1、3被选中上升到退圈高度，垫纱编织成圈。织针2被选中上升到不完全退圈高度，即集圈高度，这时旧线圈挂到针舌上，随即垫上新纱线，垫纱后形成悬弧。

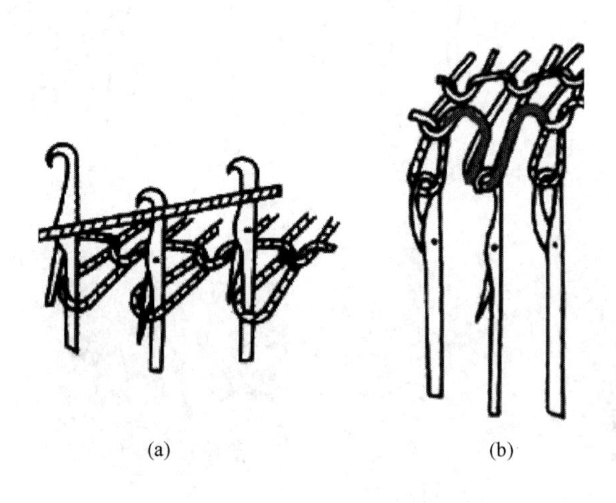

图3-2-35 集圈组织编织方法

3. 添纱组织 添纱组织是指针织物的全部线圈或一部分线圈是由一根基本纱线和一根或几根附加纱线一起形成的组织。

采用添纱组织编织可以使织物正、反面具有不同的色泽与性质，如丝盖棉；也可使织物正面形成花纹；若采用不同捻向的纱线编织时，可消除针织物线圈歪斜。

(1) 添纱组织的分类：基本纱线和附加纱线在线圈中的配置是有规律的。按照要求显露在织物正面的称为面纱，按照要求处在织物反面的称为地纱。如图3-2-36所示，1为地纱，2为面纱。可利用该特点来形成各种花纹图案和两色织物。添纱组织可分为全部线圈添纱和部分线圈添纱两类。

①全部线圈添纱组织：织物所有线圈均由两个线圈重叠而成。织物一面由一种纱线显露，另一面由另一种纱线显露。如简单添纱组织、交换添纱组织。

交换添纱组织是指根据花纹要求相互交换两种纱线在织物正面和反面的相对位置，如图3-2-37所示。

②部分线圈添纱组织：在地组织内，仅有部分线圈进行添纱，有绣花添纱和浮线（架空）添纱两种。

a. 绣花添纱组织：将与地组织同色或异色的纱线沿纵向覆盖在织物的部分线圈上形成的一种局部添纱组织，如图3-2-38所示。

b. 浮线添纱组织（又称架空添纱组织），是将与地组织同色或异色的纱线沿横向覆盖在织物的部分线圈上而形成的一种部分添纱组织，如图3-2-39所示。

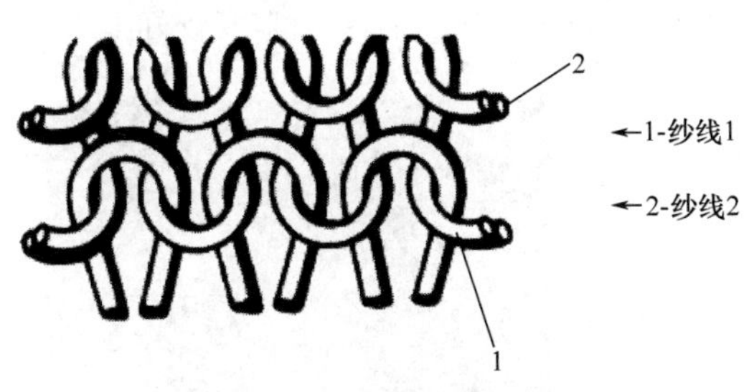

图 3－2－36 普通添纱组织

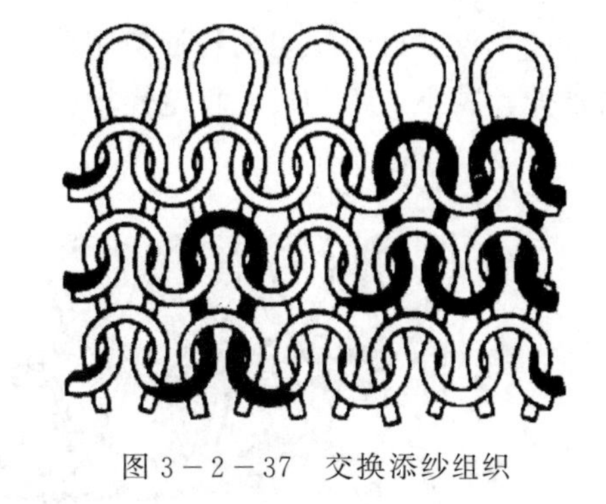

图 3－2－37 交换添纱组织

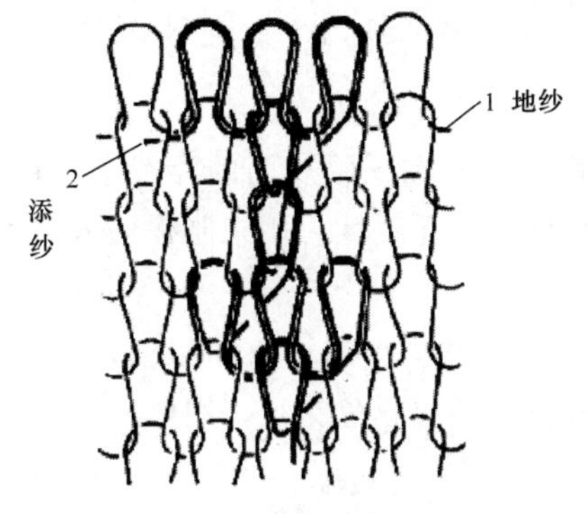

图 3－2－38 绣花添纱组织

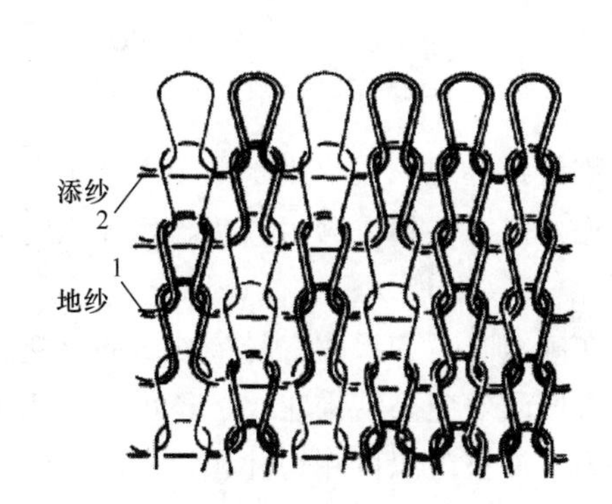

图 3－2－39 浮线添纱组织

（2）添纱组织的特性与用途：添纱组织的线圈几何特性基本上与地组织相同。部分添纱组织延伸性和脱散性较地组织小，容易引起勾丝。全部添纱组织多用于功能性、舒适性较高的服装面料。大量用于生产丝盖棉织物，用以制作运动服和时装。部分添纱组织广泛应用于袜品生产中。

（3）添纱组织的编织：添纱组织采用特殊的纱线喂入装置以便同时喂入地纱和添纱。并在垫纱和成圈过程中，保证面纱在织物正面，地纱在织物反面。则垫纱时必须保证添纱靠近针背，地纱靠近针钩。添纱垫纱横角小于地纱垫纱横角，如图 3－2－40 所示。

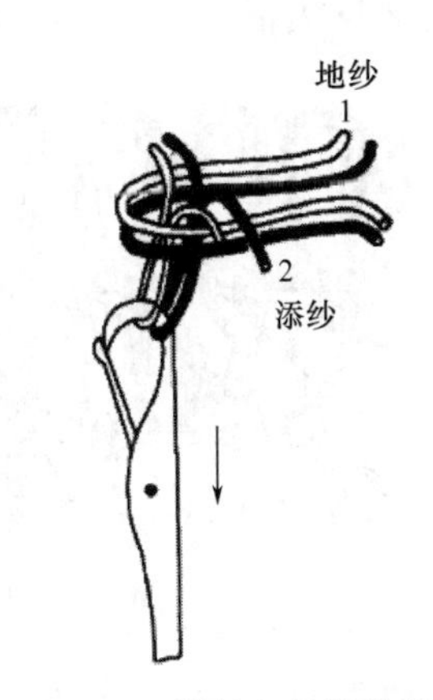

图 3－2－40 添纱与地纱的相互配置

4. 衬垫组织

（1）衬垫组织的结构：在编织线圈的同时，将一根或几根衬垫纱按一定的比例在织物的某些线圈上形成不封闭的圈弧，在其余的线圈上呈浮线停留在织物的反面形成的花色组织称为衬垫组织。其地组织有平针组织、添纱组织。其基本结构单元是线圈、悬弧、和浮线。

以平针为地组织的衬垫组织叫作平针衬垫组织。而添纱衬垫组织是由面纱和地纱编织平针组织，衬垫纱周期地在织物的某些圈弧上形成不封闭的悬弧。由于衬垫纱夹在面纱和地纱之间，使得衬垫纱不显示在织物的正面，从而改善了织物的外观，如图 3－2－41 所示。

（2）添纱衬垫组织的特性与用途：添纱衬垫组织由于悬弧和浮线的存在，使得织物的横向延伸性减小，织物尺寸稳定性增大。同时，织物强力较大，脱散性小，牢度较好。

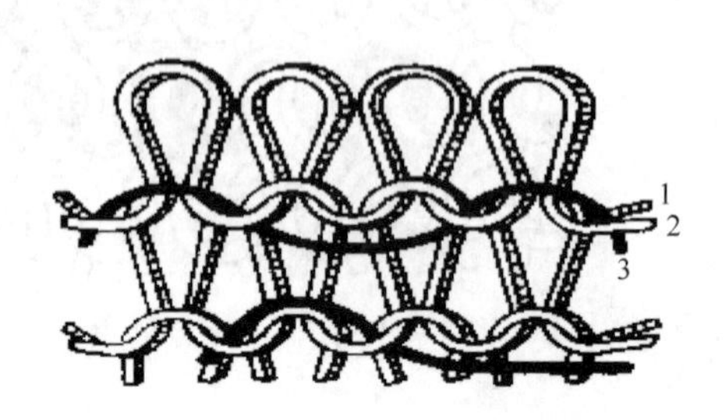

图 3－2－41　添纱衬垫组织
1—面纱　2—地纱　3—衬垫纱

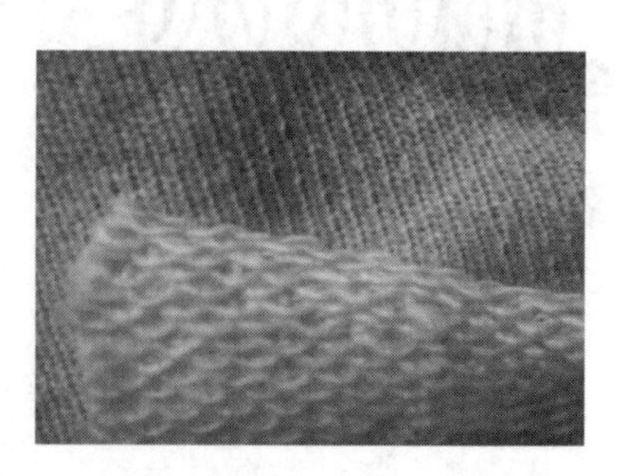
图 3－2－42　添纱衬垫织物

添纱衬垫组织主要用于绒布生产中，坯布整理过程中对露在织物反面的浮线（毛圈）进行拉毛，使衬垫纱成为短绒状，增加织物的厚度，具有良好的保暖性。用来制作绒衣、绒裤，如图 3－2－42 所示。

在编织时，如果改变衬垫纱线的衬垫比例、垫纱顺序和衬垫纱的根数和粗细，可织得各种具有凹凸效应的结构花纹，还可以利用不同颜色的衬垫纱形成彩色花纹，用作外衣面料。

添纱衬垫组织可在钩针和舌针的针织机上编织。

5. 毛圈组织　由平针线圈或罗纹线圈与带有拉长沉降弧的毛圈线圈一起组合而成的花色组织叫作毛圈组织。其基本结构单元是线圈及带有拉长沉降弧的线圈，如图 3－2－43 所示。

（1）毛圈组织分类：毛圈组织分为普通毛圈组织和花色毛圈组织两类。每一类又有单面毛圈组织和双面毛圈组织之分。单面毛圈组织的地组织为平针组织，毛圈只在织物的一面形成。双面毛圈组织是指毛圈在织物的两面形成，如图 3－2－44 所示。图中纱线 1 编织地组织，纱线 2 形成正面毛圈，纱线 3 形成反面毛圈。

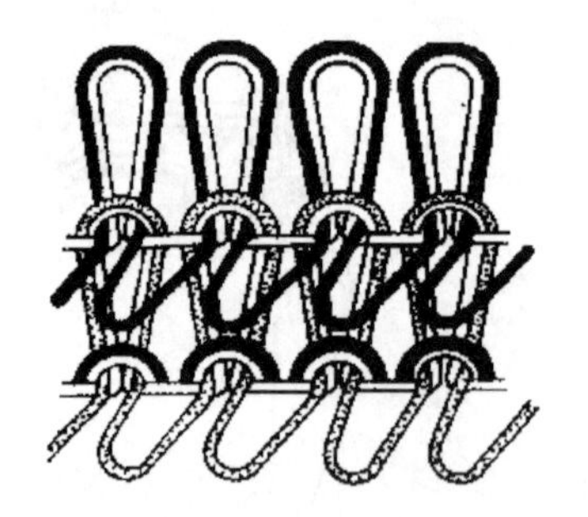
图 3－2－43　单面毛圈组织

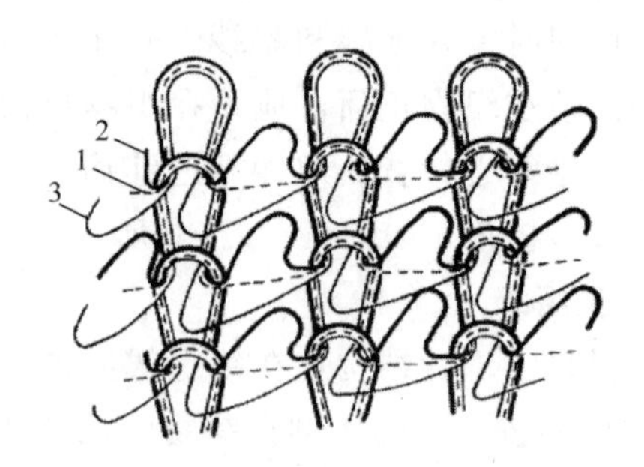

图 3－2－44　双面毛圈组织

①普通毛圈组织：是指每一只毛圈线圈的沉降弧都被拉长形成毛圈。如图 3－2－45 所示，该组织形成的织物俗称毛巾布。可分为满地毛圈、正包毛圈和反包毛圈。

a. 满地毛圈：把每一路每枚针都将地纱和毛圈纱编织成圈而且使毛圈线圈形成拉长沉降弧的结构。非满地毛圈并不是每一个毛圈线圈都有拉长的沉降弧。

b. 正包毛圈：地纱线圈显露在织物正面，并将毛圈纱线圈覆盖的一种形式。优点是可防止在穿着和使用过程中毛圈纱被从正面抽出，尤其适合于要对毛圈进行剪毛处理的天鹅绒织物。

c. 反包毛圈：毛圈纱线显露在织物正面，将地纱线圈覆盖住，而织物反面仍是拉长沉降弧的毛圈。优点是对正、反两面的毛圈纱进行起绒处理，形成双面绒织物。

②花式毛圈组织：花式毛圈组织是指通过毛圈形成花纹图案和效应的毛圈组织。可分为提花毛圈组织、浮雕花纹毛圈组织、高度不同的毛圈组织等，如图 3－2－46 所示。

提花毛圈组织——每一线圈横列除了有地纱外，还有两根或两根以上的毛圈色纱。它可以是满地或非满地毛圈结构。

浮雕花纹毛圈组织——利用毛圈可以在织物表面形成浮雕花纹效应，为非满地毛圈结构。

两种不同高度的毛圈组织——形成毛圈花纹的原理与浮雕毛圈相似，不同的是，浮雕毛圈组织中平针线圈由较低的毛圈来代替，形成两种不同高度的毛圈。具有高、低毛圈形成的花纹效应。

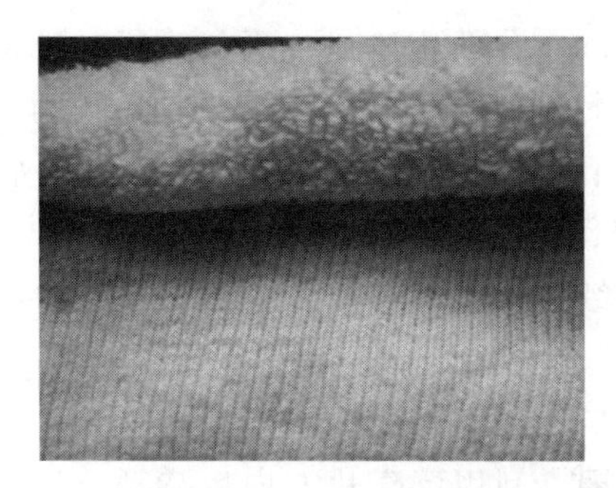

图 3－2－45　普通毛圈织物

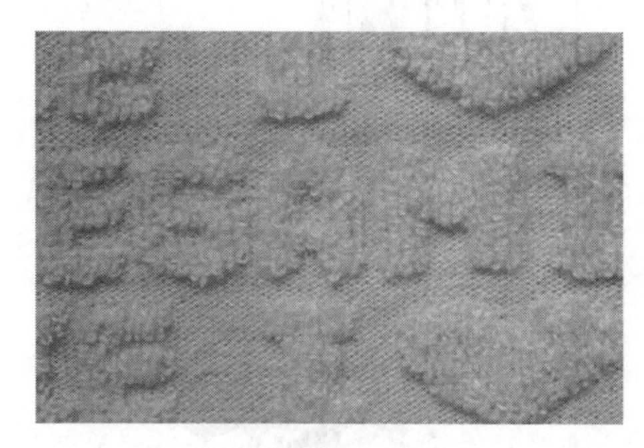

图 3－2－46　花式毛圈织物

(2) 毛圈组织特性及用途：毛圈组织具有良好的保暖性和吸湿性，产品柔软、厚实、弹性、延伸性较好。由于毛圈纱与地纱一起参加编织成圈，故毛圈固着性好。毛圈较长的织物还可以通过剪毛形成天鹅绒织物，富丽、豪华、轻薄、柔软、悬垂性好，适于制作休闲服等。毛圈织物广泛用于毛巾毯、睡衣、浴衣、浴巾及毛巾袜等产品中。

6. 长毛绒组织　长毛绒组织的织物称作人造毛皮，这种组织是在编织过程中用纤维条同地纱一起喂入而编织成圈，同时纤维条以绒毛状附在针织物表面，如图 3－2－47 所示。

其基本结构单元是带纤维条的线圈。

人造毛皮，如图 3－2－48 所示。手感柔软、弹性、延伸性好，保暖性佳，单位面积的重量轻，特别是用腈纶编织的针织人造毛皮，其重量比天然毛皮轻一半。大量用来制作服装（如仿兽皮服装、防寒服里料等）、动物玩具、拖鞋、装饰织物等。

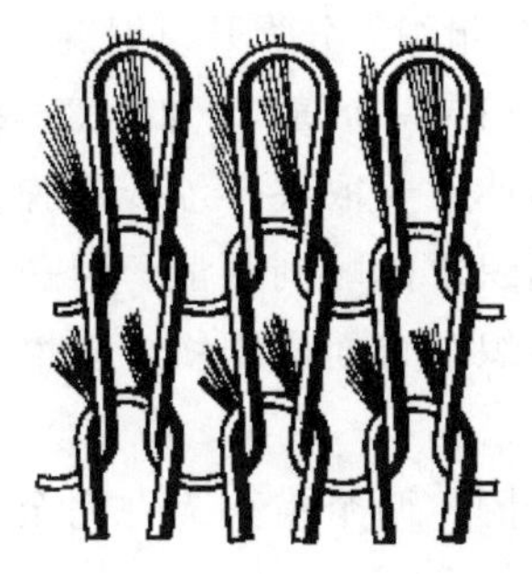

图 3－2－47　长毛绒组织

图 3－2－48　人造毛皮

四、经编面料生产

(一) 经编成圈法

基本成圈原理与纬编编结法成圈相似。在经编机上，平行排列的经纱从经轴引出，通过导纱针分别垫放到各枚织针上。成圈后形成线圈横列，由于一个横列的线圈均与上一横列的相应线圈串套，从而使横列相互连接。当某一针上线圈形成后，纱线按一定顺序移到其他针上成圈，这样就使线圈纵行之间相互联系。

成圈过程分 10 个阶段，如图 3－2－49 所示。

图 3－2－49　经编成圈

1. 退圈　图中针 1 上升，旧线圈由针钩滑落到针杆上。

2. 垫纱　分两个阶段，第一阶段：静止不动，导纱针 2 在两枚针之间从最前向后摆动，并在针前沿针床横移；第二阶段：反向运动，将纱线垫放在针钩上。

3. 带纱　针向下运动，垫到针杆上的纱线滑移到针杆上。

4. 闭口　利用压板压住针钩。

5. 套圈　利用沉降片 3 向后移动，片颚使旧线圈上抬来实现。

6. 连圈　针下降时，新旧线圈在针钩内外相连。

7. 弯纱　针继续下降使新垫上的纱线逐渐弯曲。线圈大小取决于弯纱深度。

8. 脱圈　弯纱伴随脱圈继续进行。纱线逐渐进入将形成的新线圈内。

9. 成圈　针下降至最低位置。线圈中纱线长度取决于针头相对于沉降片片喉的位置。

10. 牵拉　沉降片迁移，将脱下的旧线圈和刚形成的新线圈推到针背后，以免针再次上升时旧线圈会套到针头上。

(二) 经编基本组织

1. 单梳经编组织　单梳经编组织是构成常用的双梳和多梳经编织物的基础。由于该组织稳定性差，一般不采用编织织物。

(1) 编链组织：每根纱线始终绕同一枚针垫纱成圈形成的组织。分为开口编链 1—0，0—1//完全组织为两个横列和闭口编链 0—1//（或 1—0//）完全组织为一个横列，如图 3－2－50 所示。

编链组织织物的特点是纵向延伸性较小，其纵向延伸性主要取决于纱线的弹性；织物纵向强力较大，因为每一线圈有 3 根纱线承载负荷。能逆编织方向顺利脱散。但一把梳栉满穿编织，不能形成织物，只形成纵条。因此，一般与其他组织结合而成织物，以增加织物的纵向稳定性。

(2) 经平组织：每根纱线在相邻两根针上轮流编织成圈，两个横列为一完全组织。如用满穿梳栉，可形成织物，如图 3－2－51 所示。

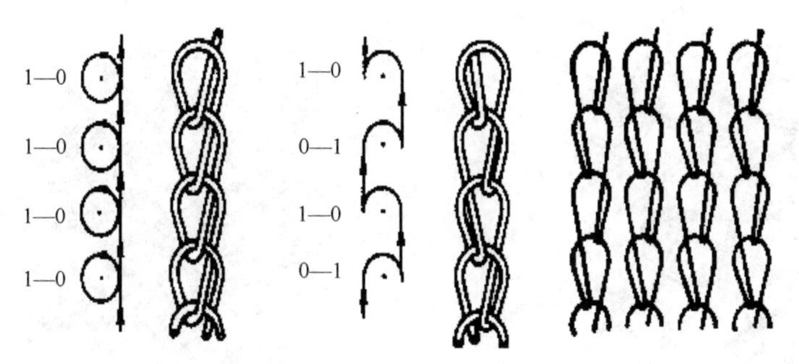

图 3-2-50 编链组织

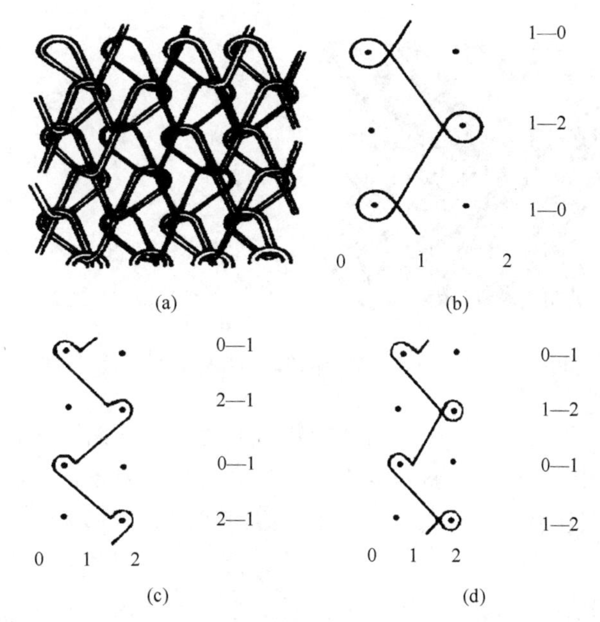

图 3-2-51 经平组织的线圈结构图及垫纱运动图

经平组织线圈均呈倾斜状态，且线圈向着垂直于针织物平面的方向转移，使坯布两面具有相似的外观。当纵向或横向拉伸织物时，线圈中的纱线发生转移，线圈倾斜角会发生改变，使织物具有一定的延伸性。当在一个线圈纱线断裂后，横向受到拉伸，线圈沿纵向在相邻两纵行上逆编织方向脱散，织物则分裂成两块。

（3）变化经平组织：在经平组织的基础上，如导纱针在针背做多针距的横移，可以得到变化经平组织。当经纱轮流在两枚针上垫纱成圈，可形成以下常用组织：三针经平 1—0，2—3// 又称经绒组织，如图 3-2-52 所示；四针经平 1—0，3—4//又称经斜组织，如图 3-2-53 所示。

变化经平组织由于延展线较长，则织物的横向延伸性小。由于延展线类似纬平针圈柱，一般以工艺反面作效应面。卷边性与纬平针相似，线圈断裂时，会沿逆编织方向脱散。

（4）经缎组织：指每根经纱顺序地在三枚或三枚以上的织针上垫纱编织而形成的组织。图 3-2-54 所示为一种简单的四列经缎组织。

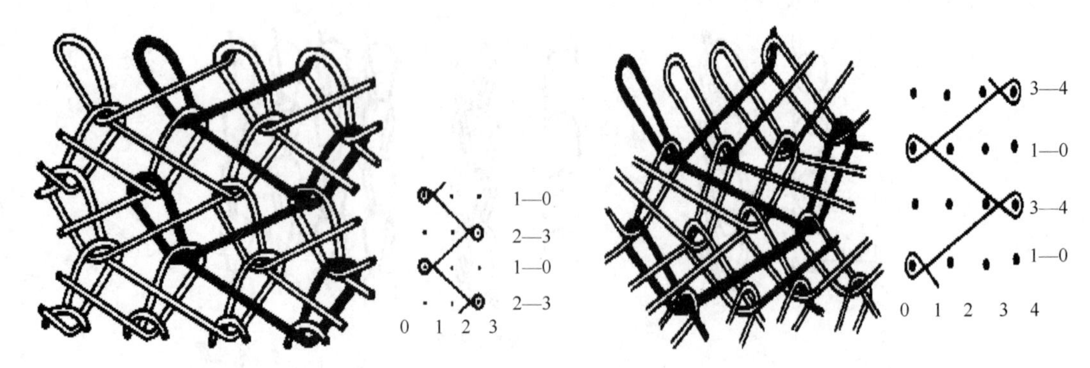

图 3－2－52　经绒组织线圈结构图及垫纱运动图　　图 3－2－53　经斜组织线圈结构图及垫纱运动图

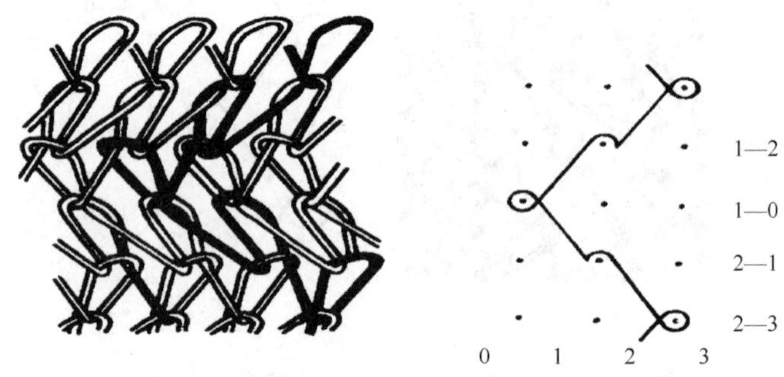

图 3－2－54　四列经缎组织的线圈结构图及垫纱运动图

由图可见，经缎组织在向同一个方向进行垫纱时为开口线圈，而在垫纱转向处则为闭口线圈。由于开口线圈和闭口线圈倾斜程度不同，对光线的反射不同，因而转向线圈在织物表面形成横条纹外观，而且手感较柔软。当纱线断裂时线圈会沿逆编织方向脱散，但织物不会分开。

在经缎组织的基础上，导纱针在每一个横列上作较多针距的针背横移，就可得到变化经缎组织，如图 3－2－55 所示。

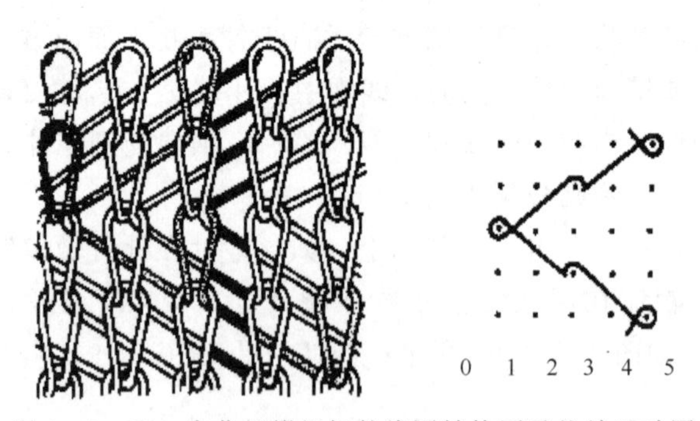

图 3－2－55　变化经缎组织的线圈结构图及垫纱运动图

2. 双梳经编基本组织　双梳组织是由两组经纱织成，每个线圈都由两根纱线构成，当两个梳栉的线圈以相反方向转向时，线圈稳定，不歪斜，不易脱散。满穿双梳组织指前、后两把梳栉上的每个导纱针都穿有纱线，并以设计的组织进行编织而成的织物。以各种单梳组织复合而成。常用的命名方法是将后梳组织（B）的名称放在前面。将前梳组织（F）的名称放在后面。如B：经平组织，F：经绒组织，则为经平绒组织。

（1）双经平组织：双经平组织织物是一种最简单的双梳织物，两把梳栉均做经平垫纱，但垫纱方向相反，如图3-2-56所示。在某一线圈断裂时，织物会沿该纵行逆编织方向脱散，织物易分成两片，故很少采用。

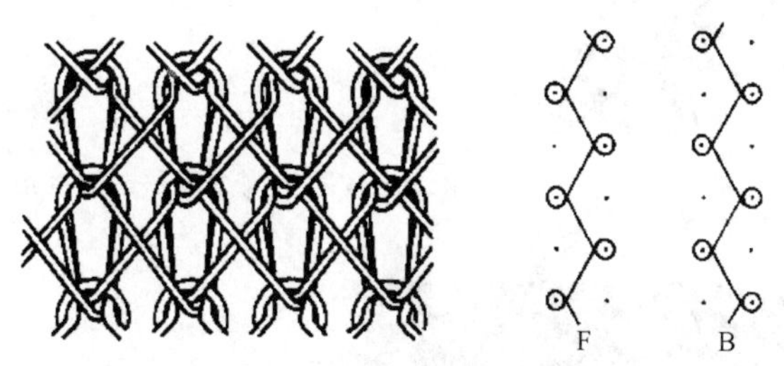

图3-2-56　双经平组织的线圈结构图及垫纱运动图

（2）经平绒组织：后梳采用经平组织，前梳采用经绒组织所形成的织物组织称为经平绒组织，如图3-2-57所示。从图中可以看出，织物正面呈V形线圈，在针背垫纱方向相反时，线圈呈直立状态。前梳延展线覆盖于坯布反面外表。后梳延展线夹在坯布内，处于圈柱和前梳延展线之间。前梳纱较明显地显露在坯布正面。这种织物重量轻，手感柔软，光泽好，但易起毛、起球和勾丝，织物下机后收缩率大，常应用于内衣和外衣中。

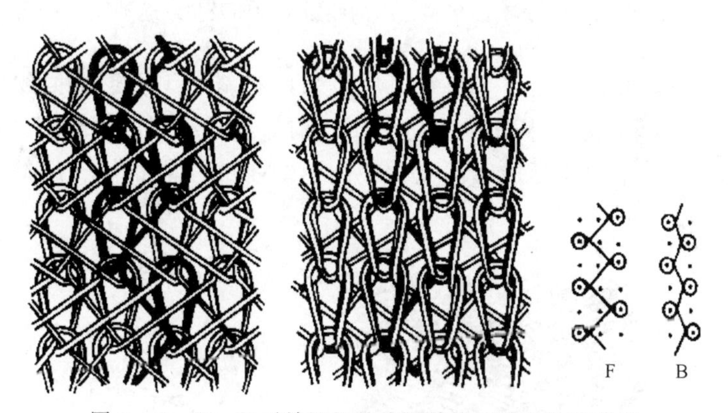

图3-2-57　经平绒组织的线圈结构图及垫纱运动图

（3）经绒平组织：前梳采用经平组织，后梳采用经绒组织所形成的织物组织称为经绒平组织，如图3-2-58所示。从图中可以看出，前梳经平组织的短延展线覆盖于坯布反面外表。后梳经绒组织的长延展线夹在坯布内。与经平绒组织相比较，具有结构稳定，线圈不易转移，不易起毛、起球和勾丝，但手感不柔软，光泽不好，一般宜做外衣。

（4）经平斜组织：后梳采用经平组织，前梳采用经斜组织所形成的织物组织称为经平斜组织，如图3-2-59所示。从图中可以看出，性能类似于经平绒，这种组织的反面是由前梳经斜组织的长延展线紧密排列而成，因此，这种面料具有很好的光泽；织物手感柔软，表面平整，但结构更不稳定，纵向延伸性大，易起毛、起球和勾丝，织物下机后收缩率高达40%。常将该组织织物的前梳延展线拉绒，整理后形成经编绒类织物。

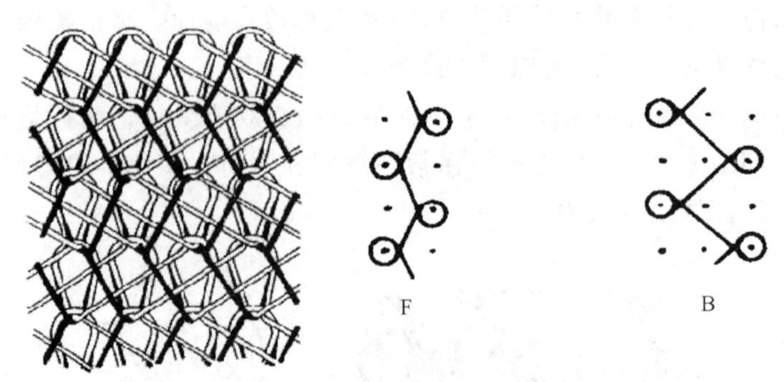

图 3－2－58　经绒平组织的线圈结构图及垫纱运动图

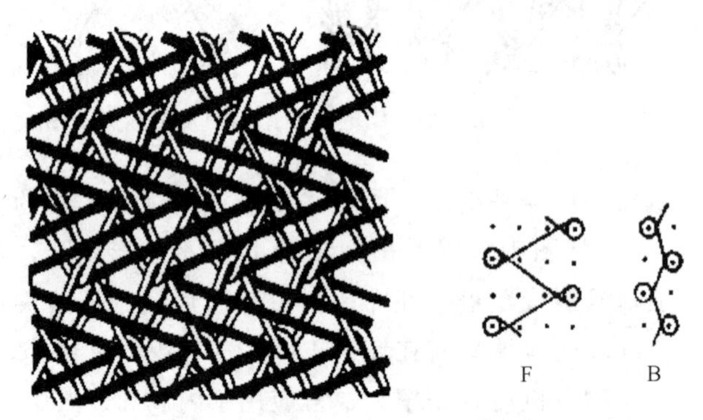

图 3－2－59　经平斜组织的线圈结构图及垫纱运动图

（5）经斜平组织：前梳采用经平组织，后梳采用经斜组织所形成的织物组织称为经斜平组织，如图 3－2－60 所示。从图中可以看出，前梳经平组织的短延展线覆盖于坯布反面最外层。后梳横跨 5 针距的长延展线被夹在中间。织物的性能相似于经绒平，结构更紧密和稳定。

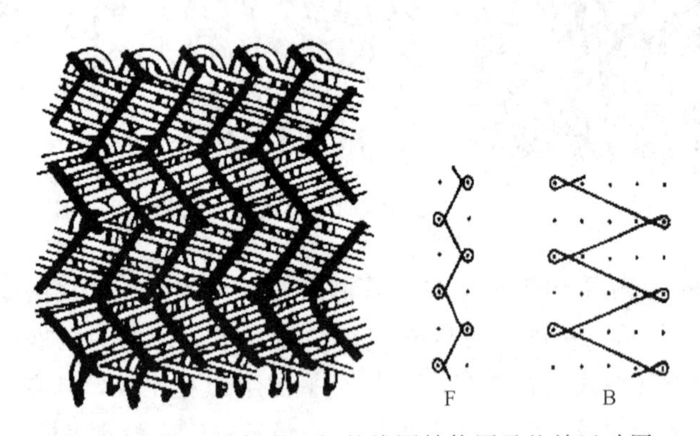

图 3－2－60　经斜平组织的线圈结构图及垫纱运动图

（6）经绒（斜）编链组织：前梳采用编链组织，后梳采用经绒（斜）组织所形成的织物组织称为经绒（斜）编链组织。如图 3－2－61 所示为经绒编链组织。从图中可以看出，编链组织的存在使织物纵横向延伸性较小，结构稳定，不卷边。下机缩率仅为 1%～6%。因而大量用于衬衣、外衣类织物。

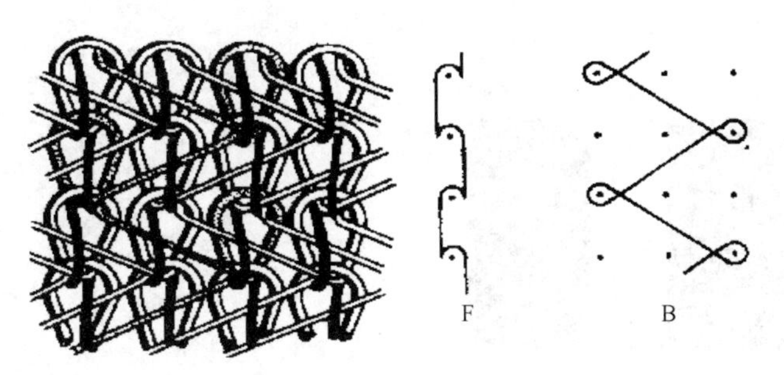

图 3-2-61 经绒编链组织的线圈结构图及垫纱运动图

(三)经编花色组织

在经编机上利用梳栉带空穿、穿纱不同、各梳之间对纱位置不同、垫纱运动变化以及附加一些衬纬纱线等方式来获得多种花色组织。经编花色组织主要利用以下几种方式得到各种花色组织：

(1)利用穿不同颜色(或原料)的纱线形成各种花纹图案组织；

(2)利用某些导纱针空穿形成网孔抽花组织；

(3)利用线圈结构的改变形成集圈、提花、压纱经编组织；

(4)利用附加衬纬纱形成花边组织和衬纬经编组织；

(5)利用缺垫形成褶裥组织。

经编机的起花能力很强，在编织各种装饰织物、网孔织物方面占有绝对优势。

1. 利用色纱的满穿双梳组织 在满穿双梳组织的基础上，用一定根数、一定顺序穿经的多色经纱可以得到各种色彩的花纹。有纵条花纹及各种几何形状的花纹。下例为常用的彩色纵条纹织物的形成方法：

通常后梳穿一种颜色的经纱，利用前梳栉局部穿入不同颜色、光泽、粗细、品种的纱线，即可产生纵条。

例如：两把梳的前梳为编链组织 GB1(F)：1—0/0—1//，穿纱为一定顺序的黑白色纱相间排列，如 III++III++III……后梳为经斜组织 GB2(B)：1—0/3—4//，穿纱为一种色纱，如黑纱 IIIIIIIIII ……则形成织物的效果为黑色的底子上产生一定规律的白色的纵条，如图 3-2-62 所示。后梳经斜，使织物紧密，前梳相间穿入色纱织编链，纵向形成有色纵条。织物纵横尺寸稳定性好，密实。

2. 多梳经编组织 在单梳基本组织基础上形成。一般情况下是利用两把梳栉编织地组织，使坯布具有所需的力学性能，而其余的梳栉以部分穿经的方式，在地组织上形成花纹，被称为绣纹。梳栉数越多，在织物上就可以形成更多样、更复杂的花纹。如图 3-2-63 所示为三梳绣纹组织，若后梳 B 做经斜垫纱，满穿 44dtex 无光锦纶丝；中梳 M 做经平垫纱，满穿 44dtex 无光锦纶丝；前梳 F 做开口编链垫纱，1 穿 5 空 44dtex 染色锦纶丝，则该组织最后效应为以经斜平组织为地组织的基础上产生纵条花纹。

3. 网眼组织 利用带空穿的双梳可以得到网眼效应的花纹。所谓带空穿是指梳栉的某些导纱针上有规律地不穿入经纱。空穿可使某些横列的纵行之间无延展线连接而形成孔眼。

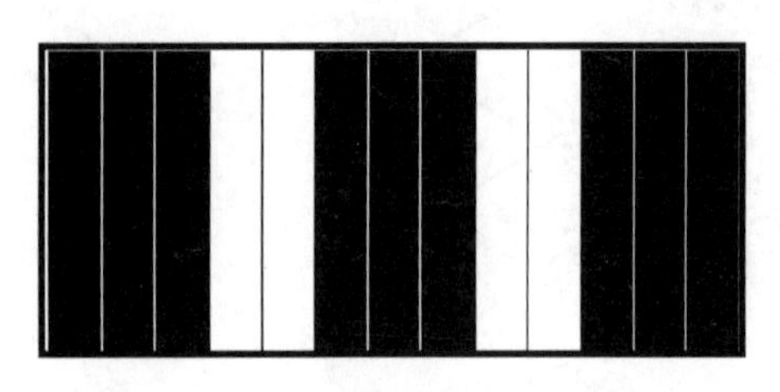

图 3－2－62　黑底白纵条经编织物

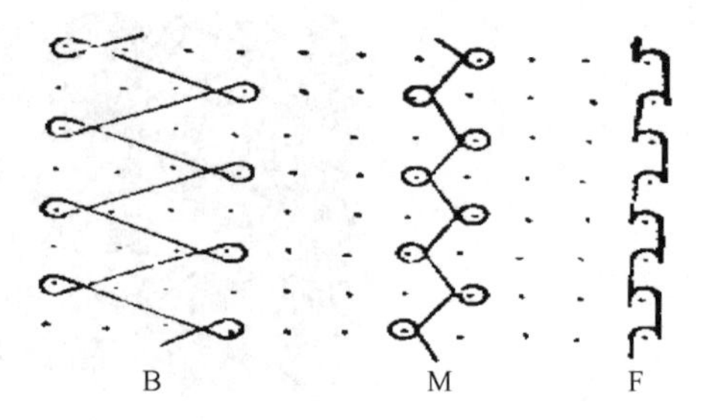

图 3－2－63　三梳绣纹组织垫纱运动图

最常用的经编六角形网眼织物，两梳均为一隔一穿经，并且作反向垫纱，在转向线圈处，相邻纵行内的线圈相互没有联系，而同一纵行内的相邻线圈又以相反方向倾斜，因而构成了孔眼。如图 3－2－64 所示为经平与经缎组合形成的六角形网孔织物的线圈结构图及垫纱运动图。垫纱完全组织为八个横列，孔高为六个横列，两孔眼之间为两个纵行。

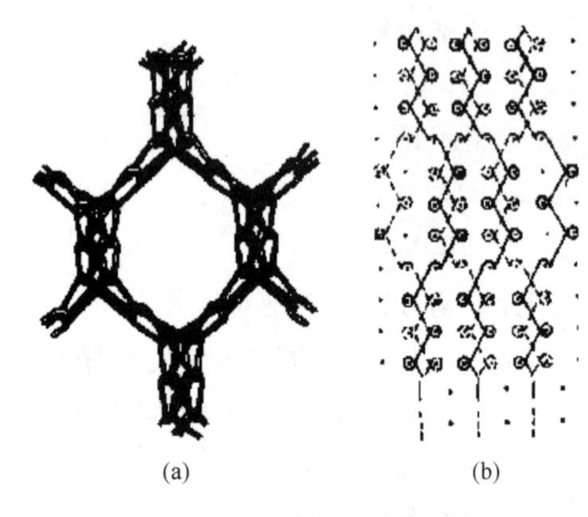

图 3－2－64　六角形网孔织物的线圈结构图及垫纱运动图

某些空穿织物中，有些线圈是双纱的，有些线圈是单纱的，由此形成大小和倾斜程度不同的线圈，其适当分布，将使得织物花纹效应更加丰富。

4. 衬纬经编组织　衬纬经编组织是指在经编针织物的线圈主干与延展线之间周期地衬入一根或几根纱线的组织。它分全幅衬纬和局部衬纬两种。全幅衬纬是由特殊的机构将长度等于坯布幅宽的纬纱夹在线圈主干和延展线之间的经编组织，如图 3－2－65 所示。局部衬纬是某些梳栉只作针背垫纱，而不进行针前垫纱，在织物的某一部位形成衬纬纱段，以满足特殊的性能要求或形成特殊的花式效应。应用较多的局部衬纬的编织要求如下：

图 3－2－65　全幅衬纬经编组织

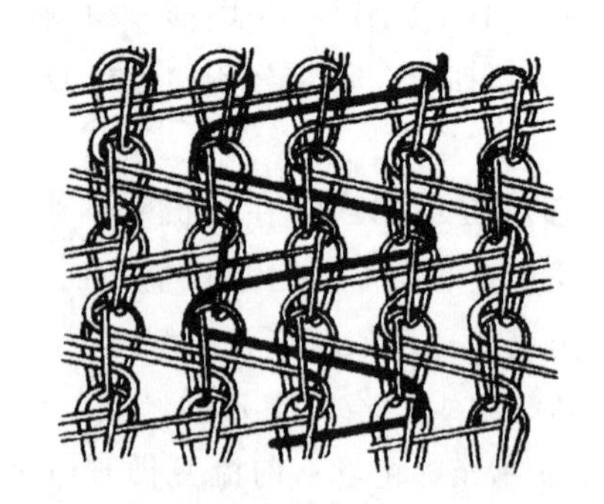

图 3－2－66　两梳衬纬经编组织的线圈结构图

（1）衬纬纱必须穿在后梳，前梳为编织梳；

（2）衬纬纱必须有针背横移；

(3) 如果编织梳栉的针背垫纱与衬纬垫纱反向，衬纬纱被束缚进织物的纱线长度针距数比衬纬垫纱多一个针距；

(4) 如果编织梳栉的针背垫纱与衬纬垫纱同向，衬纬纱被束缚进织物的纱线长度针距数比衬纬垫纱少一个针距；

(5) 如果编织梳栉的针背垫纱与衬纬垫纱同方向同大小，衬纬纱将避开编织纱的针背垫纱，则不能衬纬。

常用局部衬纬织物有起花和起绒衬纬经编织物，衬纬经编网孔织物和装饰用衬纬经编组织。如图 3－2－66～图 3－2－68 所示。

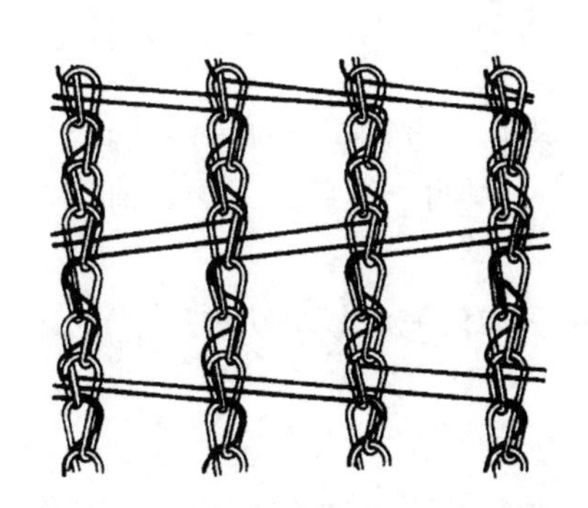

图 3－2－67 格子网眼组织的线圈结构图

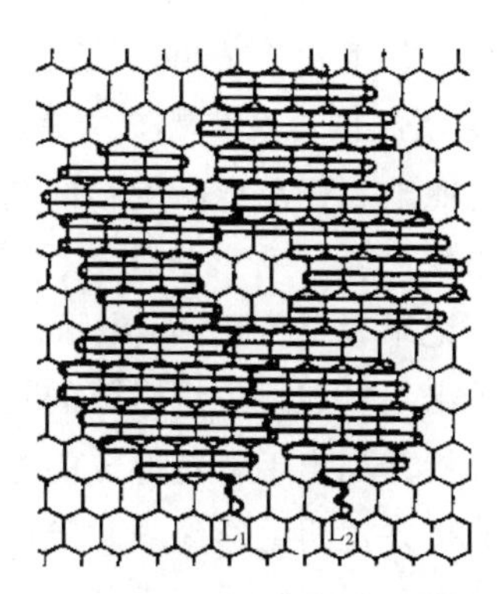

图 3－2－68 装饰用衬纬经编组织

☞ 思考与练习

1. 如何区分单面针织物的正面和反面？单面针织物和双面针织物各具有什么基本特征？
2. 什么是纬编？纬编组织应如何分类？
3. 纬编基本组织有哪些？说明哪些是单面、哪些是双面组织。
4. 什么是花色组织？纬编花色组织主要有哪些？各具有什么特性？
5. 什么是经编？经编针织物与纬编针织物在成圈方式、线圈结构和织物特性上有什么不同？
6. 经编织物的工艺正面、工艺反面和效应面的含义是什么？
7. 单梳经编组织有哪些？能否形成织物？为什么？
8. 双梳经编的基本组织有哪些？各具有什么特性？
9. 常见的经编花色组织有哪些？

项目 3－3 针织成形产品生产

✲教学目标

1. 掌握常见的成形针织品，了解成形产品的成形原理；
2. 掌握羊毛衫成形工艺；
3. 掌握袜子成形工艺。
4. 了解羊毛衫生产工艺单的含义。

✲任务说明

1. 任务要求

通过本项目的学习，完成以下工作任务：

（1）掌握毛衫的结构，学会确定毛衫各部位尺寸和编织要求；

（2）掌握毛衫成形的几个基本动作；

（3）通过对毛衫实际生产工艺单的分析，学会毛衫生产工艺主要工艺参数的制订方法；

（4）能够读懂毛衫工艺操作图。

2. 任务所需设备、工具、材料

毛衫样品、毛衫工艺单、软尺、笔。

3. 任务实施内容及步骤

（1）对照毛衫样品分析毛衫的基本结构，说明其组成，并画出各部分形状；

（2）用软尺测量毛衫的胸宽、肩宽、衣长、袖长、领阔、挂肩、下摆、袖口、领深等各部位尺寸，记录，单位用 cm 表示；

（3）写出毛衫成形编织需要的几个基本动作且说明如何完成每个动作；

（4）分析并列出毛衫各部分的组织结构；

（5）分析并说明毛衫编织时起针针数如何确定；

（6）分析毛衫实际生产工艺单，读懂毛衫工艺操作图上每个部位所标示的操作方法和要求。选取一个部位的操作进行举例说明。

4. 撰写任务报告，并进行评价与讨论。

✲项目导入

最早的手编毛衣出自古代游牧部落的牧羊人之手。在我国早期，纺织品的主要原材料是丝与麻，常是“贵人穿丝，贱人披麻”；在中亚游牧民族地区，纺织品的原材料则是毛，以羊毛为主。另一种重要的纺织原材料——棉花原产于中南美洲，自哥伦布发现新大陆后才流行于世界，进入中国也是明朝末年的事情。不管是丝织品、麻织品还是羊毛织物，都是以梭织为主。编毛衣和织布是两种截然不同的工艺，丝绸等衣服从原材料到成衣需要三个过程：纺线、织布、缝制；手工毛衣编织需要两个过程：纺线和编织，在编织的时候，除了毛线，只需要几根细竹针。如果说梭织产品更适用于大规模生产，那么编织更适合个人劳动。

每到春暖花开的季节，各种动物就开始脱毛，脱去冬季的短绒，换上适应炎热夏天的长毛。牧羊人们收集了脱落的羊毛，洗净晾干，放牧的时候，牧羊人坐在石头上，边看着羊群吃草边将羊毛搓成细条，这些细条可以用来织毛毯、打毛毡，纺细之后可以织呢子。

毛线是鸦片战争以后传到中国的。最先织毛衣的，是来华的外国人，渐渐富有的时髦的女性也开始学习手工编织。到 20 世纪初，上海和天津一些沿海租界城市，织毛衣已经成为一种时尚。如图 3－3－1 所示。在上海，很多专卖毛线的商店都有坐台的师傅，向买毛线的女性传授编织技巧，慢慢的，手编毛衣也成为很多女性的谋生手段。“打一手好毛活”逐渐代替“绣的一手好活计”，成为赞扬一位女士心灵手巧的褒奖话。旧上海的月份牌上，总少不了身穿花色旗袍，外套手编白色镂空花样毛衣的烫发美女，如图 3－3－2 所示。手编毛衣的盛行使毛纺工业迅速发展，即使在战争年代，很多民族工业都被迫停产，毛线生产依然能勉强维持。例如以生产“抵羊”（真正意思是抵洋——抵制洋货）毛线闻名的天津东亚毛纺厂，基本能够正常运转，最后只不过被迫换了别的商标。

图 3－3－1　20 世纪初时髦女性织毛衣

毛衣是针织成形工艺的主要产品，除了手工编织以外，现代针织工业中更多地使用机器编织。从手摇横机到全电脑横机的不断更新和发展，促使毛衫从单一的保暖功能转向装饰，使毛衫成为时尚的、独特而有魅力的现代时装。

一、针织成形产品

针织成形产品的编织是利用机器上工作针数的增减，织物组织结构的改变或线圈密度的调节来编织出具有所需外形的产品。

针织成形产品分为全成形产品，如袜子、羊毛衫、手套等产品；半成形产品，如无缝内衣、羊毛衫（衣坯）等。

无缝内衣（图 3－3－3）是指采用新颖的专用设备生产一次成形内衣。立体成形内衣：欧美服装内衣业极力推销。具有少裁剪、少接缝、贴身舒适。完全将舒适、体贴、时尚，变化集于一身的特点。一般运用于生产高弹性针织外衣、内衣和高弹性运动装，使颈、腰、臀等部位无须接缝。

图 3－3－2　旧上海的月份牌

图 3－3－3　无缝内衣

二、针织毛衫生产

（一）针织毛衫的分类

针织毛衫指以羊毛、羊绒、兔毛等动物毛纤维为主要原料纺成的纱线、腈纶等毛型化纤纱、棉线及麻等纱线直接编织成形的针织服装。在公元前1000年左右西亚幼发拉底河和底格里斯河流域便出现了手编毛针织服装。机织毛针织服装则出现于近代，公元1862年美国人R. I. W. 拉姆发明了双反面横机，将毛衫在其上生产成形衣片，用于缝合成服装，标志着机器编织毛针织服装的开始。

1. 按使用原料分类 主要分为纯毛、毛与化纤混纺、纯化纤或交织类毛衫。

（1）纯羊毛衫：主要采用纯羊毛针织绒或羊毛针织纱织成。具有羊毛的富有弹性、蓬松柔软和超强的保暖性能。

（2）羊绒衫：采用纯羊绒或含一定比例的羊绒织制。具有羊绒的轻、暖、柔、糯、滑的特点。质地细软，并富有光泽，服用舒适，风格高雅独特。较羊毛更为保暖，为毛衫中的极品。

（3）兔毛衫：一般采用兔毛和羊毛混纺纱织制而成。具有质轻、绒浓、丰满、糯、滑的特点。

（4）驼绒衫：采用骆驼绒纱织制而成，其保暖性较强，具有蓬松、柔软、质轻的特点。因其具有天然色素，所以一般只能染深色或利用原来的色泽。

（5）马海毛毛衫：马海毛又称安哥拉山羊毛，纤维粗长且有光泽。马海毛衫其表面有较长的、光亮的纤维，风格独特。

（6）腈纶衫：采用腈纶膨体针织线织制。织物的保暖性好，色泽鲜艳，色光比纯毛好，强力较高，耐光，耐洗涤，且价格低廉。

（7）混纺毛衫：大多用毛/腈或毛/黏混纺纱编织而成，其特点是具有多种原料的特性，价格较廉。

（8）交织类：可分为羊毛腈纶、兔毛腈纶、羊毛棉纱交织衫等。

2. 按纺纱工艺分类

（1）精梳类：采用精梳工艺纺制的针织绒、细绒线、粗绒线织制的各种羊毛衫、粗细绒线衫等。

（2）粗梳类：采用粗梳工艺纺制的针织纱线织制的各种羊仔毛衫、羊绒衫、兔毛衫、驼毛衫、雪兰毛衫等。

（3）花式纱毛衫：采用花式针织绒（如圈圈纱、结子纱、自由纱、拉毛纱等）编织的花式毛衫。这类毛衫外观奇特、风格别致、有艺术感。

3. 按产品款式和穿着对象分类 按产品款式可分为开衫、套衫、背心、裙类，按穿着对象可分为男式、女式、童式毛衫。羊毛衫的配套产品有围巾、披肩、帽子、手套、袜子等。

4. 按织物组织分类 一般分为平针、罗纹、畦编、波纹、网眼、绞花、提花、四平、鱼鳞、扳花、挑花等。

5. 按生产设备分类 毛衫采用的组织一般为纬编组织，因而毛衫产品有圆机产品和横机产品两种。

（1）圆机产品：是指用圆形针织机先织成圆筒形坯布，然后再裁剪加工缝制成的毛衫。

适用于中、低档原料，产量高。

（2）横机产品：是指用手摇横机编织成衣坯后，再经加工缝合制成的毛衫。也可指电脑横机织成坯布，经裁剪加工缝制成毛衫。适用于中、高档原料，产量低。

6. 按修饰花型和整理工艺分类 可分为印花、绣花、贴花、扎花、珠花、盘花、拉毛、缩绒、镶皮、浮雕等。

（1）印花毛衫：在毛衫上采用印花工艺印制花纹，以达到提高美化效果之目的，是毛衫中的新品种。印花格局有满身印花、前身印花、局部印花等，外观优美、艺术感染力强、装饰性好。

（2）绣花毛衫：在毛衫上通过手工或机械方式刺绣上各种花型图案。花型细腻纤巧，绚丽多彩，以女衫和童装为多。有本色绣毛衫、素色绣毛衫、彩绣毛衫、绒绣毛衫、丝绣毛衫、金银丝线绣毛衫等。

（3）拉毛毛衫：将已织成的毛衫衣片经拉毛工艺处理，使织品的表面拉出一层均匀稠密的绒毛。拉毛毛衫手感蓬松柔软，穿着轻盈保暖。

（4）缩绒毛衫：又称缩毛毛衫、粗纺羊毛衫，一般都需经过缩绒处理。经缩绒后毛衫质地紧密厚实、手感柔软、丰满，表面绒毛稠密细腻，穿着舒适保暖。

（5）浮雕毛衫：是毛衫中艺术性较强的新品种，是将水溶性防缩绒树脂在羊毛衫上印上图案，再将整体毛衫进行缩绒处理，印上防缩剂的花纹处不产生缩绒现象，织品表面就呈现出缩绒与不缩绒凹凸为浮雕般的花型，再以印花点缀浮雕，使花型有强烈的立体感，花型优美雅致，给人以新颖醒目的感觉。

除以上工艺以外，扎花、贴花、珠花、盘花、镶拼等各种装饰手法广泛运用于现代毛衫中，是毛衫产品呈现出独特而有魅力的现代时装。

（二）毛衫成形的几个动作

编织羊毛衫衣片需要四种基本成形动作，即起口、翻针、放针及拷针和收针。

1. 起口 由于衣片各部段的尺寸和组织结构不同，参加编织的工作针数也不等。因此，在每织完一片衣片后，织针必须全部回到不工作位置上，重新从空针上开始编织下一衣片。从空针上开始编织的起口横列称为起口。起口一般采用1+1罗纹编织，因为1+1罗纹组织弹性较好，门幅较狭，而且能形成不脱散的光边，适合于作为下摆或袖口。

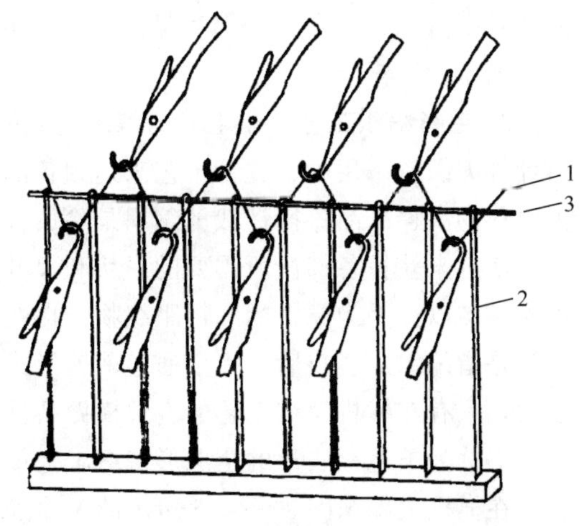

图3-3-4 双针床机毛纱直接起口过程

1+1罗纹组织的起口如图3-3-4所示。前、后针床的舌针正常垫纱，钩住经过导纱器喂入的毛纱1，带有眼子针的穿线板2升起，眼子针穿过毛纱1，其孔眼高出毛纱的水平面；然后将钢丝3穿入眼子针的空眼内，随即穿线板2下垂，钢丝3压在毛纱上，毛纱1形成起口横列，即罗纹组织的第一个横列。

在穿线板2下面挂上重锤，完成起口操作。衣片编织完成后，抽去钢丝3，即形成一个不脱散的1+1罗纹光边。

2. 翻针 在编织羊毛衫衣片时，编织完罗纹下摆或袖口后，需要将前针床的线圈转移到与之相对应的后针床的空针上，这种动作叫作翻针。

在编织 1+1 罗纹下摆时，前、后针床都是 1 隔 1 出针。在编织平针组织衣身时，前针床的线圈转移到后针床 1 隔 1 空针上，这样可使下摆和衣身的工作针数不变。横机上翻针动作是由带扩圈片的舌针完成的。也可利用眼子针手工进行翻针。

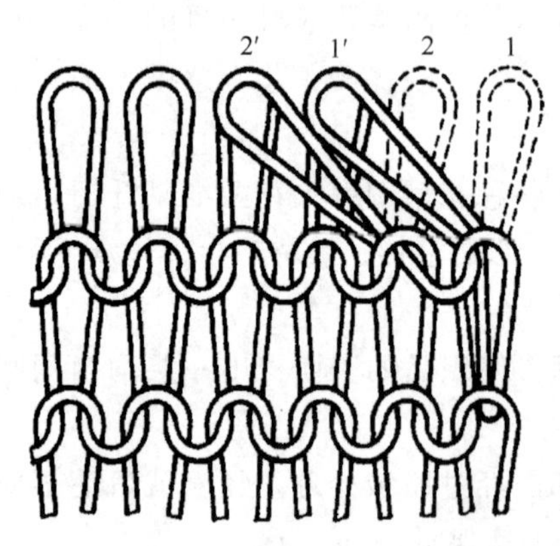

图 3－3－5　挎针和收针的组织结构

3. 放针 放针是在机器两边的空针上进行，由于空针上没有旧线圈，因此每次只能放一针。如果每次放两针，那么这两针空针编织成一只两倍大的线圈，而不是两只线圈，这样会影响衣片边缘的质量。

4. 挎针和收针 挎针和收针能使衣片的宽度逐步减小，以适应衣片成形的需要。如图 3－3－5 所示为挎针和收针的组织结构。

挎针是将衣片最边缘的两只线圈（1、2）从织针上脱下，而不移至其他织针上，如图 3－3－5 中虚线线圈（1、2）所示。收针是将衣片最边缘的两只线圈（1、2）移至线圈 1′、线圈 2′上，如图 3－3－5 中斜线圈 1′、2′所示。横机上收针所采用的移圈方法有套针式和移圈式两种。

（三）毛衫工艺单的编写

1. 毛衫的结构 毛衫产品的结构和一般服装结构相同，均由前身、后身、袖、领及门襟（或有口袋等）组成。在横机上织制毛衫产品一般先编织出毛衫衣片、袖片、领、门襟、袋片等，再将各块衣片缝合成衣。这里仅以 V 领男套衫为例说明毛衫结构和各块衣片的形状，如图 3－3－6 所示。各部位名称见图 3－3－6（a）及图标。前片、后片、袖、领如图 3－3－6（b）所示。

2. 毛衫编织工艺 羊毛衫的编织类型可以分为全成形计件、挎针裁剪和裁剪三类。全成形计件编织是采用收、放针工艺来达到各部位所需要的形状和尺寸，多用来编织以动物纤维为原料的高档产品；挎针裁剪编织是除放针外，在挂肩和袖山处采用台阶式挎针工艺，然后局部裁剪来获得各部位所需要的形状和尺寸，裁剪损耗甚少，而产量可以提高，这种方法多用来编结以全毛为原料的细针距织物、提花组织织物等中、高档产品和纯化纤产品；裁剪编织类是指编织成坯布后，完全通过裁剪形式来获得所需要的形状和尺寸，这种方法裁剪损耗很大，只有在横机编结工艺的直纹横做品种、拼花品种和低档原料品种中应用。

下例为羊毛衫衣片的全成形编织工艺单的制订方法。

在横机上编织图 3－3－6 所示的 V 领男套衫时，按图 3－3－6（b）所示的衣片形状进行编织。羊毛衫衣片的衣片和袖子多采用平针组织；下摆和袖口为了增加其横向弹性、延伸性，常采用罗纹组织；领片常采用满针罗纹，满针罗纹是一种 1+1 罗纹组织，只是排针更紧密，织物较厚实挺括，横向延伸性较小。

（1）测量各部位尺寸。包括胸围、身长、袖长、挂肩、肩宽、下摆、袖口、领阔等，标出图示各部位的规格尺寸，提出工艺要求。表 3－3－1 和表 3－3－2 所示为在 9 针/2.54cm 的横机上编织 90cm V 领男套衫时的规格尺寸和工艺要求。

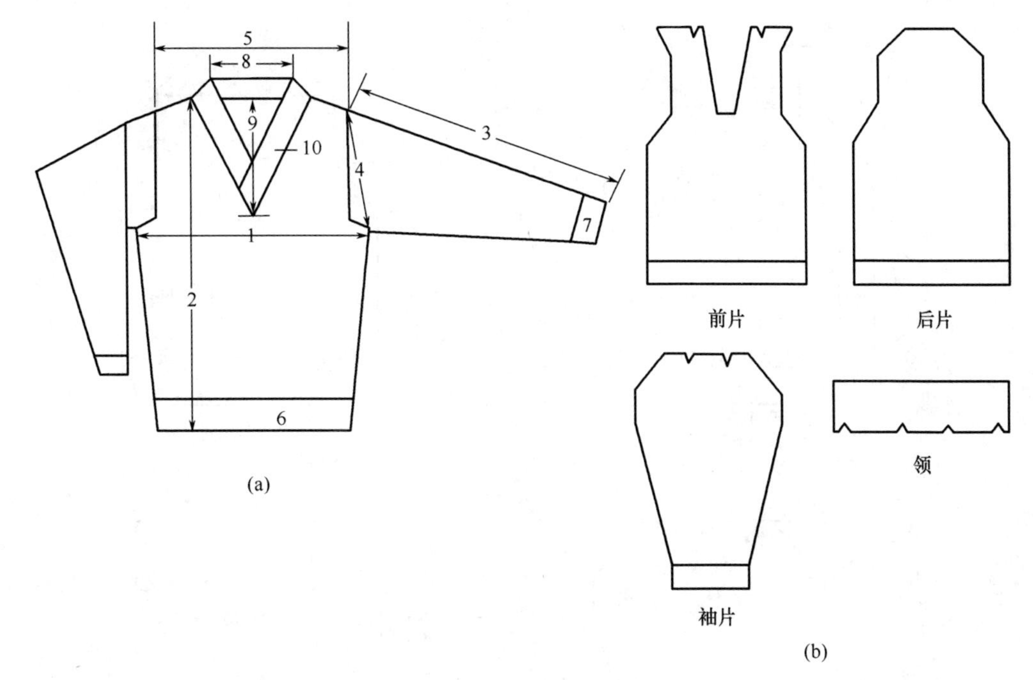

图 3－3－6 V领男套衫结构

1—胸围 2—衣长 3—袖长 4—挂肩 5—肩宽 6—下摆 7—袖口 8—后领宽 9—领深 10—领子

表 3－3－1 90cm V领男套衫各部位的规格尺寸

编号	1	2	3	4	5	6	7	8	9	10
部位	胸围	衣长	袖长	挂肩	肩宽	下摆罗纹	袖口罗纹	后领阔	领深	领罗纹
尺寸（cm）	90	62	54	21.5	39	5	4	9	22	2.5

表 3－3－2 90cm V领男套衫的工艺要求

规格（cm）	机号 针/2.54cm	坯布类别			成品密度（线圈数/10cm）			
					横向		纵向	
		前后身、袖子	下摆、袖口	领、带	身	袖	身	袖
90	9	纬平针	1＋1罗纹	满针罗纹	45	46	72	68

（2）按选定的组织结构先各织出一小块样布，测出 P_A、P_B。再算出衣片各部段所需针数及编织横列数。

（3）按计算结果，再画出编织工艺操作图，上机编织。

按计算出的衣片各部段针数、横列数画出编织工艺操作图，图 3－3－7 所示即为上述V领男套衫编织工艺操作图。

画出编织工艺操作图后即可上机编织。例如前衣片的编织，以不脱散的光边开始起头，按计算的针数（207针，其中前针床104针，后针床103针）编织下摆罗纹，织到一定横列数（45横列）后，翻针织衣片。衣片的纬平针组织比同样针数的下摆罗纹宽，但为了使衣片形态更好，通常还要适当增加衣片的编织针数，故织平针时两边应先逐排放若干针（2针）。

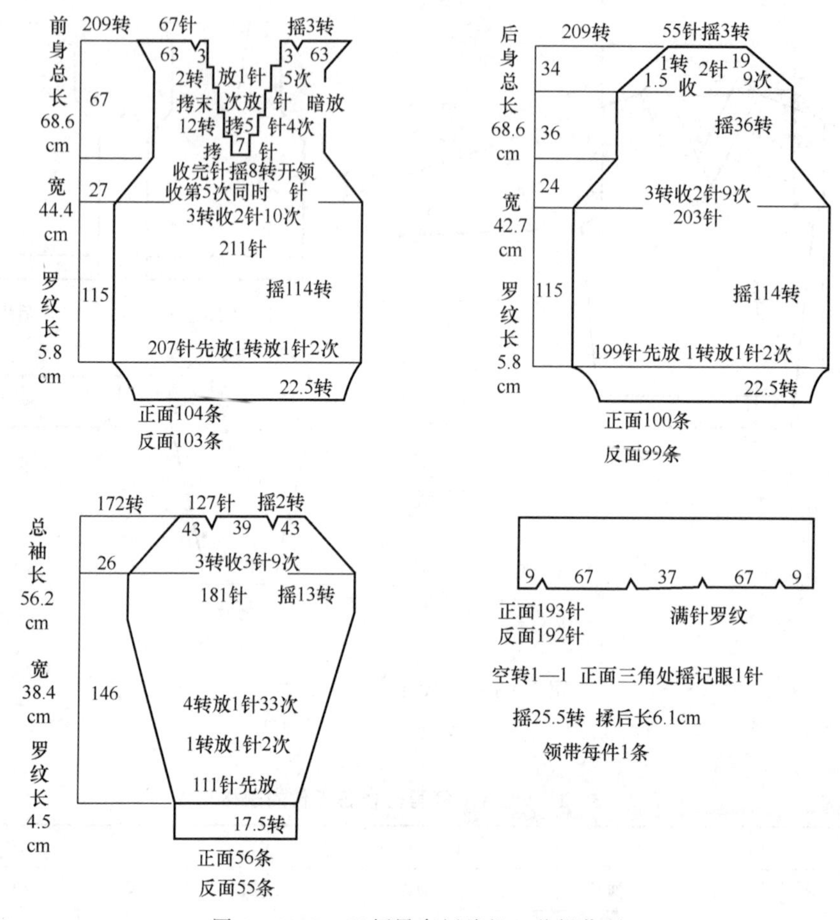

图 3－3－7　V 领男套衫编织工艺操作图

平针编织到一定横列数（230 横列）后开始收挂肩（每织 6 横列两边各收 2 针，共收 10 次），同时在一定尺寸高度上开始收领，用拷针法形成图示的 V 形领口。挂肩织到一定长度后开始放针（每 4 横列放 1 针，两边各放 5 针），最后在肩头上两边各剩 67 针。在第 63 针处挑并 1 针，形成 V 形记号眼，作为上领圈记号，然后再织 6 个横列落片。

后片及袖片的编织方法与前片相似。

（4）衣片缝合：产品款式不同，缝合工艺有所不同，但大致都包括以下顺序和内筒：合肩绱袖→前后片缝合、袖缝合→绱领→缝门襟→缝袋带和袋底。

根据产品的不同，还应进行画眼、打眼、锁眼、钉纽扣或上标、拉丝、订商标、除杂等工序。然后再进行整烫定形、成品检验、折叠、包装、入库。

缝合成衣是毛衫生产的最后一道工序，与产品的款式、风格、特色、质量高低等有着密切的关系，必须给予高度重视，以保证款式的特点和品质要求。

（四）毛衫生产设备

毛衫采用针织横机（简称横机）编织，属于针织纬编机，是采用横向编织针床进行编织的机器。横机的主要部件有机架、针板、导轨、龙头、花板。其他部件有喂纱部件、引线架部件、牵拉机构。

手摇横机有两个倾斜对立的针床，外观呈倒V字形，如图3－3－8所示。横机的编织，是通过装有成圈机件的机头在针床上往复运动，驱动舌针在针槽中上下运动来完成的。针织横机其实是一种双针板舌针纬编织织机，它的三角装置犹如一组平面凸轮，织针的针脚可进入凸轮的槽道内，移动三角，迫使织针在针板的针槽内做有规律的升降运动，并通过针钩和针舌的动作，就能将纱线编织成针织物。织针在上升过程中，线圈逐步退出针钩，打开针舌，并退出针舌挂在针杆上；织针在下降过程中，针钩勾住新垫放的纱线，并将其牵拉弯曲成线圈，同时原有的线圈则脱出针钩，新线圈从旧线圈中穿过，与旧线圈串联起来，众多的织针织成的线圈互相联结形成了针织物。

电脑横机是一种双针板舌针纬编织织机，如图3－3－9所示。它的三角装置犹如一组平面凸轮，织针的针脚可进入凸轮的槽道内，移动三角，迫使织针在针板的针槽内做有规律的升降运动，并通过针钩和针舌的动作，就能将纱线编织成针织物。织针在上升过程中，线圈逐步退出针钩，打开针舌，并退出针舌挂在针杆上；织针在下降过程中，针钩勾住新垫放的纱线，并将其牵拉弯曲成线圈，同时原有的线圈则脱出针勾，新线圈从旧线圈中穿过，与旧线圈串联起来，众多的织针织成的线圈串套互相联结形成了针织物。

图3－3－8 手摇横机

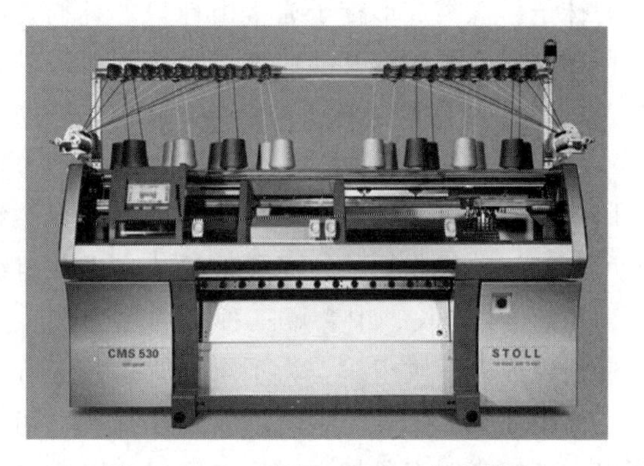

图3－3－9 德国STOLL电脑横机

横机的织针将纱线编织成织物的过程称为成圈过程，成圈过程可分为退圈、垫纱、带纱、闭口、套圈、脱圈、成圈和牵拉8个阶段。

（1）退圈：退圈就是将处于针钩中的旧线圈移动到针杆上，为垫放新的纱线做好准备。在退圈过程中，织针从最低点上升到最高点，织针处于退圈阶段，退圈后针舌被线圈刮开。

（2）垫纱：垫纱就是将纱线放到针舌上，完成退圈后，织针开始下降，由于给纱机构的配合动作，纱线便在导纱器的引导下，通过纱嘴被垫放到针钩的下面，针舌的上面，以便织针继续下降时，针钩能可靠地勾住纱线。

（3）带纱：带纱就是将垫放到针钩下面的纱线引到针钩内的过程。这一过程是依靠织物下降来完成的。

（4）闭口：闭口即封闭针口，使新垫放的纱线旧线圈为针舌所隔开。不带纱过程结束后，纱线正确地被针钩勾住，织针继续下降，落到针杆上的旧线圈沿针杆向针头滑动，移到针舌的下面，针舌由于旧线圈的作用，开始绕针舌轴旋转，当织针再下降时，针舌旋转盖住针钩封闭针口。

（5）套圈：套圈过程是从旧线圈套到关闭了的针舌上开始，而后沿关闭了的针舌移到针钩处而结束。

（6）脱圈：脱圈就是线圈从针头上脱落下来的过程。当完成套圈后，织针沿三角工作面下降，勾住新垫放的纱线穿过旧线圈，而旧线圈同时由于牵拉力的作用，由针头处脱出。

（7）成圈：成圈阶段的工作是在旧线圈脱出针头后，针钩带住新垫放的纱线穿过旧线圈，织针再下降将纱线拉弯成新的线圈。

（8）牵拉：牵拉是为了使成圈后的新线圈得以张紧，不得脱出针钩，以进行下一横列编织的成圈工作。牵拉是利用牵拉机构将旧线圈拉向针背，达到张紧的目的，同时将已成形的织物引出成圈区域。

三、袜子生产

（一）袜子的分类与结构

大部分袜子为针织纬编成形计件产品。虽然袜子的种类繁多，但其组成部段大致相同，仅在尺寸大小和花色组织等方面有所不同。下机的袜子通常有两种形式，一种是已形成的完整的袜子。该类成形袜子通常由袜口、袜筒、袜跟、袜脚、加固圈及袜头等几部分组成。另一种则是形成袜头敞开的袜坯，将袜头封闭以后才能成为袜子。

1. 袜子的结构　袜子的结构如图 3－3－10 所示。

袜口 1：作用是使袜边不致脱散又不卷边，并紧贴在腿上，长、中筒袜（或对袜）一般采用双层平针组织；短筒袜采用具有良好弹性和延伸性的罗纹组织，有时衬以橡筋线或氨纶。也可采用氨纶线作为纬纱间隔地衬垫在平针组织的横列中形成的假罗口。

袜筒 2：分长、中、短三种，可称为上、中、下筒，其形状必须符合腿形，一般可以织平针组织或者罗纹组织，为了增加花色效应可采用各种花色组织。

高跟 3：属于袜筒部段，但不是袜跟。可织花纹，由于该部位不断在穿着时与鞋摩擦，所以在编织高跟部段加入一根加固线，以增加其坚牢度。但现在大多数袜品一般不织高跟。

袜跟 4：其工艺要求是要适合脚跟形状，织成袋形。一般采用平针组织编织，需要加固，增加耐磨性。

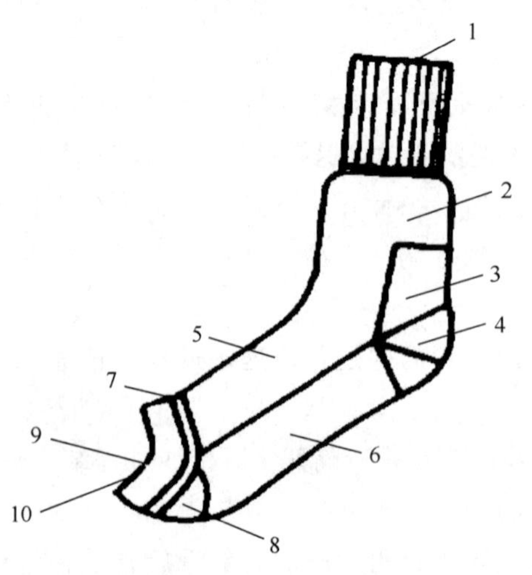

图 3－3－10　袜子结构

袜面 5：即脚背部分，一般可织花纹，采用的组织与袜筒相同。

袜底 6：即脚底部分，在编织时通常加入加固线，俗称“夹底”。一般袜底采用平针组织，织花袜时，袜底无花。

袜面与袜底统称袜脚。袜脚的长度决定袜子的大小尺寸，即决定袜号。

加固圈 7：是在袜脚结束时再编织 12～36 横列的平针组织，并且需要加固编织，用以增加袜子的牢度，俗称“过桥”。

袜头 8：工艺要求与袜跟要求相同。

套眼横列9：袜头编织结束后编织一个横列，其线圈略大于袜头线圈，用以缝头套眼之用。

握持横列10：是在织完套眼横列后编织8～20个横列的平针组织，通常采用低档棉纱编织，主要用作缝头套眼时用手握持，套眼结束后即拆掉，俗称“机头线”。

袜子作为服饰的重要组成部分，具有保健与装饰双重功能。人们在日常生活中都要穿袜子，冬天穿较厚的、保暖性能好的袜子，如棉袜、毛袜等。而夏天则穿薄的、透气性能好的袜子。脚是人体的重要器官，脚掌上分布的汗腺与手掌的一样丰富，特别是在夏天，脚掌大量出汗，单薄、透气、吸湿、排湿性好的袜子，有利于脚汗的挥发。从保健角度看，脚部受寒容易导致上呼吸道黏膜内的毛细血管收缩、纤毛摆动减弱使抗病能力大为降低，病毒、细菌就会从鼻咽部乘虚而入。穿袜是婴幼儿和老年人保健的重要措施之一。不管穿用何种质地的袜子应每天进行换洗。否则，各种细菌就会很快繁殖并产生恶臭，刺激皮肤，容易诱发各种皮肤病，由此可见每天换洗袜子可以保护皮肤，还可延长袜子的使用寿命。因此，穿着要求其形状符合脚形，不致脱落或翻转，具有延伸性好、透气性好的特性，具备良好的耐磨性及吸湿性。

“袜子是足部的时装”充分反映了袜子的装饰功能，是人体整体装饰不可缺少的。如身材较高、腿部较细的女性，选用浅色的丝袜在视觉上可使腿部显得丰满。对于腿部较粗的女性以选择深咖啡色、黑色等丝袜为适宜。过于肥胖的女性宜穿接近皮肤的肉色袜较为美观，对于身材较好的青少年女性，若穿上一双白色或浅色的带荷叶边的短袜，会增加青春活力，显得活泼可爱，婀娜多姿，产生蓬勃向上的时代气息和现代美。

2. 袜子的分类 袜品的种类很多，可以根据原料、组织结构、袜筒长短以及袜口结构、袜子规格等来分类。

（1）根据袜筒的长度分类：一般分为长筒袜、中筒袜、短筒袜和无筒袜；连裤袜由长筒袜缝合而成。

（2）根据袜口分类：可分为户口袜、罗口袜和橡口袜。

（3）根据其服用对象分类：可分为男袜、女袜、童袜三大类。

（4）根据用途分类：可分为普通袜、运动袜、医疗（保健）袜、地板袜、航空袜、劳保（防护）袜、芭蕾舞袜、冰上运动袜等。

（5）根据款式分类：可分为脚套（俗称隐形袜）、船袜、短筒袜、中筒袜、长筒袜、过膝袜、二骨袜、三骨袜、四骨袜、连裤袜、露趾袜、五趾袜、二趾袜等。

（6）根据组织结构或花型分类：可分为素（平板）袜、抽条（罗纹）袜、网眼袜、毛巾（毛圈）袜、横条袜、提花袜、绣花袜、凹凸提花（双反面）袜等。

（7）根据原料分类：可分为天然纤维袜，如棉、羊毛、羊绒、兔毛、马海毛、麻、真丝袜类产品；再生纤维袜，如黏胶纤维、莫代尔、天丝、竹纤维、大豆纤维、花生纤维、牛奶纤维、玉米纤维及醋酯纤维袜类产品；合成纤维袜，如锦纶（尼龙）、涤纶、腈纶、丙纶、维纶、氨纶等以及化学纤维的衍生产品，特种纤维袜，如竹碳纤维、空调纤维、甲壳素纤维、珍珠纤维、海藻纤维袜类产品等。

（8）根据制袜机器及针筒分类：可分为单针袜、双针筒袜、单针毛巾袜、电脑袜（单针）、电脑双针毛巾袜。

（9）其他分类法：有平面袜与提花袜，明花、暗花及通花袜、素色袜，彩色袜、鞋袜，裤袜与连身裤袜、跳舞袜、休闲袜、绅士袜、皮鞋袜、圣诞袜、学生袜、运动袜、足球袜、篮球袜、糖果袜、花边袜、公仔袜等。

（二）袜子的生产工艺

1. 袜子的生产工艺流程 袜子除袜口部段的起口及袜头、袜跟部段的成形外，其余部段的编织原理均与圆型纬编相同。

（1）袜子的成形方式：袜子的成形大致有三步成形、二步成形、一步成形三种方法。

①三步成形法是指在单针筒袜机上编织短袜，袜口在罗纹机上编织完成（也可衬入橡筋线或氨纶的罗纹袜口），然后将袜口经套刺盘转移到袜机针筒上（称作套口），再编织袜筒、袜跟、袜脚、加固圈、袜头、套眼横列及握持横列等部段，下机后只是一只袜头敞开的袜坯，最后经缝头机缝合而织成袜子。因此，织成一只袜子需要三种机器完成。

②二步成形法是指在折口袜机上编织平口袜，可自动起口和折口，形成平针双层袜口，以后顺序编织袜坯各部段；另一种是在袜机上编织平针衬垫橡筋或氨纶的假罗口，织完后再编织其他各部段。这两种袜子下机后都要经过缝头机缝合而成袜子，故织成一只袜子只需要两种机器就可以完成。双针筒袜机由于具有上、下两个针筒，可在袜机上编织罗纹袜口及袜坯各部段，但下机后仍要进行缝头，因此也属于二步成形。

③一步成形法则是指织袜口、织袜坯、缝头三个工序在同一台袜机上连续形成。例如意大利 Matec 公司新推出的 Mono4 型袜机，改变了普通袜机从袜口开始编织至袜头结束，下机后再缝合袜头的工艺过程。而是从袜头开始编织，并能形成袋状的封闭袜头，最后再编织袜口，从而省去了缝合袜头的工艺，提高了生产效率。

（2）袜子生产工艺流程：从原料进厂到袜子成品出厂须经过许多道工序，顺次经过各道工序时必须按照一定方式和要求，在一定的条件下进行，整个流程即为袜品生产工艺流程。袜厂生产工艺必须根据原料性能、成品要求、所用设备等条件而制订。合理的工艺能使生产周期缩短，达到优质、高产、低成本的目的。根据产品、原料和设备情况而决定加工工艺有先织后染和先染后织两大类。先织后染适用于棉线素袜、锦纶丝袜产品；先染后织适用于棉线花袜、弹力锦纶丝袜产品。

编织顺序：袜口（套口）→袜筒→袜跟→袜脚→加固圈→袜头→套眼横列→握持横列→缝袜头。

2. 袜头、袜跟的编织原理 袜子的袜跟与袜头的结构相同，因此编织方法也相同。在圆袜机上编织袜头、袜跟时，是在部分针上进行收放针，以达到织成袋形袜跟的要求。在织袜跟时，袜机是在控制机构的作用下，由单向回转变为往复回转。袜跟的编织须经过以下几个过程：

（1）袜面部分的袜针停止编织，袜底部分的袜针编织袜跟。袜机双向三角座的退圈三角在控制机构的作用下，使得袜机上袜面一部分袜针拦至不工作位置，退出编织状态。

（2）编织前一半袜头、袜跟——收针阶段。织袜头、袜跟时，由于袜面针停止工作，只有袜底针编织。则在袜机针筒双向三角座两侧分别安装左、右两个挑针器，对袜底两侧袜针进行收针，使参加编织的针数逐渐减少。

（3）编织后一半袜头、袜跟——放针阶段。编织后一半袜头、袜跟时，安装在袜机上的揿针器在控制机构作用下进入工作状态，将挑针器挑起的袜针压下，使其逐渐重新参加编织。

（4）编织袜面的半边袜针重新参加编织。袜头、袜跟编织结束后，袜机双向三角座的退圈三角在控制机构的作用下，作用到袜面针，将其拦入工作位置，重新参加编织。

（三）袜子编织设备

1. 袜机的一般机构和分类

（1）一般机构：圆袜机的机构主要包括编织、传动、控制、花色、密度调节以及给纱牵拉机构等部分。

①编织机构：是袜机的成圈机构，单针筒袜机由袜针、沉降片与针三角装置和沉降片三角装置相互配合进行编织。双针筒袜机则由双头舌针、导针片、沉降片、护片、栅状齿与针三角装置、沉降片三角装置相互配合进行编织，使纱线形成线圈，而编织成袜子。

②传动机构：是根据袜子的工艺要求，使针筒进行快速、慢速以及往复回转，并传动控制机构。

③控制机构：是在编织袜子的过程中到每一部段时，自动变换程序，使机件变换动作，使之顺次地进入工作或退出工作状态，使整只袜子能连续生产。

④花色机构：是在袜子上增加各种花纹组织，包括横条换线机构、绣花及提花选针机构。

⑤密度调节机构：其作用是根据袜子各部段要求使之达到规定的密度，保证袜子的质量。

⑥给纱机构：是在袜机上保证编织过程的连续进行，纱线从筒子上依次退解，经过张力装置、断线自停装置以及导纱器，袜针则不断由导纱器上勾取纱线，形成线圈。而橡筋线或氨纶线则由积极输线机构送入编织区。

⑦牵拉机构：是在编织过程中，使新线圈成圈后依次移到针背后，保证成圈过程的顺利进行。完成牵拉作用的有沉降片、头跟牵拉指、重锤、罗拉牵拉及气流牵拉机构等。

（2）袜机的分类：袜机可分为平袜机、圆袜机两大类。平袜机的产品是成形的袜片，将袜片缝合后而成袜子，一般用来编织长筒女袜，由于生产效率低，很少采用。圆袜机产品为圆筒形的成形袜子，圆袜机又可分为单针筒及双针筒两大类，如图3－3－11所示。

素袜机用来编织罗口短袜、横条袜。折口袜机用来编织平口中筒袜及过膝长筒袜。绣花袜机可编织单色或多色绣花袜。提花袜机可编织双色或多色提花袜。提花绣花袜机编织提花加绣花袜。毛圈袜机可编织毛圈袜。单程式全自动袜机可编织一步成形袜。双针筒素袜机可编织各种罗纹素袜。双针筒绣花袜机可在罗纹袜上加以绣花。双针筒提花袜机可编织双色或多色提花袜，也可编织提花与凹凸复合组织袜。双针筒提花绣花袜机则可编织提花加绣花袜。

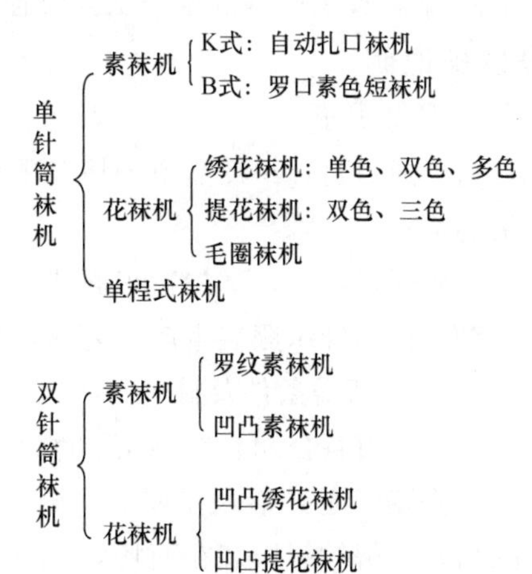

图3－3－11　圆袜机的分类

2. 袜机的规格　袜机的规格一般用机号表示。把在针筒圆周上规定长度内所具有的针数称为机号。机号是反映袜机用针的细度和针距大小的一个概念。其关系式如下：

$$G=\frac{E}{T}\qquad G=\frac{N}{\pi D}$$

式中：E——规定长度，一般圆纬机规定长度为1英寸。

式中：N——总针数；

D——针筒直径。

如 1 英寸有 16 针，则机号 $G=16$。袜机通常用直径×总针数表示，如 3½英寸×176 针。机号在一定程度上确定了袜机上可加工纱线的线密度范围和袜子的质量情况。机号不同，圆袜机可加工纱线的粗细也就不同。机号越高，用针越细，针与针之间的间隙也越小，所能加工的纱线就越细，编织出的织物就越薄；机号越低，所用纱线越粗，织物也就越厚。在各种不同机号的机器上，可加工纱线的粗细是有一定范围的。

（1）某种机号的针织机上可加工的最粗纱线，取决于成圈过程中针与其他成圈机件之间间隙的大小，一般根据针与沉降片间的间隙能容纳的纱线根数决定。

（2）某机号圆袜机所能加工的最细纱线，理论上不受限制，它根据袜子质量要求提出，主要取决于袜子服用性能的要求。

☞ 思考与练习

1. 成形针织品是通过怎样的方法获得所需形状的？
2. 羊毛衫的成形动作一般有哪些？
3. 可以织毛衫的设备有哪些？针对什么样的产品来选择？
4. 说明下列袜子的成形方式：运动短袜，长筒丝袜。
5. 袜跟是如何编织的？
6. 查阅毛衫产品及袜子产品。
7. 搜集针织成形产品，并将图片整理。

项目 3－4　针织服装生产

❇教学目标

1. 了解针织服装分类；
2. 了解针织服装的概念与设计特点；
3. 了解针织服装的生产工艺流程。

❇任务说明

1. 任务要求

（1）通过对针织产品市场情况进行调研，了解针织服装、针织面料、针织饰品的流行与发展趋势；

（2）通过调研，掌握针织服装的分类方法，了解服装设计的一般方法；

（3）根据针织服装生产工艺单，掌握针织服装生产工艺流程。

2. 任务所需条件及材料

市场、百货公司、图书馆、网络资源、服装报纸杂志等。

3. 任务实施内容及步骤

（1）了解针织服装在商场的总体分布情况。

选择一家具有代表性的综合服装百货商场，要求对商场内的针织服装分布情况进行调研，根据看到的服装按以下要求顺序地进行说明；调研方法一般采用现场观察、询问、记录、讨论、分析等方法，在调研中提高相关的综合能力。

①按经编、纬编分类，列出见到的针织服装类别；

②列出见到的针织服装的面料的组织结构；

③列出见到的针织服装品牌；

④列举一个服装品牌，说明针织服装在该品牌服装中所占比例及销售情况；

⑤说明附加值高的产品特点。

(2) 利用服装杂志及网络资源，搜集并分析针织服装发展趋势。

(3) 根据所给服装生产工艺单，分析工艺单中工艺参数的含义。总结针织服装生产的工艺流程。

4. 撰写任务报告，并进行评价与讨论。

✲项目导入

服装在人类社会发展的早期就已出现。古代人把身边能找到的各种材料做成粗陋的“衣服”，用以护身。人类最初的衣服是用兽皮制成的，包裹身体最早的“织物”用麻类纤维和草制成。在原始社会阶段，人类开始有简单的纺织生产，采集野生的纺织纤维，搓绩编织以供服用。随着农、牧业的发展，纺织原料渐渐增多，制作服装的工具由简单到复杂不断发展，服装用料品种也日益增加。织物的原料、组织结构和生产方法决定了服装的形式。用粗糙坚硬的织物只能制作结构简单的服装，有了更柔软的细薄织物才有可能制出复杂而有轮廓的服装。

图3－4－1 原始服装

最古老的服装是腰带，用以挂武器等必需的物件。装在腰带上的兽皮、树叶以及编织物。人类早期的服装是裙子，后来慢慢发展为上衣和下裤的形式。图3－4－1所示为出土的原始服装复原图。这是古人“以骨为针、以筋为线”缝合而成的服装，是人类早期缝纫技术的写照。随着缝纫机的诞生，服装缝纫工艺开始了新的纪元。现代服装品种繁多，针织面料以独特的组织结构、悬垂性、弹性等优越性能决定了服装的柔软性、流动性、轮廓清晰性和独有的造型特征，表现出与众不同的风格与魅力。由于服装的款式、用途及原材料的不同，故服装的制作方法各异。因此，针织服装的设计和服装生产工艺的制订显得尤为重要。

一、针织服装分类

针织服装是按服装材料的织造方式区分的服装类别之一。由针织面料制作的和用针织方法直接编织成形的服装统称为针织服装。它是以线圈为基本单元，按一定的组织结构排列成形。针织面料制作的服装如内外衣、运动休闲装、时装等；直接编织成形的服装如针织毛衫等。

针织服装的分类方式较多，没有一个固定的标准，一般可按以下方式分类。

(一) 按针织生产方式分

针织的生产方式根据产品的特点有坯布织造和成形产品生产两种，因此，针织服装可分为成形类针织服装和裁片类针织服装两大类。

(二) 按用途分类

按照服装穿着用途，针织服装可以分为内衣、外衣、毛衫和配件四大类。

1. 针织内衣 内衣指穿在其他衣物内的衣服，通常是直接接触皮肤的，具有吸汗、矫形、衬托身体、保暖及不受来自身体的污秽危害的作用，针织面料独特的性能使其成为内衣的首选面料。针织内衣分为贴身内衣、补整内衣和装饰内衣三大类。

2. 针织外衣 外衣按照用途可分为以下几大类。

(1) 针织运动服装：运动服装是针织外衣的传统服装，在针织外衣市场中占重要地位。根据不同季节、运动项目和服用场合不同，针织运动服装也有所不同。针织运动服装品种繁多，款式丰富。

(2) 日常用休闲服装：随着人们越来越倾向于着装的舒适化、休闲化，休闲化的正装已经成为服装发展的潮流，而针织休闲装正在成为这个领域的主打产品。如T恤衫、旅游休闲装、学生装以及日常用休闲类服装等。

(3) 针织社交礼服：利用针织面料的特性，如针织面料的弹性、悬垂性等特点，制成各种社交礼服，具有优雅、华贵的效果。

3. 毛衫 毛衫是成形编织针织服装的主要类别。可以按照以下分类方式进行分类：

(1) 按原料分为羊毛衫、羊绒衫、羊崽毛衫、兔毛衫、腈纶衫、真丝衫、棉线衫等。

(2) 按款式分为针织开衫、针织套衫、针织裙类、背心、裤子、套装等。

(3) 按纺纱工艺分为精纺类、粗纺类、花式线类毛衫。

(4) 按装饰手段分为绣花、扎花、贴花、植绒、簇绒、印花、扎染、手绘毛衫等。

4. 针织服饰配件 主要是指以针织原料或者针织织造手法制成的服饰品配件，包括袜类、手套、帽子、围巾等产品。

(三) 按原料类别分类

由于针织生产方式对纱线的损伤较少，对纱线的适应范围广，因此，各种常规纤维原料及新型纤维均可用于针织服装的生产。针织服装按原料可分为棉、毛、丝、麻、化纤、混纺和交织类针织服装等。

如今，针织面料已向纤维原料的多样化、质地高档化方向发展，利用各种差别化纤维和染整新技术设计创新的仿丝、仿麻、仿毛和人造毛皮等仿真面料；利用低特（高支）、精梳纯棉原料生产的高档丝光烧毛新型面料；利用不同纤维吸湿、透气性能不同而创新设计生产的各种功能性服装面料；以及利用先进的后整理技术生产的具有不同性能、不同用途的面料，如用液氨整理、亲水剂、柔软剂整理、涂层整理等创新开发的许多新颖面料都相继投入生产，为针织服装的产品类别提供了更广阔的空间。

二、针织服装设计特点

(一) 现代针织服装的特点

针织服装由于具有透气性、保暖性以及穿着舒适性等特点，因此一直受到市场的追捧。

针织服装弹性好，而且能朝各个方面拉伸，伸缩性很大，因此针织服装手感柔软，穿着适体，能很好地显示人体的线条起伏，运动机能好，不妨碍身体的运动。针织服装面料的透气性也很好，其线圈结构能保持较多的空气，因此透气性、吸湿性和保暖性都比较优良，使得服装穿着时具有很好的舒适感。生产方式灵活多样，很适合工艺生产，而且种类繁多，设计手法多样。已经由内衣、中衣、外衣向服装服饰多领域、现代针织面料多样化、多功能化、高档化发展。各种肌理效应、不同功能的新型针织面料的开发应用，给针织品带来前所未有的感官效果和视觉效果，使得针织服装已经成为服装领域中的一朵奇葩。

然而，针织服装的尺寸稳定性差，同时，天然面料，特别是纯羊毛或者纯羊绒的针织服装，相对来说，保养要求较高，保存不当，容易出现虫蛀现象；洗涤不当，容易出现褪色、缩水问题等。

（二）针织服装的设计特点

针织服装设计是将服装面料确定为针织面料的服装设计。针织面料是服装材料中极具个性特色的类别，在结构、性能、外观及生产方式等方面都与机织面料不同，因而在服装设计方面既可采用一般服装的设计方法，又可以采用一些与机织面料不尽相同的造型、结构设计、装饰和工艺方法。

款式、色彩和面料是服装设计的三大要素。针织服装的款式设计依据要看采用什么面料和技术。设计原则是实用、舒适、美观和经济，这几者的合理组合能够满足消费者的需求。同时，面料是色彩的载体，针织服装款式的简洁性决定了针织服装款式变化的因素转向局部和面料的花色风格上，表现为以面料组织变化展开的款式设计和面料设计。设计针织服装结构时一定要注意其面料特点，扬长避短，充分利用和表现面料的材质，将面料的特性与服装款式和结构的设计有机结合，利用合理的成衣工艺和装饰手法，使设计的产品综合表达出服装的实用功能和装饰效果。

针织服装的设计具有工业化、面料的特殊性和学科的交叉性三大特征。目前，针织服装的设计分为来样来单设计和创新设计。来样来单设计是指设计人员根据客户提供的成衣样品或成衣订单进行的产品设计。设计人员必须对成衣样品或订单进行认真分析研究，掌握其原料品种、纱线规格、坯布组织和规格（密度、平方米克重、厚度等）、成衣规格尺寸、款式特点、缝制加工方法等，在此基础上进行反复试制，以确保设计生产的服装能符合来样的标准和订单要求。创新设计是指设计人员根据市场考察和本企业的市场定位，综合考虑针织服装的穿着对象、穿着目的、服装风格、色彩、款式造型特点、针织原料和坯布品种以及缝制工艺等多方面因素而进行的从原料选择、坯布组织选择设计、光坯料规格设计、成衣规格设计到样衣纸样设计的全过程。

三、针织服装生产工艺

（一）针织服装生产工艺流程

针织服装生产工艺可分为成形类针织服装生产工艺和裁片类针织服装生产工艺两大类。

成形类针织服装生产工艺即成形衣片缝制工艺，是利用成形针织品编织工艺，编织出衣服形态的衣片和衣坯，然后缝合成衣。具体生产工艺流程如下：

款式设计→样板设计→原料准备→横机织造→染整工序→装饰工序→检验→成衣定形→成品检验→包装→入库

裁片类针织服装生产工艺即坯布裁片缝制工艺，是把针织坯布按样板裁剪成衣片，然后缝合成衣的生产方式。具体生产工艺流程如下：

款式设计→坯布准备→裁剪→缝制→后整理

1. 款式设计 主要完成确定成衣款式、规格、样板设计、面料组织、克重等指标的设计。

2. 坯布准备 指服装生产前的面料准备过程，一般需经过以下流程：

内衣类：原料进厂→检验→络纱→织造→坯布检验→缩碱→精练→漂染→脱水→烘干→定形→轧光→堆置

外衣类：确定坯布组织，使用原料、纱线线密度、织物密度（平方米克重）等指标。

3. 裁剪 针织服装生产中，裁剪是基础性工作，它直接影响产品质量的好坏，同时还决定着用料的消耗。因此，裁剪工程是服装生产中的关键工程，要有科学的工艺要求，严格的生产管理，确保裁剪高效优质。

裁剪工程一般要经过制订方案、排料画样、铺料、裁剪、验片、打号、包扎等工艺过程。

4. 缝制 将裁成的衣片连同必要的辅料进行缝合组装加工成服装或其他服饰用品。缝制是按缝制工艺设计的要求进行的。缝制工艺设计的主要内容包括确定缝制工艺流程、确定缝制用各种辅料的品种规格、确定各工序缝制设备机种等。缝制工艺设计原则是充分利用本企业现有的设备条件，力求人员工种、机种配置保持相对稳定和有较高的利用率，使各工序间均衡协调，在保证质量前提下尽可能降低生产成本。

5. 后整理 包括剪线头整理、熨烫、折验、包装。

成品检验是产品出厂前的一次综合性检验，包括外观质量和内在质量两大项目，外观检验内容有尺寸公差、外观疵点、缝迹牢度等。内在检测项目有面料单位面积重量、色牢度、缩水率等。

（三）针织服装规格设计

服装规格是指成品服装各部位尺寸的大小。服装规格类型有样板规格、细部规格、示明规格。

1. 示明规格的表示方法 用1～2个主要部位的尺寸来代表服装的适穿对象，这1～2个主要部位的尺寸规格即称为示明规格。有以下四种类型：

（1）号型制：上衣以服装穿着者的胸围为型，身高为号；裤子以服装穿着者的腰围为型，身高为号来表示。体型分为四类，用代号：Y、A、B、C表示。例如165/88A表示服装适穿对象是身高165cm左右，胸围88cm左右，A类体型。

（2）领围制：男衬衫专用，以领围尺寸表示。有公制和英制两种。一般以1.5cm（1/2英寸）为一档，从34～43cm，目前我国常用以1cm为一档。

（3）胸围制：贴身内衣、运动衣、羊毛衫、紧身针织外衣常用。上衣以胸围、裤子以臀围为主要尺寸表示。分公制和英制两种。公制一般儿童用50、55、60表示，少年用65、70、75表示，成人80以上，每5cm为一档。英制儿童用20、22、24表示，少年用26、28、30表示，成人32以上，每2英寸为一档。

（4）代号制；用数字或英文字母作为服装的规格代号应用较广。儿童服装用2号、4号、6号表示，少年服装用8号、10号、12号表示，成人应为14号以上。但一般不用数字表示，而用英文字母S（小号）、M（中号）、L（大号）、XL（加大号）、XXL（特大号）等。代号制中的数字表示适穿儿童的年龄，如2号表示适于2周岁左右的儿童穿着。而英文字母代号本身没有确切的尺寸意义，只表示相对大小。例如，S号是小号，它可以是75cm、80cm、85cm、90cm胸围不等，而以后的每个号均比前一个号大一档（5cm或2英寸）。

2. 针织服装规格的设计依据及标准 针织服装规格设计有一定的特殊性，而且针织服装外衣与内衣的规格确定有着截然不同的方法。工业化生产的针织外衣，规格设计主要运用国家号型标准来进行设计，这种方法较科学、准确；其次，是客供标准，即由客户提供规格尺寸和款式图，多用于出口产品。针织内衣的规格则通常是参照国家标准、地区标准、工厂暂行标准执行，最关键是能被消费者接受和喜爱。外销产品因销售对象要求差别很大，一般由客商提供详细规格或主要部位的规格尺寸。针织服装设计中通过量体、加放尺寸来确定规格的方法只针对特殊体型和适体程度要求较高的运动服、外衣及礼服等。

3. 针织服装主要部位规格测量方法说明 国家标准（GB/T 8878—2008）中的测量部位如图3-4-2所示。国家标准中规定的测量方法见表3-4-1。

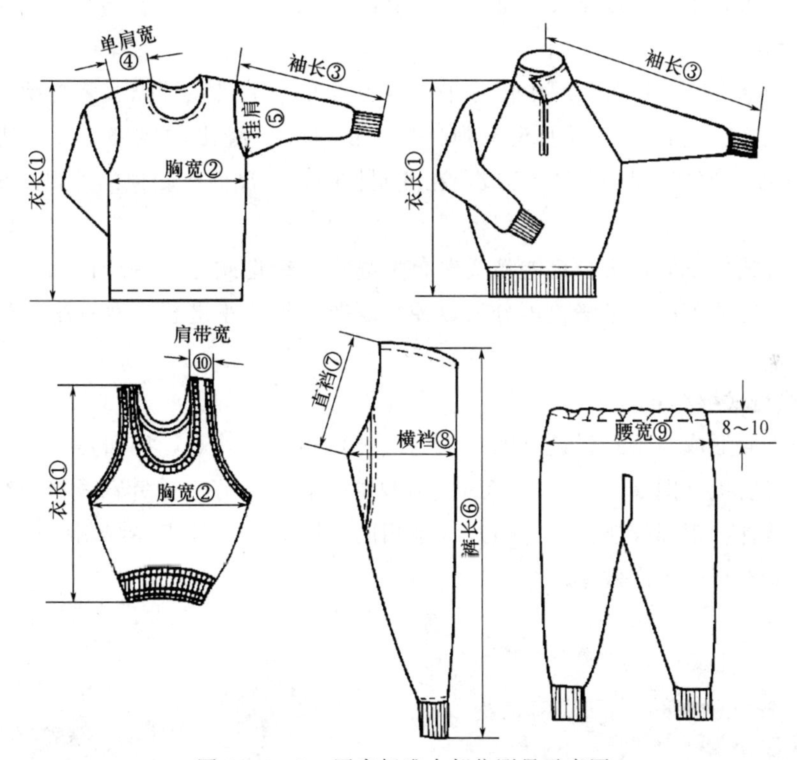

图3-4-2 国家标准中部位测量示意图

表3-4-1 针织成衣测量部位规定

类别	序号	部位	测量方法
上衣	①	衣长	由肩缝最高处量至底边，连肩的由肩宽中点量至底边
	②	胸宽	由袖窿缝与侧缝缝合处向下2cm水平横量
	③	袖长	由肩缝与袖窿缝的交点量至袖口边，插肩式由后领中点量至袖口处
	④	单肩宽	由肩缝最高处量到肩缝与袖窿缝交点
	⑤	挂肩	衣身和衣袖接缝处自肩到腋下的直线距离

续表

类别	序号	部位	测量方法
裤子	⑥	裤长	后腰宽的 1/4 处向下直量到裤口边
	⑦	直裆	裤身对折，从腰边口向下斜量到裆角处
	⑧	横裆	裤身对折，从裆角处横量
	⑨	腰宽	侧腰边向下 8～10cm 处横量
背心	⑩	肩带宽	肩带合缝处横量

四、针织服装生产设备

缝制是将裁好的衣片和辅料按针织服装的结构和质量要求组合加工成衣的工序。在针织服装缝制加工中，由于面料具有独特的性能和成衣品种款式的多样化，需要用多种缝纫机才能满足缝制的要求。主要有以下几类常用缝纫机：

（一）平缝机

平缝机（图 3-4-3）在工厂中俗称平车或镶襟车，主要在针织服装缝纫中用于衣服的门襟、领子、口袋、缝订商标以及没有弹性要求的部位。缝出的线迹为锁式线迹，由针线（面线）和梭子线（底线）相互串套构成，在缝制物的正、反面有相似的外观。线迹的拉伸性小，缺乏弹性。

根据送布方式的不同，可分为差动式送布平缝机、针送式送布平缝机和上下差动式送布平缝机；根据功能的不同，平缝机可分为数控平缝机、切边平缝机、双针平缝机和筒式车床平缝机。

（二）双线链式缝纫机

在缝料的正面形成与锁式线迹（即平缝机线迹）相同的外观，反面是链状线迹的缝纫机叫作双线链式缝纫机（图 3-4-4）。该线迹强度高、拉伸性好。单针双线链式缝纫机，由于底线不必常换纱管，正面线迹外观与锁式线迹相同，因此，在针织品缝制的许多场合中替代了平缝机，从而提高了生产效率。

图 3-4-3　平缝机

图 3-4-4　链缝机

双线链式缝纫机一般根据其用途命名，如用于内衣滚领的称滚领车，用于缝制松紧带的称松紧带机，用于缝钉饰条的称扒条机。目前双线链式缝纫机针数可以较多，多针可以达到50针以上，缝迹总宽度达到23cm以上，具有装饰效果。

（三）包缝机

包缝机（图3－4－5）工厂俗称“拷克车”，缝制中既能包覆布边防止脱散，又同时切边拉光布边，有很好的强力。形成的包缝线迹弹性大。因此在针织缝纫中用途最广，如合缝、挽底边、袖边、包边拉光等。按车速分为中速包缝机（3000针/min左右）、高速包缝机（5000～6500针/min，最高可达10000针/min）；按形成线迹类型分为三线包缝机、四线包缝机、五线包缝机等。

（四）绷缝机

绷缝机（图3－4－6）是针织服装生产中功能最多的机种。它是由2～4根直针和一个弯钩形成扁平状的绷缝线迹。该线迹强度和弹性均较好，应用广泛。如拼接、滚领、滚带、滚边、挽边、绷缝加固、缝松紧带、饰边等。

图3－4－5　包缝机

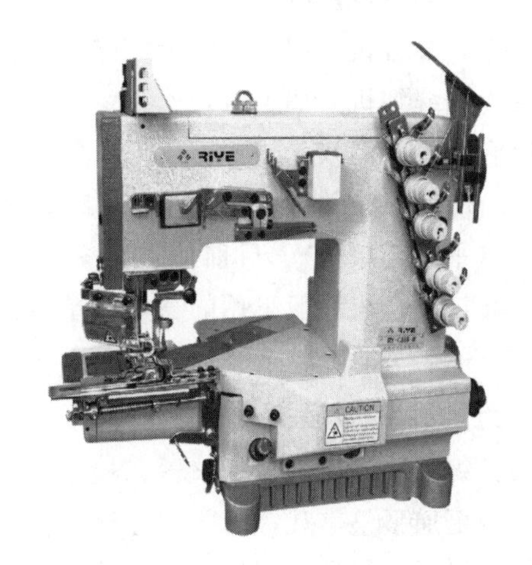

图3－4－6　绷缝机

绷缝机按外形分为筒式车床和平式车床。一般筒式车床绷缝机用于袖口、裤口等处细长筒形部位的绷缝（图3－4－7）。平式车床绷缝机用于一般的绷缝。按缝针数可分为双针车，将包缝边缘压牢，可增加缝迹牢度。三针车及四针车等，用于拼缝、装饰卷边（具有装饰线）。按表面有无装饰线分为无饰线绷缝线机（或称单面饰绷缝线迹车），覆盖线迹即双面饰绷缝线迹车。按针数和总线数分为几针几线绷缝机。一般可根据针数和总线数（包括装饰线的根数）加以命名。如双针三线机或双针四线绷缝机、三针四线机或三针五线绷缝机等。

（五）打结机

套结缝纫机也叫打枣车和打结机（图3－4－8）。通常是用双线锁式线迹来加固已缝线迹。在针织服装生产中应用越来越广泛。套结机起到服装受力部位加固结缝制和圆头纽孔缝尾加固及缝锁伞顶圆的作用，目的在于防止线迹脱散开裂。在生产过程中装钉上纽扣后，需要人工用缝纫线在纽扣脖后缠绕数道，以便加固纽扣的牢固度，套结机可以自动操作此道工序，缩短工作时间，提高生产效率，降低工人生产强度，节省人力。

图 3-4-7　筒式绷缝机

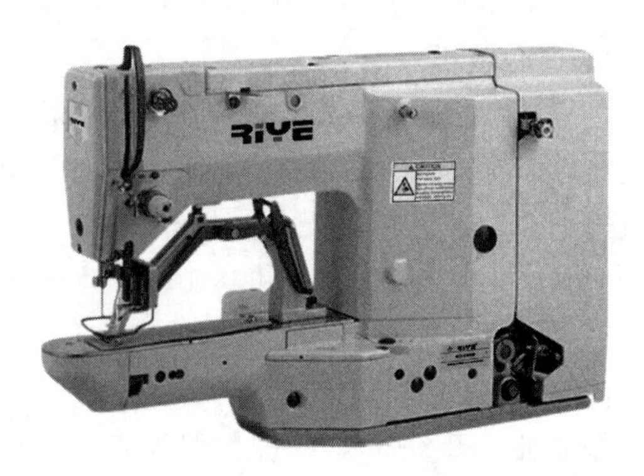

图 3-4-8　套结机

（六）套口缝合机

套口缝合机（图 3-4-9）亦称缝盘机，即圆盘缝合机的俗称，特殊的缝合成形针织衣片的专用缝纫机，如毛衣合摆缝、绱领、绱袖等。缝线穿套于衣片边缘线圈之间进行对眼套口缝合，可以高效、快速完成毛衣的编织工作，大大提高工作效率。主要规格为针数：3 针、4 针、5 针、6 针、8 针、10 针、12 针、14 针、16 针、18 针、20 针。分为圆式（缝盆机）和平式（平式套口机）。目前使用最多的是弯针的缝合机，弯针缝合机价格便宜，操作维护简单。套口缝合机一般采用的缝迹为单线链式和双线链式。

五、针织服装整理

针织服装的整理包括整烫、检验、折叠和包装四个工序。缝制完成的针织服装通过整理使外观更加平整美观，以达到运输、销售和消费的各种要求。

针织服装成品整理的基本目的是使产品平整美观，达到符合规定的形状和规格尺寸；如发现成品有疵点，要尽可能给予弥补修正，要修剪净线头；按成品实际质量水平正确进行评等；按规定要求进行折叠与包装；检查产品所使用的商标、使用说明、示明规格及包装衬垫材料是否正确无误等。

图 3-4-9　缝盘机（套口缝合机）

（一）整烫

坯布在裁剪前一般经过定形、轧光、整理，使坯布外形和针织物线圈结构稳定。裁剪后，经过熨烫，消除皱折、折痕，使产品美观，并能顺利进行质量检验与包装。整烫工艺要求如下：

（1）严格控制温度，切忌使产品烫黄、变色、变质或使印花模糊不清。影响熨衣温度的因素：坯布类别、熨烫温度、熨斗重量、接触时间等。熨斗温度和重量应根据坯布种类和纤维原料的构成来确定。

(2) 缝子要烫直烫平，衣服的轮廓要烫正，衣领等重要部位不得变形。

(3) 手工熨衣时，要用力自然，严防拉拽而影响成品的规格尺寸。

(4) 一般针织品要烫两面（先背后正），高档产品烫三面。

整烫工具设备有熨斗用于手工整烫，对纤维原料、成衣品种的适应性好，整烫质量好。按加热或给湿的方式可分为：电熨斗、蒸汽熨斗、滴液式蒸汽熨斗、电器蒸汽熨斗。蒸汽压烫机适用于整烫毛衣、合成纤维针织品及高级棉针织品。汽蒸定形机用于毛衣或腈纶衫、尼龙弹力衫的整烫。

（二）产（成）品检验及等级分类

1. 检验种类与常规检查项目及内容

(1) 种类（广义）：面料检验、裁片检验、缝制中的半成品检验、整烫前缝成品检验均为半成品检验，目的在于避免发生制品大批返工或降为次品。整烫后的成品检验或出厂前的检查为产品质量的总鉴定。

(2) 常规检查项目与内容：包括裁片检查，做缝检查，黏合衬检查，吊牌商标使用说明检查，锁眼、钉扣及缝袖饰物检查，成品综合检查。

2. 产品的品级评定 对产品进行品质检查后，再给予产品以正确合理的评价。在明确品质的考核项目、用什么方法检查和确立产品的品级标准下，以下列品质考核项目确定产品的质量等级。

(1) 坯布物理指标（内在质量）（干燥重量公差、强力公差、缩水率、染色牢度）；

(2) 成品表面外观疵点；

(3) 成品规格公差及本身尺寸差异；

(4) 成品综合评等。分等时，按国家标准，内在质量的分等标准按批评等，外观质量分等规定按件评等。棉针织内衣质量定等以件为单位评为优等品、一等品、二等品、三等品、等外品。

3. 折叠与包装 产品经过检验评等后按规定要求折叠，然后进行包装。折叠的基本要求是要按包装袋、盒、箱的规格折叠成一定尺寸（长×宽）的长方形。衣服的领子要叠在前面正中，领形左右对称，衣领上的商标要便于观察。折叠好以后，四周厚薄要尽可能均匀，既美观又便于码放。成品折叠规格尺寸视成品本身规格品种来定。

包装的目的是为了流通和运输的安全；是提高产品附加值的一种手段，可提高产品声誉和企业的实际经济效益。

针织服装包装的形式分为以件或套为单位进行包装的小包装（内包装）；以5件或10件（套）、打为单位进行包装的中包装；以20～100件（套）为单位的5层双瓦楞结构纸箱进行包装的大包装。小包装的唛头标志应具备：品名、规格、等级、生产厂、制造日期、纤维原料构成及洗涤说明、防火说明、熨烫说明、颜色或花型等。中包装包内衣服品种、等级必须一致等。大包装的唛头标志应具备：厂名（国名）、品名、货号（合同号）、箱号、数量（件或打）、尺码规格、色别、重量、体积、品等、出厂日期等及防潮图形标记。

思考与练习

1. 针织服装的特点是什么？请举例说明。

2. 款式收集练习——各收集5款有特色的毛衫、内衣、T恤以及针织外套（或时装等）。要求如下：

（1）按照服装特点进行收集，说明其特点和风格；

（2）说明收集的针织服装的结构设计特点；

（3）注明品牌、面料成分等；

（4）完成在A4纸上并且进行装订。

3. 查阅资料，谈谈对针织服装发展的认识。

4. 试说明针织服装结构设计中与机织服装结构设计的不同点。

5. 针织服装如何分类？请具体说明。

6. 针织服装生产工艺流程是什么？

7. 试述针织成衣常用的缝纫机有哪些？

8. 针织品检验包括哪些内容？

项目4　染整

纺织品的染整加工就是借助各种染整设备，通过物理机械的、化学的或物理化学相结合的方法对纺织品进行处理，赋予纺织品所需的外观、服用性能或其他特殊功能的加工过程。它主要包括前处理（又叫练漂）、染色、印花和整理（又叫后整理）四大工序。前处理主要是去除纺织品上的各种杂质，改善纺织品的性能，为后续工序提供合格的半成品的加工过程。染色是指染料舍弃染液而上染纤维并与纤维发生物理的或化学的结合，使纺织品获得均匀、坚牢颜色的加工过程。印花是将各种颜色的染料或颜料制成色浆，施敷在织物上印制成图案的加工过程。纺织品整理是指通过物理、化学或物理和化学结合的方法，改善纺织品外观和内在品质，提高服用性能或其他应用性能，赋予纺织品某种特殊功能的加工过程。

染整加工几乎离不开水和表面活性剂，下面进行详细介绍。

一、染整用水

印染厂是用蒸汽、水量较大的企业，而前处理工序用水量在整个印染过程中所占比例较大，水的质量不仅对前处理制品质量影响很大，而且还影响到染化料、助剂的消耗。因此，印染厂应建立在水源充足，水质良好，并有污水排放条件的地点。印染厂水质质量要求如下：

无色透明：透明度＞30，色度≤10（铂钴度）；

pH：6.5～8.5，含铁量≤0.1mg/L，含锰量≤0.1mg/L；

硬度不能太高，染液、皂洗用水＜18mg/L，一般洗涤用水＜180mg/L。

硬水中钙镁盐类的含量用硬度表示，简称ppm。硬水中的碳酸氢钙易溶解于水，加热时容易分解成为碳酸钙而从水中析出，也称为暂时硬度。硬水中硫酸钙在水煮沸时并不析出，称为永久硬度。

硬水中的钙镁盐类对印染加工是非常不利的，例如练漂加工时，如果水的硬度过高，会影响织物的吸水性和手感；水中含有铁、锰盐类的量超过规定限量时，在煮练过程中会产生锈斑，并且能催化双氧水的无效分解，使棉纤维发生氧化而脆损，并且影响织物的白度。染色时钙、镁离子能与染料形成沉淀，使过滤性染色不能顺利进行（如筒子纱染色、经轴染色）。锅炉用水必须是软水，否则水垢沉淀紧紧附着锅炉管壁上，降低了锅炉壁的导热系数，会多耗燃料；水垢沉积还会引起锅炉爆炸事故。皂洗时钙镁离子与肥皂作用生成难溶的钙镁皂沉淀在织物上，在碱性溶液中还会生成难溶的水垢，附着在设备上（如机槽内壁、阀门、导辊），妨碍生产的正常进行。因此，染整加工前要对水进行软化处理。

从天然水中去除钙镁盐的加工，称为硬水的软化。软化的方法包括化学软化法和离子交换法。化学软化法包括沉淀法和络合法，不需要专门的设备，方法简单方便，经济实用。对于要求较高的软水，用化学法软化常有残余硬度，不能达到软化目的，可采用离子交换法，用泡沸石、磺化煤可除去水中的钙、镁、铁等离子。离子交换法需用专门的设备，并耗费动力及化学药剂，成本较高。

二、表面活性剂

（一）表面活性剂的定义与结构特征

印染加工几乎都是在水溶液中进行，由于水具有较大的表面张力，使水溶液不能迅速良好地对纤维进行润湿、渗透，不利于印染加工的进行。为此，常在水中加入少量的就能显著降低水表面张力的物质，这种物质叫作表面活性剂。它们的分子结构都是由亲水基和疏水基两部分组成，一般可用下式表示：

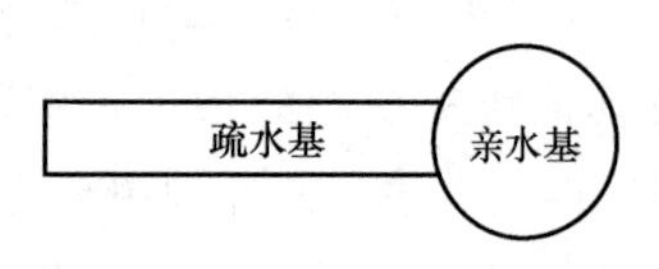

表面活性剂分子中常见的亲水基有羧基（$—COONa$）、磺酸基（$—SO_3Na$）、硫酸酯基（$—O—SO_3Na$）、醚键（$—O—$）等。疏水基也称亲油基，就是与油有较大亲和力的原子团，如烃基（$C_{17}H_{35}—$、$C_{12}H_{25}—$⌬）等。

（二）表面活性剂的分类

表面活性剂按照其溶于水后所带电荷的情况，可分作离子型和非离子型两大类，离子型表面活性剂还可以分为阳离子型、阴离子型、两性型三类，如下所示：

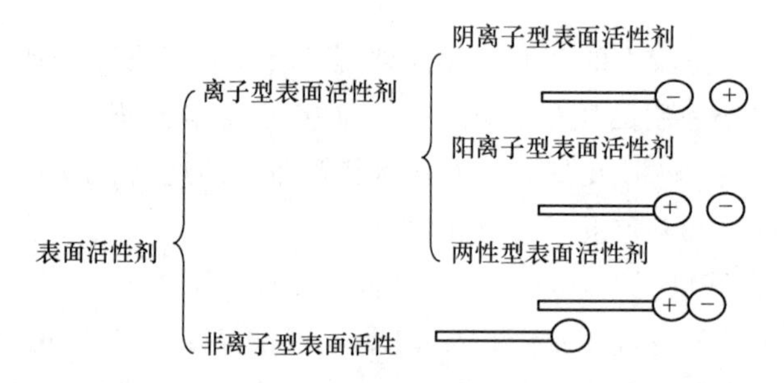

阴离子型表面活性剂不能与阳离子型表面活性剂同浴使用，否则将相互结合而彼此失效。

（三）表面活性剂溶液的性质

表面活性剂在水溶液中单独存在时总是处于一种既被吸引，又被排斥的不稳定状态中。因此表面活性剂在水溶液中一般通过两种动态行为而寻求稳定。

1. 正吸附 将少量表面活性剂溶于水中，表面活性剂的疏水基倾向于吸向水溶液的表面而指向空气，而亲水基指向水中，并逐渐将水溶液表面定向排满。这种表面活性剂分子向水溶液表面定向排列的结果，导致液面处的表面活性剂浓度高于溶液内部的浓度，这种现象叫作“正吸附”，如图 4－1 所示。由于正吸附的发生，使原来的水分子与空气直接接触变成表面活性剂疏水基与空气直接接触，于是降低了水的表面张力。

2. 胶束化 当表面活性剂分子在水溶液表面定向排满后，随着表面活性剂使用浓度继续增加，表面活性剂分子会通过水溶液中自身相互吸附的形式而寻求稳定存在。自身相互吸引的结果，使得其疏水基与疏水基之间通过分子间作用力相互吸附在一起，而将其亲水基朝向水，形成一种自聚型缔合体，该聚集体成为“胶束”，把形成胶束的过程叫作“胶束化”。表面活性剂形成胶束时也即溶液的表面张力达到最低值时所需的最低浓度称为临界胶束浓度（cmc）。不同的表面活性剂具有不同的临界胶束浓度，表面活性剂的使用浓度应稍大于临界

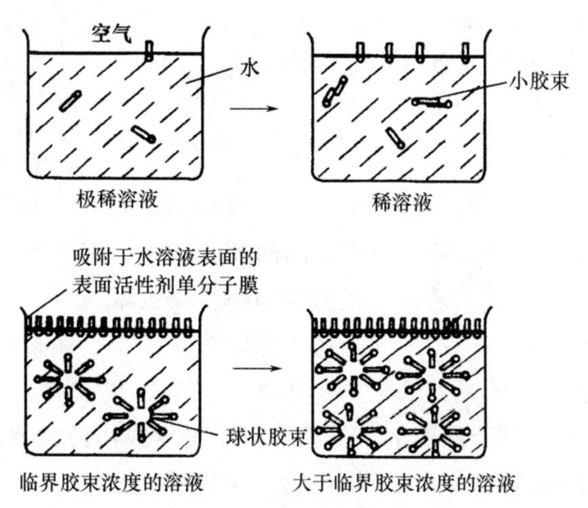

图4-1　表面活性剂在水溶液中的状态

胶束浓度，才能充分发挥作用。

3. 浊点　非离子型表面活性剂随着温度的升高，其溶解度反而下降，当温度升到一定高度后，溶解性被破坏，表面活性剂从水中析出，使溶液变混浊，此时的温度称为“浊点”。

项目4-1　纺织品前处理

✲教学目标

1. 知道各类纺织品前处理的生产工艺流程；

2. 了解每道前处理工序中使用的助剂及其作用；

3. 理解纺织品前处理质量对纺织品染整后加工所产生的影响；

4. 能选择纯棉织物退煮漂加工使用的助剂，按照工艺进行操作，并能对前处理半制品的质量进行评价。

✲任务说明

1. 任务要求

根据棉织物练漂加工的实际操作流程和主要工艺参数，进行棉织物的退煮漂一浴法处理，会简单分析这些工艺参数制订的依据，并能利用毛细管效应仪和白度仪对织物的毛效和白度进行测量。

2. 任务所需材料、化学药品和仪器设备

(1) 材料：棉织物；

(2) 化学药品：氢氧化钠、耐碱高效精练剂、双氧水、双氧水稳定剂、润湿渗透剂等药品；

(3) 仪器设备：恒温水浴锅、电子天平、烧杯、玻璃棒、电炉、烘箱、量筒、药匙、表面皿、温度计、毛效测定仪、白度仪等。

3. 任务实施内容及步骤

(1) 制订棉织物前处理工艺处方；

(2) 制订工艺流程及工艺条件；

（3）按设定好的工艺进行退煮漂实验操作；

（4）对退煮漂半制品进行毛效和白度的测量。

4. 撰写实验报告，并进行评价与讨论。

✲项目导入

我国的染整技术同样具有悠久的历史，在春秋战国以前，人们就已经利用草木灰对织物进行练漂。到汉代，掌握了丝、麻等纺织制品的脱胶技术。宋代有用硫黄熏白纺织品的技术。明代文献记载了猪胰用于练白工艺，这就是生物酶脱胶技术。

未经染整加工直接从纺织厂运出的织物统称原布或坯布。坯布中常含有相当数量的杂质，包括天然杂质和人为杂质，前者如纤维的伴生物（蜡质、果胶质、含氮物质、灰分、天然色素及棉籽壳等），后者如化纤上的油剂、纺织过程中施加或沾污的油剂或油污、织造时经纱上的浆料等。如不去除这些杂质，不但影响织物的色泽、手感、吸湿和渗透性能，使织物着色不均匀、色泽不鲜艳，还会影响染色的牢度。因此，无论是漂白、染色或印花的产品，一般都需要进行练漂加工。

练漂的目的是在尽量减少织物强力损失的条件下去除纤维上的各种杂质及油污，充分发挥纤维的优良品质，并使织物具有洁白、柔软及良好的润湿渗透性能，以满足服用及其他用途的要求，并为染色、印花、整理等后道工序提供合格的半成品。

织物品种不同，对前处理的要求也不一致，因而不同类型的织物前处理工序和工艺条件也不相同。

一、纤维素纤维织物的前处理

（一）棉织物的前处理

棉织物前处理包括原布准备、烧毛、退浆、煮练、漂白、开幅、轧水、烘干和丝光工序，工艺流程较长，使用的设备也多。经过这些加工过程，可除去棉纤维中的天然杂质、纺织过程中带来的浆料及其他污垢，为后续印染工序提供合格的半制品。

1. 坯布准备 坯布准备包括坯布检验、翻布（分批、分箱、打印）和缝头。检验内容为物理指标和外观疵点。物理指标如匹长、幅宽、重量、经纬纱密度和强度等；外观疵点如缺经、断纬、斑渍、油污、破损等。严重的外观疵点除影响印染产品质量外，还可能引起生产事故。坯布检验率一般为10%左右，也可根据工厂具体条件增减。翻布时将织造厂送来的布包拆开，人工将每匹布翻平摆在堆布板上，把每匹布的两端拉出以便缝头，翻布的同时进行分批、分箱和打印，以便于识别、加工和管理。为了适应印染厂的连续加工，必须将每箱布内各布头用缝纫机依次缝接起来，称为缝头。

2. 烧毛 纱线织成布匹后，在织物表面形成长短不一的绒毛，影响织物表面的光洁，且易沾染尘污，合成纤维织物上的绒毛在使用过程中还会团积成球，绒毛又易从布面上脱落、积聚，给印染加工带来不利因素，如产生染色、印花疵病和堵塞管道等。因此，在棉织物前处理加工时必须进行烧毛以去除绒毛。

烧毛的方法有两种，即燃气烧毛与赤热金属表面烧毛。前者利用可燃性气体燃烧直接燃去织物表面的绒毛；后者为间接烧毛，即将金属板或圆筒烧至赤热，再引导织物擦过金属表面烧去绒毛。与这两种方法相应的烧毛设备，有气体烧毛机（无接触式烧毛）、铜板烧毛机和圆筒烧毛机。气体烧毛机操作方便，适应性广，对凹凸提花织物效果尤其好，烧毛质量比较匀净，火焰易控制，目前各厂普遍采用气体烧毛机，如图4-1-1所示。铜板及圆筒烧毛机劳动强度高，工作条件差，除灯芯绒厂尚在使用外，已应用不多。

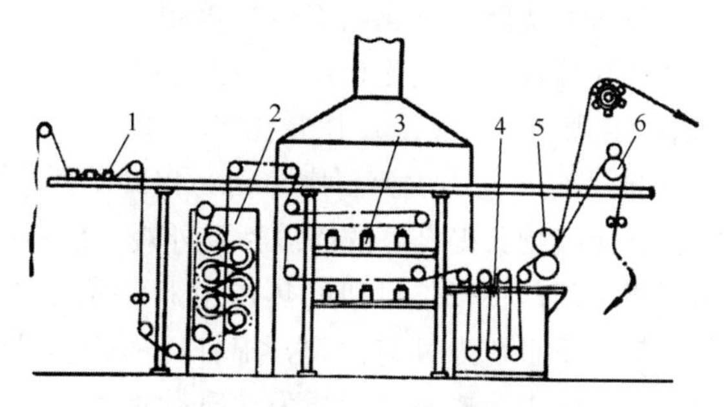

图4-1-1 气体烧毛机

1—进布装置 2—刷毛箱 3—烧毛火口 4—平洗槽 5—轧车 6—出布装置

气体烧毛机由进布装置、刷毛箱、烧毛火口、灭火装置组成。烧毛时，织物引入进布架，然后经过刷毛箱，箱内装有4～8根鬃毛或尼龙毛刷辊，毛刷辊旋转方向和织物进行方向相反，用毛刷刷去附着在布面上的纱粒、杂物和灰尘，并使布面绒毛竖直以便烧毛，然后在火口或热金属板表面烧灼。织物经烧毛后布面温度升高，甚至带有火星，因此必须及时通过平洗槽扑灭火星，降低织物温度，以免影响织物质量或造成破洞，甚至酿成火灾。

将已烧毛织物折叠，迎着光线观察凸边处绒毛的分布情况，根据下列情况评级：

1级—原坯未经烧毛；

2级—长毛较少；

3级—长毛基本没有；

4级—仅有短毛，且较整齐；

5级—烧毛净；

一般烧毛质量应达3～4级，稀薄织物达3级即可。

3. 退浆 机织物在织造时都必须经过上浆处理，以提高经纱的强力、耐磨性及光滑程度，以保证织布顺利进行。经纱上浆所用浆料有天然浆料如淀粉等，化学浆料如聚乙烯醇（PVA）、聚丙烯酸（PAA）等以及改性浆料如羧甲基纤维素（CMC）等。坯布上的浆料会沾污染整工作液、耗费染化料，甚至会阻碍染化料与纤维的接触，影响印染产品的质量。因此，织物在染整加工前要经过退浆处理，常用退浆剂及其退浆工艺分述如下。

（1）酶退浆：酶是具有催化能力的蛋白质。其退浆效率高，作用条件缓和，但酶具有专一性，即一种酶只能催化一类化学物质。例如淀粉酶只能催化淀粉浆料，使淀粉大分子链迅速断裂，黏度降低，进一步水解为水溶性较大的糊精及低聚糖类，从而容易洗除。

（2）碱退浆及碱酸退浆：热的稀烧碱溶液可以使各类浆料发生溶胀，还能增加一些浆料的溶解性，使浆料与纤维的黏着变松，在机械作用下较易洗除大部分浆料。碱退浆效率比较低，达50%～70%，虽然退浆效果较差，但适用于各类浆料，还能去除其他杂质和部分棉籽壳，且可降低成本，为不少印染厂所采用。碱退浆后必须经热水、冷水充分洗涤，尤其PVA

浆更宜勤换洗液，避免PVA浓度增加再黏附在织物上。

碱退浆后经过水洗，再浸轧5g/L硫酸溶液，然后堆置约1h，充分水洗净。此法称为碱酸退浆法，用于含杂质较多的低级棉布及紧密织物如府绸等棉织物。

(3) 氧化剂退浆：强氧化剂如过氧化氢、亚溴酸钠等，对各种浆料都有使浆料大分子断裂降解的作用，从而容易从织物上洗除。氧化剂退浆速度快，效率高，质地均匀，还有一定的漂白作用。但是强氧化剂对纤维素也有氧化作用，因此在工艺条件上应加以控制，使纤维强力尽可能保持。氧化剂退浆主要用于PVA及其混合浆的退浆。

4. 煮练 煮练是棉织物前处理工艺中主要工序，因为棉纤维伴生物、棉籽壳及退浆后残余浆料都必须通过煮练除去，使织物获得良好的润湿性及外观，以利后加工顺利进行。

烧碱是棉织物煮练的主要用剂，在较长时间的热作用下，可与织物上各类杂质作用，果胶质可生成果胶酸钠盐，含氮物质水解为可溶性物，棉籽壳膨化容易洗掉，残余浆料进一步溶胀除去。精练剂的作用是使杂质中的蜡质等物质发生乳化而去除。为了加强煮练效果，还可以在练液中加入亚硫酸氢钠、水玻璃、磷酸钠和润湿剂。亚硫酸氢钠的作用是防止煮练时纤维素被空气氧化，防止纤维损伤，还可协助烧碱除去木质素；水玻璃能吸附和凝集练液中的铁质及杂质，避免在织物上产生钙渍及防止杂质重新吸附到织物上，还能增加织物的白度和润湿性；磷酸钠是软水剂；润湿剂能使织物煮练匀透。

棉布煮练依织物加工形式不同有绳状与平幅两种。绳状连续汽蒸煮练工艺流程如下：

轧碱→汽蒸→轧碱→汽蒸→水洗

对厚重织物不适用。煮练液含烧碱量，薄织物为20～30g/L，厚织物30～40g/L，表面活性剂、亚硫酸氢钠、磷酸钠含量适量。于70～80℃时轧碱，轧液率110%～130%，汽蒸温度100～102℃，时间60～90min，车速140m/min。

5. 漂白 织物经过煮练后，大部分天然及人为杂质已经去除，毛细管效应显著提高，已能满足一些品种的加工要求。但对漂白织物及色泽鲜艳的浅色花布、色布类，还需要提高白度，因此需进一步除去织物上的色素，使织物更加洁白。棉印染厂使用的漂白剂有次氯酸钠、过氧化氢、亚氯酸钠等氧化性漂白剂。通常将次氯酸盐漂白简称为氯漂；过氧化氢漂白简称为氧漂；亚氯酸钠漂白简称为亚漂，多用于合成纤维及其混纺织物的漂白。对棉及棉型织物漂白，过酸类化合物如过硼酸钠、过醋酸钠、过碳酸钠等也偶有应用。

(1) 过氧化氢漂白：过氧化氢俗称双氧水，用双氧水漂白的织物白度较好，色光纯正，储存时不易泛黄，广泛应用于棉型织物的漂白。氧漂比氯漂有更大的适应性，但双氧水比次氯酸钠价格高，且氧漂需要不锈钢设备，能源消耗较大，成本高于氯漂。

①双氧水的性质：工业用双氧水含过氧化氢为27%～30%，双氧水性质不稳定，在放置过程中会逐渐分解释放氧气，在碱性条件下分解更快，某些金属离子如铜、铁、锰等对其分解产生催化作用。因此，储存时应藏于阴凉遮光处，久储有效成分会降低，故不宜长时间储藏。浓的过氧化氢溶液对皮肤有严重灼伤作用，使用时应注意劳动保护。

双氧水在碱性条件下电离产生HOO^-，过氧化氢离子是起漂白作用的主要成分，可以和色素发生加成反应而达到消色的目的，从而完成织物的漂白工序。

②影响过氧化氢漂白的因素：

a. 浓度的影响：当H_2O_2的浓度小于5g/L时，随着双氧水浓度的增加，白度也逐渐增加。当双氧水浓度超过 6g/L 时，白度不但不再继续提高，反而使纤维的聚合度有所下降。因此，在实际生产中要根据织物品种、煮练情况（重煮轻漂，轻煮重漂）、加工要求和设备等多方面情况来确定双氧水的浓度。煮练效果差、白度要求高的，双氧水浓度应高些；反之，双氧水浓度可低些。一般情况下，双氧水的浓度应为 2～6g/L（双氧水以 100%计）。

b. 温度的影响：温度对双氧水的分解速率有直接的关系。过氧化氢的分解速率随温度升高而增加，因此可用升高温度的办法来缩短漂白时间，一般在 90～100℃时，过氧化氢分解率可达 90%，白度也最好。采用冷漂法则应增加过氧化氢浓度，并延长漂白时间。

c. pH 的影响：过氧化氢在酸性浴中比较稳定，商品双氧水常加入少量硫酸以保持其稳定性。使用双氧水进行漂白时，是在碱性条件下进行的，碱是一种活性剂，能使 H_2O_2 转变为具有漂白作用的过氧氢离子，但碱剂加入太多时，又会使 H_2O_2 分解过快，引起无效分解，对漂白不利。实际生产中也大多将漂液 pH 调节至 10 左右。

d. 双氧水稳定剂：双氧水很容易进行分解，一些杂质（如酶、有棱角固体、金属离子、重金属屑等）的存在，会对双氧水的分解起催化作用，从而会产生无效分解，生成 HOO·、HO·、O_2 等，它们对织物的损伤比较大。为了充分利用双氧水，并尽可能减少对纤维的损伤，常在漂液中加入双氧水稳定剂。稳定剂的作用主要是阻止金属离子对双氧水的催化作用，减少双氧水的无效分解。最早常用的稳定剂是硅酸钠，又称水玻璃和泡花碱。其产生稳定作用的原理一般认为是：硅酸钠吸附 Ca^{2+}、Mg^{2+} 和屏蔽铁、锰等重金属离子，使它们失去对 H_2O_2 分解的催化作用，并且还可吸附杂质，从而起到稳定作用。一般控制为硅酸钠与双氧水用量之比为 2∶1，其稳定性较好。硅酸钠除用作稳定剂之外，也是碱性很强的碱剂，可以起到调节双氧水溶液 pH 的作用。但实际生产中，水玻璃提供漂液总碱量的 60%～80%，其余 20%～40%的碱应由 NaOH 提供。水玻璃作为双氧水漂白的稳定剂，有许多优点，如其稳定性较好，产品白度佳，使用方便，价格便宜，并可调节溶液的 pH。但它的使用存在着一个很大的缺点“硅垢”。硅垢的存在不仅给设备的清洗工作带来困难，而且易使织物擦伤、破洞和产生皱条痕，织物手感变得粗硬。

后来发展了非硅型氧漂稳定剂，包括焦磷酸钠、六偏磷酸钠等磷酸盐和有机膦酸盐的络合剂，这类稳定剂没有硅垢问题，产品手感好，漂洗性佳。但在使用时要加入少量钙、镁盐，以增加稳定作用。另外，乙二胺四乙酸钠（EDTA＝Na）也可作为氧漂稳定剂，但它们的耐氧化性能不理想。有机膦酸化合物的稳定作用机理主要是吸附作用和与重金属离子的络合作用，使重金属离子失去催化双氧水的活性。某些高分子化合物，如聚丙烯酰胺及聚丙烯酸与聚马来酸盐也可作为双氧水漂白的稳定剂。这类稳定剂通常是由有机多价螯合剂、表面活性剂、溶剂、钙盐或镁盐以及磷酸盐组成，所得产品白度可与硅酸钠单独作稳定剂的白度相媲美且无硅垢。其用量一般为漂液量的 0.5%～1%，这种稳定体系不具备 pH 缓冲能力，因此较适用于快速练漂工艺。

（2）次氯酸盐漂白：常用次氯酸盐有漂白粉和次氯酸钠两种。漂白粉是氯气与消石灰作用而成，如通氯气于石灰乳中，可制得含有效成分高一倍的漂粉精；通氯气于烧碱溶液中，则可制得次氯酸钠。漂白粉及漂粉精中有效成分是次氯酸钙，总的效果不如次氯酸钠。次氯酸钠漂白工艺和设备较简单，多用于棉织物及涤棉混纺织物漂白，但不能用于蚕丝、羊毛等蛋白质纤维的漂白，因为次氯酸钠对蛋白质纤维有破坏作用，并使纤维泛黄。

棉织物次氯酸钠绳状连续轧漂工艺流程如下：

浸轧漂液→堆置→水洗→浸轧酸液→堆置→水洗

漂白液中次氯酸钠量以有效氯计算，平幅和汽蒸煮练织物漂白液含有效氯 2～3g/L，低级棉织物含杂较高，浸轧时有效氯应提高 0.5g/L，轧漂液后堆置 1h 左右。酸洗剂用硫酸，绳状织物硫酸浓度为 1～3g/L，平幅织物 2～3g/L，轧酸后于 30～40℃堆置 10～15min。在漂白过程中，除了天然色素遭到破坏外，棉纤维本身也可能受损伤，因此，必须控制好漂白的工艺条件。

①溶液的 pH：在酸性液中，次氯酸钠分解放出氯气，严重污染车间空气，影响工人健康，还腐蚀设备。因此，在生产中实际 pH 应控制在 9.5～10.5 之间。

②漂白温度：温度高，漂白速度加快，但温度超过一定限度，同时也加速纤维素的氧化脆损，故一般控制在 20～30℃。

③漂液浓度：漂液浓度以有效氯计算，因为制取次氯酸盐时，所得产品为混合物，如次氯酸钠中混有氯化钠，而氯化钠中的氯全无漂白作用。漂白液中有效氯含量达一定值后，再增加其用量，织物白度不再增加，反而影响织物强力。印染工厂一般采取降低漂液有效氯浓度、延长漂白时间的方法，避免纤维强力过多损失。

④脱氯：织物氯漂后的酸洗，不能使分解出来的氯气彻底洗除，仍有少量氯气吸附在织物上。吸附有残余氯的织物在储存时将造成织物强力下降、泛黄，还将影响对于氯气敏感的染料染色。必要时应使用化学药剂与氯反应彻底去氯。脱氯剂以过氧化氢为最好，过氧化氢除与氯气反应外，本身也是漂白剂，可以增加漂白效果。

（3）亚氯酸钠漂白：亚氯酸钠用于棉织物漂白时的最大优点是在不损伤纤维的条件下，能破坏色素及杂质。亚氯酸钠又是化纤的良好漂白剂，漂白织物的白度稳定性比氯漂及氧漂的织物好，但是亚氯酸钠价格较贵，对金属腐蚀性强，需用钛金属或钛合金等材料，而且亚漂过程中产生有毒的 ClO_2 气体，设备需有良好的密封性，因此在使用上受到一定限制，目前多用于涤棉混纺织物的漂白，国内使用不多。

亚氯酸钠在酸性条件下的反应较为复杂，此时产生的亚氯酸较易分解，生成一些有漂白作用的产物，其中二氧化氯的存在是漂白的必要条件。二氧化氯是黄绿色气体，化学性质活泼，兼有漂白及溶解木质素和果胶质的作用，且去除棉籽壳能力较强，因此亚漂对前处理要求不高，甚至织物不经过退浆即可漂白，工艺路线较短，对合纤织物特别合适。

亚漂是在酸性浴中进行漂白，酸性强弱对亚氯酸的分解率有较大影响，直接加强酸调节 pH 是不合适的，一般常利用加入活化剂来控制 pH，常用活化剂有：释酸剂如无机铵盐；另外，加入某些缓冲剂如焦磷酸盐，可以增加亚漂液的稳定性，避免低 pH 时有二氧化氯逸出。

6. 开幅、轧水和烘燥 将绳状织物展开成平幅状的加工过程称为开幅。织物练漂水洗后，织物上含水分较多，在烘燥前应尽可能轧去水分，以提高烘燥机效率，节省蒸汽。织物经过轧水后，还含有一定量的水分，这些水分只能通过烘燥的方式才能去除。目前常用的烘燥设备有红外线预烘、热风烘燥及烘筒烘干等形式。

7. 丝光 棉织物用浓碱浸渍时，因所受张力不同而有两种状况，一是在织物经纬向都施加张力条件下，经浓烧碱溶液处理，经冲洗去碱后，可使织物获得如丝织物般的光泽，称为丝光处理；另一种是织物在无张力条件下浸渍浓烧碱液，然后织物以松弛状态堆置，任其自由收缩，可使织物变得紧密、富有弹性，称为碱缩，多用于棉针织物汗布的加工。丝光处理在丝光机上进行。丝光机有布夹丝光机、直辊丝光机和弯辊丝光机等几种型式。布夹丝光机扩幅能力强，对降低织物纬向缩水率，提高织物光泽都有较好的效果，使用最为普遍。

棉纤维在张力的条件下用浓烧碱溶液浸透后，可以观察到棉纤维不可逆的剧烈溶胀，纤维横截面由扁平腰子形转变为圆形，胞腔也发生收缩，纵向的天然扭曲消失，如图4－1－2所示，成为十分光滑的圆柱体，对光线有规则地反射而呈现出光泽。

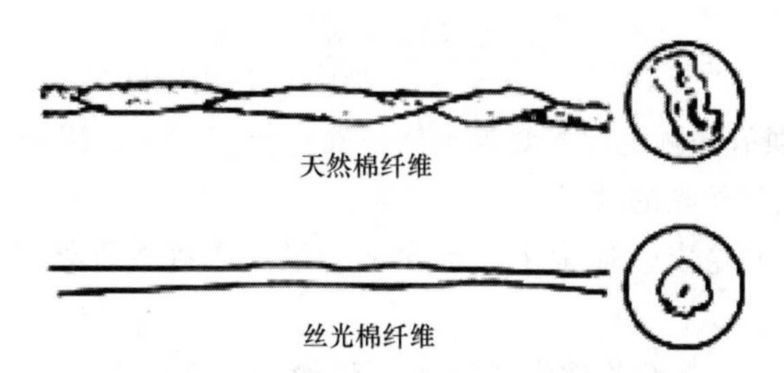

图4－1－2　棉纤维丝光前后纵向和横截面的变化

棉及其混纺织物经过丝光处理后，棉纤维发生了超分子结构和形态结构上的变化，由于烧碱能进入棉纤维内部，使部分晶区转变为无定形区，增加了化学活泼性，吸收染料的能力增加，织物尺寸也较稳定，并且织物的强力提高。

（1）丝光工艺：

①碱液浓度：只有当碱液浓度达到某一临界值后，才能引起棉纤维剧烈膨化。丝光碱液浓度一般控制在240～280g/L，对织物光泽及改进染色性能都有较好的效果。如丝光的目的只为了提高染色时染料上染率，可将丝光碱液浓度控制在150～180g/L，称为半丝光工艺。

②张力：对织物经纬向施加张力，是丝光时的必要条件之一，在适当张力下，可以防止织物收缩，提高织物的光泽和强力；但张力过大时，会使织物的吸附性能及断裂延伸度下降。

③温度：棉纤维与浓碱作用是放热反应，因此温度提高将降低丝光效果。降低碱液温度可提高织物光泽，但碱液黏度随温度降低而增加，碱不易透入织物内部，以致丝光不透，目前多采用常温丝光。

④时间：在生产时以织物进入头道轧碱槽至第一次冲吸过程，所需时间为35～50s。薄织物可适当缩短，厚重织物应稍延长。在碱液中加入耐碱润湿剂，可以加速碱液渗透，缩短工艺时间。

⑤去碱：丝光时必须将织物上烧碱量冲洗降低至6%以下，才能够放松张力出布夹，否则出布夹后，织物仍将收缩。经过冲洗后再进入去碱箱及平洗槽等后洗装置。为了提高冲洗去碱效果，冲洗碱液必须加热至70℃，去碱箱温度不低于95℃。

值得一提的是，液态氨也可用于棉织品的丝光处理，具有一定的特点，处理后织物的强度、耐磨性、防皱性、弹性、手感等力学性能都有明显提高。液氨处理要求专用设备，投资大，废氨回收也较困难，要在工业上广泛使用，还需进一步努力。

（2）丝光效果的评定：

①光泽：光泽是衡量丝光织物外观效果的主要指标，目前光泽的评定方法主要有：目测

法、变角光度法、试样回转法、偏振光法等，一般生产上多采用目测法评定。

②纤维的截面变化：将丝光棉纤维用哈氏切片器切片后，通过显微镜观察其横截面的变化情况。

③吸附性能：

a. 钡值法：钡值是衡量棉纤维吸附性能最常用的指标。钡值越高，表示纤维的吸附性能越好，丝光效果也就越好。通常本光棉布钡值为100%，丝光后棉织物的钡值一般在135～150之间。

$$丝光钡值=\frac{丝光棉吸附氢氧化钡的量}{未丝光棉吸附氢氧化钡的量}$$

b. 染色测试法：钡值法测定丝光效果虽然精确，但较麻烦，用染色法比较简单。它通过比色，可定量地了解织物丝光的效果。

④尺寸稳定性：尺寸稳定性通常用缩水率来表示。通过测量处理前后织物长度的变化，再经公式计算出缩水率。

$$缩水率=\frac{织物洗涤前长度-织物洗涤后长度}{织物洗涤前长度}\times100\%$$

（二）麻纤维制品的前处理

麻纤维包括苎麻、亚麻、大麻、黄麻纤维等。其中苎麻、亚麻纺纱特数较低，可用于服装面料、装饰织物等的生产；大麻以往用于绳索，现在也用于纺织织物的生产；黄麻一直用于麻袋、地毯的生产；其他麻类的纺织生产也偶见报道但产量较低。本章介绍苎麻纤维及其制品的前处理工艺技术。其中有些处理方法对其他麻类有一定的借鉴意义。

苎麻与棉同属于纤维素纤维，但在物理结构和性质上与棉比较有较大的差异，同时两者在含杂方面有很大的不同。苎麻纤维素含量较棉低，除含有原棉中所具有的主要杂质外，还含有少量木质素，同时纤维中杂质的含量和各种杂质间的比例，随着品种的不同，有着较大的变动。因此，麻类的前处理较棉困难，具有独特之处。

苎麻收割后，从麻茎上剥取麻皮，并从麻皮上刮去青皮，而得到苎麻的韧皮，经晒干后成为苎麻纺织厂的原料，称为原麻。原麻不能用来纺织，必须经过脱胶，制取苎麻单纤维，才能用来进行纺织加工。

1. 苎麻纤维的脱胶 苎麻中含有大量杂质，其中以多糖胶状物质为主，绝大部分要求在纺纱前除去。纺纱前将韧皮中的胶质去除，并使苎麻的单纤维相互分离，这一过程就称为脱胶。苎麻脱胶的方法主要有土法脱胶、微生物脱胶、机械物理法脱胶和化学脱胶。下面主要介绍化学脱胶。

化学脱胶法是目前工业生产中用得最多的方法，此法利用强酸、强碱及氧化剂先后与原麻作用，原麻中所含非纤维素物质大多数可溶于酸、碱液中，有些在氧化后可以溶解。由此可得漂白精干麻，在上述化学药剂中，主要药剂是烧碱，因烧碱热溶液可以溶除纤维素被水解的短节，使纤维分子长度均匀化。

2. 苎麻织物的前处理 苎麻织物的前处理，基本上与棉织物的前处理相似，主要由烧毛、退煮和漂白等过程组成。

（1）烧毛：由于苎麻织物毛羽数量多，纤维刚性大，因此，烧毛比棉织物更为重要，否则织物绒毛会刺人。

(2) 退煮：退煮的关键是要匀透，去杂要净。此外，由于苎麻对酸、碱和氧化剂的抵抗力差，故在制订工艺时应特别注意。

(3) 漂白：苎麻织物漂白可用氯漂或氧漂，次氯酸钠漂白时，采用稀溶液长时间漂白，其漂白效果较短时间漂白效果更好，这是由于苎麻纤维较粗，短时间内化学药剂不能很好浸透。但次氯酸钠漂白会产生泛黄现象，这可通过使用双氧水脱氯来解决。因此，采用氯氧双漂是一种较好的工艺。

(4) 丝光：苎麻丝光的目的在于提高染料的吸附能力，同时提高成品的尺寸稳定性，降低缩水率。由于苎麻纤维遇浓碱后手感粗硬，刺痒感明显，所以漂白布和浅色产品不丝光，但中、深色产品必须丝光，以提高上染率。丝光宜采用低浓度的碱，其碱液浓度可在150～160g/L。

(三) 再生纤维素纤维的前处理

1. 黏胶纤维制品的前处理 黏胶纤维是以天然纤维素（浆粕）为基本原料，经纤维素黄酸酯溶液纺制而成的再生纤维素纤维。其类型包括人造棉、人造丝和人造毛。其前处理工艺流程为：前准备→烧毛→退浆→精练→漂白。其中人造丝不需要烧毛，人造棉不需要精练，对白度要求特别高的产品才需要经过漂白处理。

2. 天丝纤维制品的前处理 Lyocell 纤维（利奥塞尔纤维）（国外品牌 Tencel，中文为"天丝"）是由奥地利的兰精（Lenzing）公司和英国的考陶尔兹（Courtaulds）公司分别于1987年和1990年获得专利许可证，20世纪90年代才形成工业化生产的新型纤维素纤维。它是利用溶剂 *N*－甲基吗啉氧化物（NMMO）浆木、棉绒中的纤维素溶解制得纺丝原液，然后将纤维素溶液还原纺制成纤维长丝或短纤，是一种纯物理法生产的纤维素纤维。天丝是21世纪新型环保面料。具有天然纤维和人造纤维的双重优点。其前处理工艺流程为：

烧毛→退浆→漂白→碱处理→初级原纤化→酶处理

其中初级原纤化的目的是使织物表面起毛、起球。酶处理的目的是去除初级原纤化过程中在织物表面形成的绒毛。

(四) 高效短流程前处理

传统的棉织物前处理的三道主要工序退浆、煮练、漂白通常是分步进行的，三步法前处理工艺稳妥，重现性好，但机台多，时间长，效率低，能耗高。当前国内外前处理工艺是朝着高效、高速、短流程方向发展。我国目前多将退、煮、漂三步法改为退煮一浴或煮漂一浴二步法，也有使用高效助剂将退、煮、漂合并为一浴一步法的工艺。

1. 两步法工艺 两步法工艺包括两种方式：一种是先退浆，然后煮练、漂白合并，即退浆、煮漂合一二步法，其工艺简称 D－SB 工艺；另一种是退浆、煮练合并，然后再漂白，即退煮一浴、漂白二步法，其工艺简称 DS－B 工艺。

(1) D－SB 二步法工艺：此工艺的关键是退浆及随后的洗涤必须彻底，要最大限度地除去浆料和部分杂质，以减轻碱氧一浴煮漂工序的压力，并使双氧水稳定地分解。适用于含浆较重的纯棉厚重紧密织物或合纤与棉的混纺织物。其工艺流程为：

烧毛→浸轧退浆液→堆置（4～10h）→90℃以上充分水洗→浸轧碱氧液（轧液率100%）→L 履带汽蒸（100～102℃，20min）→高效水洗→烘干

（2）DS－B二步法工艺：该工艺漂白为常规传统工艺，因而对双氧水稳定剂要求不高，一般稳定剂都可以使用。此工艺碱浓度较低，双氧水分解速度相对较好，对纤维损伤较小，工艺安全系数较高，但退浆、煮练合一后，浆料在强碱浴中不易洗净，而影响退浆和煮练效果，为此退煮后必须充分彻底地水洗。对浆料不重的纯棉薄织物及涤棉混纺织物较为适用。如平幅轧卷汽蒸工艺流程：

烧毛→浸轧碱液或碱氧液→平幅轧卷汽蒸进行退煮一浴处理→90℃以上充分水洗→浸轧双氧水漂液pH为10.5～10.8→进入L履带汽蒸箱进行常规漂白（100℃汽蒸60min）→高效水洗→烘干

2. 一步法工艺

（1）退煮漂一浴汽蒸法工艺：因为采用的是汽蒸处理，如在高浓度碱和高温情况下很易引起双氧水的快速分解，还会加重织物损伤，而要降低纤维的损伤，则要降低烧碱或双氧水的浓度，或加入性能优异的耐碱稳定剂，或降低加工温度。但汽蒸法不可能降低加工温度，因而只能通过降低烧碱用量和加入耐高温强碱的双氧水稳定剂来实现。而降低烧碱用量，又必然会降低退煮效果，尤其对上浆率高的和含杂量大的纯棉厚重织物有一定难度。故此工艺较适用于涤棉混纺轻薄织物。

（2）冷堆一步法工艺：织物浸轧漂液后进行堆置，由于是在低温下作用，尽管碱浓度较高，但双氧水的反应速率仍然很慢，故需要高浓度的化学品和长时间的堆置时间，才能使反应充分，达到加工所要求的去杂程度，并且对纤维的损伤较小，可广泛适用于各种棉织物的退煮漂一步法工艺。冷堆工艺其碱氧用量要比汽蒸工艺高出50%～100%。

二、蛋白质纤维织物的前处理

（一）羊毛纤维织物的前处理

从羊身上剪下来的散毛称为原毛。原毛中杂质的含量约占原毛重的40%～50%。这些杂质主要来源于羊毛的共生物和生活环境夹带物，如羊脂、羊汗、羊的排泄物等动物性杂质；草屑、草籽、麻屑等植物性杂质；沙土、尘灰等机械性杂质以及少量的色素。由于杂质的大量存在，原毛不能作为纺织材料直接使用，必须经过选毛、开松、洗毛（精练）、炭化、漂白等前处理过程，使原毛变成符合一定质量指标的净毛，才能用于毛纺加工。

1. 选毛和开松　主要是采取机械方法或人工方法，将原毛分类、分等，并除去羊毛中携带的大部分沙土类机械性杂质，使羊毛以一种较好的分散状态进入下一道工序。

2. 洗毛　洗毛的目的主要是为了除去原毛中的羊脂、羊汗及沙土等杂质。洗毛质量如果得不到保证，将直接影响梳毛、纺纱及织造工程的顺利进行。羊汗的主要成分为无机盐，能溶于水。羊脂是羊脂腺的分泌物，它黏附在羊毛的表面，起着保护羊毛的作用。羊脂不溶于水，要靠乳化剂或者有机溶剂才能洗除。洗毛方法有乳化法、羊汗法、溶剂法以及冷冻法等，其中以乳化法应用最为普遍。

3. 炭化　炭化的目的是除去羊毛中含有的草屑、草籽、麻屑等植物性杂质。利用酸对羊毛和植物性杂质的化学作用不同，在羊毛少受伤害的前提下，将植物性杂质基本去除的加工方法。在强酸作用下，能被迅速脱水变为炭，生成的炭再经机械粉碎、除尘、水洗等从羊毛中清除。而羊毛属于蛋白质、耐酸能力强，稀酸对羊毛基本上不造成损害。

4. 漂白 羊毛一般不需漂白，若需进一步提高白度，可采取氧漂、还原漂或氧化—还原双漂处理。

（二）蚕丝织物的前处理

前处理的目的是去除丝束表面的丝胶（20%～30%）以及少量油蜡、灰分、色素等天然杂质；另外还要去除织造时加上的浆料、为识别捻向施加的着色染料以及操作、运输过程中沾上的各种油污等。丝织物精练主要是去除丝胶，随着丝胶的去除，附着在丝胶上的杂质也一并除去。故丝织物的精练又称脱胶。

蚕丝主要是由丝素和丝胶组成，它们都是蛋白质，但丝胶和丝素在组成和结构上有差异，导致了两者在性质方面的不同，丝素在水中不能溶解，而丝胶的水溶性较好，尤其是在近沸点温度的水中容易膨化、溶解。当有适当的助剂如酸、碱、酶等存在的情况下，丝胶就更容易被分解，而丝素在同样条件下则显示出相当的稳定性。脱胶工艺有：皂—碱法、合成洗涤剂—碱法、酶脱胶等，常用的方法为皂—碱法。

桑蚕丝所含的天然色素绝大部分存在于丝素外围的丝胶层中，所以脱胶后的蚕丝织物已很洁白，一般不需要单独进行漂白处理。丝织物常用双氧水进行漂白，次氯酸钠不能用来漂白丝织物，因为它会损伤丝素且使织物泛黄。

三、合成纤维织物的前处理

在合成纤维中，涤纶产品无论是数量还是品种，都占据主导地位。涤纶强度高、弹性好，其织物挺括、保型性好，且易洗、快干、免烫、不受虫蛀，因此，涤纶产品在市场上一直经久不衰。下面以涤纶为例，介绍其前处理工艺。涤纶前处理包括退浆精练、松弛、起绉、减量、定形等。

（一）退浆精练

涤纶本身不含有杂质，只是在合成过程中存在少量（约3%以下）的低聚物，所以无须进行强烈的前处理。作为退浆精练工序，其主要目的是除去纤维制造时加入的油剂和织造时加入的浆料、着色染料及运输和储存过程中沾污的油迹和尘埃，所以退浆精练任务轻、条件温和、工艺简单。

（二）松弛加工

松弛加工是将纤维纺丝、加捻织造时所产生的扭力和内应力消除，并对加捻织物产生解捻作用而形成绉效应，提高手感及织物的丰满度。要释放所形成的扭力和内应力，则松弛加工时的条件必须超过扭力和内应力形成的条件。充分松弛收缩是涤纶仿真丝绸获取优良风格的关键。大部分涤纶织物，松弛与精练是同步进行的。而超细纤维织物由于纤维线密度低，织物密度高，因此若退浆精练与松弛同时进行，则往往组织间隙中的浆料油剂不易脱除，故退浆精练与松弛以分开处理为宜。

（三）预定形

预定形的主要目的是消除前处理过程中产生的折皱及松弛退捻处理中形成的一些月牙边，改善涤纶大分子非结晶区分子结构排列的均匀度，使后续的碱减量均匀性得以提高。预定形温度一般控制在180～190℃。定形温度低，对织物手感有利，但湿热折皱增加。定形时间则根据纤维加热时间、热渗透时间、纤维大分子调整时间和织物冷却时间确定。一般定形温度高，定形时间短。定形时间还与定形机风量大小和烘箱长短有关。从产品质量角度考虑，以低温长时间为宜，但须兼顾设备及生产效率。若选用上述预定形温度，则预定形时间一般为20～30s。

(四) 碱减量加工

涤纶分子排列紧密，纺丝后取向度和结晶性高，纤维弹性模量高，手感硬，刚性大，悬垂性差。为了改善涤纶的力学性能，可对其进行碱减量处理。若将涤纶放置于热碱液中，利用碱对酯键的水解作用，可将涤纶大分子逐步拆散。由于涤纶分子结构紧密，纤维吸湿性差而难以膨化，因而碱的这种水解作用只能从纤维表面开始，而后逐渐向纤维内部渗透，纤维表面发生剥蚀，从而纤维变细，本身重量随之减轻，从而获得真丝绸般的柔软手感、柔和光泽和较好的悬垂性。因此，涤纶碱减量加工是仿真丝绸的关键工艺之一，而加工时如何有效地控制减量率，使织物表面呈均匀的减量状态是至关重要的。碱处理使纤维重量减少的比例称为减量率，其公式表示如下：

$$\text{碱减量率}=\frac{\text{碱处理前织物的重量}-\text{碱处理后织物的重量}}{\text{碱处理前织物的重量}}\times 100\%$$

☞ 思考与练习

1. 染整加工用水的特点是什么？染整用水的总体要求是什么？若用不符合要求的水进行染整会带来哪些不良后果？

2. 什么是总硬度？什么是永久硬度？什么是暂时硬度？水处理的方法分为哪几类？

3. 什么是表面活性剂？表面活性剂的基本作用有哪些？

4. 表面活性剂按其在水中是否离解及离解后离子的类型不同可分为哪几类？哪一类目前用量最大？什么是非离子表面活性剂的协同作用、浊点？

5. 纺织品前处理的目的是什么？

6. 退浆的目的是什么？常用的退浆方法有哪几种？它们退浆的原理和特点是什么？

7. 棉织物煮练的目的是什么？精练用的碱剂和助练剂有哪些？作用是什么？什么是毛效？

8. 织物漂白的目的是什么？根据漂白剂的不同常用的漂白工艺有哪三种？试比较三种漂白工艺的特点。

9. 染整工艺选择的原则是什么？

10. 什么是丝光？丝光的作用有哪些？影响丝光的主要因素是什么？

11. 什么是短流程前处理工艺？什么是一浴法、二浴法？

项目 4-2　纺织品染色

❖教学目标

1. 了解染料的基础知识，知道各类织物染色所采用的染料种类及相应的染色助剂；

2. 了解常用染料的染色基本理论和染色过程；
3. 掌握纤维素纤维织物活性染料染色特点、方法及染色工艺；
4. 了解蛋白质纤维织物和锦纶织物酸性染料、腈纶织物阳离子染料染色方法及工艺；
5. 掌握涤纶织物分散染料染色方法及染色工艺。

✲任务说明

1. 任务要求

通过本项目的学习，完成以下工作任务：

（1）根据客户的具体要求和面料的各项指标，选择合适的染料、助剂，根据制订的染色工艺对织物进行染色；

（2）根据棉织物的染色生产工艺单，知道工艺要求制订的主要工艺参数，会简单分析这些工艺参数制订的目的与依据；

（3）能对染色布样进行皂洗牢度和摩擦牢度的测定。

2. 任务所需材料、化学药品和仪器设备

（1）材料：不同纤维类型的织物；

（2）染化药品：活性染料、碳酸钠、元明粉、醋酸、肥皂等药品；

（3）仪器设备：恒温水浴锅、电子天平、烧杯、玻璃棒、电炉、烘箱、量筒、药匙、表面皿、温度计、测色配色仪等。

3. 任务实施内容及步骤

（1）根据设定好的染色处方，称量染料和化学试剂；

（2）进行染液的配制；

（3）按照设定好的工艺流程进行染色操作；

（4）对染色布样进行牢度的测定。

4. 撰写实训报告，并进行评价与讨论。

✲项目导入

早在六七千年前的新石器时代，我们的祖先就能够用赤铁矿粉末将麻布染成红色。居住在青海柴达木盆地诺木洪地区的原始部落，能把毛线染成黄、红、褐、蓝等色，织出带有色彩条纹的毛布。商周时期，染色技术不断提高。宫廷手工作坊中设有专职的官吏管理染色生产，染出的颜色也不断增加。到汉代，染色技术达到了相当高的水平，随着染色工艺技术的不断提高和发展，中国古代染出的纺织品颜色也不断丰富。到了明清时期，我国的染料应用技术已经达到相当的水平，染坊也有了很大的发展。

中国古代染色用的染料，大都是天然矿物或植物染料为主。利用植物染料，是我国古代染色工艺的主流。自周秦以来的各个时期生产和消费的植物染料数量相当大，古代使用过的植物染料种类很多，单是文献记载的就有数十种。到了现代，合成染料发展迅速，并且在印染企业中使用非常广泛，不同种类的纺织品使用的染料不同，其加工工艺也不相同。

一、染料基本知识

（一）染料概述

可使纺织品着色的物质包括染料和颜料两种。染料是指能使纤维或织物染成一定坚牢度和鲜艳度颜色的有色有机化合物，但并不是所有的有色有机化合物都可称为染料。作为染料应该具备四个条件：第一，染料要能溶于水或分散于水或用化学法使它溶解于水中，第二，对纤维要有一定的亲和力，第三，染着后在纤维上具有一定的坚牢度，第四，染料必须具有颜色。而颜料不同于染料，它不溶于水及一般有机溶剂的有色物质，对纤维没有直接性。不能和纤维结合，但能靠黏合剂的机械黏附作用，使物体表面着色的物质。它只是一种不溶性的有色粉末，多半为有机合成物，但也有无机物。

（二）染料的分类

染料的分类方法有两种：一种是根据染料的性能和应用方法进行分类，主要有直接染料、活性染料、还原与可溶性还原染料、硫化染料、不溶性偶氮染料、酸性染料、酸性媒染染料、酸性含媒染料、分散染料、阳离子染料等，这种方法称为应用分类；另一种是根据染料的化学结构或其特性基团进行分类，可分为偶氮染料、靛类染料、蒽醌染料、硫化染料、三芳甲烷染料等，称为化学分类。

（三）染料的选择

不同类型的纤维各有自己的特性，因此应根据其性能选用相应的染料进行染色。纤维素纤维制品可选用直接染料、活性染料、还原与可溶性还原染料、硫化染料、不溶性偶氮染料等进行染色；蛋白质纤维和锦纶可采用酸性染料、酸性含媒染料染色；腈纶可以用阳离子染料染色；涤纶可用分散染料染色。但一种染料除了用于一类纤维的染色外，有时也可用于其他纤维的染色，比如活性染料还可以用于羊毛、蚕丝、锦纶的染色，分散染料还可用于腈纶、锦纶的染色等。除此之外，还要根据织物的用途、染料拼色要求、助剂的成本及染色机械性能等来选择染料。

（四）染料的命名

国产商品染料一般都采用三段命名法进行命名，即冠首、色称和尾注。冠首表示染料的应用类别。色称表示纺织品染色后所呈现的色泽名称，表示织物染后色泽的名称，并可采用形容词“嫩、艳、深”等来修饰色泽。尾注是以一定的符号和数字来说明染料的色光、染色性能、状态、用途、染色牢度、浓度等。如活性艳红 K－2BP 150％，其中“活性”为冠首，表示活性染料；“艳红”是色称，表示染色后织物呈现的色泽是鲜艳的红色；“K－2BP 150％”是尾注，其中“K”指 K 型活性染料，“B”指的是染料的色光是蓝的，“2B”比“B”要蓝一些，“P”指的是该染料适合做印花，“150％”表示染料的强度和力份，力份是指染料厂选择某一浓度的染料为标准，而将每批产品与它相比较而言，用百分数来表示。

（五）染色牢度

染色牢度是指染色产品在使用或染色以后的加工过程中，在各种外界因素的作用下，能保持其原来色泽（包括不易褪色和不易变色）的能力。染色牢度是衡量染色产品质量的重要指标之一。包括耐晒牢度、耐气候牢度、耐洗牢度、耐汗渍牢度、耐摩擦牢度、耐升华牢度、耐熨烫牢度、耐漂、耐酸、耐碱等牢度。不同用途的纺织品牢度侧重点不同。

耐晒牢度指染物在日光照射下保持不褪色的能力。试验时，试样和 8 个标样一起在规定条件下暴晒，到试样发生一定程度的褪色时，看它和哪个标样的褪色速率相当，便可评出试样的日晒牢度。耐晒牢度分为 8 级，1 级相当于在太阳光下暴晒 3h 开始褪色；8 级相当于在太阳光下暴晒 384h 开始褪色。

耐洗牢度指染色物在肥皂等溶液中洗涤时的牢度。包括原样褪色（织物在皂洗前后的相比褪色情况）和白布沾色（与染色织物同时皂洗的白布，因染物褪色而沾色的情况）两项指标。耐洗牢度分5级，5级最好，1级最差。

摩擦牢度分为干摩擦牢度和湿摩擦牢度两项指标。干摩擦牢度是指用干的白布在一定压强下摩擦染色织物时白布的沾色情况；湿摩擦牢度是指用含水率100%的白布在相同条件下的沾色情况。摩擦牢度也分5级，5级最好，1级最差。

（六）光、色和拼色

任何物质都具有颜色，颜色是人的一种感觉，是光引起的。光是一种电磁波，当光照射到有色物质上，反射光作用于人眼而产生颜色。从人的视觉系统看，颜色可用色调、饱和度和明度三个基本属性来描述。色调又称为色相，是指颜色的外观，用于区别颜色的名称；饱和度又称为纯度、鲜艳度和彩度，可用来区别颜色的纯洁度，也即颜色接近光谱色的程度；明度，表示有色物体表面的明暗程度，也可称为色彩的亮度，它可区分颜色的浓淡。

在印染加工中，为了获得一定的色调，常常用两种或两种以上的染料进行拼染，通常称为拼色或配色。一般来说，除了白色，其他色彩都可以由品红、黄、青色三种颜色拼混而成。印染厂拼色用的三原色通常简称为红、黄、蓝，因此把最单纯的红、黄、蓝称为三原色。三原色中的两个颜色相互混合可得到橙、绿、紫三色称为二次色。用不同的二次色混合可以得到棕色、橄榄色、咖啡色称为三次色。

二、染色基本理论

染色是指染料从染液中自动转移到纤维上，并在纤维上形成均匀、坚牢、鲜艳色泽的过程。衡量染色产品质量好坏的三个指标为：匀染性、色牢度和鲜艳度。

（一）染料在溶液中的存在形式

染料在溶液中存在的基本形式有电离、溶解、分散、聚集四种。染料分子中一般含有羟基、氨基、硝基等极性基团，当染料放入水中后，将受到极性水分子的作用，使染料的亲水部分与水分子形成氢键结合，从而使染料溶解。有的染料还含有磺酸基、羧基、硫酸酯基等可电离的基团。若染料电离后的色素离子带负电荷的，称为阴离子染料，如直接染料、活性染料等；若染料在水中电离后的色素离子带正电荷的，称为阳离子染料，如阳离子染料；染料在水中不电离的称为非离子染料，如分散染料，在水溶液中呈现分散状态。在染料溶解和电离的同时，染料分子或离子之间由于氢键和范德华力的作用，会发生不同程度的聚集。

（二）纤维在溶液中的状态

一般情况下，纤维在中性和碱性溶液中都带有负电荷，并发生不同程度的吸湿和膨胀现象。对于蛋白质纤维和锦纶来说，纤维所带电荷与溶液的pH有一定关系，在等电点以下带有正电荷，等电点以上带有负电荷，等电点时呈电中性。等电点是指纤维上正负电荷相等时溶液的pH。

（三）染色过程

按照现代染色理论的观点，染料之所以能够上染纤维，并在纤维上具有一定的染色牢度，主要是因为染料分子和纤维分子之间存在着各种引力的缘故，这种引力包括范德华力、氢键、静电引力以及共价键等。染料和纤维不同，其染色原理和染色工艺差别也比较大。但就染色过程而言，都可以分为三个基本阶段。

1. 染料的吸附 染料在染液中靠近纤维到一定距离后，染料分子被纤维表面迅速吸附，并与纤维分子间产生氢键、范德华力或库仑引力结合。染料的吸附是一个可逆过程，吸附和解吸反复进行，这有利于染色的均匀。染色初期，吸附快，解吸慢；随着染色进行吸附逐渐变慢，解吸变快；直到达到平衡。染料的吸附的主要原因是染料对纤维的直接性，所谓直接性是指染料舍染液而自动上染纤维的性质。其大小一般用平衡上染百分率来表示。上染百分率（A_t）是指上染到纤维上的染料量占投入染液中的染料总量的百分率，它而平衡上染百分率是指染色达到平衡时，纤维上的染料量占投入染浴中染料总量的百分数，它表示染料利用率的高低。

2. 染料的扩散 染料由染液浓度高的向低的地方运动及染料由纤维表面向纤维内部运动的过程，称为扩散。染料的扩散性能决定了染色速率和染色的匀染性。扩散性能比较好的染料，容易染得均匀。染料从纤维上重新转移到染液中，然后再上染到织物上，这个过程称为移染。

3. 染料的固着 染料的固着是指扩散后均匀分布在纤维上的染料通过染料—纤维间的作用力而固着在纤维上的过程。染料和纤维的类型不同，结合的方式也各不相同。包括氢键、范德华力、离子键、共价键和配位键等。染料纤维间固着力的类型和大小对染色的色牢度起着决定性的作用。

（四）盐效应

在染料染色过程中，有时需要加入中性电解质，来提高或降低染料的上染速率和上染百分率，这称为染色的“盐效应”。凡是能提高染料的上染速率和上染百分率的效应，称为“促染”；反之，称为“缓染”。盐发生促染的机理是，染料在溶液中离解成色素阴离子而上染负电荷的纤维时，染料和纤维之间存在电荷斥力，在染液中加入盐后，盐电离产生的钠离子由于体积小，首先吸附到负电荷的纤维表面，降低了纤维表面的负电荷，即可降低染料和纤维之间的电荷斥力，提高了上染速率和上染百分率。盐的缓染作用发生在正电荷的染料上染负电荷的纤维或者负电荷的染料上染正电荷的纤维上，由于两者存在的是相互吸引力，加入盐后降低了染料和纤维之间的吸引力，起缓染作用。

（五）染色方法

根据染料施加于被染物及其固着在纤维中的方式不同，染色方法可分为浸染和轧染两种，若细分可分为浸染、卷染、轧染和冷轧堆四种。

1. 浸染 浸染是将被染物浸渍于染液中处理一定时间，借助于染料对纤维的直接性而将染料上染并固着纤维的一种加工方法。浸染设备简单，操作容易，适用于小批量、多品种的间歇式生产方式，劳动生产率较低。浸染时染液和染物的相对运动至关重要，否则，易造成染色不匀。该方法广泛用于散纤维、纱线、针织物、稀薄娇柔型织物等的染色。

2. 卷染 卷染是浸染的一种形式，其卷染浴比（是指织物重量与染液体积之比）很小，具有布面平整的优点。

3. 轧染 轧染是将织物在染液中经过短暂的浸渍后，随即用轧辊轧压，将染液挤入纺织物的组织空隙中，并除去多余的染液，使染料均匀地分布在织物上。染料的上染主要是在以后汽蒸或焙烘等处理过程中完成的。轧染时织物的得色深度与轧液率有很大关系，轧液率是指浸轧前后织物的重量差值与浸轧前织物重量的比值。轧液率一般在30%～100%，合纤30%左右，棉65%～70%，黏胶90%左右。在轧染中若浸轧不匀，如轧辊两端与中间压力不等，会产生左、中、右色差；轧槽始染液配制不当，固色液使用不当，机械使用状态不佳，均会造成染色不匀；浸轧染液后的烘燥不当会引起染料泳移，更易造成染色不匀。所谓泳移是指织物浸轧染液后在织物的烘干过程中，染料随水分向纤维表面迁移的现象。为了降低或抑止烘干时染料的泳移，可采用降低轧染时的轧液率、采用无接触烘燥设备和加适量的抗泳移剂等方法。

4. 冷轧堆染色 冷轧堆染色是指织物在浸轧含有染料和碱剂的染液后，立即打卷，并用塑料薄膜包好，在不停地缓慢转动下堆放一定时间，使染料完成扩散和固着，最后在卷染机或平洗机上后处理。此染色法具有设备简单、能耗低、匀染性好等特点，由于染色是在室温下进行，染料水解少，又因堆置时间较长，故染料固色率高。

（六）染色设备

染色设备与染色工艺的适应性是评价染色设备好坏的重要指标。它不仅关系到染色质量、生产效率及劳动强度，而且对能耗、染色成本有着很大的影响。染色设备种类很多，按设备运转的性质可分为间歇式染色机和连续式染色机；按染色方法划分可分为浸染机、卷染机和轧染机；按被染物状态划分可分为散纤维染色机、纱线染色机和织物染色机；按织物在染色时的状态可分为绳状染色机和平幅染色机，如图4－2－1所示。

三、常用染料染色

（一）直接染料染色

直接染料是指能直接溶解于水，对纤维素纤维有较高的直接性，无须使用化学方法就能使纤维及其他材料着色的染料。主要应用于黏胶、棉、麻等纤维的染色，还能在弱酸性或中性介质中上染羊毛、蚕丝、锦纶等纤维。直接染料可分为盐效应型染料、温度效应型染料、直接混纺染料和直接交联染料等类别。其优点是染色方法简单，色谱齐全，成本低廉；但水洗、日晒牢度不够理想。因此，除浅色外，一般都需要固色处理。

直接染料的相对分子量较大，分了结构呈线型，共轭体系长，同平面性好，染料和纤维分子间有较大的范德华力。同时，染料分子中含有氨基、羟基、偶氮基等基团，能与纤维素纤维上的羟基，蛋白质纤维中的氨基等形成氢键结合。因而，染料对纤维素纤维具有较高的直接性。

直接染料上染纤维素纤维时，盐起促染作用。对于不同的直接染料，盐的促染效果不同。分子中含磺酸基较多的直接染料，盐的促染作用显著，促染时盐应分批加入，以保证染料上染均匀。盐的具体用量可根据染料品种和染色深度而定。

温度对不同染料上染性能的影响是不同的。在常规染色时间内，得到最高上染百分率的温度称为最高上染温度。根据最高上染温度的不同，生产上常把直接染料分成最高上染温度在70℃以下的低温染料，最高上染温度在70～80℃的中温染料和最高上染温度在90～100℃的高温染料。

1. 浸染工艺 其工艺流程为：

配制染液→染色→水洗→固色→水洗→柔软处理→脱水→烘干

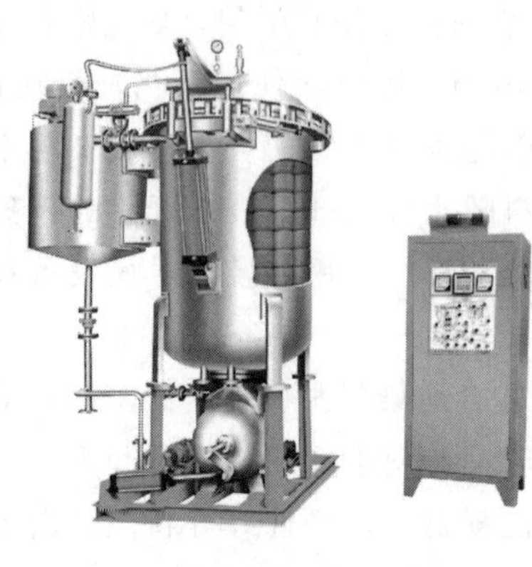

(a) 高温高压筒子纱染色机

(b) 绞纱染色机

(c) 常温溢流染色机

(d) 高温高压溢流染色机

(e) 卷染机

图 4-2-1　染色设备

直接染料浸染法染色的参考工艺处方，如表 4-2-1 所示。

表 4-2-1　直接染料染色工艺处方

染料、助剂及工艺	淡 色	中 色	浓 色
染料（%）	0.5 以下	0.5～2	2～5
纯碱（%）	0.5～1	1～2	1.5～2
食盐（%）	—	0～3	3～12
浴 比	1∶（20～30）	1∶（15～0）	1∶（10～15）

2. 固色后处理 直接染料染色后处理方法包括金属盐后处理和阳离子固色剂后处理。采用阳离子固色剂进行固色处理，固色剂的阳离子可与染料阴离子在纤维上发生离子交换反应，生成微溶或不溶于水的盐类，封闭染料的水溶性基团，防止染料在水中电离和溶解而从织物上脱落。某些阳离子表面活性剂，除与染料之间形成离子键以外，还可与染料和纤维之间形成氢键、范德华引力，能显著提高湿处理牢度；阳离子树脂类固色剂还能在织物表面形成树脂薄膜，进一步封闭染料，增加布面的平滑度，降低摩擦系数，减少染料在“湿摩擦”过程中的溶胀、溶解、脱落，提高皂洗和摩擦等色牢度。某些含有反应性基团的阳离子固色剂，可与染料分子发生反应的同时，还能与纤维素纤维反应发生交联，形成高度多元化交联网状体系，自身也能交联成网状结构，提高织物的色牢度。

（二）活性染料染色

活性染料分子结构中含有一个或一个以上的活性基，在适当条件下，能够与纤维上的羟基或氨基发生化学反应，形成共价键结合，使耐洗和耐摩擦牢度提高。因此，又称反应性染料。其化学结构通式为：S—D—B—Re。其中：D为染料的母体，决定了染料的色泽、鲜艳度、直接性、扩散性、日晒牢度等；B为连接基、Re—活性基，两者决定了染料的反应性及染料—纤维结合键的稳定性；S为水溶性基团，决定了染料的水溶性能。

活性染料的色谱全、色泽鲜艳、性能优异、匀染性好，使用方便，耐洗牢度优良。但其日晒牢度、耐氯漂牢度较差，染物容易发生断键褪色现象，染料易水解，利用率不高。它可以用于棉、麻、丝、毛、黏胶纤维、锦纶等多种纺织品的染色。

1. 活性染料的类型 按活性基不同可分为均三嗪型、乙烯砜型、α-溴代丙烯酰胺型及其他活性基等类型。

国产X型、国外普施安（Procion）Mx等均属二氯均三嗪型。此类染料活性基上有两个氯原子，染料的化学性质活泼，反应能力较强，能在室温以及较弱碱剂的条件下，才能与纤维素纤维发生反应，因此又称“普通型、低温型或冷固型”。X型活性染料染液稳定性较差，储存时极易发生水解而失去活性，导致染色时固色率降低。因此，该类染料应该在避光下保存，并且现配现用。

国产K型、国外普施安（Procion）H、汽巴克隆（Cibacron）等均属一氯均三嗪型。此类染料活性基上只有一个氯原子，化学活泼性较低，必须在较高温度和较强碱剂的条件下，才能与纤维素纤维发生反应，染液比较稳定，在常温下染料水解损失较少，又称“高温型或热固型”活性染料。

乙烯砜基型染料的结构通式为：$D—SO_2CH_2CH_2OSO_3Na$。国产KN型、国外雷玛索（Remazol）等均属此类。其化学活性介于X型和K型活性染料之间，宜在温度60℃左右、较弱的碱性介质中染色，又称“中温型”染料。染料纤维之间的结合键耐碱性较差，生产时容易产生“风印”现象。

以上三种类型的染料都是单活性基染料，为了提高染料的吸着率和固着率，近年来在染料分子中引入两个活性基团，称双活性基染料，如M型、B型染料等。把两个异种活性基和合适的母体染料与连接基组成新型的活性染料，该类双活性基染料除了具有单活性基染料的优点外，还具有两个不同活性基之间的加和增效作用而产生的新特性，如更好的耐酸性水解和过氧化物洗涤的能力、更高的固着率、更宽的染色温度范围、更好的染色重现性。

活性染料除纤维素纤维用的品种外，还发展了蛋白质纤维（例如丝、毛等纤维）用的品种，称为毛用活性染料。如 α -溴代丙烯酰胺型染料，市场上常见的染料有汽巴公司生产的 Lanasol 染料。

2. 活性染料的染色过程 活性染料的染色过程包括染料的上染、固色及皂洗后处理三个阶段。活性染料的上染具有亲和力低、上染率低、匀染性好的特点。可通过低温染色、电解质促染和小浴比染色等方法来提高其上染率。染料的固色是指在一定的碱性和温度条件下，染料的活性基团与纤维发生反应形成共价键结合而固着在纤维上的过程。在染料发生固色的同时，染液中及吸附在纤维上的活性染料也能与水中的氢氧根离子发生反应，生成水解活性染料，使其不能再和纤维发生键合反应，从而造成染料的浪费。因此，染色过程中要严格控制工艺条件，以降低染料的水解，提高固色率。染色后处理是指洗除水解的染料和未与纤维反生键合的染料，以提高色泽的鲜艳度和色牢度。染料和纤维之间的共价键，耐碱性较差，易发生水解断裂，因此，皂洗处理要在中性洗涤液中进行。

3. 活性染料对纤维素纤维的染色工艺 活性染料染棉的方法有浸染法、轧染法、卷染法和冷轧堆法。

（1）浸染：浸染宜选用亲和力较高的活性染料，采用的方法大致可以分为三种。

①一浴一步法：将碱剂与染料和其他试剂一起加入染液中，染色的同时进行固色。这种方法工艺简单、染色时间短、操作方便。但由于吸附和固色同时进行，固色后染料不能再进行扩散，因此匀染和透染性差。同时染浴中染料的稳定性差，水解的比较多。

②一浴二步法：先在中性浴中加盐进行染色，当染料上染接近平衡时，再在染浴中加入碱剂进行固色。一浴二步法是活性染料浸染法中比较合理的染色方法，它不仅可获得较高的上染率和固色率，而且有良好的匀染效果。因此，棉织物染色常采用此法。

③二浴法：在中性浴中染色，再在另一不含染料的碱性浴中固色。由于其染料吸着和固色在两个浴中分别进行，因而染料水解较低，能续缸使用，染料利用率高。但在固色时织物上染料会溶落下来，色光较难控制。

以一浴二步法染色工艺为例，其工艺流程为：

练漂半制品→（水洗润湿）→染色→固色→水洗→皂煮→热水洗→冷水洗→脱水→烘干

其工艺处方及工艺条件见表 4－2－2。

表 4－2－2 活性染料一浴两步法染色工艺处方及条件

染化料及工艺条件		用量
染色	活性染料（%）	0.2～8.0
	Na_2SO_4（g/L）	20～80
固色	Na_2CO_3（g/L）	5～30
皂煮	净洗剂（mL/L）	0.5～1.5
工艺条件	浴比	1：（10～15）
	染色、固色、皂煮温度（℃）	视染料类别而定，85～95
	染色、固色、皂煮时间（min）	10～25，10～25，10～15
	固色 pH	随固色温度而定，一般为 9～11

染色过程中工艺条件对染料的上染率和固色率有很大的影响，具体表现在：

①温度：随着温度的升高，固色反应速率常数和水解速率常数都会增大，但水解反应速率提高更大。因此，在满足染色生产要求的反应速率的前提下，应尽量采用较低温度染色，以获得较高的固色率。

②pH：碱剂在染色过程中能加速染料与纤维之间的固色反应，此时的碱剂又称为固色剂。随着 pH 的增大，$[CellO^-]$ 和 $[OH^-]$ 都相应提高，在 pH 为 7～11 时，$[CellO^-]$ 约为 $[OH^-]$ 的 30 倍，染料与纤维有较高的反应速率和固色率，当 pH 超过 11 后，pH 越高，$[CellO^-]$ 与 $[OH^-]$ 的比值越小，固色率下降，水解率增加。染色时的最佳 pH 是基于染色温度而变化的，一般中温（60℃）染液的 pH 设定在 11.5 左右，高温型染液的 pH 控制在 10～11，低温 pH 控制在 12.5 左右。

③浴比：浴比过大明显降低染料的吸附量，降低与纤维的反应速率和固色率；浴比过低，容易造成染色不匀等染色疵病。因此，活性染料应在不影响匀染的条件下尽量采用小浴比染色。

④中性电解质：染色过程中加入元明粉起促染作用，其用量根据染料的用量而定，施加过程中注意分批加入，以防止染花。

(2) 轧染：活性染料的轧染有一浴法轧染和两浴法轧染两种。一浴法轧染是将染料和碱剂放在同一染液里，织物浸轧染液后，通过汽蒸或焙烘使染料固着，适用于反应性较强的活性染料。二浴法轧染是织物先浸轧染料溶液，再浸轧碱剂固色液，然后汽蒸或焙烘使染料固着，适用于反应性较弱的活性染料。轧染时采用亲和力较低的染料染色，这样有利于减少前后色差。但必须注意，亲和力低的染料在烘干时更容易发生泳移。

轧染液中包括染料、碱剂、尿素、防染盐 S 及海藻酸钠等。尿素能帮助染料溶解，促进纤维的吸湿和溶胀，有利于染料在纤维中的扩散，提高染料的固着率。但尿素用量不宜过多，因为它能与碱作用降低染浴的 pH，对固色不利。防染盐 S 的作用是防止活性染料在汽蒸过程中，因受还原性物质（纤维素纤维在碱性条件下汽蒸时有一定的还原性）或还原性气体的影响使颜色变萎暗。海藻酸钠是一种常用的抗泳移剂，可减少烘干时织物上染料的泳移。此外，也可采用其他的抗泳移剂。

一浴法轧染工艺流程：

浸轧染液→烘干→汽蒸或焙烘→冷水洗 2 格→75～80℃热水洗 2 格→95℃以上皂洗 4 格→80～90℃热水洗 2 格→冷水洗 1 格→烘干

两浴法轧染工艺流程：

浸轧染液→烘干→浸轧固色液→ 汽蒸（100～103℃，1min）→水洗、皂洗（同一浴法轧染）

(3) 卷染：卷染是浸染的一种，只是采用浴比比较小，染色是在卷染机中进行。其工艺流程为：

化料→卷染→固色→水洗→皂煮→水洗→上卷普通卷染机的染槽为铸铁或不锈钢制，槽上装有一对卷布轴，通过齿轮啮合装置可以改变两个轴的主、被动，同时给织物一定的张力。织物通过小导布轴浸没在染液中并交替卷在卷布轴上。染色时，织物由被动卷布辊退卷入槽，再绕到主动卷布轴上，这样运转一次，称为一道。织物卷一道后又换向卷到另一轴上，主动轴也随之变换。卷染的染色时间是根据染色道数来定的。

(4) 冷轧堆染色：冷轧堆染色法是织物在浸轧含有染料和碱剂的染液后，立即打卷，并用塑料薄膜包好，在不停地缓慢转动下堆置一定时间，使染料完成扩散和固着，最后在卷染机上后处理。冷堆法染色具有设备简单、匀染性好的特点，因不经过汽蒸，所以具有能耗抵，染料利用率较高，匀染性好等优点。此法最适合反应性强、直接性低、扩散速率快的染料。

（三）还原染料和可溶性还原染料染色

还原染料分子结构上含有两个或两个以上羰基（$>C=O$），不溶于水，对纤维没有亲和力，染色时要在碱剂和还原剂的作用下使染料还原溶解成为隐色体钠盐才能上染纤维，再经氧化恢复成不溶性的染料色淀而固着在纤维上。还原染料色谱较全，色泽鲜艳，染色牢度好（尤其是耐洗和耐晒牢度）。但是价格较高，工艺复杂，缺少红色。黄、橙等色泽有光敏脆损现象。还原染料又称士林染料，最常用的有紫、蓝、绿、棕、灰、橄榄等色。

1. 还原染料的分类及主要性能 还原染料分为蒽醌类和靛系类两大类别。蒽醌类染料色谱较全、色泽鲜艳，各项牢度较好，合成复杂，价格较高，对棉纤维的亲和力高，隐色体颜色较深，染后织物色泽变浅；靛系类染料亲和力较蒽醌类及衍生物低，隐色体钠盐颜色较浅，大多为杏黄色，日晒、皂洗牢度不如蒽醌类。

2. 还原染料的染色过程 还原染料的染色过程包括染料的还原溶解、隐色体的上染、隐色体的氧化和皂煮后处理四个步骤。

染料的还原溶解是指染料在碱剂（烧碱）和还原剂（保险粉）的作用下生成还原染料隐色体钠盐的过程。在还原过程中用隐色体电位表示染料还原的难易程度。隐色体电位是指在一定条件下，用氧化剂（赤血盐）滴定已还原溶解的还原染料隐色体，使其开始氧化析出时所测得的电位。其值一般为负值，它的绝对值越小，表示染料越容易被还原。表示染料被还原快慢的指标为还原速率，还原速率是指染料还原达到平衡浓度一半时所需要的时间，用半还原时间来表示。一般靛类染料易还原但速度慢，而蒽醌类染料则刚好相反。隐色体上染过程是指隐色体钠盐先吸附于纤维表面，然后再向纤维内部扩散而完成对纤维的上染过程。隐色体的氧化是指上染纤维的隐色体需经空气或氧化剂氧化，转变为原来的不溶性还原染料并恢复原来的色泽，其氧化方法包括冷水淋洗、透风氧化和氧化液氧化三种方法。皂煮后处理能将吸附在纤维表面已氧化的浮色去除，使染色织物具有鲜艳的色泽和较好的摩擦牢度。

3. 染色方法 还原染料的染色方法包括隐色体染色法和悬浮体轧染法两种。隐色体染色法是将还原染料先还原为隐色体，染料以隐色体的形式上染纤维，然后再进行氧化、皂洗的染色方法。悬浮体轧染法是把未经还原的染料颗粒与扩散剂通过研磨混合，制成高度分散的悬浮液。织物在该液中浸轧后均匀附着在纤维上，然后再用还原液使染料直接在织物上还原成隐色体而被纤维吸收，最后经氧化而固着在纤维上，这种染色方法称悬浮体染色法。其工艺流程为：

浸轧悬浮体→（烘干）→浸轧还原液→汽蒸→水洗→氧化→皂煮→水洗→烘干

4. 可溶性还原染料染色 可溶性还原染料是将还原染料预先经过还原处理，并酯化而生成的隐色体的硫酸酯钠盐或钾盐。能直接溶于水，对纤维有亲和力，不需还原处理；但染料递深力低、价格贵，适合染浅色。可溶性还原染料依靠范德华力和氢键上染纤维素纤维，上染后在硫酸及亚硝酸钠的作用下显色，在染物上转变成相应的母体染料而固着。其染色过程包括上染、显色（水解—氧化）、皂煮三个过程。

5. 光敏脆损现象 光敏脆损现象是指某些还原染料染色的织物在穿着过程中，经日光照射，织物上的染料会加速纤维的氧化脆损，而染料颜色并没有消褪，这种现象称为光敏脆损现象，简称光脆现象。光敏脆损作用是由于染料吸收光能后，成为激发态的染料与氧气作用生成活化氧而使纤维素氧化而损伤。以黄色、橙色、红色最多，其次是紫色、棕色、蓝色、绿色，黑色没有光脆。

(四) 硫化染料染色

硫化染料由芳香胺类或酚类化合物与多硫化钠或硫黄熔融而成，染料不溶于水，在染色时须用硫化碱还原溶解才能上染纤维，故称为硫化染料。硫化染料价格低廉，水洗牢度较高，色谱不全，部分品种有储存脆损现象。按照应用方法进行分类可分为普通硫化染料、硫化还原染料、液体硫化染料三类。普通硫化染料用硫化钠作还原剂。硫化还原染料用保险粉作还原剂，它具有较好的耐氯漂牢度，又称为海昌染料。液体硫化染料是指加适量还原剂精制而成的一种隐色体染料，便于加工。硫化染料主要用于纱线，砂皮布等工业用布以及厚重织物的染色。最常用的品种是硫化元、硫化蓝，其次是硫化绿、硫化棕。

硫化染料的储存脆损主要是由多硫结构引起的。在分子结构中不稳定的硫元素在一定温湿度的空气中，被氧化成硫酸，使纤维水解，致使织物强力下降。为了防止该现象，可采用防脆剂进行处理，包括碱性防脆剂和有机防脆剂两大类。碱性防脆剂主要是利用其碱性中和生成的酸，防脆效果较好，但有溶落染料的作用，影响染色牢度。有机防脆剂可与染料中的活泼硫作用，抑制氧化作用发生，并且本身具有碱性，能中和生成的酸性物质，起到防脆的作用。

(五) 酸性类染料染色

1. 酸性染料染色 酸性染料是指能在酸性、弱酸性或中性染液中直接上染蛋白质纤维和聚酰胺纤维的染料。按其染色性能和染色方法的不同，可分为下述三类。

(1) 强酸浴染色的酸性染料：这类染料分子结构比较简单，磺酸基在整个染料分子结构中占有较大比例，所以染料的溶解度较大，它在染浴中是以阴离子形式存在，和纤维主要通过离子键的形式结合。染色时，可用硫酸调节 pH 为 2～4，必须在强酸性染浴中才能很好地上染纤维，故称为强酸性染料。食盐、元明粉等中性盐对这类染料起缓染作用。

(2) 弱酸浴染色的酸性染料：这类染料结构比较复杂，染料分子结构中磺酸基所占比例较小，所以染料的溶解度较低，它们在溶液中有较大的聚集倾向。这类染料染色时，除能与纤维发生离子键结合外，分子间力和氢键起着重要作用。染色时，可用醋酸调节 pH 为 4～6，在弱酸性染浴中就能上染，故称为弱酸性浴酸性染料。

(3) 中性浴染色的酸性染料：这类染料分子结构中磺酸基所占比例更小，它们在中性染浴中就能上染纤维，故称为中性酸性染料。这类染料染色时，染料与纤维之间的结合主要是分子间力和氢键产生作用。食盐、元明粉等中性盐对这类染料起促染作用。

酸性染料染羊毛时，可采用三种类型的染料在沸点下染色即可。酸性染料染蚕丝一般选弱酸性染料染色，因为强酸性条件影响蚕丝的光泽、手感和强力纤维无定形区松弛，染料扩散快，上染越快，易染不匀。染色过程中要采用逐步升温的工艺，并且不宜采用沸染，长时间沸染丝素溶解，影响手感，并且织物之间相互摩擦造成“灰伤”。染后要经阳离子固色剂处理，以提高产品的色牢度。酸性染料染锦纶得色鲜艳，上染百分率和染色牢度均较高，但匀染性、遮盖性较差，易产生“经柳”“横档”疵病 。

2. 酸性媒染染料染色 酸性媒染染料是一类本身与纤维不能牢固结合，需要用一定的方法使它与某些金属盐（媒染剂）形成络合物而固着在纤维上的染料。酸性媒染染料色泽不如酸性染料鲜艳，经媒染剂处理后，具有较高的日晒和皂洗牢度，并且不同的金属盐处理，可得到不同的颜色，由于染色过程中要采用媒染剂处理，废水中含有铬元素，不利于环保。

酸性媒染染料的染色过程包括吸附和媒染处理两个步骤。该染料的吸附与酸性染料相似，以离子键或氢键、范德华力结合，在铬媒处理时，纤维、染料与三价铬反应生成结构复杂的络合物，从而完成染色过程。

羊毛纤维、染料分子及铬原子三者的结合表示如下：

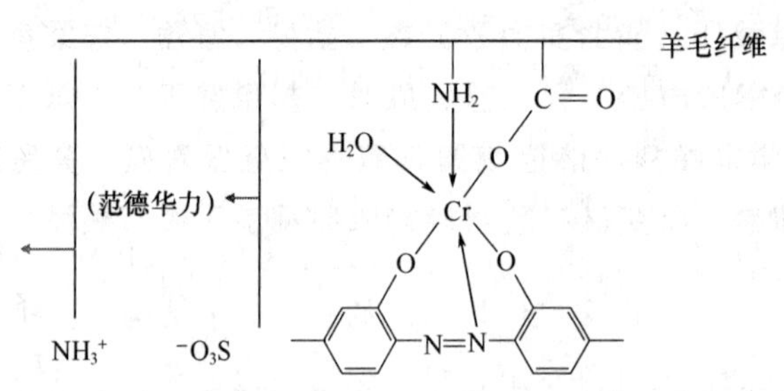

染料上的磺酸基还可与羊毛上的氨基形成离子键结合

酸性媒染染料的染色方法包括预媒法染色、同媒法染色、后媒法染色。预媒法是指羊毛先用媒染剂处理，然后用酸性媒染染料染色；同媒法是指将染料和媒染剂放在同一浴中，染色和媒染同时进行；后媒法是指羊毛先用酸性媒染染料染色，再用媒染剂处理。生产上常用的是后媒染色法。

3. 酸性含媒染料染色 酸性含媒染料就是将染料预先与金属离子络合，染色时不需要进行媒染处理。其特点是仿色方便，废水中不含铬，匀染性差，湿处理牢度优于酸性染料但比酸性媒染染料差。它包含酸性络合染料和中性络合染料两大类，两者的结构和性能，见表 4－2－3。

表 4－2－3 酸性含媒染料的分类及区别

染料类型性能	1∶1 型（酸性络合染料）	1∶2 型（中性络合染料）
金属离子与染料的比例	1∶1	1∶2
色泽鲜艳度	较鲜艳	较暗
对纤维的亲和力	较高	高
染色条件	酸性条件	中性浴或微酸性浴中
匀染性	较差	差
染物煮呢、蒸呢后色光变化	较大	较小
羊毛受损情况	大	小
适用染色对象	羊毛	羊毛、蚕丝、锦纶

（六）分散染料的染色

分散染料是一类水溶性较低的非离子型染料，其分子较小，结构上不含水溶性基团，在水中呈溶解度极低的非离子状态，借助于分散剂的作用在染液中均一分散而进行染色。它能上染涤纶、锦纶及醋酯纤维，成为涤纶的专用染料。

1. 分散染料的种类 分散染料按应用时的耐热性能不同，可分为低温型、中温型和高温型。低温型染料耐升华牢度低，匀染性能好，适用于高温高压染色，常称为E型染料；高温型染料耐升华牢度较高，但匀染性差，适用于热熔染色，常称为S型染料；中温型染料耐升华牢度介于上述两者之间，又称为SE型染料。

2. 分散染料染色方法 由于涤纶是疏水性纤维，其结晶度和聚合度比较高，纤维微隙小。因此，要选用相对分子质量小的非离子型的分散染料进行染色。要使染料以单分子形式顺利进入纤维内部，按常规方法是难以进行的，因此，需采用比较特殊的染色方法。目前采用的方法有高温高压法、高温热熔法和载体法等三种染色方法。最常用的为高温高压的染色方法。

(1) 高温高压染色法：高温高压染色法是在高温（120～130℃）高压（2.02×10^5 Pa）的湿热状态下进行。在高温及水的作用下纤维分子链段运动加剧，当加热至 T_g 以上温度时，分子间微隙增大，形成瞬时孔隙，染料分子通过纤维空隙进入纤维内部，通过范德华力、氢键以及由于机械作用等而固着在纤维上。该染色方法匀染性好，色泽浓艳，手感良好，织物透芯程度高，适合升华牢度低和相对分子质量较小的低温型染料品种及小批量、多品种产品的生产，常用于涤棉混纺织物的染色。

分散染料的高温高压染色可在高温高压卷染机和喷射、溢流染色机上进行。为防止分散染料及涤纶在高温及碱作用下产生水解，分散染料的染色常需在弱酸性条件下进行，染色pH一般控制在4.5～6，常用醋酸和磷酸二氢铵来调节pH。为使染浴保持稳定，染色时尚需加入分散剂和高温匀染剂。

(2) 热熔染色法：织物先经浸轧染液后即行烘干，随即再进行热熔处理，在干热（170～220℃）条件下，纤维无定形区的分子链段运动加剧，形成较多较大的瞬时孔隙；同时染料颗粒升华形成单分子形式，动能增大而被纤维吸附，并迅速向纤维内部扩散，完成上染。热熔染色法是目前涤棉混纺织物染色的主要方法，以连续化轧染生产方式为主，生产效率高，尤其适用于大批量生产。热熔染色法的缺点是设备占地面积大，同时对使用的染料有一定的条件限制，染料的利用率较高温高压法低。

在高温热熔染色中要注意防止染料在预烘和焙烘中产生泳移，热熔焙烘阶段是棉上的分散染料向涤纶转移的重要阶段，要根据染料的耐热性能，即染料的升华牢度，选择适当的热熔温度和时间。

(3) 载体染色法：载体染色法是在常压下加热进行。它是利用一些对染料和纤维都有直接性的化学品，在染色时当这类化学品进入涤纶内部时，把染料分子也同时携入，这种化学药品称为载体。载体能增塑纤维，降低纤维的 T_g，并使涤纶分子链之间的引力减弱，使纤维形成较大的空隙，使染料易于进入纤维内部。染色结束后，利用碱洗，使载体完全去除。常用载体有邻苯基苯酚、联苯、水杨酸甲酯等，由于大都具有毒性，对人体有害，目前已很少应用。

（七）阳离子染料染色

1. 腈纶染色特性

(1) 纤维的化学结构：腈纶是由丙烯腈单体与其他单体共聚而成的合成纤维。其组成以丙烯腈为主，加入了第二单体如丙烯酸酯，以改善纤维的力学性能，提高它的柔韧性和手感；引入第三单体如衣康酸或丙烯磺酸，以增加纤维上吸附染料的位置，改善染色性能。腈纶上的酸性基团称为“染座”。腈纶可分为常规腈纶和改性腈纶，丙烯腈单体含量高于85%的为常规腈纶，其含量在35%～85%的为改性腈纶。

（2）纤维的染色饱和值 S_f：纤维的染色饱和值是指某腈纶用指定的标准染料（一般是相对分子质量为400、亲和力较高的纯孔雀绿），在染色pH＝4.5±0.2，浴比1∶100，100℃回流染色4h或平衡上染百分率达到95%时，100g腈纶上吸附的染料重量。它是表征和评价纤维可染性的重要指标。不同的腈纶（分子中酸性基团的含量或种类不同），其纤维染色饱和值亦不同，但对某一特定的纤维，其染色饱和值为一常数。

2. 阳离子染料特点及染色原理 阳离子染料是为了适应腈纶的染色而发展起来的染料。这类染料在水溶液中能离解成带正电荷的色素阳离子，故称为阳离子染料。其色谱齐全、色泽浓艳、给色量高、耐晒牢度及耐洗牢度好，但匀染性较差。主要用于染腈纶及其混纺织物的染色。

阳离子染料上染腈纶是阳离子染料的有色阳离子与纤维上带负电荷的基团以离子键相结合的过程，即：

纤维—COOH＋Cl—染料→纤维—COO—染料＋HCl

3. 阳离子染料染色性能 阳离子染料的染色特性主要包括：配伍性、染色饱和值、饱和系数以及染料的匀染性。

（1）配伍性：由于腈纶上的酸性基团有限，染料拼色和单色染色时性能差异较大。不同结构的染料对纤维的亲和力和扩散性能不同。亲和力高的，在染色初始阶段在纤维表面吸附速率快，但在纤维内扩散速率慢，同时容易取代已经上染的亲和力低的染料，产生“竞染”现象。“竞染”导致产品色泽不一，难以达到理想的拼色效果。因此，拼色时应选择配伍性好的染料。所谓配伍性是指两个或两个以上染料拼色时，上染速率相等，则随着染色时间的延长，色泽深浅（色调）始终保持不变的性能（只有浓淡变化）。阳离子染料的配伍性通常用配伍指数或配伍值 K 表示。配伍性好的染料具有如下特征：

每只染料在时间 t 时上染纤维的染料量 M_t 与平衡时上染纤维的染料量 M_∞ 的比值相等。

$$\frac{M_{1t}}{M_{1\infty}}=\frac{M_{2t}}{M_{2\infty}}=\frac{M_{3t}}{M_{3\infty}}=\cdots$$

配伍值越趋近于1，说明染料对纤维的亲和力越高，上染速率越快，匀染性差，但得色量高，可用于染浓色或中浓色；配伍值越趋近于5，染料对纤维的亲和力越低，上染速率越慢，匀染性好。

（2）染料染色饱和值 S_d：染料的饱和值是指某染料在100℃、pH＝4.5±0.2、浴比100∶1，回流染色4h或平衡上染百分率达到95%时在某纤维上的染色饱和值，以 S_d 表示。

（3）饱和系数 f：饱和系数等于纤维饱和值 S_f 除以染料饱和值 S_d。饱和系数对某一阳离子染料是一常数，判断某染料上染腈纶的能力，f 值越小，染料上染量越高，越易染得浓色。在实际生产中，往往用几种染料拼色，所用各染料的量［D_i］（包括阳离子助剂用量）与各自的饱和系数 f_i 的乘积之和不能超过腈纶的染色饱和值。

（4）匀染性：阳离子染料对腈纶的亲和力一般较大，初染率高；腈纶结构紧密，染料扩散性能差，移染性能差；当温度小于玻璃化温度时，染料上染缓慢，超过玻璃化温度后，染料集中迅速上染。综合上述几点，腈纶阳离子染料染色时极易造成染色不匀。在染色过程中可采取温度控制法（包括逐渐升温法、缓慢升温法、恒温染色法）、pH 控制法（加入酸可起缓染作用）、加入电解质法和使用缓染剂等方法，来防止染色不均匀。

（八）植物染料染色

植物染料是从植物的根、叶、树干或果实中取得的。据估计，至少有1000～5000种植物可提取色素。天然植物染料色谱七色俱全，但鲜艳明亮度不够，不少品种的耐水洗和气候牢度不够满意，其浓度与色相也不稳定。较满意的植物染料有：姜黄、栀子黄、红花素、槲皮苷、茜草色素、靛蓝、栀子蓝、叶绿素、辣椒红和苏木黑等。

天然植物染料一般无毒、无害，对皮肤无过敏性和致癌性，具有较好的生物可降解性和环境相容性，而且资源丰富，一些天然的植物染料来自药用植物，它本身也有一定的保健功效。但是用天然植物染料染色，也存在不少问题，主要有以下三点：

（1）天然植物染料含量低，提取时需消耗的植物数量大，不利于环境保护，提取后的植物三废治理也是一个问题，而且成本也高。

（2）天然植物染料除少数外，大多数的染色牢度较差，即使使用媒染剂，牢度仍然不理想。而且不少天然植物染料在洗涤和使用过程中会变色泛旧或色光变灰。特别是拼色时，由于不同植物染料的牢度差异较大，变色更为明显。

（3）植物染料染色大多数都要应用媒染剂来提高色牢度和固色率，许多媒染剂是有害的，会造成较严重的污染。

☞ 思考与练习

1. 什么是染料？什么是涂料？国产染料是如何命名的？
2. 什么是染色牢度？常用的染色牢度有哪些？
3. 染料的上染过程分哪几个阶段？各阶段的作用是怎样的？
4. 什么是泳移？防止泳移的方法有哪些？
5. 什么是浸染？什么是浴比？什么是染色浓度？什么是轧染？什么是轧液率？
6. 活性染料的特点如何？活性染料染色过程分为哪几个阶段？
7. 简述还原染料染色的四大过程。还原染料的染色方法有哪些？试述还原染料染色的工艺流程。
8. 分散染料染涤纶的方法有哪些？简述高温高压法染涤纶、热熔法染涤纶的原理。
9. 酸性染料有哪些类别？各有什么特点？元明粉在酸性染料染色中起什么作用？
10. 什么是阳离子染料的配伍性和染色饱和值？阳离子染料染腈纶时很容易染花，为什么？

项目4－3 纺织品印花

✲教学目标

1. 了解纺织品印花的基本概念、基本方法和印花设备；
2. 了解印花所使用糊料的种类和特点；

3. 掌握常见织物的印花工艺、织物特种印花的类别及其加工原理；

4. 初步能根据印花产品的颜色数量和花型表面特征，选择合适的印花方法。

✲任务说明

1. 任务要求

通过本项目的学习，完成以下工作任务：

（1）通过对各种织物样品的观察，分析样品花型的特点，选择适当的印花方法并制订产品的印花生产工艺流程；

（2）根据棉织物的印花生产工艺单，知道工艺要求制订的主要工艺参数，会简单分析这些工艺参数制订的目的与依据。

2. 主要材料、染化药品及仪器

（1）材料：前处理棉半制品；

（2）染化药品：K型活性染料、尿素、防染盐S、碳酸钠、海藻酸钠等；

（3）仪器：搪瓷杯、烧杯、玻璃棒、印花台板、刮刀、量筒、托盘天平、烘箱；

3. 任务实施内容及步骤

（1）印花原糊的制备；

（2）根据设定好的印花处方，称量染料、化学试剂和原糊的质量；

（3）配制印花色浆；

（4）按照设定好的工艺流程进行印花操作。

4. 撰写实训报告，并进行评价与讨论。

✲项目导入

印花是依照事先设定的图案对纤维材料进行部分上色的工艺加工过程。最初人们用彩绘的方法使衣服美观，后来发明了型版印花。最初利用凸纹方形印版，涂布色浆后一方一方像盖图章一样捺印。为了使接版处不留明显的痕迹，版上的花纹必须是“四方连续”的，即本版上边与上方邻版的下边、本版左边与左方邻版右边的花纹相吻合，所以接版是高难度的操作。后来发明了镂空板，覆于织物上便可刷浆印花，这种印版和凸纹版一样，都是花纹部分上色，地色部分不上色。如果要使地部上色，花纹不上色，就要使花纹部位有拒色性能。中国古代就已发明了防染印花技术，这就是“夹缬”。用两块花纹重合的镂空版将织物夹在中间，涂上防染剂，然后撤去印版，将织物投入染缸染色，染后去除防染剂，即得色地白花的织物。苗族人流传着用古老方法生产精美的蜡防花布的技艺。维吾尔族则流传着古老的扎染的技艺。凸纹版和镂空版后来多用于多色套印，使花纹绚丽多彩。还有一种无色印花，即只让花纹部位显出特殊光泽，这是通过镂空版刷上碱剂来达到的。随着科学技术的发展，现代的印花又是怎样加工的呢？

一、印花概述

印花是将各种颜色的染料或颜料调制成色浆，局部施加在织物上，以获得各色花纹图案的加工过程。印花和染色具有许多相同点，两者都是使纺织物着色。两者应用染料的染着、固色原理相似；所用化学助剂的物理与化学属性相似；同一品种的纤维，若用同一染料染色和印花可具有相同的染色牢度。因此可以说印花是局部的染色过程。印花和染色也存在着许多不同点：

（1）染色时以水为介质，印花时则是以原糊为介质。

（2）染色时，染料渗透扩散充分。印花时，染料不易扩散渗透，要经过汽蒸或焙烘。

（3）染色时染料是溶解在水中的，比较容易溶解；而印花时染料是溶解在原糊中的，染料不易溶解，需要加入尿素等助溶剂。

（4）印花对前处理半制品的白度和毛效要求比较高，对织物疵病的要求比染色低。

（一）印花方法

1. 按印花工艺分类

（1）直接印花：将含有染料的色浆直接印在白布或浅色布上，印色浆处染料上染，获得各种花纹图案，未印处地色保持不变，这种印花方法称为直接印花。其特点是工艺简单、成本低廉，适用于各种染料，故广泛用于各种织物印花。

（2）拔染印花：拔染印花是在已经染色的纺织物上印花，使地色染料局部破坏、消色而获得花纹图案的印花工艺。印花色浆中含有一种能破坏地色染料的化学物质，称拔染剂。经过后处理，印花之处的地色染料被破坏，再经洗涤去除浆料和破坏了的染料，印花处呈白色，称为拔白印花；在含有拔染剂的印花色浆中，加入不被拔染料剂破坏的染料，印花时在破坏地色染料的同时使色浆中染料上染，称为色拔印花。拔染印花能获得地色丰满、花纹细致、色彩鲜艳的效果，但地色染料需进行选择，印花工艺流程长、成本高。

（3）防染印花：防染印花是在未经染色或已经浸轧染液而未显色的织物上印花，局部防止染料上染或显色，而在地色上获得花纹的印花工艺。印花色浆中含有能破坏或阻止地色染料上染的化学物质，称防染剂。防染剂在花型部位阻止了地色染料的上染，织物经洗涤，印花处呈白色花纹的工艺称防白印花；若印花色浆还含有不能被防染剂破坏的染料，在地色染料上染的同时，色浆中染料上染印花之处，使印花处着色，称为色防印花。用防染印花方法印得的花纹一般不及拔染印花精细。但适用于防染印花的地色染料种类较多，印花工艺流程也较拔染印花短。

（4）防印印花：防印印花是采取罩印的方法，印花时先印含有防染剂的色浆，最后一个花筒印地色色浆，两种色浆叠印处产生防染剂破坏地色色浆的发色。防印印花的特点是能获得与地色一致的效果，且地色的色谱不受限制，丰富了印花地色的花色品种，防印印花可获得轮廓完整、线条清晰的花纹。在印制大面积地色时，所得地色不如防染印花丰满。

2. 按印花设备分类

（1）滚筒印花：滚筒（辊筒）印花是18世纪苏格兰人詹姆士·贝尔发明的，所以又称贝尔机。滚筒印花是按照花纹的颜色，分别在由铜制成的印花花筒上刻成凹形花纹，将刻好的花筒安装在滚筒印花机上，即可印花。在印制过程中，色浆藏在花筒表面的凹纹内，进而转移到织物上去。滚筒印花机的主要特点是：印制花纹轮廓清晰、线条精细、层次丰富、生产效率高、生产成本较低、适用于大批量的生产。但印花套色、花型大小等受到限制，色泽不够浓艳，劳动强度高，机械张力大，不适宜轻薄织物及针织物的印花。

（2）筛网印花：筛网印花起源于手工型纸版印花，是目前应用较为普遍的印花方法。适宜于小批量、多品种的生产，但它的劳动生产率比较低。筛网印花对单元花样大小及套色多少限制较少，印制花纹的色泽鲜艳。印花时织物承受的张力小，因此，特别适宜于容易变形的蚕丝织物、化学纤维织物及针织物的印花。筛网印花还用于毛巾、被单、手帕等的印花。

按筛网印花机的特点分，有平版筛网印花（平网印花）和圆筒筛网印花（圆网印花）两种，如图 4－3－1 所示。

(a) 平网印花机

(b) 圆网印花机

图 4－3－1　筛网印花机

（3）转移印花（Transfer Printing）：转移印花是一种较新颖的印花方法。印花时，先用印刷的方法将花纹用染料制成的印墨印到纸上，成为转移印花纸，然后将转移印花纸的正面与被印织物的正面紧密贴合，一起进入转移印花机，在一定条件下（例如加热使分散染料升华）使转移印花纸上的染料转移到织物上。目前常用的转移印花法是利用分散染料升华性质的气相转移印花法，主要用于涤纶织物。其设备如图 4－3－2 所示。

转移印花的图案丰富多彩，花型逼真，花纹细致，加工过程简单，操作容易，适合于各种厚薄织物的印花。无须水洗、蒸化、烘干等工序，因此是一种节能无污染的印花方法。

图 4－3－2　转移印花机

（4）数码印花：数码喷射印花是 20 世纪 90 年代国际上出现的最新印花方法。数码喷射印花是通过各种数字化输入手段如扫描仪、数码相机或因特网传输的数字图像输入计算机，经过电脑印花分色系统（CAD）编辑处理后，再用专用软件驱动芯片控制喷印系统将专用染液（如活性或分散染料）直接喷印到各种织物或其他介质上，从而获得所需要的精美印花产品，如图 4－3－3 所示。数码印花省却了制版、制网、雕刻等一系列复杂工序及相应设备。通过计算机很方便地设计、核对花样和图案，并且不受图案颜色和套数的限制。但目前，数码印花机存在着印制速度慢、染料价格等缺点。

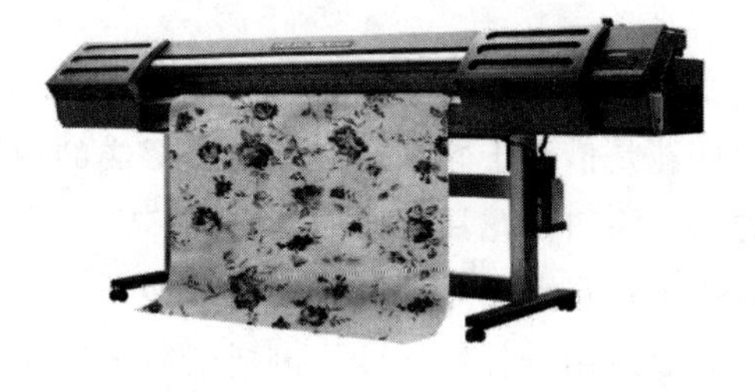

图 4-3-3 数码印花机

（二）印花原糊

原糊是由糊料制成的，一般糊料是一些亲水性的高分子化合物（天然高分子化合物及其衍生物、合成高分子化合物、无机化合物、乳化糊），在水中能分散成为黏稠的胶体，叫作原糊。

1. 印花原糊的作用

（1）起印花增稠剂的作用。采用原糊调色后，使之构成具有一定黏度的印花色浆，以便印制出轮廓清晰的花型图案。

（2）作为印花色浆中染化料或溶剂的分散介质和稀释剂。

（3）起染料和助剂的传递剂的作用，也就是起载体作用。印花加工中，通过原糊将色浆中的染料和助剂传递到织物上，经烘干花纹处形成有色的浆（薄）膜，蒸化时染料和助剂由浆膜向纤维内扩散，从而固着在纤维上。

（4）起黏着剂的作用。在滚筒印花时，原糊可黏着在花筒上，使色浆暂存于花型凹槽中，并通过承压辊与花筒的相对挤压使色浆转移并黏着于织物上，且原糊对织物的黏着力较大，以使色浆膜不至于（在水洗之前）从织物上脱落。

2. 常用糊料的类别及特性

（1）淀粉及其衍生物：淀粉的主要特点是：煮糊方便，成糊率和给色量都较高，印制花纹轮廓清晰，蒸化时无渗化。但存在渗透性差、洗涤性差、手感较硬、大面积印花给色均匀性不理想等缺点。主要用于不溶性偶氮染料、可溶性还原染料等印花的色浆中，还可用于与合成龙胶等原糊的混用。

（2）海藻酸钠：海藻酸钠糊特点：具有流动性和渗透性好、得色均匀、易洗除、不粘花筒和刮刀、手感柔软、可塑性好、印制花纹轮廓清晰、制糊方便等。主要用于活性染料印花。

（3）合成龙胶：合成龙胶成糊率高，印透性、均匀性好，与各类糊料相容性好，印花得色均匀，印后易从织物上洗除。常用于不溶性偶氮染料的印花，但不适用于活性染料印花。

（4）乳化糊：乳化糊不含有固体，烘干时即挥发，得色鲜艳，手感柔软，渗透性好，花纹轮廓清晰、精细，但乳化糊制备时，需采大量煤油，烘干时挥发，造成环境污染，主要作为涂料印花糊料。

（5）合成增稠剂：合成增稠剂使用烯类单体经反向入液共聚而成。使用时，在快速搅拌下，将合成增稠剂加入水中，经高速搅拌一定时间，即可增稠。它调浆方便，增稠能力极强，但遇电解质，黏度大大降低。近年来，有代替乳化糊的趋势。

二、涂料印花

涂料印花是借助于黏合剂在织物上形成的树脂薄膜，将不溶性颜料机械地黏着在纤维上的印花方法。涂料印花具有如下特点：

（1）由于颜料颗粒对任何纤维都没亲和力，染色时不发生上染的问题，对各种纤维不存在选择性，故适用于各种纤维，包括染料无法染色的玻璃纤维染色，而且特别适合混纺和交织纺织物的染色。

（2）基于上述相同原因，颜料拼色时不存在竞染问题，易于拼色，重现性好，小样放大样控制颜色容易。

（3）由于可同时选用各种不同发色体系的颜料，所以涂料染色色谱齐全，耐光、耐气候牢度好。而不像染料染色时，由于一类染料的色谱或颜色牢度性质往往不齐全或不平衡，选用时会有困难。

（4）容易获得特殊的染色或其他工艺效果，例如双面染色、本色或银色染色、涂料和染料或后整理剂同时加工等。

（5）加工工序短，节省能源，减少污水，降低成本。

（6）产品的某些牢度（如摩擦和刷洗牢度）还不够好，印花处特别是大面积花纹的手感欠佳。

（一）涂料印花色浆的组成

涂料印花浆主要由涂料浆、黏合剂、增稠剂、交联剂、催化剂等组成。

1. 涂料浆 系涂料印花浆中的着色组分，由颜料、分散剂、乳化剂、润湿剂等助剂与水或有机溶剂混合，经研磨加工而制成。一般颜料浆含颜料量为10%～40%（固含量为30%～45%），颜料细粒的粒径为0.1～1.0μm。

2. 黏合剂 为成膜性的高分子物质，一般为合成树脂，由单体聚合而成，是涂料印花色浆的主要组成之一。印花织物的手感、鲜艳度、各项牢度等指标在很大程度上都取决于黏合剂的品种和质量，故黏合剂在涂料印花中的作用非常重要。

3. 增稠剂 涂料印花中黏合剂生成的皮膜厚1～5μm，因此印花色浆在调制时不能使用染料印花时所用的原糊作增稠剂，因为它们和黏合剂混在一起成膜后难以洗净，造成手感发硬和牢度下降，故一般采用乳化糊或合成高分子电解质糊料。乳化糊固含量低，在烘干时溶剂挥发，很少有固体残留，可使印花织物的手感柔软，具有较好的鲜艳度和着色力，但耗用煤油量大，污染环境且不够安全。目前常用合成增稠剂来代替乳化糊，合成增稠剂能提高颜料印花浆的着色力和鲜艳度，对印花织物的手感和牢度无影响，但其增稠性能对电解质很敏感，使应用范围受到一定的限制。

4. 交联剂 交联剂又称固色剂或架桥剂，主要和黏合剂发生交联形成网状结构。在涂料印花色浆中，交联剂的加入量不能过多，否则会引起印花织物的手感下降。

5. 催化剂 用来加速交联反应。一般为加热时可释出酸的盐类（如磷酸氢二铵等）、有机酸及其衍生物。

6. 柔软剂 涂料印花的缺点之一就是由于黏合剂成膜而影响织物的手感，特别是大面积花型。为了解决此问题，除了选用成膜较软的黏合剂外，还可以用向印花色浆中加入柔软剂的方法来改善织物的手感。

（二）印花工艺

印花工艺流程：

印花→烘干→焙烘固着（→水洗）

三、各类织物染料印花

（一）棉织物直接印花

1. 活性染料直接印花 活性染料直接印花是目前印染厂最常用的一种棉布印花工艺，也用于黏胶纤维、蚕丝织物的印花。活性染料直接印花具有色谱较广、色泽鲜艳、湿处理牢度较好、印制方便、印花成本低的优点。其缺点是一些活性染料的耐氯漂牢度和气候牢度较差，一般活性染料固着率不高，容易造成浮色。

（1）印花用活性染料的选择：印花不同于染色，因此适用于染色的活性染料，并不能完全适用于印花，适用于印花的染料主要有以下特点。

①染料直接性小、亲和力低、扩散性好。

②色浆稳定性要好。

③印花后染料不发生断键褪色现象。

由上述可知，活性染料印花中，K型染料是较为理想的染料。M型活性染料含两个活性基，反应性能好，给色量高，适用于短蒸印花工艺，但印深色时沾色现象严重。KN型染料也适用于印花，但其色浆不耐碱，不能在碱性高温下皂煮，易在印花过程中发生花色变浅现象（俗称风印），因此使用过程中要选择合适的印花工艺和碱剂。

（2）印花用糊料的选择：从分子结构看，海藻酸钠在5位碳原子上有羧基，在2、3位碳原子上有仲醇基，因为羧基的存在，在碱作用下能生成羧酸的钠盐，可溶于水，并具有阴荷性。海藻酸钠分子羧基负离子与阴离子性活性染料发生静电排斥作用，从而防止了活性染料与糊料的结合，并且海藻酸钠分子结构2、3位碳原子上的羟基又由于空间位阻效应而难与染料发生反应，因而得色率较高。因此用于活性染料印花理想的糊料当推海藻酸钠。

（3）印花工艺：一相法印花是指印花时将染料、原糊、碱剂及必需的化学药剂一起调成色浆，印花烘干后经汽蒸或焙烘使染料与纤维反应，再经水洗、皂洗。其工艺流程为：

印花→烘干→蒸化→水洗→皂洗→水洗→烘干

一相法适用于反应性较低的活性染料，印花色浆中含有碱剂对色浆的稳定性影响较小。

两相法印花是指印花时色浆中不加碱剂，印花烘干后轧碱短蒸，使染料与纤维反应，再经水洗、皂洗。其工艺流程为：

白布印花→烘干→轧碱→汽蒸→水洗→皂洗→水洗→烘干

两相法适用于反应性较高的活性染料，色浆中不含碱剂，因而储存稳定性良好。

活性染料印花的色浆是由原糊、活性染料、防染盐S、碱剂、尿素等助剂组成的。尿素是活性染料的助溶剂，同时又是良好的吸湿剂。防染盐S的作用是防止染料在印花后汽蒸时受还原性气体的影响而使色泽变得萎暗的。

2. 还原染料直接印花 还原染料不溶于水，对棉纤维没有直接性，可借还原剂的作用而溶解在碱性溶液中，成为隐色体的钠盐后而上染纤维，然后经过氧化处理，在纤维上又变成为不溶性的色淀而固着在纤维上。所以大多数还原染料都有优良的日晒和湿处理牢度，这是其他染料品种所不及的。除用于直接印花外，还常用作拔染印花的着色染料。还原染料可采用悬浮体印花法和隐色体印花法。

隐色体印花法是将染料、碱剂、还原剂调制成色浆进行印花，然后进行汽蒸，最后经过水洗氧化等处理。悬浮体印花是指将染料磨细后调制成色浆，印花烘干后浸轧碱性还原液，然后快速汽蒸，最后进行水洗、氧化等处理。

（二）蛋白质纤维织物直接印花

1. 蚕丝织物印花 蚕丝织物直接印花的常用染料是弱酸性染料、中性染料、直接染料和活性染料。常用的糊料为淀粉的变性产物，如水解淀粉、白糊精、黄糊精及醚化淀粉等，也可采用海藻酸钠和乳化糊混合使用。蚕丝织物吸收色浆的能力差，印花时色浆易浮在纤维表面，所以蒸化时间比较长，并且印制多套色时容易产生“搭色”。蚕丝织物受张力后容易变形，因此应采用筛网印花机进行印制，采用星形架或长环悬挂式蒸化机进行蒸化处理。

2. 羊毛织物印花 印花工艺基本与蚕丝织物相似，但在预处理过程中，除常规的洗呢、漂白等，还需要进行氯化处理，改变羊毛的鳞片组织，使纤维易于润湿和膨胀，缩短印花后的蒸化时间，提高对各种染料的上染率，防止织物加工过程中产生毡缩现象。

（三）涤纶织物直接印花

分散染料是涤纶织物印花的主要染料。印花用分散染料比染色用分散染料具有更高的牢度要求和固色率要求，升华牢度过低的染料，会在热熔固色时沾污白地，固色率不高的后处理水洗时又会沾污白地。因此，一般选用中温型或高温型染料。分散染料印花时可以选用小麦淀粉糊、海藻酸钠和乳化糊的混合糊料。

（四）腈纶织物直接印花

阳离子染料是腈纶织物印花的主要染料。染料在溶解时用醋酸助溶，不仅能稳定色浆，还可提高得色量和色泽的鲜艳度，织物印花后汽蒸时间较长，原糊一般采用糊精或植物种子胶。由于阳离子染料对腈纶的直接性较高、扩散性较差，所以印花后汽蒸时间较长，一般在常压下汽蒸20～30min，并且应采用松式汽蒸设备，防止腈纶织物在加热下受张力变形。

四、特种印花

（一）烂花印花

烂花印花是利用各种纤维不同的耐酸性能，在多组分纤维组成的织物上印腐蚀性化学药品（如硫酸），经烘干、烘焙等后处理，使某一纤维组分破坏而形成透明、凹凸感的网眼花型图案的印花工艺，又称炭化印花。亦可于印花色浆中加入适当的耐受性染料，在烂掉某一纤维组分的同时使另一组分纤维着色，获得彩色烂花效应。烂花织物最常见的有涤/棉烂花印花产品，另一种是烂花丝绒。主要用于装饰织物，如窗帘、台布、床罩等。

烂花印花主要是利用涤纶、丙纶、棉纤维对酸的稳定性不同这一化学性质而进行的。因此，酸剂的选择直接影响棉纤维炭化的好坏。选择酸剂时是既要考虑到棉纤维的水解能力，又要求避免渗化搭色的产生和对设备的安全性。盐酸具有挥发性，并易吸收空气中的水分，容易使印花部分渗化和搭色，造成轮廓不清、边线不光洁等疵病。因此，生产上常采用浓硫酸，其用量控制在3%左右为宜。用量过低，炭化不完全；用量过高，易过度炭化，使纤维呈黑色，一般炭化程度控制在棉纤维为浅棕色时为宜。炭化可以结合高温焙烘进行，用热风或汽蒸均可，有条件以用过热汽蒸为最好，汽蒸温度一般为100～102℃，时间为5min。

涤/棉织物烂花印花工艺流程为：

印花→汽蒸（95～98℃，3min）或焙烘（185～195℃，30s）→皂洗→水洗

（二）金粉银粉印花

金粉印花是将铜锌合金粉、黏合剂、涂料、抗氧化剂、增稠剂等混合调制成色浆，印制在织物上，呈现闪闪发光的花型图案，称为金粉印花。如将铜锌合金粉换成铝粉，就称为银粉印花。其印花工艺流程为：

印花→烘干→焙烘→拉幅→轧光

金粉和银粉在穿着过程中金粉容易脱落，并且颜色容易变暗，可以通过下述措施来改善其亮度和牢度：

（1）提高金粉花筒的深度和光洁度。

（2）金粉色浆黏度要适当。

（3）地色布上的浮色应去除干净。

（4）花筒位置应排好。

（5）应用低温黏合剂。

（6）色浆中加入2%的有机硅乳液，提高干摩擦牢度。

（三）胶浆印花

将生胶或混炼胶溶解于适当溶剂后所成的胶体溶液调制成色浆，依靠色浆中的交联剂和黏合剂（胶）将色浆粘在布面上的一种印花方法。胶浆的出现和广泛应用在色浆之后，由于它的覆盖性非常好，使深色衣服上也能够印上任何的浅色，而且有一定的光泽度和立体感，使成衣看起来更加高档，所以它得以迅速普及，几乎每一件印花T恤上都会用到它。但由于它有一定硬度，所以不适合大面积的实地图案。

胶浆是一种在纺织品和皮革上印花用的有伸缩性功能的浆料。其成分可分为两大类，一类是丙烯酸酯类共聚物，另一类为聚氨酯类。丙烯酸酯类黏合剂黏结力强、牢度好、应用广泛；聚氨酯类黏合剂弹性好、手感优异。实际使用时可将两者混合起来使用，使手感、弹性和牢度之间的性能达到均衡。目前市场上产品大部分属于丙烯酸酯类型的产品。胶浆可分为罩印浆和透明浆，罩印浆又可分为白色罩印浆和彩色罩印浆。胶浆由黏合剂、钛白粉和涂料组成。胶浆的组成：黏合剂、增稠剂、涂料、钛白粉和聚氨酯或聚丙烯酸酯。白浆和彩印浆用于染过色的织物上，透明浆用于白色织物上。

（四）发泡印花

发泡印花工艺是从胶浆印花工艺的基础上发展而来的。发泡印花是在织物上印上含有发泡剂和热塑性树脂乳液的色浆，印花后用高温（200～300℃）处理时，发泡剂分解产生大量气体，将热塑性树脂层轻度膨胀成膜，而发泡剂释出的气体则包含在皮膜中，借助于树脂将涂料固着在织物上，获得类似“浮雕”的立体效果的一种印花方法。发泡印花又称立体印花。

发泡印花工艺最大的优点是立体感很强，印刷面突出、膨胀。广泛地运用在棉布、尼龙布等材料上。

（五）发光印花

1. 夜光印花 夜光印花是指利用黏合剂将含有蓄能物质的材料通过印花的手段固着在纺织品上的加工过程。固体蓄能物质一般为硫化物加各类金属，这些含有蓄光固体物的印花图案不仅在白天，即使在夜晚或无光的环境下，仍能显现出美丽的图案和花纹。一般夜光印花浆由固体蓄能物质、黏合剂、增稠剂和交联剂等组成。

2. 钻石印花 钻石印花是一种人工仿天然金刚钻石光芒的印花。钻石光芒华丽高雅，十分独特，是首饰中的珍品。它具有三种特性，即强烈的定向反射性、对日光具有分光作用和产生光的畸变性（即 FLOP 效应）。但是，天然钻石价格昂贵，很难用于生产。近年来开发的一种特殊的微型反射体，粒径在 100μm 左右，厚度为 1.5～2μm，呈平面镜体，可定向反射入射光，并且对日光具有分光作用。这种材料的相对密度比水略小，因此能在印花浆中呈多层次的水平状态排列，使同方向的射入光呈不同强度的反射。这样印后的衣服上可产生光畸变性，闪闪发光，和天然钻石的光芒类似。

3. 珠光印花 珠光印花是利用黏合剂将一种类似珍珠闪烁光芒的物质加到印花色浆中去，印制到织物上，经一定温度烘燥后，印花织物在光线的照耀下，发出珍珠般的光泽，点缀出光彩夺目的印花图案。珠光颜料为一类能产生珍珠光泽的装饰性材料。早先的珠光颜料为天然珠光体、天然珍珠粉或是从鱼鳞中提取的鸟粪素。天然珍珠是由碳酸钙和蛋白质两种物质层层重叠而成，光线射入珍珠表面时，首先被最外层的碳酸钙反射出来，同时一部分透过蛋白质层射到第二层碳酸钙层表面，再被第二层碳酸钙层反射出来，这样多次的透射、反射，反射光相互干涉连贯，形成一条似彩虹状的光芒，在视觉中产生一种闪烁的色泽。

4. 消光印花 消光印花与有光印花相反，利用光泽性较强的织物，如缎纹或斜纹丝绸、有光化纤织物等，印上含有消光剂的花纹，这样造成在有光的地色上呈现若有若无的无光花纹，产生视觉上的反差效果，甚为别致。一般这种花纹宜用于中、小块面，可以达到掩蔽效果。消光印花用的消光剂，目前以二氧化钛较为合适，它具有较强的遮盖能力。

（六）静电植绒印花

静电植绒印花是利用高压静电场在坯布上栽植短纤维的一种产品。其加工过程为：首先使用黏合剂（不像其他印花使用染料或涂料）在织物上印制图案，再把称作纤维短绒的纤维绒毛［0.25～0.64cm（1/10～1/4 英寸）］按照特定的图案黏着到织物表面上，纤维短绒只会固定在曾施加过黏合剂的部位，从而获得平绒织物样的印花效果。植绒产品工艺简单、立体感强、成本低，因此广泛应用在橡胶、塑料、人造革、装饰产品上，特别是对于小批量的旅游产品更显示出它无比的优越性。在鞋帽、童装、商标、服饰上采用植绒图案装饰，会使其风貌别具一格。

静电植绒将具有一定导电性的绒毛，放入具有一定电场强度的高压电场中，其加工原理是根据在一个电场中，两个带有不同电荷的物体同性相斥、异性相吸的原理而设计的一种工艺。静电发生器生成的高压静电场，一端接装在有绒毛的金属网上，一端接在涂有黏合剂的植绒坯布的地极上。在金属网上的绒毛带有负电荷，由于受带正电的接地电极所吸引，便垂直加速植到涂过黏合剂的坯布上，如果绒毛没有被植上，由于受电场影响而带正电，那就会被吸引回金属网上。绒毛将在静电场内不停地跳动，直到坯布上均匀地植满绒为止。

(七) 数码印花

数码喷射印花技术是印染技术与信息科学技术交叉融合的发展与应用。其技术依托信息科技的三大技术：计算机辅助设计（CAD）技术、数字制造技术和计算机网络技术。

数码喷射印花是通过各种数字化输入手段如扫描仪、数码相机或互联网传输的数字图像输入计算机，经过计算机印花分色系统（CAD）编辑处理后，再用专用软件驱动芯片控制喷印系统将专用染液（如活性或分散染料）直接喷印到各种织物或其他介质上，从而获得所需要的精美印花产品。与传统印染工艺相比有以下几个方面的优势：

（1）数码印花的生产过程使原有的工艺路线大大缩短，接单速度快，打样成本大大降低。

（2）数码印花技术的原理使得其产品打破了传统生产的套色和花回长度的限制，可以使纺织面料实现高档印刷的印制效果。

（3）数码印花生产真正实现了小批量、快反应的生产过程，生产批量不受任何限制。

（4）高精度的喷印过程使得喷印过程中没有废水和废色浆。

喷墨印花的工艺流程为：

织物预处理→印前烘干→喷墨印花→印后烘干→汽蒸（100～102℃，8min）→水洗→烘干

喷墨印花所用油墨的表面张力必须低于纤维的表面张力、黏度要低、颗粒要小并且大小要均匀。由于喷墨打印机只能使用低黏度水性墨水，若直接将其喷印在织物上，会使染液向各个方向渗化，因此必须对印花织物进行适当的预处理。前处理工艺处方为：

小苏打	4～5g
尿素	3～4g
海藻酸钠	4g
水	x
总量	100g

☞ 思考与练习

1. 什么是印花？印花的过程一般有哪些工序？试比较染色和印花。
2. 简述印花方法的分类。
3. 简述涂料印花浆的组成和各组分的作用。简述涂料印花的过程。
4. 常见的特种印花有哪些？简述其印花的原理。(试举三种)

项目4－4　纺织品整理

✲教学目标

1. 了解织物整理的目的和方法；
2. 了解棉织物定形整理、外观整理、手感整理的种类及作用原理；
3. 掌握棉织物树脂整理的目的、工艺及整理后织物性能的变化；

4. 知道毛织物、丝织物及合成纤维织物整理的基本生产工艺流程及各工序的具体作用；

5. 知道纺织品功能整理的种类、加工原理及加工方法；

6. 能根据印染产品的风格，初步学会分析各类加工织物所需要的整理工艺，并能对其性能进行检测。

✲任务说明

1. 任务要求

通过本项目的学习，完成以下工作任务：

（1）通过对各种织物样品的观察与分析，根据产品所要求具备的性能，分析产品是经过哪些整理加工的；

（2）根据客户对织物整理效果的要求，利用所学的理论知识制订其主要加工工艺参数，会简单分析这些工艺参数制订的目的与依据。

2. 主要材料、化学药品及仪器

（1）材料：不同纤维类别的织物；

（2）化学药品：各类整理剂及其他化学试剂；

（3）仪器：烧杯、玻璃棒、量筒、小轧车、电子天平、烘箱、测试各类整理效果的测试仪。

3. 任务实施内容及步骤

（1）根据设定好的整理工艺处方，称量化学试剂，并制备整理液；

（2）按照设定好的整理工艺流程进行操作；

（3）利用相关的整理测试仪器，对整理的效果进行测试；

4. 撰写实训报告，并进行评价与讨论。

✲项目导入

中国在汉代以前，已经有对织物进行整理加工的记载，如图 4－4－1 所示。其一是利用熨斗熨烫，使织物表面平挺而富有光泽；其二是利用石块的光滑面，在织物上进行压碾研光。研光整理历代沿用，明清时期，随着棉织物的发展，使用广泛。自近代染整机械发展后，研光整理工艺逐渐被淘汰。目前采用滚筒轧光机，连续轧制色布，制品外观美好，光泽匀净。漆布、油布用来蔽雨，汉代以后一直沿用。薯莨块茎浸出液涂布在织物上，用含铁河泥处理后，织物变得乌油晶亮而且挺括，可作夏服和水上作业衣料。

图 4－4－1　布帛整理工艺图

人们是否都有过这样的经历，织物在穿着过程中容易变形，遇水后容易缩水；是否在为毛衣在经历夏天的湿热天气后而被虫蛀，棉服发霉等而烦恼呢？人们是否都愿意有一件衣服，在下雨天穿时既可不被水润湿而又透气呢？为了身体健康是不是愿意使穿着的衣服具有防辐射功能呢？在厨房烧饭时要是有一件不沾油的衣服该有多好啊！内衣及婴儿服装人们都希望在手感尽可能的柔软的同时在穿着过程中还不易起皱，水洗后又不用熨烫就可以保持平整呢？诸如提高产品的内在品质、提高产品的服用性能和赋予纺织品特殊功能的加工到底是如何实现的呢？

一、整理概述

(一) 整理的概念

织物整理从广义上讲，是从纺织品离开（编）织机后到成品前所经过的全部加工过程。狭义上讲，整理就是指织物在完成练漂、染色和印花以后，通过物理的、化学的或物理化学相结合的方法，改善纺织品的外观和内在品质，提高其服用性或赋予其某种特殊功能的加工过程。由于整理工序常安排在整个染整加工的后道，故常称为后整理。

(二) 整理的目的

(1) 使织物的幅宽整齐一致，尺寸形态稳定。如定（拉）幅、机械预缩整理或化学防缩、防皱整理和热定形等。

(2) 改善织物的手感。采用机械的、化学的方法或两者兼用的方法处理，使织物获得诸如柔软、硬挺、丰满、滑爽、轻薄等综合性的触摸感觉。如柔软、硬挺整理等。

(3) 改善织物的外观。提高织物白度、光泽，增强或减弱织物表面的绒毛，如轧光、轧纹、电光、起毛、磨毛和缩呢等。

(4) 增加织物的耐用性能。主要采用化学的方法，防止日光、大气或微生物对纤维的损伤和侵蚀，延长织物的使用寿命，如防霉、防蛀等整理。

(5) 赋予织物特殊的功能。主要采用一定的化学方法，使织物具有诸如阻燃、防毒、防污、拒水、抗菌、抗静电和防紫外线等功能。

(6) 改变纤维的表面性能。如涂层整理。

(三) 整理的分类

(1) 按照纺织品整理效果的耐久程度，可将整理分为暂时性整理、半耐久性整理和耐久性整理。

①暂时性整理：纺织品仅能在较短时间内保持整理效果，经水洗或在使用过程中，整理效果很快降低甚至消失，如上浆、暂时性轧光或轧花整理等。

②半耐久性整理：纺织品能够在一定时间内保持整理效果，即整理效果能耐较温和有较少次数的洗涤，但经多次洗涤后，整理效果仍然会消失。

③耐久性整理：纺织品能够较长时间保持整理效果。如棉织物的树脂整理、反应性柔软剂的柔软整理等。

(2) 按整理加工工艺性质分类，可分为物理机械整理、化学整理、机械和化学联合整理。

①物理机械整理：利用水分、热量、压力、拉力等物理机械作用达到整理的目的，如拉

幅、轧光、起毛、磨毛、蒸呢、热定形、机械预缩等。

②化学整理：采用一定方式，在纺织品上施加某些化学物质，使之与纤维发生物理或化学结合，从而达到整理的目的，如硬挺整理、柔软整理、树脂整理以及阻燃、拒水、抗菌、抗静电整理等。

③机械和化学联合整理：即物理机械整理和化学整理联合进行，同时获得两种方法的整理效果，如耐久性轧光整理、仿麂皮、耐久性轧光纹和电光整理等。

二、棉型织物的一般整理

棉纤维及其织物具有柔软、舒适、吸湿、透气等优良性能，但经练漂、染色及印花等加工后，织物幅宽变窄且不均匀、手感粗糙、外观欠佳。为了使棉织物恢复原有的特性，并在某种程度上获得改善和提高，通常要经过物理机械整理和一般的化学整理，包括定形整理、外观整理和手感整理等。另外，为了克服棉织物弹性差、易变形、易起皱等特点，往往还要进行树脂整理。

（一）定形整理

定形整理是使纤维制品经过一系列处理后，能获得某种形式的稳定（包括状态、尺寸或结构等），即消除织物中积存着的应力和应变，使织物内的纤维能处于自然排列状态，从而减少织物的变形因素。

定形整理的基本方法包括：

（1）利用机械作用调整织物的结构，如拉幅、热定形、预缩等；

（2）利用浓碱、液氨等强力膨化剂处理，消除纤维的内在应变，如丝光。

（3）通过交联、成膜的方法固定纤维的结构，如树脂整理。

1. 拉幅整理　定幅整理又称拉幅，是根据棉纤维在湿热状态下，具有一定可塑性的性质，在缓缓的干燥下调整经纬纱在织物中的状态，将织物门幅拉到规定尺寸，从而消除部分内应力，使织物的门幅稳定、整齐，并纠正纬斜，改进纺织品的外观质量的整理。除棉纤维之外，毛、丝、麻等天然纤维以及吸湿较强的化学纤维在潮湿状态下都有不同程度的可塑性，也能通过类似的作用达到拉幅的目的。

拉幅一般在拉幅机上来完成，常用的拉幅机包括布夹拉幅机、针板热风拉幅机等。拉幅机一般由给湿、拉幅、烘干、整纬辅助装置等组成，如图 4－4－2 所示。其工艺流程为：

喷水或喷汽→拉幅（同时以蒸汽散热片烘燥）→烘干→落布

2. 机械预缩整理　棉布在练漂、染色和印花加工后，虽经拉幅整理，具有一定的幅宽，但仍具有潜在的收缩，浸水或洗涤后会发生收缩，这种现象称为缩水，特别是经向缩水更为显著。织物按规定的洗涤方法洗涤前后经向或纬向的长度差分别占洗涤前长度的百分率，分别称为该织物的经向或纬向缩水率。

纱线或纤维在纺织及染整加工过程中受到各种拉伸作用而伸长。如果在这种伸长状态下进行干燥，则会把伸长状态固定下来，导致“干燥定形”的形变，从而使纱线或纤维存在着内应力。当织物再度润湿时，由于内应力的作用，使纤维和纱线的长度缩短，构成织物的缩水。但根据对织物伸长率与缩水率的测定发现，这两者之间并没有对应的关系。同时发现织

图4-4-2　拉幅机

物中具有正常捻度纱的缩水率很少超过2%，而棉织物的缩水率有时可高达10%。显然，仅以纤维和纱的内应力松弛来说明缩水现象欠全面。

人们经过长期的实践和研究，发现棉织物的缩水主要是由于纤维溶胀的异向性而引起织物织缩的增大。所谓织缩是指织物的经向或纬向纱的长度与织物的经向或纬向的长度差分别占织物长度的百分比。织物经过润湿后，纤维发生溶胀，但其横截面的溶胀比经向大得多，表现为溶胀后纤维直径增加20%～30%，而长度仅增加1.1%左右。如果纱的结构较紧密，纱线必然随着纤维的溶胀而增大直径。从织缩的定义看，经纬纱起伏越大，织缩越大。当织物润湿时，因纤维的横向溶胀，引起经、纬纱线相互抱绕途径的改变，导致织物收缩，如图4-4-3所示。

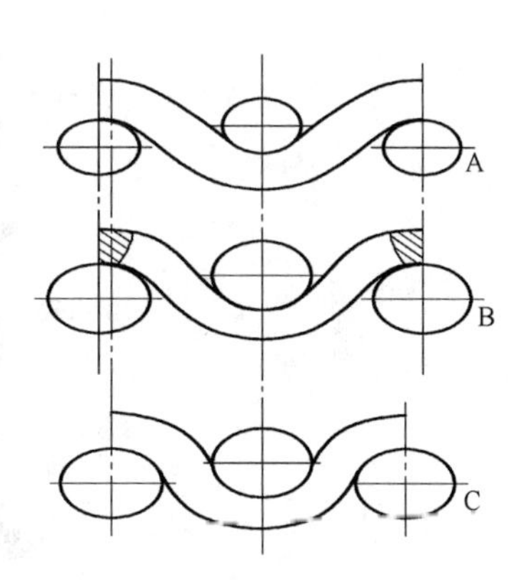

图4-4-3　纱线溶胀对织物收缩的影响

织物缩水除上述原因外，还和织物组织结构和性质有很大关系。纤维吸湿性越好，织物缩水率越大。织物结构越疏松，缩水率越大。织物结构以织物经、纬纱密度影响最大。

机械预缩整理就是利用机械的和物理的方法改善织物中经向纱线的织缩状态，也就是使织物的纬密和经向织缩增加到一定程度，使织物具有松弛的结构，使潜在收缩减少或消除，达到防缩的目的。主要设备有橡胶毯压缩式预缩整理机和毛毯压缩式预缩整理机。常用的预缩机是利用一种可压缩的弹性物体，如毛毡、橡胶等作为被压缩织物的介质，由于这种弹性物质具有很强的伸缩特性，塑性织物紧压在该弹性物体表面，也就随之产生拉长或缩短。

具有一定厚度的弹性材料在正常情况下$AB=CD=EF$，如图4-4-4（a）；当受力弯曲时，其外侧表面受拉伸而伸长，内侧表面受压缩而缩短，则$A'B'<C'D'<E'F'$，如图4-4-4（b）；随着弹性材料受力状况的不同，受拉表面和受压表面是可以相互转变的，如图

4－4－4（c）所示，$A''B'' > C''D'' > E''F''$。如果在湿热条件下将织物紧压贴在弹性材料表面上，保证两者无相对运动（如滑动、起皱），则在运行时随弹性材料表面伸缩状态的改变，必然使织物受到相应的拉伸和压缩，若在工作时使织物紧压贴于弹性材料的受压表面，则织物就随弹性材料的压缩而收缩，使织物纱线（特别是经纱）有回缩的机会，回复了纱线的平衡交织状态，达到减小缩水率的目的。

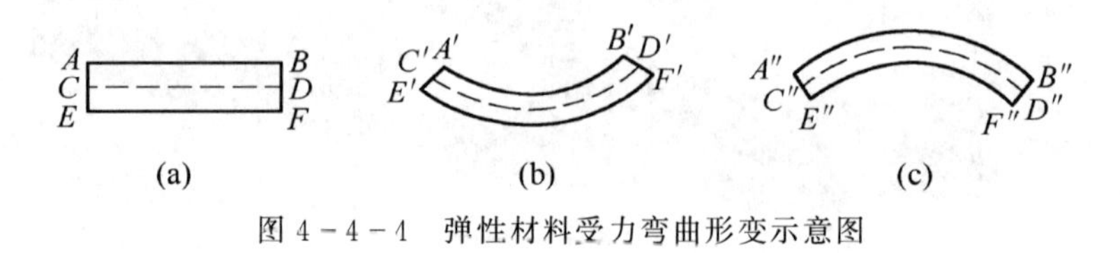

图 4－4－4　弹性材料受力弯曲形变示意图

以橡胶毯机械预缩机为例，其主要工作机构如图 4－4－5 所示。由给布辊（加压辊）、承压辊、环状弹性橡胶毯构成。当弹性橡胶毯包覆在给布辊上时，形成了拉伸部分。随着设备的运行，当弹性橡胶毯包覆在承压辊上时，即转变为压缩状态。如果织物紧贴于橡胶毯上，则织物可收到预缩的效果。

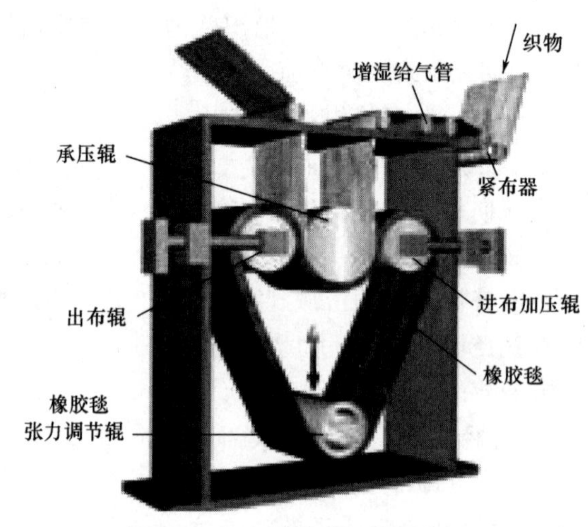

图 4－4－5　橡胶毯机械预缩机

织物预缩整理时，弹性橡胶毯拉伸、压缩原理如图 4－4－6 所示。当橡胶毯包绕于给布辊上时，其外侧面伸长，内侧面压缩，当橡胶毯运行到包绕于加热承压辊上时，原来伸长的外侧面 a 段转变为受压缩的内侧面 a' 段，而橡胶毯中部在整个运行过程中长度不变，$b = b'$，形成了在给布辊 $a > b$，在承压辊 $a' < b'$，也即 $a > a'$。同时橡胶毯进入轧点时，受到剧烈压缩作用而变薄伸长，在出轧点时借助弹性又逐渐回复到原来的厚度，产生了指向热承压辊方向的反作用力即挤压力，大大增强了对织物的压缩作用。湿热作用可增强纤维的可塑性，有利于织物的收缩，获得良好的预缩效果。

（二）轧压整理

轧压整理就是通过轧压方法来提高织物表面的光泽度，赋予其自然、美观的表面纹路和立体花型的加工过程。其作用原理是在湿、热、机械力的作用下，通过挤压变形使纤维大分

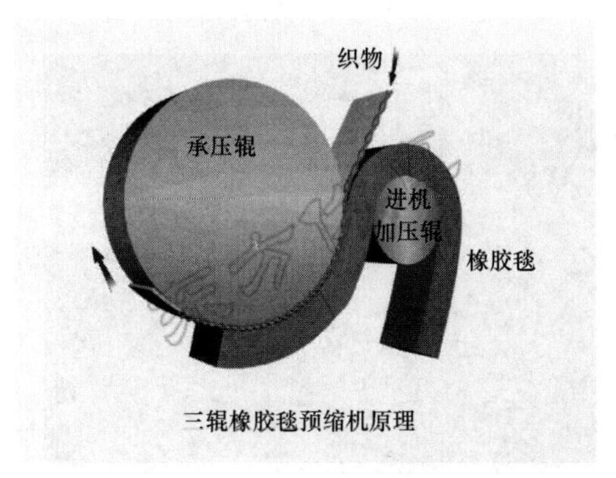

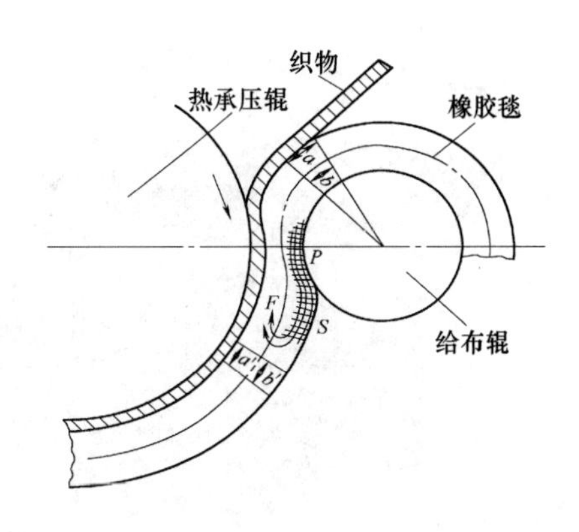

图 4-4-6 弹性橡胶毯拉伸、压缩原理

子中的氢键拆开，在新的位置重新形成氢键，并在干燥条件下将变形固定下来。轧压整理可分为轧光、电光和轧纹整理，均属于改善和美化织物外观的整理。

轧光整理是通过机械压力的作用，将织物表面的纱线压扁压平，竖立的绒毛压伏，从而使织物表面变得平滑光洁，对光线的漫反射程度降低，进而达到提高织物光泽的目的。

电光整理的原理和加工过程与轧光整理基本类似，其主要区别是电光整理不仅把织物轧平整，而且在织物表面轧压出相互平行的线纹，掩盖了织物表面纤维或纱线不规则的排列现象，因而对光线产生规则的反射，获得强烈的光泽和丝绸般的感觉。

轧纹整理又称轧花整理。与轧光、电光整理相似，也是利用刻有花纹的轧辊轧压织物，使其表面产生凹凸花纹效应和局部光泽效果。轧纹整理包括轧花、拷花及局部光泽三种。轧辊由一只可加热的硬辊与一只软辊组成，硬辊表面刻有阳纹的花纹，软辊则刻有阴纹花纹，两者相互吻合（母子辊），加压后织物即产生凹凸花纹，称为轧花；拷花指的是只有硬辊刻有花纹（阴纹），花纹深度较浅，压力较小。局部光泽指的是硬辊刻有凸版花纹，织物经整理后，被轧着花纹处显示光泽。

（三）绒面整理

绒面整理通常是指织物经一定的物理机械作用，使织物表面产生绒毛的加工过程。绒面整理可分为起毛和磨毛两种。

1. 起毛整理 起毛整理是利用密集的钢针或刺果钩刺与织物运行的相对速度不同，将织物表面均匀地拉出一层绒毛，使织物松厚柔软，保暖性增强，织纹隐蔽，花型柔和。改变起毛工艺，可产生直立短毛、卧状长毛和波浪形毛。织物在干燥状态起毛，绒毛蓬松而较短。湿态时由于纤维延伸度较大，表层纤维易于起毛。所以，毛织物喷湿后起毛可获得较长的绒毛，浸水后起毛则可得到波浪形长绒毛。经起毛整理后的绒毛层可提高织物的保暖性，遮盖织纹，改善外观，并使手感丰满、柔软。将起毛和剪毛工艺配合，可提高织物的整理效果。

常见的起毛机有钢丝起毛机（图 4-4-7）和刺果起毛机两种，其中刺果起毛机起毛作用缓和，作用力小，对织物强力损伤小，但效率较低，主要用于粗疏毛织物和棉织物的起毛。而钢丝起毛机作用强烈，起绒力大，效率较高，但其对织物的强力损伤相对较大。目前在实际生产中，钢丝起毛机应用较多。

织物的起毛是一个相对较复杂的加工过程，制约的因素很多，欲求得一个满意的效果，

图 4-4-7　钢丝起毛机

必须对诸因素予以合理的控制。一般来讲，纺织品原料、织物组织结构与规格、染整工艺、起毛设备、起毛工艺及操作水平等因素，都会对起毛效果产生直接影响。

2. 磨毛整理　磨毛整理是一种借机械方法使织物产生绒面的整理工艺，它是利用砂粒锋利的尖角和刀刃磨削织物的经纬纱而成绒面的，绒毛细密短匀，织物厚度增加，有柔软、平滑和舒适感，提高产品附加值。

（1）磨毛整理产品的种类：目前磨毛产品按其外观风格可以分为以下几种。

①普通短绒面织物：织物经磨毛后，表面具有短、密绒毛，手感柔软、滑爽，吸湿透气性好，毛感突出而不刺激皮肤，舒适性、保暖性好，产生优雅、高贵的外观效果。很多种织物都可采用这种常规的磨毛整理来提高织物的附加值。

②仿桃皮织物：它是通过特定的磨毛整理工艺，将织物加工成表面像桃皮那样的手感与外观。这类产品曾在市场上占有较大比例，深受消费者的喜爱。

③仿麂皮织物：通过磨毛处理，使织物表面产生均匀细密的绒毛，具有类似天然麂皮的外观。棉、毛、合成纤维等（尤以涤纶为佳）均可用于仿麂皮整理。

④仿羚羊皮织物：通过对涤纶等合纤织物进行磨毛整理，使其具有像羚羊皮的外观和风格，光泽明亮，手感柔软。

（2）磨毛机的种类：目前的磨毛机大体上可分为两大类：一类为砂磨机，另一类为金属辊磨毛机。这两类磨毛机的主要磨毛工作件有较大的不同，一个为金刚砂粒，如图 4-4-8 所示，另一个为金属尖刺，又称磨粒。

图 4-4-8　磨毛机

（3）磨毛的原理：磨毛加工是利用随机密集排列的尖锐锋利的磨料（金刚砂粒或金属磨粒）摩擦织物表面，对织物纤维进行磨削。工作时，高速运转的砂磨辊（带）与织物紧密接触，磨料刀锋棱角先将织物纱线中的纤维拉出，并切断成 1～2mm 长的单纤维；然后依靠磨料的进一步高速磨削作用，使单纤维形成绒毛。随着磨削过程的进行，织物上长、短不一的绒毛趋于磨平、一致，形成均匀、密实、平整的绒面。

（四）手感整理

1. 柔软整理 柔软整理的方法分为机械整理法和化学整理法。机械方法是通过对织物进行多次揉搓弯曲实现，整理后柔软效果不理想。化学方法是在织物上施加柔软剂，降低纤维和纱线间的摩擦系数，从而获得柔软、平滑的手感，而且整理效果显著，生产上常采用这种整理方法。有机硅柔软剂是一类应用广泛、性能好、效果最突出的纺织品柔软剂，发挥着越来越重要的作用。有机硅柔软剂可分为非活性有机硅、活性有机硅和改性有机硅等。非活性有机硅柔软剂自身不能交联，也不与纤维发生反应，因此不耐洗。活性有机硅柔软剂主要为羟基或含氢硅氧烷，能与纤维发生交联反应，形成薄膜，耐洗性较好。改性有机硅柔软剂是新一代有机硅柔软剂，它可以改善硅氧烷在纤维上的定向排列，大大改善织物的柔软性，因此也称为超级柔软剂，但应注意处理过程中有时会产生黄变现象。

2. 硬挺整理 织物的硬挺整理是利用高分子材料制成的浆液浸轧到织物上，使织物纱线中的纤维之间在一定条件下产生黏结作用，经烘燥后硬挺剂在纤维内部、纤维之间或纤维的表面形成薄膜或产生交联，从而使织物产生硬挺、厚实、丰满的手感。进行硬挺整理时，整理液中除浆料外，一般还加入填充剂、防腐剂、着色剂及增白剂。硬挺整理是极为重要的一种织物风格整理，它被广泛地应用于装饰织物的后整理中，其中对窗帘布、箱包布、经编织物尤为重要。

（五）防皱整理

所谓防皱整理就是利用防皱整理剂来改变织物及纤维的物理和化学性能，克服纤维素纤维及其混纺织物弹性差、易变形折皱的缺点，提高织物防缩、防皱性能的整理工艺。防皱整理经常使用树脂做整理剂，因此防皱整理也称为树脂整理。防皱整理发展经过了防缩防皱整理、免烫“洗可穿”整理、耐久压烫整理（PP或DP整理）等阶段。防缩防皱整理只赋予整理品干防缩防皱性能，能使衣服在穿着时不易起皱，但洗涤后仍要进行熨烫。“洗可穿”整理或称“免烫整理”使织物具有干、湿两方面的防皱性能。耐久压烫整理是一种更高水平的免烫整理，大多数用于成衣整理，特别在缝合部位，它要求成衣平整、挺括、不起皱，其口袋、领子、袖子等处在洗涤后可消除抽缩及臃肿现象，同时保持经久耐洗的折痕，如裤线、裙子褶裥等和优良的洗可穿性能。

1. 织物产生折皱的原因 织物产生折皱是由于在外力作用下，纤维弯曲变形，外力去除后未能完全复原造成的。一般认为，折皱主要发生在纤维的无定形区，在纤维的无定形区内，大分子链间排列较松，大分子或基本结构单元间存在的氢键数较少，在外力作用发生变形时，大分子间的部分氢键被拆散，并能在新的位置上重新形成新的氢键。当外力去除后，由于新形成氢键的阻碍作用，使纤维素大分子不能立即回复到原来状态。如果新形成的氢键具有相当的稳定性，则发生永久形变，使织物产生折皱。

2. 树脂整理原理及工艺 树脂整理剂能够与纤维素分子中的羟基结合而形成共价键，或者沉积在纤维分子间，从而限制大分子链间的相对滑移，提高织物的防皱性能，同时也可获得防缩效果。

树脂整理工作液一般有树脂初缩体、催化剂（一般为金属盐，主要是缩短树脂初缩体与纤维素纤维反应的时间，可减少高温处理时纤维素纤维所受的损伤）、柔软剂（主要是改善织物的手感，并能提高树脂整理后织物的撕破强力和耐磨性）及润湿剂组成。目前常用的树脂整理剂为二羟甲基二羟基乙烯脲（简称 2D），还开发了一些低甲醛和无甲醛的整理剂。

防缩防皱整理工艺根据纤维膨化程度的不同，一般可分为四类：干态交联法、潮态交联法、湿态交联法和多步交联法。

干态交联法工艺流程：

半制品准备→浸轧树脂整理工作液→预烘→拉幅烘干→焙烘（140～160℃，2～5min）→皂洗→后处理（如柔软、轧光或拉幅烘干）

整理后的织物干防皱性好，湿防皱性差，断裂强度及耐磨性下降比较大。

潮态交联整理时，要求控制织物含湿量（轧工作液后烘至半干，棉织物 6%～8%，黏胶纤维织物 9%～15%），pH＝1～2，放冷后打卷堆放 6～18h，然后水洗、中和、洗净。此工艺制成品强力降低较小，能保持优良的“洗可穿”性能。由于使用了强酸性催化剂，所以对于不耐酸的染料有影响。整理后的织物干、湿防皱性能均较好。

湿态交联是浸轧以强酸为催化剂的树脂工作液后，在往复转动的情况下反应 1～2h，放冷后打卷，包上塑料薄膜以防干燥，再缓缓转动 16～24h，最后水洗、中和、洗净、烘干。由于织物在充分润湿状态时进行交联反应，织物具有较好的湿防皱性，但干防皱性提高不多，而耐磨性、断裂强度的下降低于潮态交联工艺。

3. 树脂整理后纺织品的质量

（1）防皱性能：织物的防皱性能提高，包括抗皱性和折皱回复性两个指标。抗皱性表示织物在外力作用下，对抗形变的能力，通常以纤维的弹性模量来表示。折皱回复性是指在外力去除后，织物从形变中回复原状的能力。织物的防皱性能主要取决于折皱回复性能。

（2）吸湿性和防缩性能：纤维素纤维大分子上存在较多的羟基，具有较强的吸湿性，经过防皱整理后，交联剂与纤维素大分子上的羟基进行了交联反应，封闭了一部分的羟基，降低了织物的吸湿性能。同时，交联的存在使纤维的膨化受到限制，因此吸湿性能下降。同时由于分子链间交联的形成，使纤维素纤维吸湿后的膨化受到一定程度的限制，纤维直径膨化率降低，使织物的缩水率降低。因此防皱整理也提高了织物的防缩性能及尺寸稳定性。

（3）断裂强度：织物经防皱整理后，断裂强度会发生变化。实验结果表明，棉纤维织物经防皱整理后，断裂强度下降；而黏胶纤维织物经防皱整理后，断裂强度会提高，湿强度提高更显著。纤维素纤维织物经防皱整理后的强度变化如图 4－4－9 所示。

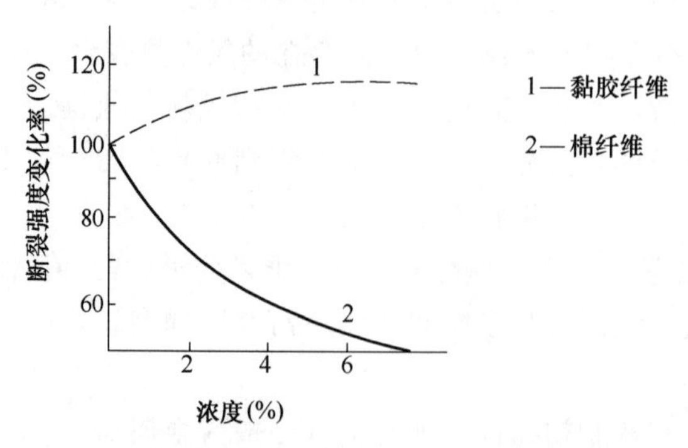

图 4－4－9　纤维素纤维织物经二羟甲基脲防皱整理后的强度变化

(4) 断裂延伸度：纤维断裂延伸度与纤维无定形区的多少、取向度高低及纤维大分子间的作用力有关。纤维的无定形区少、取向度高、大分子间的作用力大，则纤维的断裂延伸度小。纤维经防皱整理后，整理剂和纤维间生成了交联，整理剂沉积在纤维的无定形区，降低了纤维随外力而产生变形的能力，从而使纤维的断裂延伸度显著下降。

(5) 撕破强力：织物经防皱整理后，纤维的断裂延伸度下降，纱线之间的摩擦阻力增加，纱线在织物中的活动受到限制，聚集在撕裂作用点的纱线数较少，撕破强力下降。

(6) 织物的耐磨性：织物的耐磨性和织物的强度、断裂延伸度及回复性能（弹性）有关，其中又以延伸度和弹性影响更为重要，纤维素纤维织物经过防皱整理后，虽然弹性增加，但织物的断裂延伸度下降，所以耐磨性下降。

(7) 染料的上染性：纤维素纤维织物经防皱整理后，对直接染料及活性染料会产生拒染性。因为纤维分子间引入了交联，阻止了纤维的膨化，封闭了部分羟基，所以其染色性能下降。但对于脲醛树脂和氨基—甲醛类整理剂，由于氨基存在，使织物对酸性染料的上染能力有所提高。一般整理品在进行防皱整理之前已经染色，所以防皱整理对织物染色性能的影响并不重要。

4. 整理品的甲醛释放 用酰胺—甲醛类整理剂整理的织物一般都含有不同程度的甲醛释放，甲醛释放影响了织物的服用性能，穿着时往往会引起过敏性皮炎，释放的甲醛还能与氯反应生成二氯甲醚（$ClCH_2OCH_2Cl$），二氯甲醚是一种致癌物质。因此树脂整理降低整理织物甲醛的释放非常重要。

整理织物上的甲醛来源有以下几种情况，一是来源于树脂初缩体中的游离甲醛，二是整理剂 N-羟甲基等的分解同样会导致整理织物不断的释放甲醛，三是整理剂和纤维素分子间生成交联键的水解断裂。而未交联的 N-羟甲基是整理织物主要的释放甲醛源，所以强化整理剂的固着，使整理剂充分与纤维发生交联，是减少甲醛释放的有效方法；选用游离甲醛少或无甲醛的整理剂、加强织物的水洗后处理，可有效地去除织物上的游离甲醛，也可采用甲醛捕捉剂来吸收织物上的甲醛。

三、合成纤维织物的热定形

热定形是利用合纤织物的热塑性，在热能和张力的作用下，使产品形态稳定的加工过程。合成纤维及其混纺织物在纺织染整加工过程中，有多次受到干、湿热处理的历史，且织物在运行过程中要受到各种张力的拉伸作用，因而其外形、尺寸始终处于多变复杂的状态，如经、纬向长度变化（收缩或伸长），布面折皱，手感粗糙等，给产品质量带来了严重影响。针对这一问题，为了提高合成纤维的热稳定性，应采用热定形的方法。

（一）热定形的基本过程

从热的传递及合成纤维分子形态变化上看，热定形的基本过程主要有以下几个方面：

1. 织物表面的预热升温 合成纤维及其混纺织物在热定形时，由于供热方式和设备的限定，热的传递需要有一个由表及里的过程。接受热介质的传热，首先是织物表面受热升温，当温度升到玻璃化转变温度以后，纤维大分子开始有活动，但此时，由于处于升温初期，热能转化成大分子动能尚小，还不足以使纤维超分子结构发生进一步的变化。织物表面的升温速率与织物组织结构含潮率、设备状况等因素有关，为提高生产效率，一般要提高升温速率。

2. 织物内部的热渗透 织物表面升温后，由于内、外温度梯度的存在，使热量由织物表面进一步向内部渗透，随着热处理过程的进行，最后使织物表、里温度均匀一致达到定形温度，热渗透速率往往比较快，特别是在热定形温度较高的条件下。

3. 分子结构形态的转变及调整 不断地供热，使织物的温度被均匀、持续稳定地控制在工艺所需的定形温度上。在这一过程中，合成纤维分子形态及超分子结构要发生改变，大分子链段重排，分子键发生了新的变化。这是提高合成纤维热稳定性，完成热定形加工最为关键的一步，在温度控制上要给予足够的重视。

4. 织物的急冷降温 在完成大分子链段重排，构成了新的纤维结构形态后，还需将这种形态固定下来，才能保证其“永久”性，也就是要将织物温度迅速降低到玻璃化转变温度以下。合理控制降温过程，可获得良好的尺寸稳定性和耐久性。

合成纤维及其混纺织物经热定形后，尺寸热稳定性有明显的提高；同时，热定形还可以消除织物已有的皱痕并使织物不易产生难以去除的折痕；改善或改变织物的强力、手感、起毛起球和染色性能等。因此在染整加工中，合成纤维及其混纺织物的热定形工序具有极其重要的地位。

(二) 热定形的机理

将含有合成纤维的织物维持一定的形状经过热定形后，织物尺寸热稳定性提高的根本原因是由于在热定形过程中纤维大分子链段发生了重排，微结构单元和超分子结构产生了变化。

1. 纤维微结构单元间分子键的转变过程 热定形过程中，纤维微结构单元间分子键的变化是按下面三个步骤进行的。

(1) 分子键松散、断裂。合成纤维受热处理后，大分子链获得热能并转换成动能。当处理温度达玻璃化转变温度以上时，大分子克服相互间的作用力，链段开始有位移，热运动加剧，并有沿外力拉伸方向移动的趋势。温度越高，大分子链段运动能力越强，结果使得大分子脱离了原有的排列位置，大分子链段间的分子作用力迅速遭到破坏，发生松散或断裂。这种分子键遭破坏的程度取决于定形温度及升温速率，通常分子键断裂松散的过程几秒钟内即可完成。

②大分子链段重排及新的分子键形成。随着热处理过程的继续进行，在摆脱了原分子键的阻碍之后，大分子链段运动加剧，分子间内应力得到进一步松弛，使得分子链移动到新的位置上，大分子链段沿外力方向发生了重排，并且在新的位置上仍能与邻近的大分子链段建立起新的关系，达到某种新的平衡，即在新的位置上，迅速重新建立起分子间作用力，形成新的分子键、新的大分子结构形态。

③新的大分子结构形态的冷却固化。纤维大分子新的结构形态形成后，还必须进行冷却处理，迅速降低处理温度至玻璃化转变温度以下，其目的是使纤维新形态被固定下来，以保持它的“永久”性和稳定性，至此一个完整的合成纤维热定形过程完成了。

2. 纤维超分子结构的改变 一般来说，组成高分子化合物的结晶部分由伸直键结晶部分和折叠键结晶部分组成。在低温下形成的伸直键，升高温度可被转变成折叠键，伸直键晶体是一种较小且不完整的晶体，而折叠键晶体熔点高而固定，晶体的完整性高。另外，在热处理过程中原来无定形部分也发生了分子键的重排，并形成部分晶体。因此，总体来说，经过热处理后结晶度提高，晶核增大，晶格尺寸增加，更趋于完整。而所有这些变化与热定形过程中的温度、时间、张力等因素密切相关。

应特别说明的是，热定形加工形成的这种新的纤维大分子结构形态，其稳定性或“永久”性是相对而言的。若将这种新的形态置于比原来定形温度更高的温度环境中，则又可再次发生分子键的松散、断裂过程，称为解定形；继而大分子链又可继续发生重排、调整，形成新的分子键，再一次形成新的形态。总的原则是纤维结构形态的每一次变化，都需要具有比上一次更高的温度条件。热定形的效果主要受温度、时间、张力和增塑剂等因素的影响。

(三) 热定形工艺

根据热定形时用水与否分为湿热定形和干热定形。对同一品种的合成纤维来说，要求达到某一规定的定形效果，若采用湿热定形工艺，由于存在热和溶胀剂的作用，定形时的温度可比干热定形低一些。但湿热定形前织物不能带有酸或碱性，以免造成织物的损伤。锦纶和腈纶及其混纺织物，往往多采用湿热定形工艺，而由于水对涤纶几乎无溶胀作用，因此涤纶及其混纺织物多采用干热定形工艺。

1. 干热定形常用工艺流程

(1) 先丝光后定形：

烧毛→练漂→丝光→定形→染色→后处理

织物在染色前表面无皱、平整性好，可减少或消除色差、色条等疵病。对定形工艺要求较高，否则易造成纤维脱水、泛黄，影响染色色泽及鲜艳度。染前纤维呈干燥状态，含水量很低，故不利于染料的上染。

(2) 先定形后丝光：

烧毛→练漂→定形→丝光→染色→后处理

该工艺流程可最大限度地避免定形对染色的影响，染色效果好。但对丝光要求较高，要保证染前布面的平整性。

(3) 先染色后定形：

烧毛→练漂→丝光→染色→定形→后处理

该工艺流程可以消除前处理及染色工序带来的皱痕，使成品外观平整、尺寸稳定。定形工序可与拉幅整理、树脂整理工序合并一次完成。但所用染料的升华牢度要高，以避免热定形引起色泽的变化。

2. 湿热定形常用工艺

(1) 水浴定形。将织物在100℃沸水中处理0.5～2h，该法简便易行，但定形效果差。

(2) 高压汽蒸定形。在高压釜中，用110～135℃的高压饱和蒸汽处理织物20～30min，可获得较好的定形效果。但需耐压设备，不能连续生产。

(3) 过热蒸汽定形。用过热蒸汽在常压下处理织物，温度可达130℃左右。该法能缩短热处理时间，生产效率高，能提高色泽鲜艳度，防止纤维泛黄，改善织物的手感、风格和弹性。

四、毛织物整理

(一) 毛织物的湿整理

毛织物的湿整理就是在湿、热条件下，借助于机械力的作用进行的整理。包括煮呢、缩呢、洗呢和烘呢等工序。

1. 煮呢 煮呢是在一定的张力和压力条件下，使毛织物浸入高温水浴中处理一定的时间，以消除织物内部的不平衡张力（内应力）产生定形效果，使织物呢面平整挺括、尺寸稳定，并且手感柔软丰满而富有弹性。其机理是利用湿、热和张力的作用，减弱和拆散羊毛纤维肽链间的交键，如二硫键、氢键和盐式键等，以消除内应力，同时使肽链取向伸直而在新的位置上建立新的稳定的交键，并通过冷却将新的形态稳定下来的加工过程。煮呢不仅能使呢面平整，而且使毛织物的尺寸稳定，降低缩水率，增强毛织物的弹性和抗皱性，并获得呢面平整，身骨挺括，手感滑爽的产品风格。因此，煮呢工序是精纺毛织物整理的必要工序。

将受一定张力的羊毛纤维放在热水或蒸汽中作用较短时间，而后去除外力放入蒸汽中任其收缩，由于肽链间交键拆散，则纤维能收缩到比原来短得多的程度，这种现象称为“过缩”。若将受一定张力的羊毛纤维，放在热水或蒸汽中作用一定时间，此时羊毛纤维的形状被暂时固定下来，虽然去除负荷后，在蒸汽中仍可收缩，此现象称为“暂时定形”或“暂定”。暂定现象的产生是由于羊毛纤维在湿热和张力作用下，肽键间不仅有交键拆散，而且有重建作用，但新交键尚未全部建立或结合得不固定。如果将受有张力的羊毛纤维在热水或蒸汽中作用较长的时间，如 1～2h，则当负荷去除后，即使经蒸汽处理，纤维仅有稍微收缩，仍可保持原长 130％以上，这种现象称为“永久定形”或“永定”。羊毛纤维的永定作用只具有相对意义，例如在 90℃热水中定形的羊毛纤维，处于 100℃的处理条件下则无永定效果，因此需选择合适的煮呢工艺条件，赋予毛织物定形效果。

煮呢效果与工艺条件关系非常密切，pH 越高，定形效果越大，纤维损伤也越严重；pH 越低，定形效果差，易产生过缩。生产中白坯的煮呢 pH 为 6.5～7.5，色坯为 5.5～6.5。煮呢温度升高，定形效果提高，纤维损伤越大。白坯煮呢温度为 90～95℃；色坯煮呢温度为 80～85℃。

2. 洗呢 洗呢是利用净洗剂对羊毛织物润湿、渗透，再经机械挤压作用，使污垢脱离织物并分散于洗呢液中的加工过程。其目的是为去除呢坯中的油污、杂质使织物洁净，为后续加工创造良好条件，并且发挥羊毛纤维所特有的光泽、弹性。

在洗呢过程中，pH 越高，净洗效果越好，但容易损伤纤维。因此，肥皂和纯碱作为洗剂时，pH 为 9.5～10；合成洗涤剂作为洗剂时，pH 为 9～9.5。洗呢温度提高，可以提高洗呢的效果，但是温度过高时，由于洗液呈碱性，温度高，会损伤纤维。因此纯毛织物温度为 40℃，粗毛织物为 50℃。

3. 缩呢 羊毛集合体在湿热和化学试剂作用下，经机械外力反复挤压，该集合体中的纤维相互穿插纠缠，集合体慢慢收缩紧密，并交编毡化，这一性能，称为羊毛的缩绒性。利用这种特性对毛织物进行整理的加工过程称为“缩呢”。也即指毛织物在一定的温度条件下，经过润湿剂的润湿后，在机械外力的反复作用下，纤维彼此咬合纠缠，使织物收缩，厚度增加，表面产生一层绒毛将织纹掩盖的工艺过程。主要用于粗纺毛织物的加工。

缩呢的机理是由羊毛定向摩擦效应、优良的弹性和卷曲性能决定的。所谓的定向摩擦效应是指羊毛逆鳞片（指向毛尖）运动的摩擦系数较顺鳞片（指向毛根）运动的摩擦数大，这种由于顺逆摩擦系数不同而引起的定向移动效应称为定向摩擦效应。

缩呢方法包括碱性缩呢、中性缩呢、酸性缩呢和先酸后碱缩呢。生产中一般采用碱性缩呢的方法。碱性缩呢是采用肥皂、纯碱进行缩呢，缩呢液的pH以控制在小于4或9～9.5为宜，碱性缩呢温度一般选用35～40℃。

4. 烘呢定幅　毛织物经过湿整理加工，进入干整理前，都需将潮湿的呢坯烘干，以便存放和进行干整理；烘呢还有平整织物，控制幅宽、长缩，使之达到成品规格的作用。烘呢并非要求织物完全烘干，因为过于干燥的毛织物会使手感粗糙，光泽与色泽也受到一定的影响；但烘干不足又会使下机织物收缩，呢面不平整，幅宽不稳定。

（二）毛织物干整理

毛织物的干整理是在干态条件下，利用机械和热的作用，增进外观，改善手感，包括起毛、剪毛、压呢和蒸呢整理等。

1. 起毛整理　起毛整理详见棉织物的绒面整理。

2. 剪毛　粗纺织物经过缩呢、起毛后，呢面上绒毛长短不齐，经剪毛使呢面平整，增进外观。精纺织物剪毛，可使呢面洁净，纹路清晰，改善光泽，所以，无论是精纺织物还是粗纺织物，整理过程中都需经过剪毛。

3. 刷毛　刷毛工序安排分剪毛前、后两种。前刷毛是为了除去表面杂质和散纤维，同时使织物表面绒毛竖起，便于剪毛；后刷毛是为了去除剪下来的乱屑，使织物表面绒毛顺着一定方向排列，增加织物表面的美观光洁。

4. 烫呢　烫呢是指把含有一定水分的毛织物通过热滚筒受压一定的时间，使呢面平整，身骨挺实，光泽增强的加工过程。但烫呢加工条件不合适，便会产生极光，而且织物手感板硬，经向产生伸长。

5. 蒸呢　蒸呢是将织物在施加张力和压力的条件下，经过一定时间的汽蒸，使织物呢面平整，光泽自然，手感柔软而富有弹性，降低缩水率，提高织物形态的稳定性。蒸呢和煮呢原理相同，煮呢是在热水中给予张力定形，而蒸呢是用蒸汽汽蒸使呢面平整挺括。

6. 电压　经过湿整理和干整理的精纺织物，表面还不够平整，光泽较差，需经电压进一步整理织物的外观。电压是使含有一定水分的毛织物，通过热板受压一定的时间，使织物获得平整的呢面、挺实的身骨、润滑的手感和悦目的光泽。它是精纺织物的最后一道加工工序。

（三）毛织物的特种整理

特种整理是利用化学整理剂的作用，赋予织物特殊的性能，如降低毛纺织物的缩水率，防止毡缩，防蛀、防火等整理，主要是防毡缩整理。

（1）毛织物毡缩原因：毛织物产生毡缩的主要是由于具有鳞片的羊毛纤维表面存在着定向摩擦效应，从而形成了羊毛的缩绒性。当两根羊毛并列而受到外力作用移动时，羊毛的排列大多数指向羊毛的根端，最后导致邻近纤维相互纠缠成网状，使织物产生毡缩现象。

（2）防毡缩整理的方法：防毡缩整理的方法包括“加法防毡缩”和“减法防毡缩”两种方法。

以树脂填塞羊毛纤维表面鳞片层间的间隙，使其在鳞片表面形成薄膜，或利用交联剂在羊毛水分子间进行交联，以限制羊毛纤维的相对移动，通常称为“加法”防毡缩整理。

以化学试剂适当损伤羊毛纤维表面的鳞片层，减少定向摩擦效应，以达到防毡缩目的的方法，称为“减法”防毡缩整理。包括氯化法、氧化法和蛋白酶处理方法。氯化法是利用氯气、次氯酸钠、二氯异氰尿酸钠等含氯的化合物，在适当的条件下，破坏羊毛表面的鳞片，从而降低羊毛的缩绒性。氧化法是指采用氧化剂处理羊毛，可提高羊毛的摩擦系数，降低羊毛纤维之间的定向摩擦系数，所以降低了羊毛的毡缩性。常用的氧化剂有高锰酸钾/食盐溶液、双氧水和其他的过氧化物等。蛋白酶法是指利用蛋白酶将鳞片内易于被酶解消化的部分抽出。其工艺流程为：

膨化处理→氯化处理→酶解处理→酶终止

五、蚕丝织物整理

丝织物优良的光泽、色彩以及手感必须通过合理、严格的后整理才能够凸显和加强，整理过程中最基础的要求是保证丝绸面料的丝织手感和悬垂性，并形成独特的织物风格。

（一）机械整理

机械整理是指通过物理的、机械的整理方法来改善和提高丝织物外观品质和服用性能的整理。丝织物手感和外观的改善主要通过机械整理来实现，丝织物的机械整理包括烘燥熨平、拉幅、机械预缩、蒸绸、机械柔软、轧光等。

1. 拉幅 拉幅的同时可以让丝织物通过热空气进行干燥，并将织物拉到设定的幅宽，同时通过热或热与其他因素的综合作用，赋予织物要求的手感。

2. 机械预缩 采用水平汽蒸机或预缩机对蚕丝织物进行预缩整理，可以使织物收缩并松弛。

3. 蒸绸 蒸绸是指织物在松弛状态下沿不太硬的毛毡用过热蒸汽处理，赋予丝织物尺寸稳定性，并可消除织物褶皱，使织物手感光滑。

4. 机械柔软处理 揉布整理主要是为了赋予织物柔软的手感，特别是当轧光效果不足时。目前多采用刮刀式揉布机，织物在倾斜刮刀边缘上方通过，完成揉布整理。

5. 轧光 轧光可以改善织物的手感和外观，一般丝织物采用冷轧光，织物可以获得柔软的手感，热轧光可以使织物获得较好的光泽，但织物的性能容易受到不利的影响。

（二）化学整理

通过各种化学整理剂对丝纤维进行交联、接枝、沉积或覆盖作用，使其产生化学的或物理的变化，以改善丝纤维的外观品质和内在质量，并保持丝纤维原有的优良性能。

1. 增重整理 由于去除了丝胶，经脱胶后的蚕丝会失重20%～50%，蚕丝织物的增重可以弥补失去的重量，同时赋予织物更丰满、蓬松的手感以及良好的填充性能，改善织物的悬垂性，赋予织物更好的洗可穿性能。增重的方法包括锡增重、单宁增重、合成树脂增重及丝素溶液增重等。目前最为先进的方法是采用聚合物“接枝”的增重方法，这种方法使增重处理变得非常容易。接枝增重方法主要使用甲基丙烯酸胺和过硫酸铵对蚕丝织物进行处理，增重的同时还可改善蚕丝织物的染色性能。

2. 柔软整理 要想使丝织物获得持久的柔软性，就必须采用化学柔软剂，常用的持久性柔软剂是有机硅类柔软剂。目前的趋势是采用有机硅的环氧衍生物，可以赋予织物柔软性、抗皱性及抗泛黄性能。

3. 抗皱整理 与合成纤维相比，蚕丝的易护理性能较差，所以需对蚕丝进行良好的褶皱恢复（CR）整理，以改善其尺寸稳定性、水洗后的褶皱回复性。现有的抗皱整理试剂包括交联剂、增重用的脲甲醛预缩体、二羟甲基二羟基亚乙基脲、有机硅、丙烯酸盐柔软剂及催化剂等。

4. 耐光整理 蚕丝对光的化学敏感性一直是蚕丝应用的最大障碍之一，这是由紫外辐射引起的，即暴露在阳光下的织物会吸收紫外线，由于蚕丝的光稳定性对于织物来说非常重要，因此，需要对丝织物进行阻止自由辐射的整理，目前主要采用紫外线吸收剂或光稳定剂来对丝织物进行整理，如苯酯和水杨酸酯等，但这类整理剂的开发仍需要进一步研究。

六、仿真整理

（一）仿毛整理

仿毛整理主要是针对中长纤维的整理。中长纤维是指纤维长度介于棉和细毛型纤维之间的化学纤维。常见的有涤/黏中长纤维织物和涤/腈中长纤维织物，其中以涤/黏中长纤维织物为多，其混纺比一般为 65∶35，少数也有 50∶50 的。中长纤维织物整理既要突出毛型感，又要发挥各组分纤维的优良性能。仿毛织物的整理包括热定形、树脂整理、机械预缩、蒸呢等。其整理的工艺流程如下：

热定形→浸轧树脂整理液→短环预烘→热风拉幅焙烘（或导辊式焙烘）→松式皂洗→短环烘干→预缩整理→蒸呢→验码

其中树脂整理是关键，它不仅提高纤维的防皱性能，而且有利于增强织物的毛型感。整理过程中采用小张力，以提高织物的仿毛效果，这也是中长纤维织物整理的一个关键。

（二）仿绸整理

丝绸光泽柔和、轻盈飘逸、手感柔软滑爽、穿着透气舒适，是深受人们喜爱的高档面料。20 世纪 70 年代中期，日本首先推出了涤纶仿真丝绸织物，既保持涤纶挺爽和弹性好的优点，又赋予其良好的手感、吸湿透气性和丝绸般的风格。

涤纶是对苯二甲酸乙二醇酯的缩聚物，其大分子中含有大量的酯键，在强碱的作用下，酯键会断裂，水解为对苯二甲酸钠和乙二醇。由于涤纶结构致密，疏水性强，在水中不会溶胀，所以碱对涤纶的作用仅在表面进行，当涤纶经碱处理以后，表面纤维水解，产生大量羧酸盐而逐渐溶解于水中，纤维的亲水性增加，并暴露出新的表面，新表面又逐渐开始水解，纤维逐渐变细，从而使纤维及纱线间的空隙增加，形成内紧外松的结构，透气性增加。因此，经碱减量处理的涤纶织物透气性和纤维的相对滑移性增加，重量减轻，具有真丝绸的柔软、滑爽和飘逸的风格。同时，涤纶纤维表面水解，使纤维表面呈龟裂状态，对光的反射作用改变，从而赋予织物柔和的光泽。因为整理后织物的重量有所减轻，又称为减量整理。

涤纶仿真丝织物整理有酸、碱两种工艺，常用的是碱减量整理工艺，其工艺流程如下：

坯布→准备→退浆、精练、松弛→脱水→开幅→（烘燥）→预定形→碱减量→水洗→烘干→染色→水洗→脱水→开幅→烘干→后定形→后整理（磨毛、柔软、抗静电、防水等）→验布→卷布→成品

（三）仿羊绒整理

山羊绒是山羊身上细软的底层绒毛，具有细、轻、柔软、保暖性好、对皮肤无针刺感等优良性能，其价格是同等细度绵羊毛的 6～10 倍。仿山羊绒技术中的一个重要内容是使羊毛

变细，这就需要对羊毛进行剥鳞片减量加工。羊毛的剥鳞片减量加工技术是在羊毛防缩技术的基础上发展起来的，只是要求对鳞片层进行更加充分的反应，以达到降低羊毛细度的目的，但应尽量减少细羊毛皮质层的损伤。较成熟的加工方法有：氯化法、高锰酸钾氧化法和蛋白酶解法等。经过剥鳞片处理后的羊毛纤维再经柔软剂处理，并与纺、织、染、整密切配合，才能使成品体现出山羊绒的风格。

（四）仿麂皮整理

麂皮最早取自于一种哺乳纲鹿科的小型鹿类动物，有黄、黑、赤三种皮色，以黄色应用为多。麂皮绒表面绒毛密集细腻，不损伤镜面，不仅广泛应用于光学等轻工业领域，也大量用于猎装等外衣面料，手感柔软、丰满，富有弹性，深受人们喜爱，需求量日益增长。然而天然麂皮的来源有限，远远不敷所需。因此，开发了纺织品仿麂皮整理，出现了酷似天然麂皮的人造麂皮产品。纺织品仿麂皮的发展大概经历了三个阶段：第一阶段仅在天然棉基布上进行磨毛，但外观风格差，落毛多且强度损失较大，未能得到大量发展；第二阶段仍以天然棉为基布，进行植绒和剪毛，但需应用黏合剂，手感差，也易落毛，只局限于装饰用织物；第三阶段是目前发展较快的合成纤维仿麂皮整理。多采用超细变形涤纶丝为基布原料，织成一定组织结构的基布，再经弹性树脂整理及磨毛整理，使产品既具有酷似麂皮的外观，又有一定强度和丰满的手感。仿麂皮整理的工艺流程可归纳如下：

机织物→松弛处理→干燥→添加油剂起绒整理→预热定形→染色→干燥→添加弹性树脂整理→干燥→热定形→磨毛→刷毛→（防污整理）→成品

（五）仿桃皮绒整理

桃皮绒织物是由超细纤维组成的、表面紧密覆盖约0.2mm的短绒的一类织物，类似于水蜜桃的表面。与麂皮绒织物相比，其表面看不出绒毛，但皮肤能感觉到，手感和外观更细腻、别致，保形性好，易洗、快干并且免烫。仿桃皮绒整理织物的原料一般选用超细涤纶丝与单纤线密度为2～5dtex的高收缩涤纶丝组成的混纤做经纱或纬纱，另一方向用普通涤纶丝；染整加工过程要采用松式的加工方式。超细复合丝仿桃皮绒织物染整加工工艺流程如下：

（1）中浅色：

坯布准备→退浆、精练、松弛→预定形→碱减量→开纤→水洗→松烘→定形→染色→柔软→烘干→（预定形）→磨绒→砂洗→柔软拉幅定形→成品

（2）深色：

坯布准备→退浆、精练、松弛→预定形→碱减量→皂洗→柔软烘干→（预定形）→磨绒→砂洗→松烘→定形→染色→柔软拉幅定形→成品

七、纺织品功能整理

（一）拒水拒油整理

拒水、拒油整理就是用疏水性物质对织物表面进行处理，降低纤维的表面能，使织物不易被水和油所润湿，所用的疏水性物质称为拒水剂或拒油剂。拒水剂、拒油剂习惯上称为防水剂、防油剂。但拒水、拒油与防水、防油在本质上是两种不同的概念。拒水、拒油剂是一种具有特殊分子结构的整理剂，能改变纤维表面层的组成，使水和油不易在织物表面展开，

整理后织物的纤维间和纱线间仍保存着大量的孔隙，这样的织物仍保持良好的透气和透湿性，有助于人体皮肤和服装之间的微气候调节，增加穿着舒适感，适用于服装面料。而防水、防油剂则是一种能成膜的物质，整理后在织物表面形成一层不透水、不溶于水的连续薄膜，赋予织物防水、防油性。但整理后织物不透气，手感也较粗糙，适用于室外的纺织品。

1. 拒水、拒油整理原理　织物的润湿就是使水、油等液体在织物表面迅速铺展开，从液体在固体表面达到平衡状态时（图4－4－10）的受力情况分析看，接触角θ应该小于90°，而且越小越好。拒水、拒油整理与润湿作用恰恰相反，它是使水、油不能润湿织物，使液体呈水珠、油珠状态在织物上滚动。织物要达到拒水、拒油目的，接触角θ应该大于90°，接触角越大，拒水、拒油效果越好。

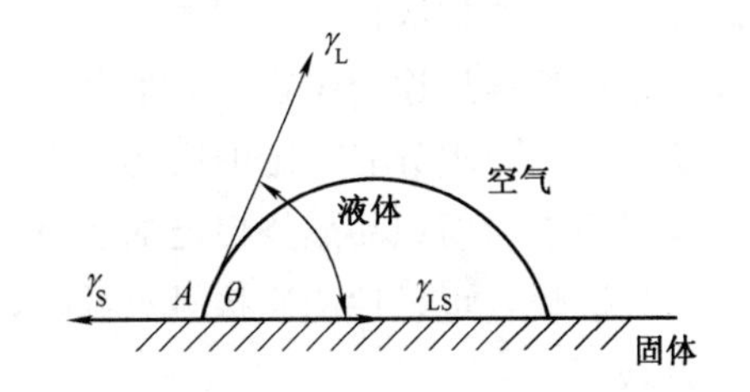

图4－4－10　液滴在固体表面的平衡状态

通过液滴与固体表面的接触点A做液滴切线，该切线与固体平面间的夹角称为接触角θ，其与液、固表面张力的关系如杨氏方程式所示：

$$\gamma_S = \gamma_{SL} + \gamma_L \cos\theta$$

$$\cos\theta = \frac{\gamma_S - \gamma_{SL}}{\gamma_L}$$

式中：γ_S——固体表面张力，mN/m；

γ_{LS}——固液界面张力，mN/m；

γ_L——液体的界面张力，mN/m。

当$\theta=0$时，液滴在固体表面完全铺平，表示固体表面被液滴完全润湿；当$\theta=180°$时，液滴为圆珠型，这是一种理想的不润湿状态；当$\theta>90°$时，固体表面已有拒水或拒油效果，此时$\gamma_S-\gamma_{SL}$应该为负值。这表明固体的表面张力小于液体的表面张力时，就可以起到拒这种液体的作用。油的表面张力一般为20～40mN/m，水的表面张力为72 mN/m，因此，凡是能拒油的织物必定能拒水，但能拒水的织物不一定能拒油。

拒水、拒油整理剂是一类具有低表面能结构的化合物，用其整理织物，整理剂的反应性基团或极性基团定向于纤维表面，而整理剂的疏水性基团排列于织物表面，在织物纤维的表面上均匀覆盖一层由拒水剂或拒油剂中低表面能基团组成的新表面层，这样便显著降低了固体表面张力。随着固体表面张力的降低，$\cos\theta$值随之变小，接触角θ值增大，使液体不能润湿固体，以达到拒水、拒油整理的目的。

2. 拒水、拒油整理剂种类　目前使用的拒水整理剂种类很多，但用作拒油整理剂的只有有机氟一种。拒水整理剂包括：石蜡—金属盐拒水整理剂、季铵化合物类拒水整理剂、脂肪烃三聚氰胺衍生物类拒水整理剂、脂肪酸金属络合物类拒水整理剂、有机硅类拒水整理剂、有机氟等。有机氟具有优良的拒水性能，可以说是最佳的拒水整理剂，同时有机氟也是唯一可以用作拒油的整理剂。这是因为含氟聚合物的表面自由能比其他聚合物低，因而能拒油。

3. 拒水效果的测试

（1）织物的防雨性能测试：按GB/T 14577—1993《织物拒水性测定　邦迪斯门淋雨法》（ISO9865—1991）标准进行测试。

（2）织物的拒水性能测试：按 GB/T 4744—1997《纺织织物　抗渗水性测定　静水压试验》标准进行测试。

（二）阻燃整理

几乎所有的常用纺织纤维都是有机高分子化合物，绝大多数可在 300℃左右分解，产生可燃气体和挥发性液体，引起燃烧。由纺织品引起的火灾事故不断增加，引起了人们的普遍关注。某些特殊用途的织物，如冶金及消防工作服、军用纺织品、舞台幕布、地毯及儿童玩具、服装等，要求具有一定的阻燃性能，因此需要对织物进行阻燃整理。

为了便于对纺织品燃烧性能的研究，对有关燃烧性能的术语解释如下：

（1）燃烧：可燃性物质接触火源时，产生的氧化放热反应，伴有有焰的或无焰的燃着过程或发烟。

（2）灼烧：可燃性物质接触火源时，固相状态的无焰的燃着过程，伴有燃烧区发光现象。

（3）余燃：燃着物质离开火源后，仍有持续的有焰燃烧。

（4）阴燃：燃着物质离开火源后，仍有持续的无焰燃烧。

（5）点燃温度：在规定的试验条件下，使材料开始持续燃烧的最低温度，通常称为着火点。

（6）阻燃：某种材料所具有的防止、减慢或终止有焰燃烧的特性。

（7）极限氧指数（LOI）：在规定的试验条件下，使材料保持持续燃烧状态所需氮氧混合气体中氧的最低浓度。

1. 阻燃的概念　所谓“阻燃”并非说经处理后的纺织品具有在接触火源时不被烧着的性能，而是指不同程度的阻碍火焰迅速蔓延的性能。具有优良阻燃性能的织物在接触火源时不易燃烧或一燃即熄，当火源移去后不再燃烧，无余燃（离开火源后持续有焰燃烧）和阴燃（离开火源后持续无焰燃烧）现象。

2. 燃烧性能　可燃性织物着火燃烧过程中，首先是受热后水分蒸发、升温，然后产生热分解作用，形成可燃性物质与空气混合而着火燃烧。各种纤维由于化学组成、结构以及物理状态的差异，燃烧的难易不尽相同。常用纤维的燃烧特性，见表 4－4－1。

表 4－4－1　常见纤维的燃烧特性

纤维	着火点（℃）	火焰最高温度（℃）	发热量（J/kg）	LOI（%）
棉	400	860	15910	18
黏胶纤维	420	850	—	19
醋酯纤维	475	960	—	18
羊毛	600	941	19259	25
锦纶 6	530	875	27214	20
聚酯纤维	450	697	—	20～22
聚丙烯腈纤维	560	855	27214	18～22

十分明显，着火点和限氧指数低的纤维是较易燃烧的纤维。一般认为棉、黏胶纤维和醋酯纤维是易燃性纤维；腈纶、羊毛、聚酰胺纤维、聚酯纤维和蚕丝属于可燃性纤维；变性合成纤维如聚氯乙烯纤维、变性聚丙烯腈纤维为难燃性纤维；石棉、玻璃纤维及金属纤维为不

燃性纤维。

3. 阻燃整理原理 燃烧过程本身是一个复杂的过程，而且随纺织材料和阻燃剂的性能而变化。阻燃有物理的作用，也有化学的作用。根据现有的研究结果，阻燃整理原理可归纳为以下几种。

（1）催化脱水论：经过阻燃整理后的纤维素纤维，改变了纤维热分解的历程和分解产物的比例，减少热分解产物中可燃性的气体和液体，增加难燃性固体炭的量。该理论主要适用于纤维素纤维和含磷的阻燃剂。

（2）气相论：阻燃剂的作用是通过抑制可燃性分解产物的氧化，干扰火焰的燃烧方式，阻止火焰的蔓延，但并不改变热分解反应历程和产物。该理论适用于大多数合成纤维和含卤素的阻燃剂，对纤维素纤维也适用。

（3）覆盖论：阻燃剂受热后，可分解形成不燃性气体或其他阻挡层，覆盖于纤维材料的表面，隔绝氧气，抑制可燃性气体向外扩散，阻止热量的转移进行阻燃。硼衍生物的阻燃原理可利用覆盖论解释。

（4）热论：热论是通过消耗热量以降低燃烧材料的温度来阻止火焰的蔓延，从而起到阻燃作用。氧化铝、氧化锌、滑石粉以及一些含有结晶水的化合物等都可以用热论来解释其阻燃作用的原理。例如水合氧化铝的阻燃作用是通过脱水分解，消耗大量的脱水热和汽化热，降低燃烧温度，提高阻燃效果的。

4. 评定织物燃烧性能的方法

（1）着火性：表示着火的难易程度，用着火点来表示。

（2）燃烧性：通常以 LOI 和特定条件下的余燃火阴燃时间及损毁长度来表示。

（三）抗静电整理

1. 静电产生的原因 纤维材料之间或纤维材料与其他物体的相互摩擦时，由于物体表面分子的极化，其中一侧吸引另一侧的电子，而本侧的电子后移或电子从一个表面移动到另一个表面。因此，产生双电层而形成表面电位，当两个物体急速相互移动而使两个接触面分离时，如若两个物体都是绝缘体，则一物体带正电，另一物体带负电。各种纺织纤维材料在相互接触和摩擦中，虽然都能产生电荷，而且形成的最大带电量接近相等，但不同纤维却表现出不同的静电现象。棉、羊毛、蚕丝织物在加工和服用过程中几乎不会感到有带电现象，涤纶、腈纶等合成纤维在服用过程中表现出较强的电击、静电火花及静电沾污现象。这主要是由于各种纤维的表面电阻大小不同，产生静电荷以后的静电排放差异所致。

2. 静电的危害 纺织品上产生的静电对纺织品的生产及纺织品的使用都会带来很大的影响，甚至会带来危险。例如：

（1）同一种织物由于所带电荷相同，发生排斥，使落布不易折叠整齐，影响下道加工。

（2）织物烘干后含水率降低，不易导出静电，常被吸附在金属机件上，发生紊乱缠绕现象。

（3）操作工的手和带电的干布接触时常受到电击。

（4）带静电的服装易吸附尘埃而污染，服用衣着带静电后会发生畸态变形，如外衣紧贴在内衣上，影响美观。

（5）静电的产生还会影响纺织厂高速纺纱工序的正常进行。

（6）起毛机上的静电常使织物起毛困难，起出的绒毛紊乱及倒绕断头。

（7）带静电的织物常有放电现象，若在爆炸区内，易发生爆炸事故。

3. 抗静电整理机理 用具有防止电荷积聚并具有吸湿性及其他特性的化学药剂施加于纤维表面，主要是提高纤维材料的吸湿能力，增加表面的亲水性，改善导电性能，减少静电现象。大部分抗静电剂都是吸湿性化合物，例如聚乙二醇、山梨糖醇和甘油等多元醇，以及吸湿性强的无机盐，例如氯化锂和氯化钠等均具有抗静电性。通过溶解于水中的正负离子的迁移作用，为电荷的转移提供了介质，从而提高了纤维的导电能力。

4. 抗静电的方法

（1）物理法抗静电：将带相反电荷的纤维进行混纺以消除或减弱静电量；纺丝时添加油剂，增加纤维的润滑性可减少加工中的摩擦；在生产过程中使用静电消除器（高压直流电场针状电极放电装置）消除静电；还可以采用接地以导去纤维上的静电或增加工作环境的相对湿度来消除静电；或与导电材料混用等。

（2）化学法抗静电：用抗静电剂进行整理来消除静电。

①提高纤维的吸湿性。用具有亲水性的非离子表面活性剂或高分子物质进行整理，而水具有相当高的导电性，只要吸收少量的水，就能明显改善聚合物材料的导电性。因此，抗静电整理的作用主要是提高纤维材料的吸湿能力，改善导电性能，减少静电现象。表面活性剂的抗静电作用是由于它能在纤维表面形成吸附层，其疏水端与疏水性纤维相吸引，而亲水端则指向外侧，使纤维表面亲水性加强，因而容易因空气相对湿度的提高而在纤维表面形成水的吸附层。但这类整理剂会因空气中湿度的降低而影响其抗静电性能。

②表面离子化。用离子型表面活性剂或离子型高分子物质进行整理。这类离子型整理剂受纤维表层含水的作用，发生电离，具有导电性能，从而降低其静电的积聚。

5. 静电大小的衡量

（1）表面比电阻：表面比电阻表示纤维材料经典衰减速度的大小，在数值上等于材料的表面宽度和长度都等于1cm时的电阻，单位为Ω。

（2）半衰期 $t_{1/2}$：半衰期表示织物上的静电荷衰减到原始数值一半时所需要的时间，单位为s。

（3）静电压：纺织品摩擦起电或泄电达到平衡时的电压值。

（四）卫生整理

人所共知，我们生活在各种微生物的包围之中，在人的上半身皮肤上有50～500个/cm^2微生物，它们从汗水和分泌物中获取营养，进行生长、繁殖、死亡的新陈代谢。正常人的汗和尿本来是不臭的，织物上的汗水由于微生物（如尿素分解菌）繁殖，将汗水中的尿、蛋白质等分解成氨和其他有刺激性气味的气体，这就是袜子、内衣、被褥等连续使用一段时间后会有不同程度臭气的原因。因此，有必要进行卫生整理，提高纺织品抗微生物能力（包括防霉、抗菌、防蛀等），杜绝病菌传播媒介和损伤纤维途径，最终使纺织品在一定时间内保持有效的卫生状态。

1. 防霉整理 所谓防霉整理就是防止霉菌的蔓延和生长。其主要途径是采用防霉整理剂杀灭霉菌、阻止霉菌生长；或在纤维表面建立障碍，阻止霉菌与纤维接触，但不能阻止霉菌的生存。织物防霉整理的另一个途径是改变纤维的特性，使纤维不能成为霉菌的食料，并使纤维具有抵抗霉菌侵蚀的能力。

防霉整理用药剂多含金属化合物，如铬酸铜、8－羟基喹啉铜等，使用浓度为1%～3%，由于含铜化合物都有颜色，只适用于要求防腐烂作用的渔网、伪装用网、篷布等。有机汞与有机锡化合物，如苯基汞、三烃基锡等有强烈杀菌作用，浓度低至10～100mg/L也有灭菌与消毒作用，但毒性较强，一般只用于工业防霉处理。

2. 抗菌防臭整理 抗菌防臭整理是指在不使纺织品原有性质发生显著变化的前提下，利用物理和化学的方法，杀灭在纺织品上的病菌，提高纺织品抗微生物能力，杜绝病菌传播媒介和损伤纤维的途径，最终使纺织品在一定时间内保持有效的卫生状态，使纺织品具有抑菌和杀菌性能的整理加工过程。

抗菌防臭整理是以美国道康宁化学公司开发成功的有机硅季铵盐应用于织物整理为开始，代表性的抗菌、防臭整理剂为DC－5700。DC－5700整理除对危及人体的葡萄球菌、白癣菌、大肠杆菌、肺炎杆菌、霉菌等均有卓越的抑制功效外，还具有优良的防臭性能。整理后既不影响纺织品的手感，也不影响外观及内在质量。

3. 防蛀整理 由羊毛制成的毛纱、毛织物在储存过程中常易发生蛀蚀，造成严重损失，所以对羊毛制品进行防蛀整理是非常必要的。羊毛及其制品防蛀方法很多，可分为物理性预防法、羊毛化学改性法、抑制蛀虫生殖法和防蛀剂化学驱杀法四类。防蛀剂化学驱杀法是以有杀虫、防虫能力的物质，通过对羊毛纤维的吸附作用固着于纤维上产生防蛀作用。防蛀剂化学驱杀法是一种在工业生产中可普及的防蛀方法。

4. 卫生整理效果的检验

(1) 晕圈法（抑菌圈半径）：用小块布盖在已种菌培养基上，检查布上及周围菌落生长情况。

(2) 汲尽培养法：1mL菌液滴在织物上，吸尽，培养液洗落，培养基上培养，检查菌落数。

(3) 摇晃烧瓶法：三角瓶中，盛放稀释液，加入纺织样品，加入细菌液，摇1h，取出1mL菌液，置于固体培养基上，隔时检查菌落数，与空白样对比。

（五）防污、易去污整理

合成纤维（如涤纶）疏水性强，天然纤维（如棉）尽管是亲水性纤维，但经树脂整理后，其亲水性基团被封闭，亲水性下降。基于这些原因，合成纤维织物及天然纤维与合纤的混合纺织物易于沾污，沾污后又难以除去，同时在反复洗涤过程中易于再污染（被洗涤下来的污垢重新沉淀到织物上的现象）。为克服这种缺点，必须对织物进行防污和易去污整理。

防污整理是指纺织品在使用过程中不会被水性污垢和油性污垢所润湿造成沾污，也不会因静电原因而吸附干的尘埃或微粒于纤维或织物表面，使纺织品具有防污性能的整理称为防污整理，国外称为SR整理。为使织物达到防污目的，必须通过三个途径来完成，即防油污整理、易去污整理和抗静电整理。防油整理和抗静电整理可见以上所学习的内容。这里主要介绍易去污整理。

1. 易去污整理 易去污整理也称亲水性防污整理或脱油污整理，是指织物一旦沾污后，污垢在正常的洗涤条件下容易洗净，而且织物在洗涤液中不会吸附洗涤液中的污物而变灰，使纺织品具有易去污性能的整理称为易去污整理。这种整理方法主要适用于合成纤维及其混纺织物。它不仅能提高衣服在穿着过程中的防污性，而且能使沾污在织物上的污垢变得容易脱落。此外，在洗涤过程中再污染的现象也可得到一定程度的改善。

2. 易去污性能的测试 织物的易去污性能可以用去污率来衡量。去污率是沾污的织物经规定洗涤条件洗涤后，织物上污垢的去除程度或污垢的残留量，目测对照标准样卡评级，用评级方法评定易去污织物的易去污性能。可以通过测定试样洗涤前后的反射率利用下式来计算去污率。

$$去污率=\frac{R_{sx}-R_{su}}{R_{tu}-R_{su}}\times 100\%$$

式中：R_{sx}——试样洗涤 x 次后的反射率；

R_{tu}——未沾污未洗涤试样的反射率；

R_{su}——沾污试样洗涤前的反射率。

（六）抗紫外线整理

1. 紫外线的种类及危害 紫外线（Ultraviolet Rays，UV）分为长波紫外线（UV－A，320～400nm）、中波紫外线（UV－B，280～320nm）和短波紫外线（UV－C，200～280nm）。照射的阳光中95%以上为UV－A，对人体有促进合成维生素D的作用，但过量照射会引起淋巴细胞降低，抑制免疫功能。2%～5%为UV－B波段，虽含量不高，但对人体皮肤刺激较大，易发生红肿疼痛症状，如不间断照射时间较长，将引起皮肤弹性下降，皱纹增加，毛细血管扩张、增厚，并使表皮色素沉淀，对皮肤内层损伤是不能修复的，长期照射易致皮肤癌，对眼睛导致白内障，并抑制人体免疫功能，因此中波段紫外线对人体伤害极大。UB－C作为一种更强的紫外线，有一定的杀菌作用，但也对人体有害。一般来讲，紫外线C不能到达地面，但由于近年来空气中含氟量的提高，到达地面的紫外线B和C也随之增加。除了紫外线对人体的伤害外，光照会使纺织品褪色，使纤维老化，导致光降解反应，使强力下降。因此，对穿着面料进行抗紫外线整理，既可保护服装本身，又使穿着者免遭紫外线伤害。特别是护外工作、高原及长期野外工作的服装面料，部队军需纺织品及专业职业工作服，应进行必要的抗紫外线整理。

2. 抗紫外线整理 抗紫外线整理是通过增强织物对紫外线的吸收能力或增强织物对紫外线的反射能力来减少紫外线的透过量。抗紫外线整理剂依据其阻挡紫外线透过织物的机理不同分为紫外线吸收剂和紫外线屏蔽剂两类。紫外线吸收剂主要是吸收紫外线并进行能量交换，使紫外线转变成热能和波长较短的电磁波而发散，从而达到防止紫外线辐射的目的。在对织物进行染整加工时，选用紫外线吸收剂和反光整理剂加工都是可行的，两者结合起来效果会更好，可根据产品要求而定。目前应用的紫外线吸收主要有金属离子化合物、水杨酸类化合物、苯酮类化合物和苯三唑类化合物等几类。

3. 抗紫外线效果测试 用防晒指数（SPF）或紫外线防护指数（UPF）来衡量材料的抗紫外能力或防晒能力。SPF值是指经防晒处理的皮肤上产生红斑的紫外线辐射的最小剂量对未经防晒处理的皮肤上产生红斑的紫外线辐射的最小剂量的比值。UPF值是指紫外线对未防护的皮肤的平均辐射量与待测织物遮挡后紫外线辐射量的比值。

（七）防辐射整理

随微波通信和信息技术的发展，带来了电磁干扰（EMI）及电磁污染等一系列问题。其危害是继空气污染、水污染、噪声污染之后的第四大污染源。1950年，美国公布了大功率电磁辐射对人体健康造成危害的首例报道，联合国在1969年的人类环境会议上，将电磁波辐射列入“被控制的空气污染物”，正式确认电磁污染的存在及其危害。1998年，世界卫生组织明确指出，计算机屏幕工作环境可能影响妊娠和胎儿。电磁波积累作用的结果会引发失眠、神经衰弱、心律不齐、高血压，甚至癌症等严重后果。电磁波被称为人类健康的“隐形杀手”。因此，要进行防辐射整理。

防辐射整理就是利用具有导电性能的银、镍、铜等金属，采用电镀的方法或涂层的方法施加到织物上，使织物表面均匀地覆盖一层有一定厚度的金属，制得具有良好导电、导热、抗静电和高电磁屏蔽性能的导电织物。

防辐射整理的加工流程为：

织物前处理→活化→化学镀铜→电镀镍→树脂涂层→后整理→成品

前处理主要是采用氢氧化钠和去油剂在50℃的条件下处理10min，以清洁基质材料表面在各操作工序中黏附的各种杂质和灰尘，它直接影响到镀层的均匀性、致密性以及镀层与基质间的结合力。活化技术是生产导电布的关键环节，其处理质量决定了导电布的综合性能。以重金属盐与树脂配合表面活性剂处理基材表面，形成极薄的金属催化层，促使在电镀浴中的铜、镍能够在其基础上得到还原而沉积在织物的表面。化学镀铜靠基材的自催化活性才能起镀，结合力一般均优于电镀。铜的导电性能良好、价格适中，但其密度较大，不易在基体中分散，会影响复合材料的电磁屏蔽效果，且铜粉容易氧化，因此常在其表面镀上一层镍。涂层可作为保护层，用于保护织物金属镀层免受磨损及污染。

（八）吸湿排汗整理

吸湿排汗整理，又称吸湿快干整理，就是用亲水性聚合物对疏水性纤维进行的整理加工，赋予疏水性纤维织物吸水、透湿、快干的特性。一般吸湿快干整理是指亲水性聚合物对涤纶进行加工。吸湿排汗整理剂主要是一种以水分散性聚酯为主要组分的复配物，由于其分子结构中有与涤纶分子结构相同的苯环，在高温作用下，分子链段被吸附在涤纶的表面，使涤纶由原来的疏水性表面变成耐久的亲水性表面，但由于涤纶组分本身的拒水性质并未被改变，所以其吸收的水分又可以很快地散发到大气中。

（九）负离子整理

1. 负离子的作用 在森林、海滨、瀑布、郊外等污染少的地方，人们会有空气清新、呼吸舒畅、轻松愉快、心旷神怡的舒适体验，有利于多种慢性疾病患者的康复，这就是高浓度负离子空气所产生的作用。空气中的水合羟基负离子被誉为“空气维生素”。其主要作用表现在：

（1）对神经系统的影响。负离子可使大脑皮层功能及脑力活动加强，精神振奋，工作效率提高，改善睡眠质量。还可使脑组织的氧化过程力度加强，使脑组织获得更多的氧分。空气负离子还有镇静、催眠的作用。

（2）对心血管系统的影响。据学者观察，负离子有明显扩张血管的作用，可解除动脉血管痉挛，对于改善心脏功能和改善心肌营养也大有好处，有利于高血压和心脑血管疾患病人的病情恢复。

（3）对血液系统的影响。研究证实，负离子有使血液凝聚流速变慢、延长凝血时间的作用，能使血中含氧量增加，有利于血氧输送、吸收和利用。

（4）对呼吸系统的影响。对呼吸系统的影响是最显著的，这是因为负离子是通过呼吸道进入人体的，它可以提高人的肺活量。有人曾经试验，在玻璃面罩中吸入空气负离子30min，可使肺部吸收氧气量增加20%，而排出二氧化碳的量可增加14.5%，故负离子有改善和增强肺功能的作用。

2. 负离子整理及其整理剂 所谓负离子整理就是将一种特定的超细微粉材料，借助黏合剂将其黏附到纤维表面，赋予织物持久产生负离子效果的加工工艺。其目的是在穿着这种织物时形成一个模拟大自然空气清新的环境。在负离子发生材料中研究最多的是电气石。电气石是一种成分与结构极为复杂的天然矿石，是以硼为主要成分的铝、钠、铁、镁、锂的环状结构硅酸盐矿物质。电气石微粒正极上的电子接触水分子即瞬间放电，将水分子电解为 H^+ 和 OH^-，H^+ 被电气石释放的电子中和形成氢原子以气体形式放出；OH^- 与水分子结合成水合羟基离子 $H_3O_2^-$，即负离子。纺织品的负离子整理剂是以电气石及从海底深处矿石中选择的负离子发生体，将其超微粒体加工制成纳米负离子粉（50～100nm），并均匀分散到黏合剂乳液中而制得的浆体。

（十）涂层整理

涂层整理是在织物表面单面或双面均匀地涂布一层或多层能成膜的高分子化合物，使织物正反面产生不同功能的一种表面整理技术。所用的成膜高聚物称为涂层剂，所用的织物称为基布。

1. 涂层整理特点 涂层整理与传统的轧烘焙整理工艺相比，涂层整理具有许多特点：

（1）涂层整理不同于一般传统的轧烘焙工艺，最显著的区别是传统的轧烘焙整理工艺要求浸轧液充分润湿并渗透到织物内部，而涂层整理所涂布的浆液仅润湿织物表面或稍有些扩散，溶液不渗透进入织物内部，只在织物的表面进行。因此，可节约化工原料。

（2）涂层整理的工艺流程为：

轧光→涂布→烘燥→焙烘

一般可以不用水洗，节约用水，有利于环保。

（3）对涂层整理所用的基布要求低，在纤维上可以不受品种限制。

（4）涂层整理剂品种多，加入不同的添加剂后，可使织物具有各种不同的外表和功能。

2. 涂层整理的目的

（1）改善织物的外观，可使织物具有珠光、皮革外观及双面效应等不同效果。

（2）改善织物的风格，赋予织物高回弹性和柔软丰满的手感等。

（3）增加织物的功能，可使衣用织物不仅具有防水性，还必须具有透气和透湿、防污、阻燃等功能。

涂层需根据各种产品的性能要求，在一定的织物（即基布）上用适当的涂层剂进行涂布，成膜后再用各种不同功能的添加剂经适当后处理，制成涂层产品，以达到产品多功能化效果。可用在风雨衣、羽绒服、劳动防护服等服装，篷盖布、土工布、遮阳布等产业用布，贴墙材料、铺地材料、遮光窗帘等装饰用布产品的加工中。

3. 涂层整理剂 纺织品涂层整理剂又称涂层胶，是一种均匀涂布于织物表面的高分子类化合物。涂层胶的分类方法很多，按化学结构来分，可分为聚氨酯类涂层剂（PU）、聚丙烯酸酯类涂层剂、有机硅弹性体、聚氯乙烯涂层剂（PVC）、合成橡胶类等。目前主要应用的是聚丙烯酸酯类和聚氨酯类。

4. 涂层方法和工艺 涂层工艺和设备决定了涂层织物的性能。正确地选用涂层剂、涂层工艺和涂层设备是提高涂层产品质量的关键。涂层按其涂布方法分类，可分为直接涂层、热熔涂层、黏合涂层和转移涂层等。

（1）直接涂层：直接涂层整理是将涂层剂通过物理和机械方法直接均匀地涂布于织物表面而后使其成膜的方法。按照成膜方法的不同，又有干法涂层和湿法涂层的区别。

①干法涂层：干法涂层将涂层剂溶于水或有机溶剂中，添加一定的助剂制成涂层浆，用涂布器直接均匀地涂布于织物上，然后加热烘干、焙烘使水分和溶剂蒸发，涂层剂在织物表面通过自身的凝聚力或树脂的交联作用，形成坚韧的薄膜。其工艺流程为：

基布→浸轧防水剂→烘干→轧光→涂层→烘干→附加功能整理→烘干→焙烘→成品

②湿法涂层：湿法涂层将涂层剂均匀地涂布于织物上后，通过水凝固浴，在织物上形成多微孔性薄膜。其工艺流程为：

底布→浸轧、刮涂涂层浆→DMF与水进行凝固→水洗（4道）→烘干→磨毛（人造麂皮）或轧纹（轧纹革）或印花（印花革）或转移涂层（湿法转移革）

湿法涂层产品分为人造麂皮和光面革等。人造麂皮是指烘干后的PU涂层织物，经磨毛机磨去结构致密的表面层后，外观出现类似于麂皮的绒毛，可以印花、轧纹。光面革是指在半成品的表面印花、轧纹或再进行转移涂层制成的光面产品，凝固涂层膜的多孔性，加上模拟皮革纹理的表面加工，更相似于天然皮革，有的称为仿羊（牛）皮革。

（2）热熔涂层：热熔涂层是将热塑性树脂加热熔融后，涂布于基布，经冷却而黏着于基布表面的涂层工艺。其工艺流程为：

基布→涂布熔融树脂→冷却→轧光→成品

（3）黏合涂层：黏合涂层工艺是将树脂薄膜与涂有黏合剂的基布叠合，经轧压而使其黏合成一体，或将树脂薄膜与高温热熔辊接触，使树脂薄膜表面熔融而后与基布叠合，再通过轧压而黏合成一体，涂层薄膜较厚。黏合涂层通常用于装饰织物和铺地织物等的涂层整理。黏合涂层的工艺流程为：

基布→涂布黏合剂→烘干→薄膜黏合→焙烘→轧光→成品

（4）转移涂层：转移涂层是先以涂层浆涂布于经有机硅处理过的转移纸，而后与基布叠合，在很低的张力下经烘干、轧平和冷却，然后使转移纸和涂层织物分离。主要应用于对张力比较敏感的非织造布和轻薄织物及针织物等涂层加工。其工艺流程为：

转移纸→涂布涂层浆→基布黏合→烘干→轧光→冷却→织物与转移纸分离→成品

☞ 思考与练习

1. 什么是整理？整理的目的有哪些？
2. 按照纺织品整理效果的耐久程度，可将整理分为哪几类？
3. 棉织物为什么易缩水？定形整理的目的是什么？常用的方法有哪些？
4. 简述定幅整理的原理。
5. 简述防缩整理的方法和原理。

6. 什么是轧压整理？简述其原理。轧压整理的分类有哪些？

7. 什么是绒面整理？试比较起毛和磨毛整理。

8. 柔软整理的方法有哪些？常用的柔软剂分哪几类？

9. 什么是树脂整理？简述树脂整理的目的及防皱整理的发展历程。造成织物褶皱的原因是什么？

10. 什么是合成纤维的热定形？简述热定形的目的。

11. 毛织物的湿整理包括哪些内容？

12. 什么是仿绸整理？其加工原理是什么？仿麂皮绒整理的关键是什么？

13. 拒水拒油整理的原理是什么？如何来衡量拒水的效果？

14. 什么是阻燃整理？阻燃整理有哪些理论？如何衡量阻燃的效果？

15. 抗静电整理的本质是什么？抗紫外线整理的机理是什么？

16. 什么是涂层整理？简述其特点。

参考文献

[1] 刘森．纺织染概论［M］．北京：中国纺织出版社，2008.

[2] 周启澄，王璐，程文红．纺织染概说［M］．上海：东华大学出版社，1998.

[3] 赵翰生．中国古代纺织与印染［M］．北京：中国商务出版社，2011.

[4] 蒋耀兴．纺织概论［M］．北京：中国纺织出版社，2005.

[5] 于新安，郝凤鸣．纺织工艺学概论［M］．北京：中国纺织出版社，2004.

[6] 史志陶，陈锡勇，任家智．棉纺工程［M］．北京：中国纺织出版社，2004.

[7] 章友鹤，田光祥，赵连英．棉纺织生产基础知识与技术管理［M］．北京：中国纺织出版社，2010.

[8] 任家智．纺纱工艺学［M］．上海：东华大学出版社，2010.

[9] 郁崇文．纺纱学［M］．北京：中国纺织出版社，2009.

[10] 于修业．纺纱原理［M］．上海：东华大学出版社，2008.

[11] 陆再生．棉纺工艺原理［M］．北京：中国纺织出版社，2005.

[12] 陆再生．棉纺设备［M］．北京：中国纺织出版社，1995.

[13] 夏征农．大辞海化工轻工纺织［M］．上海：上海辞书出版社，2009.

[14] 崔鸿钧．现代机织技术［M］．上海：东华大学出版社，2010.

[15] 吕百熙．机织概论［M］．北京：中国纺织出版社，2000.

[16] 侯翠芳．织物组织分析与应用［M］．北京：中国纺织出版社，2010.

[17] 吴永升．无梭织机实用手册［M］．北京：中国纺织出版社，2006.

[18] 赵展谊．针织工艺概论［M］.2 版．北京：中国纺织出版社，2007.

[19] 贺庆玉．针织概论［M］.2 版．北京：中国纺织出版社，2003.

[20] 许瑞超．针织技术［M］．上海：东华大学出版社，2009.

[21] 贺庆玉，熊宪．针织服装设计与生产［M］．北京：中国纺织出版社，2007.

[22] 丁钟复．羊毛衫生产工艺［M］.2 版．北京：中国纺织出版社，2008.

[23] 李世波，金惠琴．针织缝纫工艺［M］.2 版．北京：中国纺织出版社，2001.

[24] 朱世林．纤维素纤维制品的染整［M］．北京：中国纺织出版社，2002.

[25] 周庭森．蛋白质纤维制品的染整［M］．北京：中国纺织出版社，2002.

[26] 罗巨涛．合成纤维及混纺纤维制品的染整［M］．北京：中国纺织出版社，2002.

[27] 李晓春．纺织品印花［M］．北京：中国纺织出版社，2002.

[28] 林细姣．染整技术（第一册）［M］．北京：中国纺织出版社，2009.

[29] 沈志平．染整技术（第二册）［M］．北京：中国纺织出版社，2009.

[30] 王宏．染整技术（第三册）［M］．北京：中国纺织出版社，2009.

[31] 林杰．染整技术（第四册）［M］．北京：中国纺织出版社，2009.

[32] 范雪荣．纺织品染整工艺学［M］.2 版．北京：中国纺织出版社，2006.

[33] 宋心远．新型染整技术［M］．北京：中国纺织出版社，1999.

[34] 郑光洪．印染概论［M］.2 版．北京：中国纺织出版社，2009.

[35] 张保丰．我国古代丝织品的质量、规格和检查［J］．丝绸，1979（05）：53.

［36］朱龙彪．纤维牵断成条机设计［J］．纺织学报，2007，28（12）：107－109.

［37］于永玲．原棉含杂与除杂效果评价方法的研究［J］．纺织学报，2003，24（01）：39－40.

［38］郑丰兵．计算机配棉技术的发展及应用［J］．山西纺织化纤，2003（3）：7－10.

［39］http：//www. chinayarn. com/bbs/display _ topic _ threads. asp？ForumID＝33&TopicID＝34821 中国纱线网“第二代配棉技术—计算机配棉管理系统”.

［40］http：//www. ttmn. com/tech/detail/13032 中国纺机网“剑杆的刚挠性及传剑机构的位置”.